KB047368

당신에게 노벨상을 수여합니다

노벨 물리학상

당신에게 노벨상을 수여합니다

이 책은 스웨덴 노벨 재단Nobel Foundation의 동의를 얻어 1901년부터 2023년까지 노벨 물리학상, 노벨 화학상, 노벨 생리의학상 시상 연설문을 엮은 책입니다. 인류에 공헌한 사람에게 상을 수여하라는 노벨의 유언에 따라 인류가 쌓아 온 지적 유산인 노벨상 시상 연설을 공유하는 데 동의한 노벨 재단에 깊은 감사를 드립니다. 본문에 실린 시상 연설의 원문은 노벨 재단 홈페이지(www.nobelprize.org)에서 모두 확인하실 수 있습니다.

당신에게 노벨상을 수여합니다

노벨 재단 엮음 이광렬·이승철 옮김

노벨 물리학상

1901~2023

The Nobel Prize

Physics

바다출판사

추천사

과학 분야 노벨상의 시상 연설을 모은 이 책에는 20세기에 모든 영역에서 이루어진 과학의 역사가 짜임새 있고 충실하게 정리되어 있습니다. 매년 12월 10일, 스톡홀름 콘서트홀에서는 노벨상 시상식이 거행되는데, 노벨상 위원회는 스웨덴 국왕의 시상에 앞서 수상자의 연구가 왜 노벨상을 받게 되는지를 설명하는 그리 길지 않은 연설을 합니다. 그 연설은 왕실과 귀빈뿐만 아니라 전 세계 일반 대중들도 그해 수상자의 업적을 이해할 수 있도록 쉽게 쓰여 있습니다. 그해 노벨상의 과학적 의미를 쉽고 간결하게 설명하는 셈이지요. 언론 매체뿐 아니라 일반 대중에게도 이 시상 연설은 큰 흥밋거리이며, 과학자들에게는 자신의 연구를 되돌아보고 앞으로 탐구할 것을 생각하는 계기가 됩니다. 그리고 시상 연설들을 모으면 그대로 지난 110년 동안의 과학 발전사를 모은 훌륭한 과학책이 됩니다.

인류 역사에 20세기처럼 역동적인 시대가 또 있었을까요? 약육강식의 식민지 시대의 끄트머리에서 시작한 20세기에, 인류는 두 차례에 걸친 세계대전과 첨예한 이데올로기의 냉전을 경험했습니다. 20세기 중반 이후 많은 민족이 자주 국가로 독립하였고, 민중이 권력을 쥐는 민주화가 전반적으로 확대되어 왔습니다. 이 결과 인류는 역사상 유래없는 반세기의 평화시대를 구가하고 있습니다.

농업혁명으로 대부분의 인류가 기아와 전염병의 위협으로부터 해방되었고, 인간의 평균 수명 또한 20년 정도 늘었습니다. 교통과 통신 기술이 급속도로 발달하여, 이제 전 지구가 1일생활권으로 축소되었습니다. 국가 간에 상품, 지식 및 사람의 교류가 과거 어느 때보다 많고 활발하여 국경이라는 개념도 모호해지고 있습니다. 한 세기 만에 인류 역사는 산업사회를 지나 지식기반 사회로 접어들었습니다. 이처럼 그 예를 찾아볼 수 없을 정도로 빠르고 광범위한 변화의 배경에는 인류의 과학과 기술이 있습니다.

이런 변화를 예상이라도 한 듯, 19세기 말 알프레드 노벨은 물리, 화학 그리고 생리 · 의학 분야의 발전에 커다란 공헌을 한 사람들에게 자신의 이름을 딴 상을 수여하라는 유언을 남겼습니다. 수상자의 국적을 가리지 말라는 유지에 따라 노벨상은 세계 최고의 국제적 성격을 가진 상이 되었습니다. 1901년에 첫 수상자를 낸 후, 20세기 내내 각 분야의 발전을 이끌어 온 위대한 과학자들이 거의 모두 노벨상을 수상하였습니다. 이제 노벨상은 수상자는 물론이고 수상자를 배출한 가족, 마을, 학교, 그리고 국가에게까지 커다란 영광으로 인식되고 있습니다. 즉 과학 분야의 노벨상은 과학기술의 눈부신 발전과 함께해 왔으며, 지구상에서 가장 권위 있는 상으로 자리매김 하였습니다.

세계 10위권 경제대국에 걸맞게 이제 우리나라도 과학 분야의 노벨상을 타야 한다는 열망이 전 국민에 퍼져 있습니다. 한국과학기술연구원(KIST)의 연구원들이 시간을 쪼개서 노벨상 시상 연설을 번역한 이 책을 출간하는 지금, 이제는 노벨상에 대한 무조건적인 열망보다는 노벨상을 냉정하고 진솔하게 바라보았으면 합니다. 황우석 교수의 줄기세포 연구에 대다수의 국민이 열광했던 예를 보면, 우리는 노벨상을 희구하는 일종의 집단 콤플렉스를 가지고 있는 듯합니다. 우리 땅에서 과학에 대한 연구와 기술 개발이 본격적으로 추진된 것은 최근 20년~30년에 지나지 않습니다. 선진국에 비해서 과학에 대한 연구 개발과 투자의 역사가 일천한 셈입니다.

과학은 자연을 체계적으로 이해하겠다는 인류의 의지로부터 발원했습니다. 인류가 어떻게 지식을 넓혀 왔는가에 주목하고 또 그것이 어떻게 가능했는지를 진솔하게 보아야 할 것입니다. 역대 노벨상 수상자들처럼 자연과 주변의 현상에 근본적인 호기심을 갖고, 그 답을 얻기 위해 정진하는 자세를 가다듬어야 할 것입니다.

마지막으로 1965년 노벨 물리학상을 수상한 리처드 파인먼 교수가 노벨상 시상식 만찬에서 행한 연설을 통해 노벨상이란 우수한 연구 성과에 주어지는 결과일 뿐, 결코 그 자체로 연구의 목적이 되어서는 안 된다는 점을 되새기고자 합니다.

"저는 이미 제가 해온 일에 대한 적절한 보상과 인정을 받았다고 생각합니다. 더 높은 수준의 이해를 위해 상상의 날개를 펼치다가 돌연 자연의 아름답고 숭고한 형상이 펼쳐진 새로운 공간에 홀로 서 있는 저를 발견했습니다. 저는 그것으로 충분합니다. 그리고 새로운 수준에 더 쉽게 도달할 수 있는 도구를 만들자 다른 사람들이 그 도구로 더 큰 자연의 수수께끼에 도전하는 모습을 보게 되었습니다. 이것으로써 나는 충분히 인정을 받았습니다."

제20대 한국과학기술연구원(KIST) 원장 금동화

출간을 축하하며

매년 12월이면 스웨덴 스톡홀름에서는 한바탕 축제가 벌어집니다. 바로 노벨상 시상식이 열리기 달이기 때문입니다. 노벨상 시상식의 하이라이트는 무엇보다 스웨덴 국왕이 노벨상을 수여하는 시상 순간이겠죠. 하지만 우리 과학자들은 바로 그 시상식 직전에 이루어지는 시상 연설에 더 주목합니다. 노벨상 시상 연설은 쉽게 말하면, 그해 노벨상 수상자들의 업적을 소개하는 간결하지만 인상 깊은 연설입니다.

이 책은 첫 노벨상 수상이 이루어진 1901년부터 최근에 이르기까지의 노벨상 시상 연설들을 빠짐없이 모은 책입니다. 그러다 보니 지난 100년 이상 인류가 이룩한 과학 발전사를 한 눈에 볼 수 있는 흥미로운 책이 되었습니다.

흔히들 과학은 이해하기 어렵다고 합니다만, 이 책은 세계 최고의 과학자들이 이룬 업적을 쉽고 재미있게 설명하고 있습니다. 적절한 비유와 예시를 사용하여 물리, 화학, 생리 · 의학 분야에서 이룩한 과학적 성과의 발견 과정과 내용, 인류에 미친 영향을 알기 쉽게 소개하고 있습니다.

이 책을 통해 우리의 청소년들이 과학에 대한 흥미와 호기심을 키우고, 일반 국민들은 과학 분야의 전문적인 성과를 이해하는 소중한 기회를 얻을 수 있을 것이라 생각합니다. 아울러 지난 20세기 과학이 걸어온 발자취를 되돌아보고, 현재의 과학이 서 있는 지점, 그리고 앞으로 나아가야 할 길을 가늠해 보는 자료로 활용될 수 있을 것입니다.

동서고금을 막론하고 과학기술은 국민에게 희망을 주고 삶의 질을 향상시키며 나라를 부강하게 하는 힘이 되어 왔습니다. 새로운 아이디어와 발견의 작은 물방울들이 만나 기술이라는 큰 물방울이 되고, 다시 제품이라는 빗줄기로 쏟아져 내려 땅을 촉촉이 적심으로써 우리의 삶을 풍요롭게 하기 때문입니다.

우리 주위에는 백신, 의약품, 항공기, 반도체와 같이 과학이 이루어낸 첨단 제품들이 헤아릴 수 없을 만큼 많습니다. 이러한 발명의 뒤꼍에는 과학자들의 창의력과 열정, 인내가 배여 있습니다. 노벨 과학상이 인류 발전에 커다란 공헌을 한 사람에게 수여되고, 지구상에서 가장 권위 있는 상으로 자리 잡은 것은 이 같은 이유에서가 아닌가 생각됩니다.

우리나라의 국력이 빠르게 신장하면서 과학 분야의 노벨상 수상에 대한 기대와 열망 또한 높아지고 있습니다. 이와 같은 열망 속에서 한국과학기술연구원(KIST)의 과학자들이 연구의 바쁜 틈을 내어 이 책을 출간하게 되었습니다. 2년 전에 1901년부터 2006년까지의 노벨상 시상연설을 발간하였지만, 이번에 2009년 시상 연설까지 포함하는 개정 증보판을 새로이 내놓았습니다.

대개 많은 책들이 유행을 타면서 명멸明滅하는데, 이 책은 2008년 교육과학기술부와 한국창의재단으로부터 '우수과학도서'로 선정되어 청소년과 일반 국민 사이에서 꾸준히 읽히고 있습니다. 아마 20세기의 과학사를 이토록 쉽고 충실하게 보여 주는 책이 드물기 때문이 아닌가 생각됩니다. 인류의 과학이 멈추지 않는 한 계속 새로운 내용이 추가되면서 10년 후, 20년 후에 읽어도 흥미롭고 유익한 책이 될 것입니다.

우리나라에서도 세계적인 연구 성과가 속속 나오고, 뛰어난 과학자들이 배출되고 있어 과학의 미래가 밝고 희망차 보입니다. 우리나라 R&D 투자의 대부분이 1990년대 이후에 이루어진 점을 감안하면, 앞으로 연구 성과가 쌓여 갈수록 노벨상 수상의 영광을 안게 될 날도 머지않아 다가오리라 생각됩니다.

아무쪼록, 이 책이 과학에 대한 국민의 이해와 관심을 높이고, 호기심과 열정으로 가득 찬 청소년들이 과학에 도전하는 계기를 만드는 밑거름이 되길 바랍니다. 이를 통해 과학기술이 국위 선양은 물론 부강하고 풍요로운 나라를 만드는 데 이바지하기를 기대합니다.

제21대 한국과학기술연구원(KIST) 원장 한홍택

인류에 공헌한 과학을 위하여

"…… 이에 당신에게 노벨상을 수여합니다."

지난 2013년 12월 10일, 스웨덴의 스톡홀름에서는 2013년도 노벨상 시상식이 전 세계 56개국에 생중계되는 가운데에 거행되었습니다. 스웨덴 국왕 내외를 포함한 1,250명의 참석자는 준비된 성대한 만찬과 함께 작은 오페라 공연을 즐기며, 수상자들을 축하하고 그들의 업적을 기렸습니다. 한 사람의 사회적 공헌이 110년을 넘어 인류 역사에 의미 있는 발자취를 만들어가는 자리에 또 한 해가 보태어졌습니다.

이 상이 가지는 의미는 여러분이 '노벨상'이라는 단어를 들었을 때 머릿속에 떠오른 그대로일 것입니다. 세계에서 가장 위대한 학문적 업적을 이룬 이들에게 주어지는 상. 하지만, 매년 수백 수천의 연구가 이루어지고 논문이 발표되는 가운데 과연 어떤 연구와 업적이 '세계에서 가장 위대하다'는 평가를 받을 수 있을지 새삼 궁금해지기도 합니다.

노벨상을 제정한 알프레드 노벨의 유언장에서 "지난해 인류에 가장 큰 공헌을 한 사람들"을 선정한다고 밝힌 바 있습니다. 여기서 우리는 노벨이 자신의 이름을 딴 상을 통해 격려하고자 한 것이 바로 '인류'에 대한 공헌이라는 점을 알 수 있습니다. 노벨은 물리학, 화학, 생리학, 문학, 평화라는 다섯 가지 분야를 명시하였고, 스웨덴은행이 별도의 기금으로 경제학 분야를 추가하여 1969년부터 여섯 개 분야에 대한 수상이 이루어지고 있습니다. 1901년부터 2013년까지 112년간 110회에 걸쳐 876명(중복 수상 포함)이 수상하였습니다.

먼저 이 책에 관심을 갖고 선택한 여러분께 격려의 말을 전하고 싶습니다. 이 책은 지난 110여 년 동안 노벨상 수상자들이 상을 받는 그 순간 시상식 현장에서 낭독되었던 시상 연설을 모아 놓은 책입니다. 전문적인 용어와 생소한 표현이 있지만 기본적으로는 과학에 전문적인 지식이 없는 사람들을 위해 최대한 이해하기 쉽게 풀어낸 연설문입니다. 따라서 이 책을 읽다보면, 마치 내가 노벨상 시상식에 참석해 있다는 느낌, 나아가 노벨상을 받고 있다는 느낌이 들기도 합니다.

이 책은 스웨덴 노벨 재단의 동의를 얻어 한국과학기술연구원(KIST)의 과학자들이 노벨상 시상연설을 번역해 출간한 책입니다. 2007년 처음으로 출간한 이후, 2010년에 한 차례, 그리고 지금 2013년까지의 시상연설을 추가해 새로 개정판을 내놓습니다. 바쁜 연구 일정 속에서도 이러한 일들을 해올 수 있었던 것은 과학에 대한 열망과 인류 진보에 대한 갈망 때문일 겁니다. 이 책을 통하여 한국의 많은 청년과 연구자가 과학 연구의 역사를 알고, 세계 흐름을 읽고, 인류의 삶에 기여할 수 있는 길을 걸어갈 수 있다면 더 바랄 게 없을 것입니다. 이 책은 단지 노벨상 수상이라는 목표가 아니라 자신의 삶을 무엇을 위해 바칠 것인가를 고민하는 젊은이들에게 길잡이가 될 것입니다.

이 책에 실린 연설문의 주인공들은 결코 돈과 명예를 좇아 살지 않았습니다. 꾸준한 노력을 통해 평생을 바쳐 인류의 미래에 공헌한 사람들입니다. 역대 노벨상 수상자들의 평균 나이는 59세 정도라고 합니다. 이들 중 대부분은 자신들의 주된 연구 이후 수십 년이 지나서야 상을 받았으며, 10년 이내에 수상한 이들은 손에 꼽을 정도라고 합니다. 또한 그들의 연구가 당시에는 학계의 주류에서 벗어나 있었거나, 관심을 받지 못하는 내용인 경우가 상당히 많았습니다. 바로 얼마 전, 2013년도 물리학상을 수상한 피터 힉스는 50년 전의 연구로 노벨상을 수상할 것이라고는 상상도 못했다고 소회를 밝혔습니다. 그렇다면 이들이 노벨상을 받지 못했다고 연구를 포기했을까요? 아닙니다. 그들은 상을 받는 순간에도 자신들의 평생을 바쳐 묵묵히 연구해 온 그 분야의 석학들이었습니다.

이런 사정 때문에 노벨상 수상자들의 서구 강대국 편중과 유난히 큰 성비, 학문적 업적에 대한 비교 우위를 둘러싼 여러 논란에도 불구하고, 그 권위를 잃지 않는 것입니다. 이러한 비판에 앞서, 많은 노벨상 수상자들을 배출하는 나라의 연구 환경과 연구자들의 삶을 들여다보고 우리나라의 과학 연구의 현실과 어떠한 차이점이 있으며, 또 우리의 가능성은 무엇인지를 고민해보는 것이 필요하다고 생각합니다.

이 책은 교양서로서도 충분한 가치가 있는 책입니다. 흔히들 과학은 인문학의 반대 개념인 것처럼 말하곤 합니다. 고등학교에서 '이과'와 '문과'로 나뉘는 구조가 이러한 생각을 더욱 강화했다고 봅니다. '과학적'이라는 말은 '이성적'이라는 의미와 함께 '덜 인간적'이라는 의미로까지 쓰이는 듯합니다. 과학은 '까다로운' 것이고, '어려운' 것이며, 실생활에 별 의미가 없는 것처럼 인식되었습니다. 게다가 기초 과학이 학교 교과과정에서 밀려나고, 취업을 준비하는 젊은이들에게 인기가 없어졌다는 뉴스를 들을 때면 씁쓸한 마음을 감출 수가 없습니다.

그러나 과학은 인간, 자연, 우주라는 대상을 우리 인간을 중심으로 연구하는, 가장 '인간적인' 학문이 아닐 수 없습니다. 그런 의미에서 과학과 인문학은 공존해야 하는 것이지, 분리되어 따로 존재할 수 있는 것이 아닙니다. 특히나 요즈음과 같은 융합의 시대에 과학과 인문학의 융합은 새로운 변화를 이끌어내는 창조적 영역으로 떠오르고 있습니다. 바로 이 책에 담겨 있는 '노벨상 시상 연설문'이 그 가장 좋은 예가 아닐까 싶습니다. 수십, 수백 페이지에 달하는 논문의 내용을 일반인도 이해할 수 있는 쉬운 말로 바꾸고, 수십 년에 걸친 연구의 업적을 5분 정도에 읽을 수 있도록 요약하는 것은 매우 뛰어난 인문학적 역량이 필요한 일이기 때문입니다.

우리가 노벨상으로부터 배워야할 점은 또 있습니다. 바로 '사소취대捨小取大', 즉, '작은 것을 버리고 큰 것을 얻는다'는 말입니다. 처음 노벨의 유언이 공개되었을 당시, 가족들의 반대는 물론이고 스웨덴 전체가 논란에 휩싸였다고 합니다. 성별은 물론이고 국적에도 무관하게 수상자를 선정하라는 노벨의 유언에 대해 외국인이 받을 경우 국부가 해외에 유출될 것이라는 우려 때문이었습니다. 그럼에도 불구하고, 스웨덴 정부는 1900년에 노벨 재단을 승인하였고, 110여 년이 흐른 지금 노벨상은 세계의 존경을 받는 최고의 명예로운 상이 되었습니다. 만일 그때 노벨의 유언이 관철되지 않았다면, 스웨덴 국왕 부부가 참석하고 스웨덴 국가가 울려 퍼지는 시상식 장면이 전 세계로 생중계되는 일은 없었을 것입니다. 또한 스웨덴의 국가 이미지를 긍정적으로 만들어주고, 전 세계 과학 분야에 대한 기여를 경제적으로 환산해볼 때 막대한 가치를 창출한 결과가 되었습니다.

아시는 바와 같이 노벨상은 알프레드 노벨이 고뇌와 결단을 통해 거의 모든 재산을 사회에 환원했기에 제정될 수 있었습니다. 사실 세계 평화를 염원하는 마음과는 달리, 그의 연구 성과는 개발과 전쟁 등에 무분

별하게 활용되고 말았습니다. 어쩌면 이처럼 과학적 성과는 사용하는 사람의 의도에 따라 이로움과 해로움이 결정되는 '칼날'과도 같을 수 있습니다. 연구자로서 자신의 분야에서 의미있는 연구 결과를 얻는 것은 최고의 행복이겠지만, 그 파급력이 목적대로만 이루어지지는 않을 수도 있습니다. 따라서 연구의 목적과 지향과 방향을 올바르게 취하려면 인류 문화와 역사에 대한 통찰력이 필요합니다. 그런 점에서 노벨이 정한 '인류에 가장 큰 공헌'에 대한 정의, 그리고 그러한 길을 선택한 연구자들의 성찰은, 오늘날 과학 연구에 있어 하나의 지침이 될 수 있겠다고 생각합니다. 그러므로 우리가 지향해야 할 지점은 단순히 '노벨상을 받는 것'이 아니라, 과학을 통해 인류의 행복과 발전에 공헌하고자 하는 부단한 도전과 노력이 아닐까 합니다.

제23대 한국과학기술연구원(KIST) 원장 이병권

차례

옮긴이 서문

이 책은 매년 12월 10일 스톡홀름 콘서트홀에서 개최되는 노벨상 시상식의 시상 연설을 모은 것이다. 노벨상 시상식에서는 노벨상 선정 위원 중 한 명이 수상자에게 노벨상을 수여하는 이유와 그 업적의 과학적 의미를 설명하는 시상 연설을 한 뒤 스웨덴 왕이 직접 시상을 한다. 우리가 이 시상 연설에 주목하는 이유는 이 연설이 시상식에 참석하는 스웨덴 왕가를 비롯한 일반 대중들에게 그해의 노벨상이 가진 과학적 의미를 쉽고 간결하게 설명하고 있기 때문이다. 이 연설문들을 통해 비전문가들도 고도의 학문적 성과를 이해하고 그 의미를 가늠할 수 있는 기회를 얻을 수 있다. 또한 지난 120여 년간의 시상 연설들을 한데 묶어놓음으로써 20세기 이후 현대 물리학의 발전 과정을 일괄해 볼 수 있는 즐거움도 있다. 노벨의 유언장에는 "지난해에 인류를 위해 최대의 공헌을 한 사람들에게"라는 수상 조건이 명시되어 있지만, 실제로 노벨상은 업적이 확실히 증명된 다음에 수상이 결정된다. 짧게는 몇년 후에 선정되기도 하지만 길게는 40년, 50년 후에 시상이 결정되기도 한다. 따라서 노벨상의 시상 순서가 연구의 순서와 꼭 같지는 않다. 또한 수상자 수가 연 3명 이하로 제한되어 있기 때문에 노벨상으로 인정받지 못한 분야도 있다. 그럼에도 불구하고 노벨 물리학상의 내용을 살펴봄으로써 현대 물리학의 발전 과정을 돌아볼 수 있다는 것은 노벨상이 인류의 지적 발전 과정을 대변해 왔다는 증거라고 말할 수 있을 것이다.

:: 현대 물리학의 태동

1910년대 후반까지는 현대 물리학의 태동과 관련된 분야들이 성과를 인정받았다. 이 시기에는 특히 새로운 에너지선들의 발견에 노벨상이 수여되었는데, 1901년 최초의 노벨상이 주어진 뢴트겐의 엑스선 발견과 1903년 노벨상의 주역인 베크렐과 퀴리 부부에 의해 발견된 새로운 방사선은 당시 매우 혁명적인 것들이었다. 뢴트겐의 엑스선은 발견 즉시 그 의학적 가치가 입증되었으며, 향후 이를 응용한 연구 특히 결정의 회절에 관한 연구(1914년 폰 라우에, 1915년 브래그 부자)에도 두 차례의 노벨상이 주어졌다.

방사선의 발견은 러더퍼드의 연구에 아이디어를 제공했고, 러더퍼드는 원자 속에 아주 작지만 밀도가 높은 원자핵이 존재한다는 사실을 밝혀냈다. 톰슨은 원자핵의 짝이며 원자를 구성하는 전자에 관한 연구로 1906년 노벨상을 수상했으며, 그 전해인 1905년에는 음극선의 성질을 밝혀낸 공로로 레나르트에게 노벨상이 수여되었다. 한편 분광학 분야의 업적을 인정받은 수상자들이 배출되었는데, 로렌츠와 제만(1902년), 마이컬슨(1907년), 빈(1911년), 그리고 슈타르크(1919년) 등이 그들이다. 이들의 연구는 원자의 구조에 관한 새로운 통찰을 가능케 해주었으며, 물질의 특성엑스선복사를 발견한 바클라의 연구(1917년)와 함께 원자의 내부구조에 관한 이해에 한몫하게 된다.

이 시기의 노벨상은 새로운 에너지선의 발견과 이를 통해 원자의 구조를 밝히는 새로운 물리학의 태동과 함께했다고 할 수 있다. 특히, 빛의 본질과 원자의 구조가 희미하게나마 그 모습을 갖추게 되면서 본격적인 현대 물리학으로의 진입이 시작되었다. 그러나 1910년대 말까지는 현대적 관점에서 볼 때 노벨상을 수상하기에 부족해 보이는 업적으로 수상자가 결정되기도 했고, 그중 일부는 스웨덴 학자에게 수여하기 위해 애쓴 흔적이 두드러져 알프레드 노벨의 의도가 제대로 구현되지 못한 시기라고 할 수 있다.

:: 양자의 발견과 물리학의 혁명기

1918년에 독일의 막스 플랑크가 에너지 양자의 발견에 대한 공로로 노벨상을 수상하면서 현대 물리학은 본격적인 혁명의 시기를 맞게 된다. 아인슈타인의 광전효과(1921년), 드 브로이의 물질파 개념(1929년), 이를 바탕을 한 보어의 원자구조에 대한 이론(1922년), 그리고 그 후 수많은 연구자들에 의해 진행된 양자역학의 발전은 하이젠베르크(1932년), 슈뢰딩거와 디랙(1933년)이 새로운 원자이론에 대한 공헌으로 노벨상을 수상하면서 '물리학을 뒤흔든 30년'을 마감하게 된다. 이와 함께 양자론의 발달에 기여한 업적들, 볼프강 파울리의 배타원리(1945년), 막스 보른의 파동함수의 해석(1954년) 등도 모두 노벨상으로 그 중요성을 인정받았다. 디랙이 예측한 에너지 준위의 미세구조는 1955년 노벨상을 수상한 램이 발견했다. 같은 해 공동 수상자인 쿠시는 전자의 자기모멘트가 보어마그네톤보다 천분의 일 정도 크다는 것을 밝혀냈다. 이들의 엄밀한 측정은 양자역학의 이론적 발전에 크게 기여했다.

:: 원자를 넘어

원자의 구조에 관한 이해가 깊어지면서 원자핵 자체의 구성에 관한 연구가 그 뒤를 이었다. 이 분야는 고대 연금술사들의 간절한 소망을 구현했다는 의미가 더해져 대단히 흥미롭다. 1908년과 1921년에 각각 노벨 화학상을 수상한 러더퍼드와 소디에 의해 동위원소의 존재가 확인되면서 중성자의 존재가 예측되었는데, 채드윅은 중성자의 존재에 대한 실험적 증거를 보임으로써 1935년에 노벨 물리학상을 수상했다. 곧이어 페르미가 중성자를 이용한 핵반응의 연구로 노벨상을 수상하면서(1938년) 핵물리학이 탄생하게 되었는데, 이는 제2차 세계 대전을 겪으면서 핵폭탄의 개발로 이어졌다. 핵폭탄의 개발은 과학기술 연구의 대표적인 부정적 사례로 비판받으며 뜨거운 논쟁에 휘말렸다. 핵폭탄 개발과 관련된 물리학자들의 심적 갈등은 최근까지도 영화나 다큐멘터리 등 다양한 매체를 통해 다루어지고 있다. 이 분야의 발전은 사이클로트론과 입자가속기 등 가속 장치의 개발과 입자의 존재를 측정할 수 있는 정밀한 측정 기법의 개발을 필요로 한다.

노벨상이 주어진 분야의 연구는 대부분 새로운 기법의 개발을 수반하고 있는데, 이는 새로운 실험 기법을 통해서만이 새로운 현상을 발견할 가능성이 높아진다는 점에서 당연한 귀결이라고 하겠다. 안개상자를 발명한 윌슨(1927년), 정확도를 높인 검출기로 우주선의 기원을 발견한 헤스(1936년), 사이클로트론을 발명한 로렌스(1939년), 높은 정밀도의 핵자기모멘트의 측정법을 개선한 라비(1944년), 윌슨 상자를 개선하여 최초의 핵붕괴 사진을 얻은 블래킷(1948년), 핵반응 연구를 위한 사진술을 개발하여 메손을 발견한 파웰(1950년), 입자가속기를 개발하여 핵반응을 연구한 코크로프트와 월턴(1951년), 핵자기의 정밀측정 기법을 개발한 블로흐와 퍼셀(1952년), 거품상자를 발명하여 고에너지 빔의 연구를 가능케 한 글레이저(1960년), 이를 개선한 앨버레즈(1968년), 다선식 비례 검출기를 발명한 샤르파크(1992년) 등의 업적에 노벨상이 주어졌다.

:: 물질의 근원을 찾아 떠난 여행

1950년대 말 이후의 핵물리학 연구는 고에너지 입자가속기의 경쟁으로 귀결되었다. 대상이 작아질수록 충돌시키는 입자의 에너지가 커야 해서 가속기는 점점 더 높은 가속 전압을 구현해야 했다. 이제 입자가속기는 단순한 장치를 넘어 거대한 연구 시설이 되었다. 2023년 현재 세계 최대 입자가속기 시설은 유럽입자물리연구소(CERN)의 거대강입자가속기(LHC)로 둘레 길이가 27킬로미터에 달한다. 2013년 힉스와 앙글레르 교수가 힉스 입자의 존재에 관한 이론으로 노벨상을 수상하게 된 것은 이 거대 연구 시설에서 힉스 입자의 존재가 실험적으로 확인되었기 때문이다.

고에너지 입자가속기가 구축되고 입자의 검출 능력이 발전하면서 수많은 미립자들의 발견과 그 상호작용의 관찰이 가능해졌다. 이로써 물리학자들은 입자들 사이의 관계도 어느 정도 파악하게 되었다. 1969년의 노벨상은 강하게 상호작용하는 입자들인 양성자, 중성자, 중간자, 중핵자들이 좀 더 기본적인 구성 성분인 쿼크로 이루어져 있다는 가정을 토대로 입자들을 분류한 겔만에게 돌아갔으며, 쿼크의 존재를 증명한 연구로 1990년에 프리드먼, 켄들, 그리고 테일러가 노벨상을 수상했다. '제이-프사이 입자'의 발견(1976년) W입자와 Z입자의 발견(1984년) 중성미자의 발견(1988년) 등을 통해 소립자 표준 모델이 형태를 갖추게 된다. 그러나 21세기가 시작될 즈음 기존의 표준 모델과 달리 중성미자가 질량을 가지고 있다는 충격적인 연구 결과가 발표되었다. 중성미자는 우리가 상상했던 것 이상으로 종잡을 수 없는 입자라는 사실을 보여준 카지타와 맥도널드는 2015년 노벨상을 수상했다. 이 결과는 질량이 없는 중성미자를 전제로 한 소립자 표준 모델에 깊은 상처를 남겼다. 이 결과가 앞으로 소립자와 우주의 구조를 이해하는 데 어떤 역할을 할지 기대된다.

원자핵의 양성자와 중성자를 결합시키는 핵력이 중간자의 교환을 통해 작용한다는 유카와 히데키(1949년)의 생각은 원자핵과 우주복사에 대한 연구에서 '길잡이별'의 역할을 했을 뿐만 아니라 전후 일본에 새로운 희망을 던져 주었다. 1963년의 노벨상은 원자핵 껍질모형을 통해 핵자의 마법의 수를 설명해 낸 위그너와 괴페르트마이어, 그리고 옌젠에게 돌아갔으며, 원자핵의 들뜬 상태를 기술하는 모형을 개발한 오게 보어, 모텔슨과 레인워터에게 1975년도 노벨상이 수여되었다. 2004년 그로스와 폴리처, 그리고 윌첵은 강력이론에서 점근적 자유성의 발견에 대한 공로로 노벨상을 수상했는데, 이는 물질의 근원을 찾기 위한 노력이 여전히 계속되고 있다는 것을 보여 주고 있다.

물질의 근원 입자와 그 입자들의 상호작용에 관한 이론적 연구들도 노벨상을 통해 중요성을 인정받았다. K메손 등 소립자의 붕괴과정의 비대칭성을 보여준 양전닝과 리정다오, 자연현상의 자발적 비대칭성을 수학적으로 증명한 난부와 이론적 비대칭성을 만족하기 위해 6종류의 쿼크가 존재해야 한다고 예측한 고바야시, 마스카와는 2008년 노벨상을 수상했다. 1980년에 노벨상을 수상한 크로닌과 피치는 중성 K메손의 붕괴연구를 통해 비대칭성을 입증해 보였다.

양자역학과 특수상대성이론이 결합된 양자장 이론은 입자의 생성과 전이 그리고 소멸에 대한 설명을 가능케 했다. 도모나가, 슈윙거, 파인먼

(1965년)에게 노벨상의 영예를 안긴 양자전기역학은 양자론을 전자기학에 적용하는 기본 개념으로서 현존하는 가장 정확한 이론으로 간주되고 있다. 이와 함께 양자장의 대칭성에 대한 이론적 발전이 진행되어 왔다(1957년 양전닝과 리정다오, 1979년 글래쇼와 살람, 와인버그, 1999년 토프트와 펠트만). 20세기 최고의 과학적 업적으로 평가되고 있는 양자역학과 그것을 확장시킨 양자장 이론은 자연계의 서로 다른 입자들과 힘들에 대한 기본적이고 통합적인 기술을 향해 나아가고 있다.

:: 우주론의 발전

원자 이론과 핵물리학과 더불어 20세기 물리학의 또 다른 큰 흐름은 우주론의 발전일 것이다. 우주와 관련한 첫 번째 노벨상은 핵융합에 의한 항성의 에너지 생산 이론을 제안한 베테에게 주어졌다(1967년). 그 이후 펄서의 발견을 가져온 전파천문학 연구(1974년), 빅뱅 이론에서 예측한 우주 마이크로파 배경복사의 발견(1978년), 별의 구조와 진화를 밝힌 찬드라세카르와 파울러의 연구(1983년), 그리고 아인슈타인의 상대성이론에 기초한 중력복사의 가능성을 보여 주는 발견(1993년)과 중력파의 적접적인 관측(2017년)에 노벨상이 주어졌다. 2002년에는 초신성 폭발 이론을 확인한 우주 중성미자의 발견과 우주 엑스선의 발견에 대해, 그리고 가장 최근인 2006년에는 우주배경복사의 구조로부터 우주의 생성 및 역사를 밝히려는 연구가 그 중요성을 인정받아 노벨상을 수상했다. 상대성이론의 또 다른 예측인 블랙홀의 존재 역시 천문학의 주요 관심사였다. 블랙홀이 상대성이론의 필연적인 결과임을 보인 펜로즈와 은하의 중심에서 블랙홀의 존재를 관측한 겐첼과 게즈는 2020년 노벨상을 수상했다.

:: 현대 문명의 곳곳에서 발견되는 노벨상

20세기 현대 물리학을 바탕으로 완성된 기술들은 이미 현대인의 삶에 깊숙이 자리하고 있다. 그 한 예가 레이저이다. 1964년 노벨상을 수상한 레이저의 발명은 유도방사에 의해 상과 주파수가 동일하게 강한 강도의 광선을 만들 수 있어서 현대 산업과 과학의 발전에 크게 기여했다. 이후 레이저 분야는 분광학의 발전(1981년, 2005년)으로 이어졌으며, 개개의 원자들이나 소립자를 포획하는 기술(1989년), 레이저 냉각법(1997년), 원자 레이저의 발명(2001년), 광학집게(2018년)의 개발 성과가 모두 노벨상을 수상했다.

양자역학의 태동기부터 양자적 특성을 해치지 않으면서 개별적 양자 시스템을 제어하고 측정해 낼 수 있는 방법을 개발하는 것은 물리학자들의 오랜 꿈이었다. 아로슈와 와인랜드는 이를 위한 독창적인 양자광학 실험 기법을 고안하여 양자 세계로 통하는 문을 열었다. 두 사람은 2012년 노벨상을 수상했는데, 이 연구는 양자컴퓨팅 기술을 향한 첫걸음으로 평가되고 있다. 2022년의 노벨상은 양자 정보학의 이론적 기반이 되는 양자 얽힘, 벨 부등식 위배를 증명하고 양자통신을 구현한 아스페, 클라우저 그리고 차일링거에게 돌아갔다. 양자 정보학은 20세기 IT 혁명이 세상을 바꾸어놓은 것처럼 21세기 우리의 삶을 근본적으로 바꾸어놓을 것이다. 2023년의 노벨상은 매우 빠르게 운동하는 전자의 스냅사진을 찍을 수 있는 아토초 펄스를 구현한 공로로 아고스티니, 크러우스 그리고 륄리에가 수상했다. 이들의 연구를 통해 인류는 두 번째 양자 혁명기의 초입에 서 있다.

반도체 물리학의 토대는 고체의 구조에 관한 연구로부터 구축되었다. 20세기 초 뢴트겐의 엑스선의 성질을 규명한 라우에(1914년)와 브래그 부자(1915년)의 연구를 통해 고체물질에 대한 연구가 본격화되는데, 이들의 연구는 뢴트겐의 에스선의 파동성을 밝히는 동시에 고체의 결정 구조를 정밀하게 조사할 수 있는 방법을 제공하였다. 이렇게 시작된 고체물질의 연구는 반도체 물질의 연구로 이어졌다. 현대 산업기술의 핵심이라 할 수 있는 반도체 소자의 연구는 쇼클리, 바딘, 그리고 브래튼이 트랜지스터를 개발하면서 시작되었다. 그들은 반도체에 관한 기본적인 연구를 바탕으로 게르마늄을 이용한 트랜지스터를 최초로 구동시켰으며, 그 공로로 1956년 노벨 물리학상을 공동 수상했다. 21세기의 첫 번째 물리학상을 헤테로구조를 이용하여 더욱 개선된 트랜지스터를 개발한 크뢰머와 펄스 레이저를 개발한 알페로프, 그리고 집적회로를 발명한 킬비에게 수여함으로써, 현대 산업에서 이 분야가 가지는 중대한 의미를 인정하였다. 2009년에는 디지털 영상 기술을 실현한 전하결합소자를 발명한 보일과 스미스가 노벨상을 받았다. 2014년엔 백색 광원을 가능케 한 청색 다이오드 발명의 공로로 아카사키, 아마노, 나카무라가 노벨상을 받았다. 청색 다이오드의 발명 덕분에 에디슨의 백열전구는 이제 효율이 훨씬 뛰어난 LED 전구로 대체되었다. 도심에 실감 나는 전광판도 청색 다이오드가 있었기에 가능했다.

:: 응축물질에 대한 이해

한편 1940년대 후반 셜은 자성구조를 결정할 수 있는 중성자 회절기술을 개발했는데, 거의 50년의 세월이 흐른 뒤인 1994년에야 노벨상을 수상했다. 고체의 자성에 대한 연구로는 앤더슨, 모트, 그리고 밴블랙이 1977년에 노벨상을 수상했으며, 반강자성과 준강자성의 모델을 개발한 넬은 1970년에 노벨상을 수상했다. 컴퓨터 자기기록 장치의 저장용량을 혁명적으로 증가시키는 핵심 기술인 거대자기저항 현상을 발견한 페르와 그륀베르크는 2007년 노벨상을 수상했다.

1913년에 노벨 물리학상을 수상한 오네스에 의해 액체헬륨이 만들어지면서 액체헬륨의 특성에 대한 연구와 초전도체에 대한 연구가 활기를 띠게 되었다. 란다우는 응축물질에서 다체 효과에 관한 기본 개념을 기술하고 이를 바탕으로 액체헬륨에서 나타나는 특이한 현상들을 설명했다. 그는 1962년에 노벨상을 수상했다. 란다우가 연구하던 연구소의 소장이었던 카피차는 극저온 연구를 위한 실험 기법의 개발과 초유체 현상을 발견한 공로로 1978년에 뒤늦게 노벨상을 수상했다. 페르미온 입자인 헬륨-3 원자의 초유체성 발견으로 페르미온 쌍이 보손처럼 행동한다는 것을 보임으로써 리, 오셔로프, 리처드슨은 1996년에 노벨상을 수상했다. 1911년에 오네스에 의해 발견된 초전도성의 이론적 설명은 1960년대 초에야 완성되었으며, 이 이론의 개발 공로로 바딘, 쿠퍼, 그리고 슈리퍼가 노벨상을 수상했다(1972년). 초전도나 초유체 등 거시적 현상을 미시세계의 질서와 연결시키기 위한 긴즈부르크, 아브리코스프 그리고 레깃의 이론적 연구는 2003년 노벨상을 받았다.

1986년에는 새로운 산화물계 초전도체 물질이 전 세계를 뒤흔들었다. 란탄과 산화구리의 화합물에 바륨을 소량 첨가하면 35K에서 초전도가 일어난다는 베드노르츠와 뮐러의 발견은 세상을 깜짝 놀라게 했다. 이 연구는 초전도체의 임계온도를 올리기 위한 전 세계적 경쟁을 불러일으켰다. 이들은 이듬해인 1987년에 노벨 물리학상을 수상했다. 그러나 산화물의 고온 초전도성을 설명하는 이론은 아직도 이 분야의 '큰 문제'로 남아 있다. 2004년에 또 다른 놀라운 물질이 발견되어 물리학계를 떠들썩하게 만들었다. 그때까지 2차원 결정체는 안정한 상태로 존재할 수 없는 것으로 알려져 있었다. 그러나 가임과 노보셀로프가 탄소의 2차원 구조 물질인 그래핀이 존재한다는 것을 실증적으로 보여주었다. 가임과 노보셀로프는 2010년 노벨상을 수상했다.

:: 아무도 가지 않은 길

이상과 같이 노벨상의 역사를 분야별로 살펴볼 수도 있지만, 연구의 성격별로 나누어 볼 수도 있을 것이다. 즉 노벨상 시상 분야를 알려지지 않은 새로운 현상의 발견, 이론적 예측 또는 실험적 사실에 대한 실험적 검증과 이론적 규명, 실험 기법의 고안이나 개선에 의한 새로운 연구 분야의 개척, 그리고 기존의 이론을 통합한 새로운 통합 이론의 개발 등으로 분류할 수 있을 것이다. 전쟁 등의 이유로 수상자가 없던 해들을 제외하면 노벨 물리학상은 모두 114회 시상되었다. 이들을 확연하게 구분할 수는 없으나 대체로 새로운 현상의 발견에 32회, 이론적 · 실험적 검증에 37회, 새로운 실험 기법의 개발에 49회, 통합 이론의 개발에 21회의 노벨상이 주어졌다. 이론적 · 실험적 검증을 위해서는 보통의 경우 새로운 실험 기법을 개발해야 한다는 점을 고려하고, 절반에 가까운 연구가 실험 연구라는 점을 고려한다면, 새로운 실험 기법을 개발한 연구에 수여된 노벨상은 전체 노벨상의 절반을 뛰어넘는다. 또한 이론적인 해석 분야에 수여된 노벨상 또한 기존의 이론이 가지고 있던 한계를 극복하기 위해 새로운 이론적 기법을 도입했다는 점을 고려하면, 대부분의 노벨상은 종래의 이론적 · 실험적 기법이 가지고 있던 한계를 극복하기 위한 노력에 수여되었다고 볼 수 있다.

위에서 언급한 새로운 기법의 개발은 아무도 가지 않은 미지의 자연을 탐색하기 위해 반드시 선행해야 할 연구지만, 당장 그 효과와 가치를 예측하기 어려운 것이기도 하다. 더구나 대부분 빠른 성과를 기대하기 어려운 상황에서도 끈질기고 열정적인 노력이 경주되어야만 결실을 거둘 수 있다. 노벨 물리학상 시상 연설을 통해 돌아본 물리학의 역사는 짧은 기간 내에 성과를 얻으려는 시도로는 결코 노벨상에 가까이 갈 수 없다는 점을 보여준다. 연구의 성격에 대한 이러한 분석은 우리에게 시사하는 바가 크다. 특히 아직 과학 분야 노벨상 수상자가 나오지 않은 우리나라로서는 이 점이 우리의 연구 환경을 돌아보는 시금석이 되어야 할 것이다. 앞으로 우리나라 과학기술의 깊이가 깊어지고 세계적 수준의 선도적인 연구가 꽃을 피우기 위해서는 사람들이 가지 않은 길을 묵묵히 갈 수 있는 연구 토양이 마련되어야 할 것이다. 이를 위해 연구자뿐 아니라 과학계 언론과 과학정책 입안자, 그리고 일반 대중의 노력이 모두 필요한 시점이다. 우리는 이 책이 그 꽃을 피우기 위한 작은 씨앗이 되길 바란다.

2023년 12월 이광렬, 이승철

알프레드 노벨의 유언 중에서

돈으로 바꿀 수 있는 나머지 모든 유산은 다음과 같은 방법으로 처리해야 한다. 유언 집행자는 그것을 안전한 곳에 투자해 기금을 조성하고, 거기서 나오는 이자는 지난해 인류에 가장 큰 공헌을 한 사람들을 선정해 상금의 형태로 매년 지급하도록 한다. 그리고 그 이자는 5개 부분에 공헌한 사람들에게 골고루 분배한다.

첫째, 물리학 분야에서 가장 중요한 발견이나 발명을 한 사람.

둘째, 가장 중요한 화학적 발견이나 개선을 이룬 사람.

셋째, 생리학이나 의학 분야에서 가장 중요한 발견을 한 사람.

넷째, 문학 분야에서 가장 뛰어난 이상적 경향의 작품을 쓴 사람.

다섯째, 국가 간의 우호를 증진시켰거나 군대의 폐지나 감축에 기여한 사람. 또는 평화회의를 개최하거나 추진하는 데 가장 큰 공헌을 한 사람.

수상자를 선정하는 데 후보자의 국적을 고려해서는 안 되며, 스칸디나비아 사람이든 아니든 가장 적합한 인물이 상을 받아야 한다.

- 노벨 경제학상은 스웨덴 중앙은행의 기부금으로 1968년에 조성되었으며, 노벨의 유언에는 언급되지 않았다.

엑스선의 발견

1901

빌헬름 뢴트겐 | 독일

:: **빌헬름 콘라트 뢴트겐Wilhelm Conrad Röntgen (1845~1923)**

독일의 물리학자. 1869년 취리히 대학교에서 박사학위를 취득한 후, 1876년부터 슈트라스부르크 대학교에서 강의하였다. 1879년부터 1988년까지 기센 대학교 물리학 교수 및 물리 연구소 소장으로 재직하였으며, 1888년부터 1900년까지 뷔르츠부르크 대학교 물리학 교수로 재직하였다. 이후 1900년부터 20년간 뮌헨 대학교 교수로 재직하였다. 뢴트겐선 혹은 엑스선이라는 방사에너지를 발견하여 현대 물리학뿐 아니라 의학 발전에도 기여하였다.

전하, 그리고 신사 숙녀 여러분.

스웨덴 왕립과학원은 알프레드 노벨 박사로부터 그와 가장 관련이 깊은 과학의 두 분야인 물리와 화학 부문의 큰 상을 수여할 권리를 부여받았습니다. 왕립과학원은 위원회가 추천한 후보에 대한 전문가들의 의견과 전문가들 자신이 추천한 후보들을 검토하여 수상자를 선정하였으며, 과학원장으로서 그 결과를 이 자리에서 공표하고자 합니다.

본 과학원은 뮌헨 대학교의 빌헬름 콘라트 뢴트겐 교수에게, 그의 이름이 항상 따라다니는 뢴트겐선 혹은 그 자신이 명명한 엑스선을 발견한 공로로, 노벨 물리학상을 수여하기로 결정하였습니다. 잘 아시다시피 이것은 전혀 새로운 형태의 에너지인데 빛처럼 직선으로 전파되기 때문에 선ray이라 이름하였습니다.

이 방사에너지의 실체는 아직 다 밝혀지지 않았습니다. 그러나 많은 특징들을 뢴트겐 박사가 처음으로 발견하였으며, 나중에 이 분야에 참여한 다른 연구자들도 확인하였습니다. 이 기이한 에너지의 형태가 충분히 밝혀지고 여러 방면에서 깊게 연구된다면 물리학에 커다란 발전을 가져올 것이라는 점에는 의심의 여지가 없습니다.

엑스선에서 발견된 특징들 중 의료 분야에서 널리 사용될 가능성을 보여 주는 예를 한 가지 살펴보겠습니다. 물질에 따라 빛의 투과 정도가 다르듯 엑스선도 물질에 따라 투과거동에 차이를 보입니다. 그러나 빛이 전혀 투과하지 못하는 물질을 엑스선은 완전히 투과하기도 합니다. 한편 어떤 물질은 엑스선을 완전히 차단합니다. 예를 들어 엑스선은 금속을 전혀 투과하지 못하지만 나무, 가죽, 카드보드 그리고 다른 물질들은 쉽게 투과합니다. 마찬가지로 인체의 근육조직이나 다른 장기들도 엑스선은 투과합니다. 따라서 총알이나 바늘처럼 엑스선이 투과하지 못하는 물질이 신체조직에 박혔을 때, 엑스선을 쪼임으로써 그 위치를 손쉽게 찾아낼 수 있습니다.

실제 외과수술에서 엑스선이 얼마나 중요한 역할을 하며, 성공적인 수술을 가능케 했는가는 우리 모두 이미 잘 알고 있습니다. 루프스 같은 피부질환의 경우에도 엑스선이 효과적이었다는 것을 추가한다면 뢴트겐 교수의 발견은 이미 인류에게 수많은 혜택을 주었습니다. 따라서 그에게 노벨상을 수여하는 것이 매우 높은 수준의 업적에 시상하라는 노벨 박사의 의도에 충분히 부합한다고 생각됩니다.

스웨덴 왕립과학원 원장 C. T. 오드너

복사 현상의 자기적 영향에 대한 연구

헨드리크 로렌츠 | 네덜란드 **피에터 제만** | 네덜란드

:: 헨드리크 안톤 로렌츠 Hendrik Anton Lorentz (1853~1928)

네덜란드의 물리학자. 1875년 레이덴 대학교의 피에터 리케 교수의 지도 아래 박사학위를 취득하였으며, 1878년에 같은 학교에 신설된 이론물리학과 교수로 임용되었다. 재직 중 공동 수상자이기도한 피에터 제만을 지도하기도 했다. 1912년 하를럼에 있는 테일러 연구소 소장이 되었다. 빛의 전자기 이론을 비롯하여 전자기파의 운동과 빛 사이의 유사성을 주장하였으며, 이는 제만에 의하여 증명되었다.

:: 피에터 제만 Pieter Zeeman (1865~1943)

네덜란드의 물리학자. 1885년 레이덴 대학교에 입학하여 1890년에 공동 수상자인 로렌츠의 조교가 되었다. 1893년 박사학위를 취득하였으며, 1900년에 암스테르담 대학교교수로 임용되었다. 1923년에 같은 학교에 새 연구소가 설립되었는데, 1940년에는 그의 이름을 따 '제만 연구소'로 개명되었다. 제만 효과라 불리는 자기장 내에서의 스펙트럼선의 분열을 발견함으로써 로렌츠의 전자론을 증명하였으며, 이후 연구에도 많은 영향을 주었다.

전하, 그리고 신사 숙녀 여러분.

스웨덴 왕립과학원은 광학과 전자기 현상의 결합에 대한 연구에서 선구적인 성과를 거둔 라이덴 대학교의 헨드리크 안톤 로렌츠 교수와 암스테르담 대학교의 피에터 제만 교수께 올해의 노벨 물리학상을 수여하기로 결정하였습니다.

현대 물리학의 근본 원리인 에너지보존의 법칙 이래로 빛과 전기의 결합을 위한 연구는, 이론에 바탕을 두고 발전해 온 어떤 과학 분야보다도 풍부한 성과를 거두었습니다.

전기에 관한 근대적 과학이론을 수립한 패러데이도 이 결합에 관심을 가지고 많은 연구를 진행하였습니다. 그러나 패러데이의 아이디어를 완벽한 수학이론의 형태로 발전시킨 사람은 맥스웰이었습니다. 그의 이론에 따르면 전기 효과는 공간에 유한한 속도로 전파되며 부도체에서도 전기의 흐름, 이른바 변위전류를 만듭니다. 따라서 주기적으로 방향을 바꾸는 전기의 흐름은 모두 전기파를 만들며, 빛은 주기가 매우 작은 이런한 파동으로 구성되어 있습니다.

맥스웰이 제안한 이른바 빛의 전자기 이론은 처음에는 별로 관심을 끌지 못했습니다. 그러나 20년이 지난 후 이 이론은 의심할 여지가 없는 매우 중요한 과학적 발견으로 확인되었습니다. 독일 물리학자인 하인리히 헤르츠는 전기적으로 충전된 물체가 어떤 특정 조건에서 방전될 때 발생하는 전기적 진동이 주위 공간에 파동의 형태로 퍼져 간다는 것을 보이는 데 성공했습니다. 그 파동은 빛의 속도로 전파되었으며 이론으로 예측된 특성들을 모두 가지고 있었습니다. 이로써 빛의 전자기 이론은 확고한 실험적 증거를 확보하게 되었습니다.

그러나 맥스웰의 이론은 개별 현상들을 설명하지 못했습니다. 로렌츠 교수는 빛의 전자기 이론을 한층 발전시켰습니다. 빛에 관한 로렌츠 교수의 이론적 연구는 가장 풍성한 성과를 거두었습니다. 맥스웰의 이론에는 원자 가설이 필요하지 않았지만, 로렌츠 교수는 물질 속에서 전자라고 부르는 극히 작은 입자가 어떤 특정량의 전하를 매개한다는 가설로부터 출발했습니다. 이들 전자들은 도체에서는 자유롭게 운동하면서 전류를 만드는 반면, 부도체에서는 그 운동이 저항의 제한을 받습니다. 이런 간단한 가설로부터 로렌츠는 기존 이론의 모든 것을 설명하면서 기존 이론의 가장 심각한 결점을 해소하였습니다.

빛의 전자기론의 이론적 발전과 함께 전자기파 운동과 빛 사이의 유사성을 증명하려는 실험 연구 역시 꾸준히 진행되었습니다. 그러나 과학자들은 이들 현상의 유사성을 상세히 보여 주는 것에 만족하지 않고, 더 나아가 이 둘이 동일한 자연현상이라는 것을 증명하고자 했습니다. 이런 노력의 일환으로 자기력이 전류에 영향을 미치는 것과 동일한 효과가 빛에 대해서도 나타나는지 연구하였습니다. 패러데이가 증명하려던 일도 바로 이것이었으며, 마침내 자기력으로 빛의 편광면이 회전하는 것을 실험으로 증명하였습니다. 그러나 전파되는 빛에 미치는 자기장의 영향을 보여 주려던 그의 마지막 실험은 성공하지 못했습니다.

최근 제만 교수는 연구자들의 수많은 노력을 지금까지 헛되게 만든 바로 이 문제를 푸는 데 성공했습니다. 제만 교수는 빛의 전자기 이론에 근거한 패러데이의 마지막 실험을 계속하였습니다. 수많은 실패 끝에 그는 전파되는 빛이 자기력의 영향을 받아 변하는 것을 마침내 확인하였습니다. 스펙트럼선들이 자기장 속에서 여러 개로 나누어진 것입니다. 이 연구의 면면들은 실험연구에서 이론의 중요성을 극명하게 보여 주고 있습니다. 로렌츠 교수는 그의 전자론을 이용하여 제만 교수가 발견한 현상을 만족스럽게 설명하였을 뿐 아니라 제만 교수가 미처 관찰하지 못했던 점들을 예측하였는데, 이것은 나중에 제만 교수가 다시 확인하였습니다. 그는 자장의 영향으로 분리된 스펙트럼선이 사실은 편광된 빛이라는 것을 밝혀냈습니다. 다시 말해서 자장의 영향을 받아 빛의 진동이 특정 방향으로 배열된다는 것인데, 그 방향은 자기력에 대한 빛의 진행 방향에 따라 달라지는 양상을 보입니다.

물리학자들에게 제만효과로 알려진 이 발견은 최근 수십 년간의 업적 중 가장 중요한 진전이었습니다. 전하를 띤 입자의 진동에 관한 법칙과 동일한 법칙으로 빛이 자기장의 영향을 받는다는 사실을 보임으로써, 빛의 전자기 이론의 가장 강력한 증거를 제시한 것입니다. 또한 제만 교수의 발견은 물질의 분자구조와 스펙트럼의 구성에 관한 지식에 대단히 중요한 기여를 하게 될 것입니다. 따라서 스웨덴 왕립과학원은 이 발견이 자연의 힘 사이의 관계를 이해하는 데 매우 중요하며, 물리학의 발전에 크게 기여할 것이므로 노벨 물리학상을 수상하기에 충분한 성과라는 결론에 도달하였습니다. 과학원은 또한 로렌츠 교수가 그의 전자기론에서 이 발견을 이끌어 준 역할을 높이 평가합니다. 그의 전자기론은 다른 영역에서도 매우 중요한 핵심적 개념이 될 것입니다.

왕립과학원은 이론과 실험 양면에서 이들이 보여 준 뛰어난 발견을 높이 평가하며 시상하고자 합니다. 과학원은 노벨 물리학상을 이 두 명의 뛰어난 과학자, 로렌츠 교수와 제만 교수에게 동등하게 나누어 수여합니다.

스웨덴 왕립과학원 원장 Hj. 테엘

자연방사 현상의 연구 | 베크렐
베크렐이 발견한 방사 현상 연구 | 퀴리 부부

1903

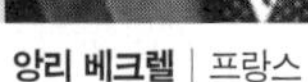
앙리 베크렐 | 프랑스

피에르 퀴리 | 프랑스

마리 퀴리 | 프랑스

:: 앙투안 앙리 베크렐 Antoine Henri Becquerel (1852~1908)

프랑스의 물리학자. 1872년부터 에콜 폴리테크니크에서 공부하였으며, 1874부터 1877년까지 "교량 및 고속도로 학교"에서 공부한 후 공학기사로 일하기도 하였다. 1876년 에콜 폴리테크니크의 조교수가 되었으며, 1895년 물리학과 교수가 되었다. 베크렐선이라고 하는 방사선을 발견하여 새로운 연구 분야를 탄생시켰다.

:: 피에르 퀴리 Pierre Curie (1859~1906)

프랑스의 물리화학자. 의사인 아버지에게서 교육을 받은 그는 16세에 대학입학 허가를 받았고 18세에 대학을 졸업했으며 1878년에 소르본 대학교의 실험조교로 고용되었다. 이후 1895년에 소르본 대학교에서 박사학위를 취득한 후, 1904년에 같은 대학교의 교수로 임명되었다. 1895년에 마리 퀴리와 결혼한 후 폴로늄과 라듐의 발견(1898)으로 시작되는 세계적으로 유명한 업적을 쌓았다.

:: **마리 퀴리** Marie Curie (결혼 전 이름은 Manya Sktodowska) **(1867~1934)**

폴란드 태생 프랑스의 물리학자. 수학 · 물리학 교사였던 아버지에게서 어릴 때부터 과학 교육을 받았다. 1891년에 파리 소르본 대학교에서 공부를 시작했으며, 고등물리화학연구소에서 실험을 지도하던 피에르 퀴리와 결혼한다. 1911년에는 단독으로 노벨 화학상을 받았다. 1896년 베크렐이 우라늄에서 방사능을 발견하자 우라늄과 토륨 화합물의 방사능을 연구하던 퀴리 부부는 폴로늄과 라듐이라는 매우 방사능이 강한 원소들을 추출하는 데 성공한다.

전하, 그리고 신사 숙녀 여러분.

지난 10년간 물리학의 역사는 예상치 못했던 놀라운 발견들의 기록으로 가득 차 있습니다. 왕립과학원은 알프레드 노벨 박사의 의지에 따라 부여된 숭고한 역할을 이렇게 풍요로운 물리학의 시대로부터 시작하였습니다. 왕립과학원이 1903년 노벨 물리학상을 수여하기로 한 위대한 발견은 이런 찬연한 발전의 기초를 마련한 것이었으며, 첫 번째 노벨 물리학상에서 주목한 발견과도 밀접합니다.

뢴트겐선이 발견되자 곧 이와는 다른 조건에서도 동일한 선이 만들어질 수 있는가 하는 의문이 생겨났습니다. 이에 관한 실험을 통해 앙리 베크렐 교수는 이 질문에 대한 해답뿐 아니라 전혀 새로운 사실을 발견하였습니다.

기체를 제거한 시험관에서 전기 방전을 일으키면 시험관 내에서는 방사 현상이 일어납니다. 이 현상을 음극방사라고 부르는데, 이 음극선을 물질에 조사照射하면 이번에는 뢴트겐이 발견한 뢴트겐선이 발생합니다. 또한 음극선이 조사된 물질에서는 형광 혹은 인광이라고 부르는 발광 현상이 나타나기도 합니다. 베크렐 교수의 실험은 바로 이런 환경에서 이루어졌습니다. 그가 품은 의문은 오랫동안 빛을 받아서 인광을 내는 물질은 스스로 뢴트겐선도 방출하지 않을까 하는 것이었습니다.

베크렐 교수는 감광판을 감광시키는 뢴트겐선의 잘 알려진 특징을 이용해서 이 문제에 접근했습니다. 그는 감광판 위에 알루미늄 포일을 덮고, 그 위에 유리판을 놓은 뒤 인광 물질을 올려놓았습니다. 알루미늄 포일을 뚫고 인광 물질이 감광판을 감광시킨다면, 그것은 뢴트겐선과 같은 어떤 선이 방출된다는 것을 의미하는 것이었습니다. 이 연구에서 베크렐 교수는 어떤 물질, 특히 우라늄 염을 올려놓았을 때 감광판에 그 물질의 형상이 나타나는 것을 발견했습니다. 이 결과는 우라늄 염에서 보통의 빛이 아닌 특별한 성질을 가진 빛이 방출된다는 것을 보여 주는 것이었습니다. 더 나아가 그는 이 방사가 인광 현상과 직접 관련이 없다는 새로운 사실을 밝혀낼 수 있었습니다. 인광 물질이 아닌 물질에서도 이러한 방사가 일어났으며, 인광을 일으키기 위해 빛을 조사하는 과정이 필요하지 않았고, 어떤 경우에나 에너지원이 없어도 일정한 강도의 방사가 지속되었습니다.

이것이 베크렐 교수가 자연방사와 그의 이름이 붙은 방사선을 발견한 과정입니다. 이 발견은 물질의 새로운 특성과 새로운 에너지원을 세상에 보여 주었습니다. 이러한 발견은 말할 나위도 없이 과학계의 커다란 관심을 불러일으키고, 베크렐선의 특징과 그 기원을 규명하기 위한 새로운 연구 분야를 탄생시켰습니다. 퀴리 부부는 바로 이 주제에 대한 체계적이고 포괄적인 연구를 수행했습니다. 그들은 수많은 단원소 물질과 광물들을 시험하여 우라늄에서 나타나는 것과 같은 놀라운 성질을 가진 물질이 있는지를 조사했습니다. 첫 번째 물질은 독일의 슈미트와 퀴리 부인이 거의 동시에 발견한 토륨으로 우라늄과 같은 정도의 방사능을 띠고 있었습니다.

베크렐선은 보통의 조건에서 전도체가 아닌 물질을 전기 전도체로 만드는 특징이 있는데, 과학자들은 이러한 베크렐선의 특징을 이용하여 방사능 물질을 연구해 왔습니다. 베크렐선을 충전된 검전기에 조사하면, 이 선에 의해 검전기 주위의 공기가 전도체로 변하기 때문에 상당히 빠른 방전이 일어납니다. 따라서 새로운 물질을 탐색하는 데 분광기가 사용되듯이 방사능 물질 탐색에는 검전기가 사용됩니다. 퀴리 부부는 검전기를 이용해서 피치블렌드의 방사능이 우라늄보다도 크다는 것을 발견했으며, 피치블렌드 속에 하나 이상의 새로운 방사능 물질이 들어 있으리라는 결론을 내렸습니다. 피치블렌드를 처리해서 합성물질을 얻은 뒤 검전기를 통해 그들이 얻은 물질의 방사능을 조사하고, 용해와 석출을 반복하는 과정에서 그들은 마침내 엄청난 강도의 방사능을 가진 물질을 추출하는 데 성공했습니다. 원료물질 1,000킬로그램을 처리해서 겨우 수 데시그램(1/10 그램)의 방사능 물질을 얻을 수 있다는 사실로부터 이 결과를 얻기 위해 얼마나 많은 노력이 필요했는지 가늠할 수 있을 것입니다. 이렇게 퀴리 부부는 폴로늄을 발견했으며, 베몽과 함께 라듐을, 그리고 데비에른과 함께 악티늄을 발견했습니다. 이들 중 적어도 라듐은 단원소 물질이었습니다.

베크렐은 우라늄을 이용한 연구에서 방사선의 몇 가지 중요한 특성들을 규명하였습니다만, 베크렐선에 관한 좀더 포괄적인 연구는 위에서 언급한 고방사능 물질을 통해서만 가능했으며, 이것으로부터 일부 결과들이 수정되기도 했습니다. 이런 연구의 선두에는 언제나 베크렐과 퀴리 부부가 있었습니다.

베크렐선은 여러 면에서 빛을 닮았습니다. 직선으로 전파되며, 특정 파장의 빛이 그런 것처럼 광화학 반응이나 인광 현상을 일으킵니다. 그럼에도 불구하고 베크렐선은 핵심적인 면에서는 빛과 많이 다릅니다. 예를 들어 금속이나 불투명한 물질을 통과한다거나, 전하를 띤 물질에 방전을 일으키고 빛의 고유한 특징인 반사나 간섭 그리고 굴절 현상이 없다는 점에서 그렇습니다. 이런 점에서 베크렐선은 뢴트겐선이나 음극선과 유사합니다. 베크렐선은 균일한 선이 아니라 여러 다른 종류의 선이 섞여 있다는 것도 밝혀졌습니다. 그중 일부는 뢴트겐선처럼 자기장이나 전기장 내에서 휘지 않지만, 다른 선은 음극선이나 골드스타인선처럼 휘었습니다. 뢴트겐선처럼 베크렐선도 피부나 눈에 손상을 입히는 강력한 생리학 반응이 있습니다.

마지막으로 어떤 방사능 물질들은 방사선과 직접 관련되지 않은 특별한 성질이 있습니다. 주변에 방사능의 특성을 전달하는 방사능 물질을 내놓음으로써 주위의 모든 물질이 순간적으로 방사능을 띠도록 만드는 것입니다.

따라서 베크렐선이 뢴트겐선이나 음극선과 직접 관련되어 있다는 것은 의심의 여지가 없습니다. 음극선을 설명하는 데 사용된 전자론은 베크렐선의 거동을 설명하는 데에도 성공적으로 적용되었습니다.

이상이 1903년 노벨상을 수상하는 베크렐 교수와 퀴리 부부의 연구 결과에 대한 설명이었습니다. 여기서 그들의 발견에 대한 설명을 마무리하겠습니다만, 이제까지 설명한 결과들이 노벨상을 수상하기에 충분한 중요성을 가지고 있음을 다시 한 번 강조합니다. 이러한 발견들은 지금까지 진공 중의 전기방전처럼 특정 조건에서 일어나는 방사 현상이 사실은 광범위하게 일어나는 자연스러운 현상임을 보여 주는 것입니다. 우리는 자발적인 방사현상이라는 대단히 새로운 현상에 대해 알게 되었습니다. 이로써 지구상에서 우리가 가지고 있던 어떤 방법보다도 훨씬 더 정교하게 물질의 존재 형태를 시험할 수 있게 되었습니다. 마지막으로 우리는 새로운 에너지원을 발견했습니다. 이 에너지원은 앞으로 완전한 설명이 필요한 부분이며, 이에 관한 연구는 물리와 화학에서 가장 중요한 연구 분야가 될 것입니다.

베크렐 교수와 퀴리 부부의 발견은 곧 바로 물리학의 새로운 지평을 열었습니다. 이 영역의 연구가 이제 막 시작되고 있습니다. 지난해에 퀴리 교수는 라듐에서 일어나는 자발적인 열의 방출을 확인하였으며, 러더퍼드와 램지 교수는 라듐에서 헬륨이 방출되는 것을 관찰하였습니다. 이러한 발견들은 물리학자나 화학자에게 대단히 중요한 결과들이며, 베크렐 교수의 발견에서 비롯된 미래의 희망이 대부분 실현된 셈입니다.

베크렐 교수와 퀴리 부부의 발견과 연구는 서로 밀접하게 연관되어 있으며, 실제로 퀴리 부부는 공동연구를 수행하였습니다. 왕립과학원은 자연방사능의 발견에 대해 주어진 노벨상의 시상에서 이들 훌륭한 과학자들의 성과를 구별하는 것이 불가능하다고 생각합니다. 따라서 과학원은 1903년 노벨상을 공평하게 나누어 반은 자연방사능을 발견한 앙리 베크렐 교수에게, 그리고 나머지 반은 베크렐 교수가 발견한 방사선의 증거를 확립한 공로로 퀴리 부부에게 수여하기로 결정하였습니다.

베크렐 교수님.

교수님의 방사능 발견은 공간의 광대함을 거침없이 관통하는 천재성을 통해 자연을 탐구하는 인간 지식의 승리를 보여 주었습니다. 교수님의 승리는 "이그노라무스-이그노라비무스ignoramus-ignorabimus"(지금도 알 수 없고 앞으로도 알지 못할 것)라는 고대의 속설에 대한 통쾌한 반증입니다. 또한 인류의 숙원이기도 한 과학이 새로운 영역의 정복을 달성하리라는 희망을 보여 주었습니다.

퀴리 교수님 부부의 위대한 성취는 "코니누크타 발렌트coninucta valent"(뭉치는 것이 힘)라는 옛 속담의 가장 훌륭한 예를 보여 주었습니다. 또한 "사람의 독처하는 것이 좋지 못하니 내가 그를 위하여 돕는 배필을 지으리라"는 구약 성경의 말씀을 새삼스레 다시 보게 합니다. 그러나 그것만이 전부는 아닙니다. 서로 다른 국적의 연구팀인 이 학자 부부의 경우에서 우리는 과학의 발전을 위해 인류가 힘을 합치리라는 희망찬 전조를 보게 됩니다.

유감스럽게도 이들 수상자들은 불가피한 사정 때문에 저희와 함께 하지 못했습니다. 그러나 다행스럽게도 그들을 대신하여 존경하는 마르샹 장관께서 참석해 주셨으며, 프랑스를 대표하여 프랑스 국민에게 주어지는 상을 수상하시겠습니다.

스웨덴 왕립과학원 원장 H. R. 퇴네블라드

기체의 밀도에 대한 연구와 아르곤의 발견

1904

존 레일리 | 영국

:: **존 윌리엄 스트룻 레일리 John William Strutt Rayleigh (1842~1919)**

영국의 물리학자. 케임브리지 대학교 트리니티 칼리지에서 공부하였다. 1871년에 이집트를 여행하면서 자신의 대표 저작 『음의 이론Theory of Sound』을 저술하기 시작하였다. 1879년부터 1884년까지 케임브리지 대학교 실험물리학 교수로 재직하였으며, 1905년부터 3년간 왕립 학회장을 지낸 후, 1908년에 케임브리지 대학교명예 총장이 되었다. 공기로부터 추출된 질소가 화학적으로 만들어진 질소보다 무겁다는 점에 착안하여 같은 해 노벨 화학상 수상자이기도한 윌리엄 램지와 함께 연구하여 알곤 가스가 존재함을 증명했다.

전하, 그리고 신사 숙녀 여러분.

왕립과학원은 올해의 노벨 물리학상을 기체의 밀도에 관한 연구와 그 결과의 하나인 아르곤을 발견한 공로로 런던 왕립연구소 교수인 레일리 경에게 수여하기로 결정하였습니다.

과학자들이 지대한 관심을 가져온 물리와 화학의 문제 중에서 대기의 조성과 특성에 관한 문제는 항상 특별한 자리를 차지하고 있었습니다.

수세기 동안 이 문제는 강한 호기심과 집중적인 실험연구의 대상이었습니다. 따라서 그 역사는 물리와 화학의 발전과 함께 해왔으며 관련 분야의 점진적 발전 양상을 극명하게 보여 주고 있습니다. 과거에는 이미 굳어져 버린 잘못된 지식과 부족한 실험결과들 때문에 발전이 저해되는 경우를 흔히 볼 수 있었습니다. 17세기의 과학자인 보일, 메이요, 헤일스 등이 이 문제를 해결하지 못했던 것도 바로 이런 경우에 해당합니다. 100년이 지나서 프리스트리, 블랙, 캐번디시, 그리고 누구보다도 라부아지에의 발견이 있은 뒤에야 비로소 그 해답이 얻어졌습니다. 그때는 물론 최근까지도 이렇게 이 분야는 완결된 것처럼 보였습니다.

이런 상황에서 공기 속에 약 1퍼센트나 되는 상당한 양의 새로운 물질이 존재한다는 것은 대단히 놀라운 일이 아닐 수 없습니다. 물리와 화학의 관찰 능력이 오늘날 이렇게 발전했는데도 어떻게 그 기체가 발견되지 않은 채로 남아 있었을까 하는 질문을 던지지 않을 수 없습니다.

그것은 화학계에서 이상하리만치 이 분야에 관심을 보이지 않았던 시기상의 특징 때문이기도 하고, 물리 분야에서는 대기의 특성을 조사하는 정밀도가 레일리 경이 달성한 수준에 미치지 못했기 때문이기도 합니다. 특히 밀도 측정이 그 경우에 해당됩니다. 레일리 경은 공기에서 추출된 질소가 항상 화학적으로 만들어진 질소보다 조금 무겁다는 것을 발견했습니다. 그 차이는 0.5퍼센트 이상이었는데 측정기의 측정 오차는 그것의 1/50 정도에 불과하므로 그 차이는 의심의 여지가 없었습니다. 이 두 가지 질소 간에 명백한 밀도 차이가 존재한다면, 어떻게 물질이 두 가지 특이한 상태로 존재할 수 있을까하는 의문이 생겼습니다. 상태에 영향을 줄 수 있는 모든 가능성을 조사하였지만, 차이를 설명하기에 충분하지는 않았습니다.

레일리 경의 생각 속에는 이제 단 한 가지의 가능성만이 남아 있었습니다. 즉 대기 중의 질소는 단일 원소의 가스가 아니라 순수한 질소와 알려지지는 않았지만 더 무거운 다른 원소가 섞인 기체라는 것입니다. 그렇다면 그 기체는 어떤 식으로든 분리될 수 있어야 했는데, 분리에 사용할 수 있는 물리적 혹은 화학적 방법은 원론적으로는 이미 잘 알려져 있었습니다. 이제 문제는 그 새로운 기체를 가장 순수한 형태로 추출하는 것과 그 핵심 특성들을 조사하기에 충분한 양을 추출하는 것이었습니다. 이 어렵고도 지루한 작업을 레일리 경과 윌리엄 램지 경(램지 경도 같은 해인 1904년에 노벨 화학상을 수상했다—옮긴이)이 공동으로 이루어냈습니다. 그 결과 공기 중에 새로운 기체가 존재한다는 것을 완벽히 증명했을 뿐 아니라 그 물리·화학적 특징들에 대한 완전한 지식을 구축하였습니다.

흥미롭고 중요한 이 모든 내용을 자세히 설명할 시간이 없습니다만, 저는 감히 다음의 사실들을 강조하고자 합니다. 새로운 원소가 존재한다는 것을 증명하는 것 자체도 물론 매우 중요한 것이지만, 이 경우는 물리 탐구의 역사에서 거의 유례가 없는 수준의 정밀도와 정교함을 갖춘 순수 물리 연구라는 점에서 특별합니다. 또한 아르곤의 발견이 곧이어 윌리엄 램지 경이 발견한 헬륨과 또한 '불활성 기체' 발견의 단초를 제공했다는 점을 고려할 때, 레일리 경의 연구는 노벨 물리학상을 수여하기에 충분합니다. 더욱이 이 성과는 다양한 분야에서 물리학을 풍성하게 만든 그의 뛰어난 연구들의 한 부분에 불과하며, 앞으로도 그는 이 탁월한 연구들로 물리학의 역사에서 특별한 자리를 차지할 것입니다.

스웨덴 왕립과학원 원장 J. E. 세더브롬

음극선에 관한 연구

1905

필리프 레나르트 | 독일

:: **필리프 에두아르트 안톤 폰 레나르트 Philipp Eduard Anton von Lenard (1862~1947)**

헝가리 태생 독일의 물리학자. 부다페스트, 비엔나, 베를린, 하이델베르크 등에서 분벤, 헬름홀츠, 쾨니스베르거, 퀸케의 지도 아래 물리학을 공부하여, 1886년에 하이델베르크 대학교에서 박사학위를 취득한 뒤 1907년부터 1931년까지 하이델베르크 대학교 물리학 교수로 재직하였다. 음극선에 관한 연구를 통하여 전자론의 발전에 기여했을 뿐만 아니라, 물리학의 새로운 분야를 열었으며, 이와 비슷한 선을 찾는 연구의 시발점이 되었다.

전하, 그리고 신사 숙녀 여러분.

스웨덴 왕립과학원은 음극선에 관한 중요한 연구 업적을 기려 킬 대학교의 필리프 레나르트 교수를 올해의 노벨 물리학상 수상자로 선정하였습니다.

음극선의 발견은 뢴트겐과 베크렐 교수, 그리고 퀴리 부부로 이어지는 찬란한 발견들과 그 맥을 같이합니다. 음극선은 1869년, 노벨 재단이 수상자를 선정하기 전에 히토르프가 이미 발견하였습니다. 그러나 그 중요성이 갈수록 커지고 있는 히토르프의 발견을 더욱 발전시킨 레나르트의 업적은 그와 유사한 연구로 노벨상을 받은 여러 사람들과 마찬가지로 충분한 수상 자격을 갖추었습니다.

음극선의 방출은 낮은 압력의 기체 속에서 전기가 방전될 때 일어납니다. 낮은 압력의 기체가 들어 있는 시험관 속으로 전류를 흘려 주면, 가스 속과 전기를 전달하는 금속선이나 막대 주위에 특정한 방사현상이 일어납니다. 이 현상은 시험관 속의 가스 압력이 낮아짐에 따라 그 형태와 특성이 변하는데, 어떤 특정 압력에서는 음극cathode에서 선이 방출됩니다. 이 선은 눈에 보이지 않지만 독특한 효과가 있어서 관찰이 가능합니다. 이 선이 유리시험관 벽이나 다른 물체에 부딪치면 빛을 내거나 형광을 발생시키고 이 선의 진행 선상에 있는 물체에서 작열이 일어나게 합니다. 그리고 이 선은 보통의 광선처럼 직선으로 나아가지만 자석에 의해 그 진행 방향이 휜다는 점에서 보통의 광선과 차이가 있습니다.

음극선에 관한 이러한 일반적인 특징들이 오랫동안 알려져 있었습니다만 그 본질을 파악하기에 충분한 것은 아니었습니다. 20년 전에는 기본적으로 두 종류의 상이한 개념이 있었습니다. 주로 독일의 물리학자들이 지지했던 첫 번째 개념은 음극선이 보통의 광선들처럼 에테르 속을 파동치며 진행한다는 것이었습니다. 한편 주로 영국의 과학자들이 널리 받아들였던 두 번째 개념은 음극선이 음극에서 방출하는 음전하를 띤 입자들로 이루어졌다는 것입니다. 이 이론들 중 어느 하나를 선택하는 것은 실험연구의 결과에 따라야만 했습니다. 그러나 음극선이 시험관 벽을 뚫고 나올 수 없는 시험관 내의 현상이라는 제약 때문에 어려움을 겪고 있었습니다. 음극선이 시험관 밖에서도 존재할 수 있는지는 의문으로 남아 있었습니다.

이것이 1893년 레나르트 교수가 음극선에 관한 연구를 시작할 때의 상황이었습니다. 그는 젊은 나이에 세상을 뜬 그의 스승, 하인리히 헤르츠 교수가 관찰한 사실로부터 연구를 시작했습니다. 헤르츠 교수는 음극선이 방전관 내에 넣은 얇은 금속판을 뚫고 진행한다는 것을 관찰했는데, 이 사실을 이용해서 음극선을 시험관 밖으로 끄집어내기 위한 연구를 레나르트 교수에게 제안했습니다. 그는 전체가 유리로 되어 있지 않고 일부분이 매우 얇은 알루미늄 판으로 막힌 시험관을 사용해서, 음극선이 알루미늄 판을 뚫고 나와 공기 중에서 직선으로 진행하는 것을 발견했습니다. 이 발견은 매우 광범위한 성과들로 이어졌는데 특히 방사 현상 자체의 연구 분야에서 그렇습니다. 음극선의 연구를 전보다 훨씬 편리하고 간단한 실험 조건에서 할 수 있게 되었으며, 시험관 속에서 음극선을 발생시키는 일과 음극선의 진행이나 다른 특성에 관한 탐색을 분리시켜 진행할 수 있게 되었습니다.

레나르트 교수는 우선 알루미늄 창을 뚫고 나온 음극선도 시험관 속의 음극선과 동일한 특성, 즉 형광을 유발하고 자석에 의해 휘는 특성이 있음을 확인했습니다. 더 나아가 그는 음극선이 사진 건판을 감광시키는 화학 작용을 할 수 있으며, 공기를 오존화시키고 이른바 이온화 과정을 통해 공기를 도체로 바꾸는 특징들을 찾아냈습니다. 또한 음극선은 진공 속에서 방해를 받지 않고 직진하지만 가스 속에서는 흩어지는데, 공기의 밀도가 높아질수록 그 정도가 심해진다는 사실을 발견하였습니다. 음극선을 흡수하는 능력은 물질마다 다르며 밀도와 직접적인 관련이 있다는 사실도 확인되었습니다. 음극선은 진공에서도 음전하를 전달하는 매체이고, 따라서 자장과 전기장 모두에 의해 그 진행 방향이 바뀔 수 있다는 사실도 밝혀졌습니다. 마지막으로 레나르트 교수는 자석에 의해 휘어지는 정도에 따라 구별되는 여러 종류의 음극선이 있으며, 음극선의 종류는 방전관 내의 가스 농도에 따라 결정된다는 것을 밝혀냈습니다.

레나르트 교수가 음극선에 대한 연구를 시작할 때에는 앞서 언급한 독일 연구자들의 견해, 즉 에테르 내에서 음극선의 진동이라는 개념에서 접근했습니다. 그러나 연구를 진행하면서 특히 음극선이 전기장에 영향을 받는다는 사실이 드러나면서 이 관점은 수정되어야 했습니다. 그는 이제 크룩스를 중심으로 한 영국 학자들의 견해, 즉 음극선은 음극에서 방출되는 음전하를 띤 입자들로 되어 있다는 견해에 더 가까워졌습니다. 그러나 이 이론으로 레나르트 교수와 다른 연구자들이 밝혀낸 현상들을 정확히 기술하기 위해서는 여러 세부적인 사항들을 수정해야 했습니다. 예를 들어 크룩스의 관찰처럼 음극에서 방출된 이 입자들 이른바 '전자'들은 화학원자들에 비해 훨씬 작은 질량을 가져야만 한다는 점, 그리고 전자들의 속도는 광속의 약 1/3까지 도달할 수 있지만 이보다 상당히 느린 음극선도 있다는 점 등이 그것입니다. 그러나 실은 다양한 종류의 음극선들이란 음극에서 방출되는 속도가 다르기 때문에 나타나는 것이었습니다. 좀더 최근의 연구에서 레나르트 교수는 음전하로 충전된 물체에 자외선을 쪼임으로써 비교적 느린 속도의 음극선을 만들 수 있었습니다. 이로써 다른 연구자들이 발견한 중요한 현상들을 모두 설명할 수 있게 되었습니다.

이 연설에서 간단히 설명한 레나르트 교수의 연구는 다른 과학자들의 의미있는 연구로 이어졌습니다. 이러한 실험연구는 전자론 구축의 이론적 기초가 되었습니다. 음극선의 연구를 통해 전자론과 전자의 특성, 그리고 물질 간의 관계에 대한 이해가 깊어졌으며, 동시에 레나르트 교수 자신과 다른 학자들은 현대 물리학의 가장 앞선 이론들 중 하나를 개척하고 있습니다. 이 이론은 음극선뿐 아니라 이와 밀접하게 관련된 다른 현상들을 설명하는 데에도 중요합니다. 물질 구성에 관한 개념으로서의 전자론은 전기나 빛에 관한 학문에서 물리학자와 화학자 모두에게 가장 근본적이며 중요한 개념으로 자리 잡게 되었습니다.

레나르트의 음극선 연구는 이 현상들에 대한 우리의 지식을 풍부하게 해주었을 뿐 아니라, 여러 면에서 전자론의 발전에 기반이 되었습니다. 특히 방전관의 밖에서도 음극선이 존재할 수 있다는 레나르트 교수의 발견은 물리학의 새로운 기원을 열었습니다. 그의 연구는 이와 비슷한 다른 선들의 기원을 찾기 위한 시발점이 되었습니다. 뢴트겐이나 베크렐 그리고 퀴리 부부 등 노벨상 수상자들과 그 뒤를 잇는 과학자들의 혁명적인 발견들은 이러한 추구의 결실이며, 동일한 과학 발전의 역사라고 할 수 있습니다.

레나르트 교수 연구의 중요한 학문적 가치, 그리고 선구적 특성을 기리며 스웨덴 왕립과학원은 그에게 1905년 노벨 물리학상을 수여하기로 결정하였습니다.

스웨덴 왕립과학원 원장 A. 린드스테드

기체의 전도성에 대한 이론적, 실험적 연구

1906

조지프 톰슨 | 영국

:: **조지프 존 톰슨Joseph John Thomson (1856~1940)**

영국의 물리학자. 오웬스 칼리지와 케임브리지 대학교 트리니티 칼리지에서 공부하였으며, 1883년에 석사 학위를 취득하였다. 1894년 케임브리지 대학교교수가 되었으며, 1918년에는 트리니티 칼리지의 학장이 되었다. 1908년에 기사 작위를 받았고, 1912년에는 메리트 훈장을 수상하였다. 톰슨은 전하를 띤 작은 입자들이 단위 전하량을 가진다는 가정에서 출발하여 각각의 원자가 지니는 전하량을 측정하는 데 성공하였다.

전하, 그리고 신사 숙녀 여러분.

실생활에서 전기의 중요성은 날로 증가하고 있습니다. 전기의 개념은 몇십 년 전만 하더라도 지식인의 실험실에서나 진행되는 조용한 학문 탐구의 대상이었습니다만, 이제는 시끌벅적한 대중적 화제가 되었습니다. 대부분의 사람들이 무게나 질량처럼 전기에 익숙해질 날이 조만간 올 것입니다. 그러나 중요한 것은 전기를 연구하는 과학자들에 의해 과학계에 혁명이 일어나고 있다는 것입니다. 1820년 외스테드가 전류에 의해 자침이 움직이는 현상을 발견하자마자, 프랑스의 천재적인 과학자 암페어가 전기로 유도된 자기 현상을 설명하는 이론을 내놓았습니다. 스코틀랜드의 유능한 물리학자인 맥스웰의 이론적 연구는 이 현상들을 설명하는 데서 더 나아가 빛이 에테르 내에서 일어나는 전자기의 파동임을 증명하였습니다. 지난 몇 년간 일어났던 가스 내의 전기방전에 관한 위대한 발견들도 이에 버금가거나 더 중요한 것임은 의심의 여지가 없습니다. 왜냐하면 그 발견들이 물질에 대한 이해를 크게 발전시킬 것이기 때문입니다. 올해의 물리학상 수상자인 케임브리지 대학교의 톰슨 교수는 지난 수년간 주도 면밀한 연구를 추진하여 이 분야에서 가장 핵심적인 기여를 했습니다.

1834년 패러데이는 모든 원자들이 원자가에 따라 수소원자의 전하 혹은 그 배수에 해당하는 전하를 띤다는 매우 중요한 사실을 발견했습니다. 이 발견이 있자 헬름홀츠를 포함한 많은 사람들은 자연스럽게 수소원자 고유의 전하량으로서의 단위전하, 다시 말해 전기의 원자를 거론하게 되었습니다.

패러데이의 법칙을 달리 표현하자면 1그램의 수소(혹은 이에 상당하는 질량의 다른 원소)는 28950×10^{10}의 정전하를 띤다는 것입니다. 1그램의 수소에 얼마나 많은 수소원자가 있는지를 알기만 하면, 우리는 각각의 수소원자 한 개가 가지는 전하를 계산할 수 있습니다. 지난 세기 과학자들 사이에 가장 인기가 있는 연구주제였던 기체동역학은 가스가 자유로이 움직이는 분자들로 되어 있다는 가정에 바탕을 두고 있는데, 압력이란 바로 이들 분자들이 가스를 가두는 벽에 부딪치는 충격량입니다. 따라서 압력으로부터 정확하게 가스분자들의 속도를 계산할 수 있습니다. 또한 가스가 확산하는 속도나 이와 밀접한 현상들로부터 분자들이 차지하는 공간의 부피를 정확히 계산할 수 있습니다.

이런 방법으로 과학자들은 분자의 질량을 알 수 있었으며, 수소와 같은 화학물질 1그램 속에 들어 있는 원자 수를 계산할 수 있었습니다. 그러나 이렇게 얻어진 값이 아주 정확하다고 주장할 수는 없었으며 많은 과학자들은 추측에 불과하다고 생각하였습니다. 고성능 현미경으로 물한 방울 속의 분자 수를 셀 수 있었다면 상황은 크게 달라졌을 것입니다만, 그럴 가능성은 없었고 따라서 분자의 존재는 다만 많은 문제를 가진 것으로 생각되었습니다. 어쨌든 가스동역학의 추론 결과가 분자나 원자의 크기에 대한 가장 근접한 값을 준다고 전제하고 수소원자 하나의 전하량을 계산하면, 그 값은 정전하 단위로 1.3×10^{-10}에서 6.1×10^{-10} 사이의 값을 갖는다는 결론에 도달합니다.

그러나 톰슨 교수는 아무도 생각하지 못한 교묘한 방법으로 알아내었습니다. 1887년에 리하르트 폰 헬름홀츠는 전하를 띤 작은 입자는 그 주위에 수증기를 응결시키는 특성이 있음을 발견했습니다. 톰슨 교수와 그의 학생인 윌슨은 이 현상을 그들의 연구에 활용했습니다. 그들은 뢴트겐선을 이용하여 공기 중에서 전하를 띤 작은 입자들을 얻을 수 있었습니다. 톰슨 교수는 이 입자들이 단위전하량을 가진다고 가정하였습니다. 그는 공기 중의 전기량을 측정함으로써 주어진 양의 공기 중에 어느 정도의 전하가 존재하는지를 계산하였습니다. 그러고는 수증기로 포화된 공기를 갑자기 팽창시켜 수증기가 전하를 띤 입자에 의해 응결하도록 만들고, 응결된 방울이 가라앉는 속도로부터 그 크기를 계산하였습니다.

이제 응결된 물의 양과 각각의 응결된 방울의 크기를 알게 되었으므로 그는 응결된 방울의 수를 어렵지 않게 계산할 수 있었는데, 그 수가 바로 전하를 띤 작은 입자의 숫자에 해당하는 것입니다. 통 속의 전체 전하량을 이미 측정하였으므로 그는 전하를 띤 작은 입자들이었던 물방울 각각의 전하량, 즉 단위전하량을 구할 수 있었습니다. 그 값은 정전하 단위로 3.4×10^{-10}입니다. 이 값은 가스동역학 분석에서 얻은 값의 평균치에 대단히 근접한 것이었습니다. 이 결과는 서로 다른 두 측정 방법에서 모두 일치하였으며, 이는 단위전하값을 얻기까지 그들이 사용한 추론이 대단히 정확했음을 보여 줍니다.

톰슨 교수가 실제로 원자를 본 것은 아니지만 그는 각각의 원자가 지닌 전하량을 측정함으로써 그에 버금가는 성취를 이루었습니다. 이 관찰을 통해 그는 1기압 0도의 가스 1세제곱센티미터 안에 들어 있는 분자의 수를 계산할 수 있었습니다. 말하자면 물질계에서 가장 근본적인 자연상수를 얻어낸 것입니다. 그 숫자는 40×10^{18}개보다 작지 않은 값입니다. 대단히 독창적인 실험으로 톰슨 교수는 학생들과 함께 전하를 띤 작은 입자들의 질량이나 주어진 힘에 의해 유발되는 속도 같은 매우 중요한 특성들을 결정하였습니다. 전하를 띤 입자를 만들기 위해 뢴트겐선, 베크렐선, 자외선, 바늘 끝의 아크방전, 그리고 백열광 같은 다양한 방법이 사용되었습니다. 이 중 가장 괄목할 만한 것은 낮은 압력의 가스에서 생성된 음극선 내의 전하입자였습니다. 전자로 불리는 이 작은 입자는 많은 과학자들의 오랜 연구 주제였으며, 작년의 노벨 물리학상 수상자인 레나르트 교수와 톰슨 교수는 그 연구의 선두에 서 있습니다. 이들 작은 입자들은 방사능 물질에서 방출되는 베타선에서도 발견되었습니다. 톰슨 교수의 연구결과에 따라 이 입자들이 음의 단위전하를 띤다고 가정하면, 우리는 이 입자가 가장 작은 원자로 알려진 수소원자보다 질량이 약 1,000배나 작다는 결론에 도달하게 됩니다.

한편 톰슨 교수와 빈 그리고 다른 학자들의 계산에 따르면 양으로 대전된 가장 작은 입자는 보통의 원자와 같은 정도의 질량입니다. 지금까지 모든 물질들은 음으로 대전된 전자를 방출할 수 있다는 연구 사실로부터 톰슨 교수는 음전하를 띤 전자만이 실존하며, 양전하를 띤 작은 입자는 중성의 원자가 전하를 띤 전자를 잃었기 때문에 생겼다고 추론하였습니다. 이로써 톰슨 교수는 오직 한 종류의 전기만이 존재한다는 벤저민 프랭클린의 주장(1747년)에 물리적 의미를 부여하였습니다. 톰슨 교수는 실존하는 전기는 오로지 음의 전기라고 하였습니다.

이미 1892년 톰슨 교수는 운동하는 전하를 띤 물체는 전자기에너지를 가져 질량이 커지는 효과가 나타나는 것을 보여 주었습니다. 라듐에서 방출되는 베타선의 속도에 관한 카우프만의 실험으로부터 톰슨 교수는 음전하의 전자들은 실제 질량을 가지는 것이 아니라 전하 때문에 질량을 갖는 것처럼 보일 뿐이라는 결론에 도달하였습니다.

이제는 모든 물질이 음의 전자를 가지고 있다는 가정을 타당하다고 생각합니다. 따라서 모든 물질의 질량은 겉보기에 불과하고 실제로는 전기력에 영향을 받는 값입니다. 톰슨 교수는 이런 맥락에서 매우 흥미로운 실험을 진행했는데, 올해(1906년) 가장 최근의 연구 결과는 물질 질량의 1/1000 정도가 전기력에 기인한다는 것을 보여 주고 있습니다.

톰슨 교수님.

스웨덴 왕립과학원은 올해의 노벨상을 교수님께 수여하기로 결정하였습니다.

교수님이 성취한 일을 보고 있자면 소크라테스에 관한 크세노폰의 유명한 글이 떠오릅니다. 아마 교수님도 젊었을 때 그 글을 숙독하셨을 것입니다. 크세노폰은 소크라테스와의 대화가 지구의 원소에 관한 얘기에 이르면, 소크라테스는 이렇게 말했다고 합니다. "그것에 관해서 우리는 아는 게 없다네." 지금 우리를 포함한 모든 세대가 동의하며, 이 대답에서도 알 수 있는 소크라테스의 명민함이 과연 모든 물질에 관한 최종의 결론으로 계속 남을 수 있을까요? 누가 과연 그렇게 얘기할 수 있을까요? 우리 모두가 잘 알다시피 자연과학의 모든 위대한 시기는 그 자체의 고유한 특징들이 있습니다. 이제 우리는 새로운 특징을 가진 새로운 시대의 시발점에 서 있습니다.

본 과학원을 대표해서 우리 시대의 자연과학자들에게 새로운 방향에서 새로운 탐구를 시작할 수 있도록 이끈 교수님의 연구성과에 축하를 드립니다. 교수님은 조국인 영국의 위대하고 유명한 과학자이며, 과학에서 가장 높고 숭고한 업적을 쌓은 패러데이와 맥스웰의 족적을 뒤따라왔다고 하기에 충분합니다.

스웨덴 왕립과학원 원장 J. P.클라손

간섭계의 개발과 도량형의 정밀화

앨버트 마이컬슨 | 미국

1907

:: **앨버트 에이브러험 마이컬슨 Albert Abraham Michelson (1852~1931)**

독일 태생 미국의 물리학자. 1873년 아나폴리스에 있는 해군사관학교를 졸업하였으며, 1875년부터 1879년까지 해군사관학교에서 과학을 가르쳤다. 1883년 클리블랜드 케이스 응용과학 학교 물리학 교수로 임용되었으며, 1892년부터 1929년까지 시카고 대학교 물리학부 교수로 재직하였다. 1923년부터 5년간 국립 과학아카데미 의장으로도 활동하였다. 간섭계 및 분광학에서의 그의 업적으로 인하여 길이에 대한 높은 정확도를 확보할 수 있게 되었다.

스웨덴 왕립과학원은 올해 노벨 물리학상을 광학정밀기기와 이 기기로 정밀 측정학과 분광학을 연구한 시카고 대학교의 앨버트 A. 마이컬슨 교수에게 수여하기로 결정했습니다.

요즘 자연과학의 모든 분야에는 지칠 줄 모르는 열정으로 뛰어난 업적을 보이는 연구들이 진행되고 있으며, 이전의 어느 때보다 훨씬 더 중요한 새로운 지식들이 전례없이 풍부하게 축적되고 있습니다. 이러한 경향은 천문학, 물리학과 같은 정통 과학에서 특히 두드러집니다. 우리는 지금 정통 과학 분야에서 여러 문제의 해결책들을 찾아가고 있습니다만, 얼마 전까지만 해도 이러한 해결책들을 언급하는 것 자체가 유토피아를 말하는 것처럼 비현실적인 것으로 간주되었습니다. 정통 과학에서 이와 같은 만족할 만한 발전이 이루어진 이유는 관찰과 실험에 쓰이는 방법과 도구들이 개선되었고, 관찰된 현상을 정량적으로 조사하는 방법론 등이 개발되었기 때문입니다.

고도로 발달한 정밀 과학인 천문학은 완전히 새로운 하부 학문 분야를 확보해 왔을 뿐만 아니라 갈릴레이 이후 다른 어떤 과학 분야보다 중요성이 부각되었습니다. 그리고 물리학은 정밀 과학으로서 놀랄 만큼 발전하였는데, 물리학이 이룬 모든 위대한 발견은 주어진 물리 현상을 높은 정확도로 측정함으로써 이루어졌다고 감히 말할 수 있습니다. 지난 19세기 초까지만 해도 길이를 측정할 때 100분의 2~3밀리미터의 정확도가 거의 환상적인 경지로 여겨졌다는 것을 생각한다면, 오늘날 정밀과학에서 요구되는 기준이 얼마나 높은지 알 수 있습니다. 오늘날의 과학 연구는 과거보다 10배 또는 100배 이상의 정확도가 필요하고, 실제로 그 정확도로 측정합니다. 이러한 관점에서 볼 때 물리학에서의 새로운 발견은 측정이 가장 근본이며 필수 조건입니다.

올해의 노벨 물리학상을 선정할 때 학회에서 주지하려던 것은 바로 측정에서의 진보였습니다. 정밀 물리학에서 망원경과 현미경이 측정의 도구로 얼마나 중요한지, 그리고 그것들이 어떤 영향력이 있는지 모르는 사람은 거의 없을 것입니다. 그러나 이러한 도구들의 효율성은 이제 한계에 도달했는데, 이론적이고 실질적인 이유로 더 이상 이 한계는 극복할 수 없었습니다. 하지만 마이컬슨 교수는 이전에는 어쩌다 한번 사용할 뿐이었던 광학에서의 간섭법칙을 이용해 오늘날 최고 성능의 현미경으로 측정할 수 있는 것보다 20배에서 100배의 정밀도를 가진, 이른바 간섭계라는 측정도구를 만들었습니다.

간섭계는 간섭현상의 독특한 성질을 이용해 길이와 같은 물리 값을 측정할 수 있습니다. 간섭으로 야기된 상의 변화는 사용하는 빛의 파장에 따라 달라지므로 빛의 파장을 알 수 있다면 상이 어떻게 변화할지 알 수 있습니다. 이 방법을 사용하면 흔히 사용하는 빛의 파장의 50분의 1 정도의 정확도를 얻을 수 있는데, 이것은 1밀리미터의 10만 분의 1의 정확도에 해당합니다. 이렇게 정확도가 높아지면서 측정이 가능해진 측정량들이 바로 정밀 물리학 연구에서 자주 측정되는 물리량이라는 것을 생각한다면 더 이상 법석을 떨 것도 없이 마이컬슨 교수의 간섭계는 물리학자들에게 효율성뿐만이 아니라 용도의 다양성으로도 가치를 매길 수 없을 만큼 훌륭한 도구인 것은 분명합니다.

용도의 다양성에 대해 예를 들면 다음과 같습니다. 고체의 열팽창, 응력을 받거나 회전운동하는 고체들의 탄성거동, 마이크로미터 스크류의 오차한계, 투명한 고체나 액체 박막의 두께, 보통 저울과 뒤틀림 저울을 사용하여 지구의 중력상수·질량·평균밀도의 계산 같은 일들을 모두 이 도구를 사용해서 얻을 수 있습니다. 간섭계를 사용한 최근의 연구결과로는 1초의 수분의 1도의 정확도를 가진 워즈워스의 검류계를 들 수 있습니다. 이 검류계는 눈에 보이지 않을 정도로 약한 전류를 이제까지 얻을 수 없었던 정확도로 측정하는 장치입니다. 그러나 간섭계가 가진 다양한 응용 예는 중요하고 흥미롭지만 마이컬슨 교수가 간섭계로 도량형학과 분광학 분야에서 수행한 연구와 비교하면 상대적으로 그 중요성은 덜합니다.

마이컬슨 교수의 연구는 정밀물리학의 전 영역에 대해서 포괄적으로 중요하므로 그 자체로 노벨상을 받을 충분한 가치가 있습니다. 도량형학은 전체 미터법의 근간이 되는 길이에 대한 국제적인 표준을 일정하게 유지하는 방법을 찾는 것입니다. 길이원형에서 일어나는 사소한 변화들도 정확히 측정되어야 하며, 만약 길이원형을 잃어버리더라도 완전히 똑같은 것을 만들어 내 현미경으로 관찰하더라도 원래의 원형과 차이가 없을 정도로 만들 수 있어야 합니다.

도량형학의 중요성에 대해서는 특별히 강조할 필요가 없지만 아무리 간략하다 할지라도 연구의 과정과 결과에 대한 전체적인 윤곽을 언급하는 것이 적절하다고 생각합니다.

간섭계를 사용해 작은 단위의 길이를 매우 높은 정확도로 측정할 수 있다는 사실과 그 측정은 한 가지 유형의 빛의 파장을 한 단위로 사용해 이루어졌다는 것은 이미 강조하였습니다. 게다가 조건이 적절하다면 이러한 방식을 사용해 0.1미터 혹은 그 이상의 길이도 정확하게 측정할 수 있습니다. 마이컬슨 교수는 무엇보다도 10센티미터라는 길이표준을 카드뮴의 스펙트럼에서 얻어지는 특정한 복사의 파장으로 정의했습니다. 표준 10센티미터의 오차는 기껏해야 ±0.00004밀리미터에 불과합니다.

그는 이후 비슷한 방식으로 간섭계를 사용해 1미터의 표준을 정의했는데, 여기에서 표준에 사용된 스펙트럼의 파장은 1,553,164.03배입니다. 가장 나쁜 조건에서조차 이 측정에서의 오차한계는 한 파장보다 작은 단위인 ± 0.00004밀리미터인데 이것은 현미경으로도 감지할 수 없는 작은 길이입니다. 다른 관찰자들은 파리에 있는 국제도량형협회에서 전혀 다른 방법으로 측정하여 1미터는 이러한 파장의 1,553,164.43배라는 결과를 얻었는데 이는 마이컬슨 교수가 얻은 값과 0.1파장 혹은

0.00006밀리미터밖에 차이가 나지 않습니다. 따라서 미터의 표준에 대한 마이컬슨 교수의 방법은 적어도 0.0001밀리미터의 오차범위 내에서 정확했으며, 이러한 길이에 대한 표준은 간섭방법을 사용하면 입증할 수 있고, 원형이 손실될 경우 같은 정도의 정확성을 가지고 재생산될 수 있습니다.

마지막으로 두 측정 사이에는 15년의 시간차가 있었는데 그동안 길이 원형에 대해 어떤 변화도 일어나지 않았다는 것이 밝혀졌습니다. 이것은 길이원형을 만들고 보존하는 기존의 방식이 길이원형에 영향을 주지 않는다는 것을 의미합니다. 길이표준의 일관성을 증명할 때는 여기에 영향을 미칠 수 있는 다른 물리적인 요소를 배제해야 합니다. 길이표준의 일관성은 주어진 특정 조건에서는 의심의 여지없이 보장되어야 하는데 우리가 알고 있는 일관성을 가진 척도 중 하나는 빛의 파장입니다. 마이컬슨 교수가 고전적인 연구를 통해 처음으로 길이표준을 증명했다는 것은 그에게도 불멸의 영예가 될 것입니다.

특정 빛의 파장을 사용해 미터를 결정했는데 이렇게 결정된 미터를 거꾸로 사용하면 빛의 파장이 얼마인지를 알 수 있습니다. 파장을 결정하는 데 사용된 이러한 방법은 매우 정확해 파장의 길이를 결정하는 지금까지의 가장 정확한 방법보다 50배 이상 높은 정확도를 보여 줍니다. 지난 20년 동안 분광학 연구에서 독보적인 기준으로 사용되던 롤런드의 파장 결정 시스템은 오랫동안 정확하긴 하지만 절대값은 상당한 오차가 있다고 생각되었는데, 마이컬슨은 간섭계를 사용해 이를 확실히 증명하였습니다. 따라서 이제까지 사용해 온 값들은 마이컬슨의 방법이나 다른 유사한 방법으로 철저히 재평가되어야 합니다. 이렇게 해서 우리는 분광학의 영역까지 오게 되었습니다. 분광학에서 지금까지 고려해 왔던 어떤 응용들 못지않게 마이컬슨의 간섭계가 중요하다는 것은 확실합니다. 그렇지만 이것이 단지 응용만을 뜻하지는 않습니다.

오늘날 강력한 회절격자 분광기로 만든 방출 스펙트럼에서 나타나는 주 스펙트럼선이 거의 완벽할 정도로 명확하다는 것을 고려하면, 이 스펙트럼선은 단순하고 분리되지 않는 어떤 것으로 만들어져 있다고 충분히 생각할 수 있습니다. 그러나 이것은 사실과 다릅니다. 이와는 반대로 마이컬슨 교수는 간섭계를 이용하여 스펙트럼선은 대부분 매우 가깝게 배열된 일련의 구분 가능한 선들이며, 이 선들은 가장 강력한 분해능을 가진 분광기로도 구분하기 쉽지 않다는 것을 증명했습니다. 이러한 스펙트럼선의 내부 구조에 대한 발견은 마이컬슨 교수가 발명한 간섭계보다 훨씬 정밀한 도구인 계층회절격자를 사용해 더욱 정확하게 연구되었고, 이것은 분광학의 역사에서 가장 중요한 진보 중의 하나이자 그 이상입니다. 왜냐하면 발광체 분자구조의 성질과 조건은 스펙트럼선의 구조와 매우 밀접하기 때문입니다. 여기에서 우리는 전혀 새로운 연구 분야로 들어가게 됩니다. 이 분야는 이제까지 아무도 들어가지 않았던 광활한 미지의 영역으로 마이컬슨 교수의 실험 덕택에 진입할 수 있게 되었습니다. 이와 동시에 마이컬슨 교수의 실험은 후세의 과학자들이 자신의 연구를 발전시키는 데 하나의 길잡이 역할을 할 수 있을 것입니다.

발광체의 독특한 내부 구조에서 발생하는 다소 복잡한 스펙트럼선 외에 발광체를 자기장에 노출하면 스펙트럼선을 몇 개의 무리진 부분으로 분할할 수 있습니다. 몇 해 전에 왕립과학원에서는 피에터 제만 교수가 수행한 자기장에서의 스펙트럼선의 분할에 대한 실험에 노벨상을 수여했는데 이것은 물리학에 엄청난 영향을 끼친 연구였습니다. 강력한 분광기를 사용했기 때문에 이러한 분할을 관찰할 수 있었습니다. 그러나 스펙트럼선의 분할에 대한 세부적인 부분은 너무나 미묘해 이해하기 어렵기 때문에 분광기의 분해 능력만 가지고 완전한 연구를 수행하기는 불충분했습니다. 이러한 분야에서도 마이컬슨 교수는 간섭계가 더 많은 이점이 있다는 것을 보여 주었습니다. 간섭계는 제만 효과에 대한 연구를 매우 수월하게 해주었습니다.

저는 여기서 마이컬슨 교수의 광정밀 도구로 달성한 전례 없는 정확도가 많은 중요한 문제를 어떻게 해결했는지 간략하게 설명했습니다. 이에 덧붙여 천문학에서 간섭계를 사용해 발견한, 그리고 앞으로 발견하게 될 현상들도 언급하겠습니다. 목성 위성의 지름을 리크 천문대에서 마이컬슨 교수가 그리고 파리의 아미가 간섭계를 사용해 각각 측정했습니다. 두 연구는 상당히 많이 일치했는데, 그 일치의 정도는 현존하는 가장 큰 반사망원경을 사용해 얻을 수 있는 관측값의 최대치에 가까운 것이었습니다. 비슷하게 화성과 목성 사이의 소행성대를 측정할 경우, 이제까지 가능한 유일한 방법이지만 극도로 부정확한 광도계를 사용하는 것보다 훨씬 더 믿을 만한 값을 얻게 될 것이 확실합니다. 또한 간섭계를 사용한 측정법은 이중성과 다중성의 연구에도 중요합니다. 그리고 이런 식으로 나간다면 우리는 지금까지 오랫동안 완전히 해결 불가능하다고 포기해 왔던 밝은 별들의 정확한 지름을 측정할 수 있을 것입니다. 따라서 천문학은 예전에 분광기의 도움을 받았던 것처럼 물리학으로부터 간섭계라는 도구를 이어받아 유용한 도구가 부족했던 이전에는 해결하지 못한 문제들을 공략하는 데 안성맞춤인 새로운 도구를 갖게 되었습니다.

지금까지 물리학의 문제들에 특별한 관련이 없는 사람들에게 정밀 물리학의 가장 어려운 분야 가운데 하나에서 이루어진 마이컬슨 교수의 포괄적이며 기초적인 연구의 성격을 설명하였으며, 이것으로 왕립과학원이 마이컬슨 교수의 연구에 노벨상을 수여하기로 한 결정이 얼마나 합리적인지를 설명하는 데 충분할 것입니다.

다음의 글은 스웨덴 왕립과학원 원장인 모너 박사가 협회가 후원한 사적인 행사에서 마이컬슨 박사에게 한 연설이다.

마이컬슨 교수님.

스웨덴 왕립과학원은 측정의 정확성을 보장하기 위해 교수님이 발견한 방법과 그 방법으로 수행된 분광학에서의 연구들을 기리기 위해 올해 노벨 물리학상을 수여했습니다.

교수님의 간섭계는 이제까지 불가능했던 높은 정확도로 길이에 대한 비물질적인 표준을 확립해 주었습니다. 간섭계를 사용해 우리는 미터 표준의 길이가 변경되지 않은 채로 보존되고 있음을 확신할 수 있었으며 미터 표준이 소실될 경우에도 확실하게 복원할 수 있게 되었습니다.

분광학에 대한 당신의 업적은 지금까지 알려진 어떤 방식보다 정확하게 파장의 길이를 결정하는 방법을 찾아낸 것입니다.

게다가 이전에는 완전히 다른 것으로 간주되었던 스펙트럼선들이 대부분의 경우 실제로 여러 선들의 집합체라는 사실을 발견하였습니다. 당신은 우리에게 스펙트럼선이 자발적으로 발생하는 경우와 제만 교수의 흥미로운 실험에서와 같이 자기장의 영향에서 발생하는 경우 모두에 대해 이 현상을 자세하게 조사할 수 있는 방법을 제공했습니다.

천문학 또한 당신의 측정법으로부터 많은 수혜를 입었으며 앞으로는 더욱더 많은 수혜를 입을 것입니다.

스웨덴 왕립과학원은 노벨 물리학상을 수여하면서 교수님의 탁월한 연구는 특별한 영예를 받을 가치가 있다는 것을 말씀드립니다. 교수님이 얻은 결과들은 그 자체로도 훌륭하며 미래의 과학이 갈 길을 제시하였습니다.

스웨덴 왕립과학원 K. B. 하셀베리

– 이틀 전에 오스카 국왕이 서거했기 때문에 시상식은 취소될 수밖에 없었다. 따라서 여기에 제시된 연설문은 실제로 발표되지 않았다.

간섭현상을 이용한 컬러 사진술의 개발

1908

가브리엘 리프만 | 프랑스

:: **가브리엘 리프만** Gabriel Lippmann (1845~1921)

룩셈부르크 태생 프랑스의 물리학자. 1868년에 에콜 노르말에 입학하였으며, 1873년에 독일 하이델베르크 대학교와 베를린 대학교에서 키르히호프와 헬름홀츠의 지도 아래 공부하였다. 1883년 파리 대학교 수리물리학 교수로 임용되었으며, 1886년부터 1921년까지 실험물리학 교수로 재직하였다. 1886년에 과학아카데미 회원이 되었으며 1912년에는 원장이 되었다. 간섭현상을 이용하여 최초의 컬러 사진 감광판을 만듦으로써 색채 사진술 분야를 비롯하여 과학, 예술, 산업 분야 모두의 발전에 기여하였다.

전하, 그리고 신사 숙녀 여러분.

왕립과학원은 간섭현상을 이용하여 컬러 사진을 만들 수 있는 기술을 개발한 공로를 인정하여 소르본 대학교의 가브리엘 리프만 교수에게 1908년 노벨 물리학상을 수여하기로 결정했습니다.

니에프스, 다게르, 탈보트 등 과학의 개척자들이 사진술을 발명한 1849년 이전에 이미 사진에 색깔을 입힐 수 있는 방법에 대한 관심이 크게 부각되었습니다. 에드몽 베크렐이 얇은 염화은으로 도포된 은판이 감광에 사용된 빛에 따라 다른 색으로 변하는 것을 보여 주면서 이 문제의 해답이 쉽게 풀리는 것 같았습니다. 그러나 이 관찰은 거기에 머물고 말았습니다. 베크렐은 색깔이 발현되는 메커니즘을 설명하지 못했고 그것을 은판에 고정시키는 방법도 찾아내지 못했습니다. 나타난 색깔은 금방 사라졌고 전혀 실용화될 수 없는 기술이어서 더 이상의 관심을 끄는 데는 실패하고 말았습니다.

1868년 독일의 빌헬름 젠커와 노벨상 수상자인 레일리 경은 베크렐의 컬러 이미지에 대한 메커니즘을 발표했습니다. 이 발표에 따르면 빛의 정상파의 화학반응으로 염화은에서 은입자를 형성하는데, 이렇게 만들어진 새로운 은층에서 빛이 반사되면서 간섭이 일어나 색깔이 발현된다는 것입니다.

이로써 이 현상은 이론적인 관심의 대상이 되었습니다. 이 설명이 맞다면 베크렐의 실험은 빛을 파동으로 보는 우리의 개념이 옳음을 증명하는 셈이 됩니다. 왜냐하면 파동의 핵심 현상 중 하나인 정상파의 존재를 증명하는 것이기 때문입니다. 그러나 1890년이 되어서야 비로소 오토 비에너는 정교한 실험으로 젠커의 설명이 옳다는 결정적인 증거를 제시할 수 있었습니다.

이제 다소 정확한 색깔로 사진을 재생할 수 있게 되었습니다만 안정된 기술은 아니었습니다. 컬러 사진의 메커니즘에 대한 설명은 가능해졌습니다만 물체의 색깔을 사진으로 재현하고 고정시킬 수 있다고 말할 단계는 아니었습니다. 이것이 1891년 리프만 교수가 파리과학원에 그의 획기적인 컬러 사진에 대한 결과를 발표했을 때의 상황이었습니다.

리프만 교수가 개발한 방법의 주요 내용은 이미 잘 알려져 있습니다.

유리판에 젤라틴 혼탁액과 질화은 그리고 브롬화나트륨으로 된 감광층을 도포합니다. 이 감광층 위에 거울의 역할을 하는 수은층을 덧붙입니다. 암실에서 유리판 쪽이 물체를 향하도록 노출시킵니다. 노출할 때는 빛이 유리판에서 감광층으로 들어간 뒤 수은층에서 반사되어 되돌아 나오도록 합니다. 이런 입사광과 반사광이 서로 반 파장만큼의 위상차를 갖는지에 따라 최소 진폭과 최대 진폭이 결정되는 이른바 고정파를 만들게 됩니다. 이 판을 현상하고 고정한 뒤 말리면 파장에 따라, 즉 이미지의 색깔에 따라 은의 양이 감소된 젤라틴층이 만들어집니다. 여기에 백색광이 수직으로 들어가도록 하면 광선은 다른 깊이의 은에서 반사되어 이미지를 만들 때와 동일한 색깔의 간섭 이미지가 나타납니다. 즉 색의 재현은 비눗방울이나 얇은 기름층에서 일어나는 것과 마찬가지의 현상을 이용하고, 다만 두께에 따라 다른 색이 나타나도록 하는 것입니다. 리프만 교수의 실험에서 나타난 색상 효과는 안료에 의한 것이 아닙니다. 이것은 간섭에 의한 것으로 이른바 가상의 색이라고 할 수 있으며, 사진판이 그대로 있는 한 변하지 않고 명료합니다. 따라서 리프만 교수의 사진은 색깔을 재현해서 이 문제를 해결하려는 나중의 시도, 즉 안료 색상을 사용하는 뤼미에르의 삼색사진에 비해 많은 장점이 있고 조작이 간단하기 때문에 큰 인기를 끌게 되었습니다.

과학과 예술 그리고 산업 분야 모두에서 우리 시대의 표현물들을 보면 오늘날 사진이 차지하는 위치를 쉽게 알 수 있습니다. 리프만 교수의 컬러 사진술은 이 분야에서 또 한 발자국의 진전을 가져왔습니다. 컬러 사진술은 빛과 그림자로 만들어지는 물체의 모양뿐 아니라 그 색깔을 표현할 수 있는 수단을 제공했기 때문에 사진 예술에서 매우 중요합니다.

목표를 향한 꾸준한 노력과 완벽한 물리적 지식의 습득을 통해 리프만 교수는 안정적이면서 색상의 찬란함을 갖춘 이미지를 얻는 훌륭한 방법을 창안해 냈습니다. 왕립과학원은 이 성취가 1908년 노벨 물리학상을 수상하기에 손색이 없다고 생각합니다.

스웨덴 왕립과학원 원장 K. B. 하셀베리

무선전신의 개발

1909

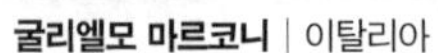

굴리엘모 마르코니 | 이탈리아 **카를 브라운** | 독일

:: 굴리엘모 마르코니Guglielmo Marconi (1874~1937)

이탈리아의 물리학자이자 라디오 전신체계의 발명가. 이탈리아의 리보르노 공과 대학에서 공부했으며, 헤르츠파의 응용에 착안한 연구를 수행하여 1896년에 무선전신에 관한 영국 특허를 취득하였다. 1897년에는 런던 마르코니 무선전신사를 창립하여 영국-프랑스 간 무선 통신에 성공하였다. 1930년에는 왕립 이탈리아 아카데미 의장이 되었다.

:: 카를 페르디난트 브라운Karl Ferdinand Braun (1850~1918)

독일의 물리학자. 1872년 베를린 대학교에서 박사학위를 취득한 후, 1876년네 마르크부르크 대학교 원외교수가 되었다. 이후 슈트라스부르크 대학교, 카를스루에공업 대학, 튀빙겐 대학교 등에서 강의하였으며, 1895년에 슈트라스부르크 대학교 물리학 교수 및 물리연구소 소장이 되었으며, 1918년에는 교수 겸 물리학연구소장이 되었다. 전파를 송신하는 회로의 설계를 수정하여 감쇄효과는 작고 강도는 높은 파동을 만듦으로써 장거리 전신을 가능하게 하였다.

전하, 그리고 신사 숙녀 여러분.

물리학 연구에서 많은 놀라운 결과들이 이루어집니다. 발견 당시에는 단지 이론적인 흥밋거리로만 여겨졌던 것들이 종종 인류의 진보에 가장 중요한 발명으로 증명되곤 합니다. 만약 이런 경향이 물리학에서 일반적으로 통용된다면 전기 분야에서는 더욱더 그렇다고 할 수 있습니다.

왕립과학원이 올해의 노벨 물리학상을 수여하는 발명과 발견 역시 처음에는 순수하게 이론적인 작업과 연구의 결과물이었습니다. 그러나 이 연구처럼 중요하고 신기원을 만든 연구도 시작 당시에는 누구도 실제로 응용될 것이라고 기대하지 않았습니다.

오늘 밤 우리는 무선전신의 대부분을 개발한 두 사람에게 노벨상을 수여합니다. 그러나 그 전에 수학과 실험물리에서 재기있고 천재적인 연구로 실용적인 응용의 장을 연 돌아가신 위대한 연구자들을 먼저 칭송해야 합니다. 먼저 독특한 통찰력을 가진 패러데이를 들 수 있습니다. 패러데이는 최초로 빛과 전기 사이에 밀접한 관계를 알아챈 사람입니다. 그 다음으로는 자신의 야심찬 개념과 사고의 결과를 수학적인 언어로 변환시킨 맥스웰입니다. 마지막으로 자신이 스스로 수행한 고전적인 실험을 통해 전기와 빛의 새로운 개념이 현실에서 실재한다는 것을 밝힌 헤르츠입니다. 그러나 헤르츠의 실험 이전에도 과학자들은 충전된 축전지가 특정한 상황에서는 진동하는, 즉 앞뒤로 흐르는 전류의 형태로 방전된다는 것을 이미 알고 있었습니다. 그렇지만 이런 전기의 흐름이 진공에서는 빛의 속도로 전파되며 그 특성은 빛의 모든 특성과 동일한 파동운동, 다시 말하면 빛 그 자체라는 것을 헤르츠가 처음으로 증명했습니다.

이 발견은 1888년에 이루어진 것으로 아마도 지난 50년 동안 물리학에서 이루어진 가장 위대한 발견 중의 하나일 것입니다. 이 발견은 현대적인 의미에서 전기 과학과 무선전신의 토대를 만들었습니다. 그러나 작은 실험실에서 수 미터의 거리에 전기신호를 보내는 것과 매우 먼 거리까지 전기신호를 보내는 것은 매우 큰 차이가 있으며, 많은 장애들을 극복해야 합니다. 멀리 전기신호를 보내기 위해서는 먼저 전기의 산업적인 잠재력을 알고 수많은 어려움을 극복할 수 있는 사람이 필요하였습니다. 이러한 위대한 과업을 수행한 사람이 굴리엘모 마르코니 교수입니다. 이전에 많은 사람들이 장거리 무선통신을 연구했고 또한 전파산업 진흥에 필요한 조건들을 갖추었다 하더라도 처음 시도한 사람으로서의 영광은 마르코니 교수에게 주어져야 합니다. 마르코니 교수는 최초의 성공을 위해, 자신의 능력과 스스로 설정한 목표를 달성하기 위해 자신의 모든 에너지를 쏟아부었으며, 우리는 그 노력을 인정해야 합니다.

헤르츠파를 사용해 신호를 전송하는 실험은 1895년에 처음으로 수행되었습니다. 그 실험 후 14년 동안 무선통신은 계속 발전해 오늘날 매우 중요한 분야가 되었습니다. 1897년 당시 무선통신이 가능한 거리는 겨우 14~20킬로미터에 불과했습니다. 반면 오늘날의 무선통신은 수천 킬로미터 떨어진 구세계와 신세계를 넘나들고 있습니다. 대양을 항해하는 모든 거대한 증기선에는 모두 무선전신 장치가 있습니다. 그리고 큰 나라의 해군들은 무선전신 시스템을 사용합니다. 물론 큰 발명은 한 개인을 통해 이루어지지 않습니다. 오늘날 이룩한 놀라운 결과는 많은 사람들의 기여로 이루어졌습니다.

원래 마르코니가 개발한 송신시스템에는 약점이 있었습니다. 송신소에서 방출되는 전파는 상대적으로 약하며 연속해서 방출되는 일련의 파동으로 구성되어 있습니다. 이 전파의 진폭은 거리가 멀어지면서 급속하게 약화되는, 이른바 '감쇄 진동'입니다. 따라서 수신소에서 검출된 파동은 매우 약할 수 밖에 없습니다. 게다가 다른 여러 송신소에서 만들어지는 파동들과 간섭현상이 일어나기 때문에 수신소에서 받는 전파는 더욱 약해지게 됩니다.

페르디난트 브라운 교수가 이 문제를 해결했습니다. 브라운 교수는 전파를 송신하는 회로의 설계를 수정해 감쇄 효과가 매우 작은, 높은 강도의 파동을 만들어 냈습니다. 이른바 '장거리 전신'은 브라운 교수의 방식으로만 가능했습니다. 이 방식을 사용하면 송신소에서 만들어지는 전파는 공명을 통해 수신소에 가능한 최대의 효과를 줄 수 있습니다. 그 밖에 다른 장점은 송신소에서 사용하는 주파수를 가진 파동만을 수신소에서 효과적으로 검출할 수 있다는 것입니다. 이와 같이 회로 설계가 개선되었기 때문에 무선전신이 광범위하게 사용될 수 있었습니다.

과학자들과 공학자들은 무선전신을 개발하기 위해 쉬지 않고 노력했습니다. 무선전신의 발전이 어떤 결과를 낳을지는 우리도 모릅니다. 그러나 이미 이루어진 결과들만 보아도 가장 좋은 방향으로 확장되었습니다. 전선과 같이 고정된 길에 제한되지 않고 공간 제한없이 멀리 떨어진 바다와 사막까지 연결망을 만드는 것이 가능합니다. 무선통신은 우리 시대의 가장 훌륭한 과학적인 발견 가운데 하나에서 꽃 핀 놀랄 만한 실용적 발명입니다.

스웨덴 왕립과학원 원장 H. 힐데브란드

기체와 액체의 상태방정식에 관한 연구

1910

요하네스 판 데르 발스 | 네덜란드

:: **요하네스 디데리크 판 데르 발스Johannes Diderik van der Waals (1837~1923)**

네덜란드의 물리학자. 독학으로 공부하다가 레이덴 대학교에서 공부하여 1873년에 「액체와 기체 상태의 연속성에 대하여」라는 논문으로 박사학위를 취득하였다. 1877년부터 1907년까지 암스테르담 대학교에서 물리학 교수로 재직하였다. 기체의 물리상태 및 다양한 외부 조건하에서 액체의 상태를 계산해 냈으며, 이를 바탕으로 카머링 온네스(1913년 물리학상 수상)가 헬륨의 액화에 성공하기도 하는 등 냉각기술의 발전에 기여하였다.

전하, 그리고 신사 숙녀 여러분.

왕립과학원은 세계적으로 저명한 물리학자인 요하네스 디데리크 반 데르 발스 교수에게 액체와 기체의 물리 상태에 대한 연구업적으로 올해의 노벨 물리학상을 수여하기로 결정했습니다.

「액체와 고체 상태의 관계」라는 최초의 논문에서 이미 반 데르 발스 교수는 이 문제에 전 생애를 걸 것임을 보여 주었고, 실제 이 분야의 연구로 명성을 얻었습니다. 이 논문에서 그는 상당한 고압에서는 단순 기체 방정식이 잘 맞지 않는 이유를 설명하려고 했습니다. 그는 기체분자 자체가 차지하는 공간 때문에 일부 차이가 나며, 또한 분자 간의 인력 때문에 외부에서 가해지는 압력보다 더 큰 압력이 작용한다는 가설을 내놓았습니다. 이 두 요인의 영향은 가스가 압축될수록 점점 더 커집니다. 그러나 기체의 온도가 이른바 임계온도보다 높지 않으면 아주 큰 압력에서 기체는 액체로 변합니다. 반 데르 발스 교수는 액체에서도 같을 수 있음을 증명했습니다. 증발하지 않는 채로 액체의 온도가 증가하여 임계온도보다 높아지면 액체는 기체 상태로 연속적인 전이를 하게 됩니다. 한편 임계온도 근처에서는 액체와 기체의 상태가 구별되지 않습니다.

액체 상태에서 분자들이 떨어져 나가는 것을 막는 힘이 상호인력인데, 이 인력 때문에 액체 내에서는 분자 사이에 높은 압력이 걸려 있는 효과가 나타납니다. 물의 경우 이런 압력의 존재를 이미 라플라스는 희미하게나마 알고 있었습니다. 반 데르 발스 교수는 이 압력을 계산했는데, 보통의 온도에서 1만 기압 이상입니다. 다시 말하면 물방울 내의 내부 압력은 우리가 아는 가장 깊은 바다 속의 압력보다 10배 정도나 큽니다.

이외에도 반 데르 발스 교수의 중요한 연구결과는 또 있습니다. 그의 계산 결과에 의하면, 우리가 모든 온도와 압력에서 어떤 한 종류의 기체와 그 액체의 거동을 이해하게 되면 단순한 비례관계를 사용하여 특정 온도와 압력에서 다른 기체 혹은 액체의 상태를 알 수 있습니다. 이를 위해서는 특정 온도, 예를 들어 임계온도에서 그 분자의 상태를 알기만 하면 됩니다.

대응상태의 법칙이라고 알려진 이 법칙으로부터 반 데르 발스 교수는 기체의 물리상태를 완전히 기술할 수 있게 되었는데, 더 중요한 것은 다양한 외부 조건에서 액체의 상태를 기술하게 된 것입니다. 그는 경험적으로 알려진 규칙성을 설명할 수 있었을 뿐 아니라 액체의 거동에 관해 알려지지 않았던 새로운 법칙들을 발견했습니다.

그러나 모든 액체들이 반 데르 발스 교수가 제안한 단순한 법칙에 정확히 들어맞지는 않았습니다. 이런 불일치에 대한 오랜 논의 끝에 궁극적으로 이런 차이는 동일한 특성의 분자들로 구성되지 않은 액체에서 일어난다는 점이 밝혀졌습니다. 즉 반 데르 발스 법칙은 단일 조성의 액체에만 적용될 수 있었습니다. 이에 반 데르 발스 교수는 그의 연구를 두 종류 이상의 분자들로 구성된 경우로 확장하였으며, 여기서도 새로운 법칙을 발견하였습니다. 물론 이 새로운 법칙은 단순 조성의 경우보다 복잡합니다. 반 데르 발스 교수는 아직도 이 훌륭한 연구의 상세한 부분을 연구하고 있습니다만 초기 단계의 어려움은 이미 극복한 상태입니다.

또한 반 데르 발스 교수의 이론은 기체-액체 변환의 조건을 계산하여 예측할 수 있다는 대단한 성과를 거두었습니다. 2년 전 반 데르 발스 교수의 훌륭한 제자인 카메를링 오네스는 이런 방법으로 헬륨을 액화시키는 데 성공하였습니다. 헬륨은 액화되지 않고 남아 있던 마지막 원소였습니다.

반 데르 발스 교수의 연구는 순수학문뿐 아니라 기술적인 점에서도 대단히 중요합니다. 현대의 경제와 산업에 중요한 요소인 냉각기술의 핵심은 반 데르 발스 교수의 이론적 연구에 바탕을 두고 있습니다.

반 데르 발스 교수님.

왕립과학원은 올해의 노벨 물리학상을 액체와 기체의 물리상태에 관한 선구적인 연구 업적을 기려 교수님께 수여하기로 결정하였습니다.

함무라비 법전이나 모세의 율법은 대단히 중요하고 오래된 법칙입니다. 자연의 법칙은 이보다 더 오래되고 더 중요합니다. 그것은 이 지구의 한정된 영역에서만 적용되는 것이 아니라 우주 만물에 적용됩니다만 그 법칙들을 해독하기란 대단히 어렵습니다. 교수님께서는 이 법칙들의 몇몇 문단을 해독하는 데 성공하였습니다. 이제 저희 과학원의 최고 영예인 노벨상을 수상하시기 바랍니다.

스웨덴 왕립과학원 원장 O. 몬텔리우스

열의 복사에 대한 빈의 변위법칙

1911

빌헬름 빈 | 독일

:: **빌헬름 빈Wilhelm Wien (1864~1928)**

독일의 물리학자. 하이델베르크 대학교, 괴팅겐 대학교, 베를린 대학교에서 수학과 물리학을 공부하였으며, 1886년에 박사학위를 취득하였다. 1892년부터 베를린 대학교에서 강의하였으며, 기센 대학교, 뷔르츠부르크 대학교, 뮌헨 대학교에서 교수로 재직하였다. 잡지 《물리학 연보Annalen der physik》를 편집하기도 하였다. 변위법칙을 제시함으로써 열복사에 대한 확실한 이론적 토대를 제공하였다.

전하, 그리고 신사 숙녀 여러분.

스웨덴 왕립과학원은 뷔르츠부르크 대학교의 교수인 빌헬름 빈 박사에게 열복사의 법칙을 발견한 공로로 1911년 노벨 물리학상을 수여하기로 하였습니다.

20세기 초 특히 분젠과 키르히호프가 분광선 분석기법에 대한 기초적인 연구를 수행한 이후 이 분야는 상당히 발전하였습니다. 그 결과 열복사의 법칙을 찾아내려는 연구가 물리학자들 사이에 상당히 활발하게 진행되었습니다.

열복사의 법칙을 찾기까지는 이론과 실험에서 수많은 어려움이 있으며, 여러 복사체가 보이는 광범위한 특성들을 포괄하는 법칙이 없다면 이 문제를 해결하기는 불가능해 보입니다.

제안된 이론 중 하나는 물체가 복사에너지를 방출하고 흡수하는 능력 사이의 관계에 대한 유명한 키르히호프 법칙입니다. 이 법칙은 온도에 따라 다른 열복사를 방출하는 모든 물체와 완전한 흑체의 관계에 대한 것입니다.

흑체복사의 법칙을 찾는 것은 복사이론에서 가장 근본적인 것이었습니다. 흑체복사 법칙은 지난 10년 동안 발견되었는데, 이 법칙은 매우 중요해 현대 물리학의 가장 주요한 업적으로 꼽힙니다.

흑체의 복사법칙을 찾을 때의 어려움은, 자연에는 완벽하게 검은 물질이 존재하지 않는다는 점입니다. 키르히호프의 정의에 따르면 그러한 물체는 빛을 전혀 반사하지 않을 것이며 빛이 통과하도록 허용하지도 않을 것입니다. 검댕, 백금흑 등의 물질조차도 우연히 들어오는 빛의 일부를 방출합니다.

1895년이 되어서야 이러한 어려움을 극복하였습니다. 빈 교수와 뤼머는 완벽한 흑체를 만들 수 있다고 선언하였는데, 그들이 만든 흑체는 동일한 온도를 가진 벽으로 둘러싸인 속이 빈 물체에 작은 구멍을 뚫은 구조입니다. 그들은 이 구조에 형성된 작은 구멍에서 방출되는 복사가 흑체에서 방출되는 복사와 동일하게 거동한다는 것을 보여 주었습니다. 이런 구조를 통해 흑체를 만드는 것은 키르히호프와 볼츠만의 이론에 기초하고 있으며 이미 1884년 크리스찬센이 부분적으로 적용하였습니다.

이제 새롭게 만든 장치를 통해 흑체복사를 연구할 수 있었습니다. 뤼머는 프링스하임, 쿠를바움과 함께 흑체에서 복사되는 열의 양과 온도 사이의 관계를 나타내는 이른바 슈테판-볼츠만의 법칙을 증명하였습니다. 이 발견으로 복사이론, 즉 완전한 흑체복사를 다루는 주요한 문제 중 하나를 아주 만족스럽게 해결할 수 있었습니다.

그렇지만 흑체에서 복사되는 열에너지는 파장에 따라 달라지며 흑체의 온도에 따라 다른 여러 에너지를 가진 빛들이 포함되어 있습니다. 따라서 파장과 온도 변화와 함께 강도가 변화하는 양상을 이해하는 것이 과제로 남게 되었습니다.

1886년 랭글리는 이 문제를 해결하기 위한 중요한 실험을 수행했습니다. 그는 자신이 만든 유명한 스펙트로볼로미터(스펙트럼 중의 복사輻射 에너지 분포를 측정하는 기구)를 사용해 고온과 저온에서 수많은 열원이 방출하는 복사의 강도 분포를 연구했습니다. 그는 특정한 온도에서 방출되는 복사는 특정한 파장에서 최대값을 가지며, 그 최대값은 온도가 증가하면 더 짧은 파장으로 옮겨간다는 것을 보여 주었습니다.

1893년 빈 교수는 복사이론의 발전에 상당히 중요한 논문을 발표했습니다. 이 논문에서 그는 최대 복사에너지를 가진 파장과 흑체의 온도의 관계를 밝힌 이른바 변위법칙을 제시했습니다.

빈의 변위법칙은 여러 분야에서 매우 중요합니다. 앞으로 보게 되겠지만 그것은 흑체의 에너지 복사, 파장, 그리고 온도 사이의 관계를 결정하는 데 필요한 조건 중의 하나를 제시합니다. 또한 빈의 변위법칙은 다른 분야에서도 매우 중요했습니다. 뤼머와 프링스하임에 따르면 흑체가 아닌 다른 물체의 복사도 빈의 법칙을 만족하며 단지 차이가 있다면 법칙에서 사용하는 상수가 조금 달라진다는 것입니다. 따라서 주어진 복사에서 최대 강도를 가진 파장을 찾기만 하면 비교적 낮은 오차로 물질의 온도를 결정할 수 있습니다. 이 방법을 사용해 광원들, 태양, 그리고 다른 행성들의 온도를 결정할 수 있었으며 매우 흥미로운 결과를 얻었습니다.

슈테판-볼츠만의 법칙과 빈의 변위법칙은 열복사에 관해 발견된 확실한 이론적 토대를 가진 가장 핵심적인 법칙입니다. 물론 이 법칙이 여러 흑체에서 방출되는 복사에너지의 파장 분포라는 핵심적인 문제를 완전히 해결한 것은 아니지만 문제의 해답을 찾는 데 반쯤 다가갔다고 말할 수 있습니다. 우리는 복사법칙을 지배하는 함수를 결정하는 데 필요한 하나의 법칙이 있습니다. 하나의 법칙만 더 있으면 흑체복사 문제를 해결할 수 있습니다.

복사이론의 진전에 많은 공헌을 한 빈 교수가 마지막 남은 궁금점, 즉 복사에서 에너지 분포에 대한 답을 찾기 위해 노력한 것은 당연합니다. 그리고 그는 1894년 정말로 흑체법칙을 유도했습니다. 이 법칙은 짧은 파장에서 위에 언급한 뤼머와 프링스하임의 실험 결과와 일치하는 장점을 가지고 있습니다.

빈 교수가 사용한 방법과 다른 접근법을 사용한 레일리 경도 복사법칙을 발견할 수 있었습니다. 빈 교수와는 대조적으로 레일리 경의 복사법칙은 파장이 긴 경우 실험과 일치합니다.

이제 남은 문제는 각자 특정한 파장에서만 효과적인 두 법칙을 매끈하게 연결하는 것입니다. 이 문제는 플랑크 교수가 해결하였습니다. 플랑크 교수의 공식은 우리가 오랜 시간 그토록 찾고 있었던 복사에너지, 파장과 흑체의 온도 사이의 관계를 지배하는 법칙입니다.

이러한 언급들은 우리가 이제 거의 정확하게 흑체의 열복사를 지배하는 법칙을 알게 되었다는 것입니다. 즉 흑체의 복사법칙을 찾은 것은 우리 시대 뛰어난 과학자들의 가장 생생한 흥미와 열정적인 노력의 결과입니다.

현재 살아 있는 이 분야의 연구자들 가운데 가장 위대하고 중요한 공헌을 한 분은 빌헬름 빈 교수이며 왕립과학원은 그에게 1911년 노벨 물리학상을 수여하기로 결정하였습니다.

빈 교수님.

스웨덴 왕립과학원은 열복사법칙에 대한 교수님의 발견을 치하하는 의미에서 올해의 노벨상을 수여하고자 합니다. 교수님은 물리학에서 가장 어렵고 놀라운 문제 중의 하나에 열정을 바쳤으며 이 문제를 해결하는 데 현재 생존하는 연구자 중 가장 위대하고 의미 있는 공헌을 했습니다. 완수된 연구를 기리며 앞으로의 연구에 더 나은 성공이 있기를 바랍니다. 이제 전하로부터 노벨상을 받으시기를 정중히 요청합니다.

스웨덴 왕립과학원 원장 E. W. 달그렌

등대용 가스 저장기에 쓰이는 자동조절기 발명

1912

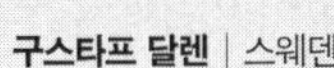
구스타프 달렌 | 스웨덴

:: 닐스 구스타프 달렌 Nils Gustaf Dalén (1869~1937)

스웨덴의 발명가. 예테보리 공업학교에서 공부하여 1896년 졸업과 동시에 기사 자격을 취득하였으며, 이후 취리히 공과대학에서 공부하였다. 1906년에 아세틸렌가스를 판매하는 가스용기회사의 기사장이 되었고, 1909년에 전무이사로 승진하였다. 1913년 실험 중 폭발 사고로 시력을 잃었으나 죽을 때까지 연구를 계속 하였다. 아세틸렌가스의 저장에 적합한 '아가' 라는 다공성 물질을 개발하고, 그와 관련된 문제점들을 해결함으로써 항해 안전을 비롯하여 경제적 이득에도 기여하였다.

전하, 그리고 신사 숙녀 여러분.

왕립과학원은 등대의 가스 저장기에 사용할 수 있는 자동밸브를 발명한 탁월한 기술자 구스타프 달렌 씨에게 오늘 노벨 물리학상을 수여하게 된 것이 알프레드 노벨 박사의 뜻에 완벽하게 부합한다고 믿습니다.

해양 교통이 지속적으로 증가하면서 항해 안전도구의 필요성이 매우 커졌습니다. 안전도구는 등대와 등부표가 대부분인데 그 숫자가 지난 10

여 년간 수 배로 증가했습니다. 이에 따라 이들 등불의 성능을 개선하고 다른 불빛과 구별하기 쉽게 만들려는 노력이 진행되었습니다. 이 연구는 자동으로 등불을 조절할 수 있도록 진행되었는데, 이는 어느 나라에게나 등불 시스템을 계속 점검하고 유지하는 비용 부담이 매우 크기 때문에 대단히 중요한 문제입니다. 스웨덴처럼 해안선이 길고 섬이 많은 나라에서는 안정적이면서도 비싸지 않은 등불 시스템에 대한 필요성이 다른 나라보다 훨씬 큽니다.

1895년경 탄화칼슘에서 아세틸렌을 얻는 방법이 최초로 개발되었습니다. 아세틸렌은 탄화수소 가스의 일종으로 태우면 매우 밝고 흰 빛을 냅니다. 그러나 이 가스를 등대의 등불에 사용하려는 초기의 시도는 만족스럽지 못했습니다. 지금까지 등대에 사용한 석유가스는 압축하여 커다란 철제 컨테이너에 저장할 수 있었지만, 아세틸렌을 이렇게 저장하여 사용하는 것은 대단히 위험합니다. 왜냐하면 아세틸렌은 1기압 이상의 압력에서 미세한 충격으로도 쉽게 폭발하기 때문입니다. 탄화칼슘을 등부표에 저장하여 물과 반응시켜 아세틸렌을 얻어서 사용하려는 시도도 있었습니다만, 불행하게도 이 방법은 불편하고 신뢰성이 떨어질 뿐더러 추운 날씨에는 사용할 수 없다는 것이 밝혀졌습니다.

1896년 프랑스의 화학자인 클로드와 헤스 두 사람은 아세톤이 대량의 아세틸렌을 함유한다는 것을 발견했습니다. 이 용액은 폭발하지 않는 장점이 있었지만, 아세틸렌의 저장 용도로 사용할 수는 없었습니다. 왜냐하면 컨테이너에 아세틸렌으로 포화된 용액을 고압에서 가득 채우더라도 가스의 사용에 따라 혹은 온도가 낮아지면 용액의 부피가 줄어들면서 생기는 공간에 폭발성 아세틸렌이 가득 차기 때문입니다. 곧이어 아세틸렌 용액을 압축하여 다공성 물질에 넣으면 폭발성이 없어진다는 것이 발견되었습니다. 그러나 폭발성의 아세틸렌을 보관하는 데는 외부 충격에 충분히 견디면서도 균열이나 부스러짐 없이 아세틸렌을 채울 수 있는 공간을 가진 물질이 필요합니다. 이런 다공성 물질을 만들기 위한 많은 시도가 있었지만 대부분 실패했습니다. 그러나 마침내 구스타프 달렌 씨가 아세틸렌의 저장에 적합한 '아가aga'라는 이름의 다공성 물질을 개발하였습니다.

복잡하고 조심스러운 과정을 거쳐 이 물질을 철제 컨테이너에 넣으면 실질적인 아세틸렌 가스의 저장 장치로 사용할 수 있습니다. 콘테이너 내의 다공성 물질에 아세톤을 반 정도 채우고 아세틸렌을 10기압의 압력으로 채우면, 섭씨 15도에서 콘테이너 부피의 100배에 달하는 아세틸렌을 채울 수 있습니다. 이제 이 콘테이너를 이용해 등대나 등부표에 불을 밝히기에 충분한 양의 아세틸렌을 안전하게 공급할 수 있게 되었습니다.

아세틸렌 등을 계속 켜 놓아야 하는 경우에는 이 장치의 장점이 두드러지지 않습니다. 그러나 이렇게 계속 등을 켜 놓으면 비용이 많이 들 뿐더러 등대 간의 불빛을 구분하거나 다른 광원으로부터 등대의 불빛을 구분해 내기가 대단히 어렵습니다. 따라서 실제로는 간헐적인 불빛을 사용하는데 이런 불빛을 만드는 여러 방법들은 이미 알려져 있었습니다. 예를 들면 등불을 움직이는 스크린으로 감싸거나 스크린을 가진 등불을 돌리는 방법이 있습니다. 그러나 이런 방법들은 계속적인 점검이 필요하고 따라서 상당한 비용이 듭니다.

압축 석유가스를 사용하는 곳에서는 방출하는 가스를 구동력으로 점멸하는 등불을 구축하기도 했습니다. 그러나 5~7초 동안 점등되어야 하는데 석유가스에서 나오는 불빛은 약하고, 오랜 시간의 점등은 신호가 흔들리는 문제를 가지고 있습니다. 대형 등대에서는 1/10에서 1/30초의 섬광을 낼 수 있는 장치로 이를 대체해 왔습니다. 아세틸렌 빛은 매우 밝아서 이렇게 긴 시간의 점등이 필요치 않습니다.

달렌 씨가 이 문제를 연구한 시점은 1904년이었습니다. 석유가스 장치로는 1리터의 가스로 50회 이상 섬광을 만드는 것이 불가능했습니다. 그는 완전히 새로운 방법으로 가스 파이프를 여닫는 장치를 고안하여 1리터의 가스로 수천 번의 빠르고 명확한 섬광을 만들었습니다. 상당한 시험 기간을 거쳐 이 혁명적인 장치는 우수한 신뢰성을 증명하였습니다. 또한 그는 '아가' 등불을 사용할 때 생기는 사소한 문제점들을 해결했습니다. 이제 '아가' 등불은 스웨덴의 수많은 등대와 등부표에서 채택하고 있습니다. 이 장치는 작은 불꽃을 가지고 있는 버너가 3초마다 10분의 3초 동안 아세틸렌 섬광을 내도록 설계되었습니다.

1907년 달렌 씨는 해가 뜨면 닫히고 밤이 되면 다시 열리는, 태양밸브라는 밸브를 설계했습니다. 이 밸브는 유리튜브 내에 있는 네 개의 금속막대로 조절하도록 되어 있습니다. 맨 아래 막대는 검은색이 칠해져 있지만 다른 것은 표면에 금도금을 하고 연마를 하였습니다. 햇빛이 검은색 막대의 온도를 올려서 팽창시키면 가스밸브가 닫히고, 햇빛이 없어지면 검은 막대의 온도가 다른 막대들과 같아지면서 수축하여 밸브가 다시 열리는 원리입니다.

그 장치는 다소 민감하게 작동되도록 조절할 수도 있기 때문에 안전의 관점에서 안개나 구름이 태양빛을 가리면 바로 작동하도록 조절하여 사용합니다.

태양밸브를 점멸하는 등불과 함께 사용하면 가스를 93퍼센트나 절약할 수 있으며 섬광 간의 간격을 늘리면 이보다 더 절약할 수도 있을 것입니다. '아가' 등불은 무인도나 위험한 암초를 가진 바다처럼 매우 접근

이 어려운 장소에 등대나 등부표를 설치할 수 있도록 해주었습니다. 한두 개의 가스 저장기로 1년 이상 점검이나 고장의 염려없이 유도등을 밝힐 수 있게 되었습니다.

그 결과 완전히 새로운 항해 안전의 표준이 구축되었고 경제적으로 막대한 이득을 얻었습니다. 예를 들면 스웨덴의 해안에 하나의 등대를 세우는 데는 20만 크로나가 필요하며 유지 비용은 연간 25,000크로나가 들었습니다. 이제 많은 경우 항해 안전장치로 '아가' 부표를 사용할 수 있는데, 그것을 설치하는 데 9,000크로나, 유지 보수에 연간 60크로나가 필요할 뿐입니다.

이제 대부분의 해양 국가에서 달렌 씨의 장치를 설치하기 시작했습니다. 그 범위는 북쪽으로 스피츠베르겐 제도, 바란저 피요르트, 아이슬란드, 그리고 알래스카에 이르며, 남쪽으로는 마젤란 해협과 케르겔랑 군도에 이릅니다. 그 혜택으로 매년 수천 명의 인명을 구하고 수억 크로나가 절약되었습니다. 이 섬광 기술은 철도 차량의 조명이나 철로 신호장치, 자동차 전조등, 납땜, 주조, 금속 절단 같은 다른 영역에서도 매우 유용합니다.

과학원은 이러한 응용의 진정한 가치를 높게 평가하며 항해술의 발전에 기여한 점을 특히 강조하고자 합니다. 왜냐하면 이 기술처럼 인류에게 가장 큰 혜택을 가져다 준 것은 없기 때문입니다.

위대한 폭발물 기술자였던 알프레드 노벨 박사가 특별히 호의를 가진 학문 분야인 물리, 화학 그리고 의학 분야는 때때로 연구자 개인의 안전을 희생하기도 한다는 공통점이 있습니다. 올해의 물리학상 수상자 역시 심각한 사고로 이 시상식에 참석하지 못해 전하로부터 직접 노벨상을 수상하지 못하게 되었습니다.

그의 동생인 캐롤라인 연구소의 알빈 달렌 교수께서 대신 노벨상을 수상하시겠습니다. 메달과 상장을 전달하면서 왕립과학원의 축하와 빠른 완쾌의 기원을 전해 주십시오.

스웨덴 왕립과학원 원장 H. G. 쇠더바움

저온 물리학과 액체헬륨의 제조

1913

카메를링 오네스 | 네덜란드

:: **하이케 카메를링 오네스Heike Kamerlingh Onnes (1853~1926)**

네덜란드의 물리학자. 그로닝겐 대학교에서 수학과 물리학을 공부한 후, 1871년부터 1873년까지 하이델베르크 대학교에서 키르히호프와 분젠의 지도를 받으며 공부하였다. 1879년에 그로닝겐 대학교에서 박사학위를 취득하였으며, 1878년부터 1882년까지 델프트 고등기술학교에서 강의하였다. 1882년 레이덴 대학교 실험물리학 교수로 임용되어 1923년까지 재직하였다. 1910년 수상자이기도한 J. 반 데르 발스의 연구를 바탕으로 저온 물리학을 연구함으로써 액화가 되지 않은 유일한 원소였던 헬륨의 액화에 성공하였으며, 절대온도 0도에 가까운 -269℃의 극저온을 얻어내기도 하였다.

전하, 그리고 신사 숙녀 여러분.

왕립과학원은 11월 10일 회의에서 라이덴 대학교의 교수인 하이케 카메를링 오네스 박사에게 올해의 노벨 물리학상을 수여하기로 결정하였습니다. 오네스 박사는 냉각기법을 연구해 액체헬륨을 제조했고, 저온에서의 물질 특성에 대한 연구에서 보여 준 업적을 인정받았습니다.

100여 년 전 다양한 압력과 온도에서 일어나는 기체의 거동에 대한 연구는 물리학을 크게 발전시켰습니다. 이후 기체의 압력·부피·온도 사이의 연관 관계는 물리학 특히, 현대 물리학의 핵심 분야 중 하나인 열역학에서 매우 중요한 역할을 해 왔습니다.

1873년과 1880년 반 데르 발스 교수는 기체의 운동을 설명하는 유명한 법칙을 발표했습니다. 반 데르 발스의 기체 법칙은 열역학의 발전에 매우 중요한 기여를 했으며 이에 대한 공로를 인정받아 1910년 노벨 물리학상을 수상했습니다.

기체의 특정 성질은 분자와 분자 사이에 작용하는 힘으로 설명될 수 있다는 가정 아래 만들어진 반 데르 발스의 열역학법칙은 사실은 비논리적인 기초에서 만들어진 것이었습니다. 실제 기체는 압력과 온도에 따라 변화되는 성질이 반 데르 발스 교수가 가정한 것과 상당히 큰 차이를 보입니다.

따라서 반 데르 발스의 법칙에서 벗어나는 현상을 체계적으로 연구하고 온도와 분자구조의 변화에 따라 기체가 어떤 거동을 보이는지를 연구하는 것은 분자의 성질과 그것에 관련된 현상을 이해하는 데 많은 도움을 줍니다.

1880년대 초반 오네스 교수는 자신의 유명한 실험실을 만들면서 기체와 관련된 연구를 시작했습니다. 그는 실험에 필요한 장치를 직접 설계하고 개선하여 놀랄 만한 성공을 거두었습니다.

오네스 교수의 실험실에서 만들어진 중요한 많은 결과들을 여기에서 간단히 다루기는 어렵습니다. 오네스 교수와 동료 연구자들은 단원자와 다원자 기체 그리고 기체 혼합물의 열역학적 성질을 연구해 현대 열역학의 발전에 크게 기여했습니다. 또한 설명하기 매우 힘들었던, 기체들이

저온에서 독특하게 행동하는 현상에 대해 명료하게 설명하였습니다. 오네스 교수와 연구자들은 물질의 구조와 그것에 관련된 현상에 대한 우리의 지식을 넓히는 데 크게 기여했습니다.

오네스 교수의 연구는 그 자체로도 매우 중요하지만, 인류가 추구해온 가장 낮은 온도를 달성했다는 데 더 중요한 의미가 있습니다. 오네스 교수가 도달한 온도는 열역학에서 언급하는 가장 낮은 온도인 절대온도 0도에 매우 가까이 다가갔습니다.

일반적으로 저온에 도달하기 위해서는 이른바 영구기체(현대적인 의미에서는 불활성기체—옮긴이)를 응축시켜야만 가능합니다. 패러데이는 1820년대 중반, 선구적으로 이 연구를 수행했는데 이는 열역학에서 가장 중요한 과제 중의 하나였습니다.

올체프스키, 린데 그리고 햄프슨이 다양한 방법으로 액체산소와 공기를 제조하였고 듀어는 실험적인 많은 어려움을 극복하고 수소 응축에 성공하였습니다. 이 같은 연구를 통해 우리는 섭씨 영하 259도, 즉 절대온도에서 단지 14도 높은 저온 상태까지 도달할 수 있었습니다.

이와 같은 저온 상태에서는 모든 알려진 기체들이 쉽게 응축되는데 1895년 대기에서 발견된 헬륨만은 예외였습니다. 따라서 헬륨을 응축시킬 수 있다면 더 낮은 온도에 도달할 수 있습니다. 올체프스키와 듀어, 트레버스와 자크로드는 액체헬륨을 얻기 위해 많은 응축 방법을 사용했지만 결국 실패하고 말았습니다. 일련의 실패 이후 사람들은 헬륨 액화는 불가능하다고 생각했습니다.

1908년 오네스 교수는 이 문제를 마침내 해결했습니다. 즉 오네스 교수가 처음으로 액체헬륨을 제조한 것입니다. 오네스 교수가 헬륨을 액체화했던 실험장비와 오네스 교수가 극복한 수많은 실험적인 어려움을 여기에서 말씀드리자면 많은 전문적인 내용이 필요합니다. 따라서 이 자리에서는 헬륨의 액화가 저온에서 기체와 액체의 성질을 연구하는 오래된 연구의 연속선상에 있다는 것만 말씀드립니다. 오네스 교수는 저온에서의 기체와 액체의 성질을 연구하면서 최종적으로 헬륨의 이른바 등온선을 얻었으며, 이 등온선을 얻으면서 획득된 지식이 헬륨의 액화를 위한 첫 단계가 되었습니다. 이후 오네스 교수는 액체헬륨을 채운 차가운 수조를 만들어 절대온도 1.15도에서 4.3도 사이에 놓인 물질의 성질을 연구했습니다.

물리학에서 이러한 저온에 도달하는 것은 매우 중요합니다. 왜냐하면 이 온도에서는 물질의 성질과 물리 현상이 상온이나 고온과는 일반적으로 상당히 다를 것이기 때문입니다. 그리고 온도에 따른 변화를 이해하는 것은 현대 물리학의 많은 의문을 해결할 수 있는 중요한 과정입니다.

이 자리에서 특별히 한 가지 예를 들어 보겠습니다.

기체의 열역학에서 빌려온 많은 원리들이 이른바 전자이론(현대적인 의미에서는 고체물리—옮긴이)에서 사용되었습니다. 그리고 전자이론은 물질의 전기적, 자기적, 광학적, 그리고 많은 열적 현상을 설명하는 길잡이입니다.

상온 또는 고온에서 얻어진 열역학적 방법으로 얻은 물리 법칙은 측정으로 확인된 듯 보입니다. 그러나 만약 온도가 매우 낮아진다면 상황은 달라집니다. 오네스 교수가 발견했듯이 액체헬륨 온도에서의 전기전도에 대한 저항 연구(초전도의 발견—옮긴이)와 네른스트와 그의 학생들이 액체헬륨 온도에서 수행한 비열의 관계에 대한 연구들이 예가 될 수 있습니다.

전자이론을 변화시킬 필요가 있다는 것이 점점 더 명백해지고 있습니다. 전자에 대한 이론적인 연구는 이미 플랑크와 아인슈타인을 포함한 많은 연구자들이 시작하였습니다. 전자이론을 만들어 내기 위해서는 많은 실험적 뒷받침이 필요합니다. 전자이론은 저온 특히 액체헬륨이 만들어지는 온도에서 물질의 성질을 실험적으로 계속 측정해야만 검증할 수 있습니다. 저온 연구는 전자들의 세계에서 일어나는 현상을 파악할 수 있는 가장 적절한 방법입니다.

오네스 교수의 장점은 그 자신이 이런 가능성을 만들었으며 동시에 물리학에 커다란 영향력이 있는 중요한 연구 분야를 열었다는 데 있습니다.

오네스 교수는 물리학 연구에서 중요한 업적을 이루었습니다. 이에 왕립과학원은 오네스 교수에게 1913년의 노벨 물리학상을 수상할 자격이 있음을 밝힙니다.

스웨덴 왕립과학원 원장 Th. 노르드스톰

결정에 의한 엑스선 회절의 발견

1914

막스 폰 라우에 | 독일

:: **막스 테오도르 펠릭스 폰 라우에** **Max Theodor Felix von Laue (1879~1960)**

독일의 물리학자. 1899년부터 슈트라스부르크 대학교와 괴팅겐 대학교에서 수학, 물리, 화학을 공부한 후, 1902년에 뮌헨 대학교에서 막스 플랑크의 지도 아래 공부하였다. 1903년에 박사학위를 취득하였으며, 1905년에는 막스 플랑크 연구소의 조교가 되었다. 취리히 대학교, 프랑크푸르트 대학교, 베를린 대학교 교수를 지냈으며, 1951년에는 베를린에 있는 막스 플랑크 물리화학 연구소 소장이 되었다. 그가 발견한 결정체에서의 엑스선 회절 현상은 결정체내에서 원자의 위치를 결정할 수 있게 하는 등 결정학 분야의 발전에 기여하였다.

물리학에서 뢴트겐의 발견처럼 집중적으로 연구된 분야는 없을 것입니다. 1896년 뢴트겐은 알려지지 않은 새로운 형태의 광선이 존재한다는 것을 증명했으며, 그 괄목할 만한 특성으로 순수물리학뿐 아니라 다른 여러 분야에서도 가장 중요한 위치를 차지하였습니다.

엑스선의 발견 이후 그 본질적 특성을 밝히려는 수많은 시험과 연구들 덕분에 10년이 되지 않아 그 특성이 모두 밝혀졌습니다.

이미 초기 연구에서 어떤 강력한 자장으로도 진행 방향이 바뀌지 않으며, 한 매질에서 다른 매질로 통과할 때 굴절이 생기지 않는다는 것이 밝혀졌습니다. 따라서 엑스선이 어떤 입자의 빔이라면 다른 입자들의 빔과는 달리 입자들이 전하를 띠지 않는다는 것을 의미합니다. 만약 전하를 띠지 않는 입자가 있을 수 없다고 한다면 엑스선의 특징을 결정하는 그 입자들은 반대 부호의 두 전하를 가지고 있어서 서로 상쇄된다고 가정해야 합니다. 한편 엑스선은 굴절하지 않는다는 사실로부터 엑스선이 빛의 파동처럼 횡파의 거동을 한다면 그 파장이 대단히 짧다는 가정을 할 수 있습니다. 왜냐하면 빛의 전파이론에 의하면 파장이 매우 짧아지면 굴절률은 1에 접근하기 때문입니다.

엑스선이 에테르 내에서 종파의 특성으로 움직인다는 초기의 가설은 곧 배제되었고, 엑스선의 본질에 관한 의견은 위의 두 가지로 나누어졌습니다. 그럼에도 일종의 알 수 없는 특성을 가진 펄스라는 것이 객관적으로 가능한 설명이었습니다.

1896년 스토크스와 비헤르트는 엑스선이 음극선, 즉 고속의 전자가 어떤 물질과 충돌할 때 에테르에 발생하는 왜곡이라는 가설을 내놓았습니다. 이 왜곡 혹은 충격파는 전자 주위의 에테르로부터 모든 방향으로 빛의 속도를 가지고 전파된다고 생각했습니다. 모든 공간에서 이 왜곡은 전자가 충돌한 시간과 동일한 시간 동안 유지됩니다. 이 시간과 빛의 속도의 곱은 충격파의 폭을 나타내며 엑스선의 특성이 빛과 같다면 이 값은 파장에 해당됩니다.

그 이론에 의하면 엑스선을 일으키는 음극선에 대해 수직으로 발생하는 엑스선 충격파는 완전한 편광 상태입니다. 이런 편광은 1905년 바클라가 관찰하였지만, 이론과는 달리 완전편광이 아니라 부분편광 상태였습니다. 이런 차이의 원인에 대해서는 설명이 가능하지만 횡파의 존재에 대한 증거로 편광의 특성은 적절치 않다는 것이 밝혀졌습니다.

1897년 도른은 엑스선으로 변환되는 전자의 에너지를 계산해 냈습니다. 그러자 빈은 자신의 방법으로 충격파의 폭을 계산했는데 그 값은 약 10^{-10}센티미터로 빛의 가장 짧은 파장의 10만분의 1에 해당하는 것이었습니다. 지금까지 엑스선을 이용한 회절 실험이 모두 실패한 원인은 이렇게 충격파의 폭 혹은 파장이 짧았기 때문이었습니다. 가장 좁은 슬릿을 사용한다고 해도 이렇게 짧은 파장의 엑스선이 만드는 회절은 관찰의 한계를 벗어납니다. 발터와 폴이 진행한 가장 정교한 실험의 결과마저도 단지 회절의 가능성이 있다는 정도를 얘기해 줄 뿐이었습니다. 이 과학자들의 연구로부터 엑스선 파장의 상한은 4×10^{-9}센티미터 정도로 보였습니다.

이것이 폰 라우에 교수가 획기적으로 엑스선의 간섭 현상을 발견하고 엑스선이 빛의 경우처럼 진행하는 횡파로 되어 있음을 증명함으로써 과학의 가장 중요한 위치에 서게 되었을 때의 상황입니다.

앞서 말씀드린 바와 같이 선행의 연구결과는 엑스선이 파동운동을 한다면 그 파장은 10^{-9}센티미터 대에 있어야 합니다. 따라서 빛이 회절격자를 통과할 때 발생하는 것과 똑같은 분명한 간섭현상을 엑스선에서 얻기 위해서는 회절격자의 격자 간격이 10^{-8}센티미터 정도여야 합니다. 이것은 고체 내의 분자 간 간격과 거의 같습니다. 폰 라우에 교수는 이러한 점에 착안해서 회절격자로 분자들이 규칙적으로 배열되어 있는 고체, 즉 결정체를 사용했습니다. 이미 1850년 결정학 분야에서 브라바이스는 결정체를 구성하는 원자들은 어떤 규칙적인 배열을 하고 있다는 가정을 제안했습니다. 그것은 이른바 3차원 격자 혹은 공간격자로 그 격자상수들은 결정학 자료로부터 계산할 수 있습니다.

그러나 공간격자의 이론적 근거는 알려져 있지 않아서 폰 라우에 교수는 우선 그 이론을 개발해야 했습니다. 그 방법은 1차원 격자에 적용되는 광학에서와 같은 근사식을 이용한 것이었습니다.

폰 라우에 교수는 프리드리히와 크니핑에게 실험을 맡겼습니다. 그들은 납 상자 내에 정교하게 위치한 결정체로 가느다란 엑스선이 도달하도록 하고, 결정체의 뒤와 옆에는 감지필름을 설치했습니다. 예비실험에서 벌써 폰 라우에 교수가 예측한 대로 결정체 뒤에 있는 필름에서 검은 점 형태로 강도의 최대점들이 나타났습니다.

이 강도의 최대점들의 모양이 다양한 결정체에서의 이론적 예측과 일치하고, 그것들이 아주 명확하게 나타남으로써 이 현상이 회절 현상임을 확실하게 알 수 있었습니다. 또한 흡수실험으로 이들 회절점은 정말로 엑스선으로 만들어졌음을 확인하였습니다. 이로부터 폰 라우에 교수는 조사된 결정체로부터 회절점을 만드는 엑스선이 파동의 특성을 가진다고 추론했습니다. 왜냐하면 엑스선이 입자라면 결맞음 진동coherent oscillation은 동일한 입자처럼 행동하는 원자들에 의해서만 일어날 수 있으며 이들 원자들은 조사방향으로 늘어선 원자군을 형성해야 하기 때문입니다. 이런 결맞음 진동은 실험에서 관찰된 것과는 달리 강도의 최대점이 불규칙적인 동심원을 이룹니다.

폰 라우에 교수가 발견한 결정체에서의 엑스선 회절 현상은 엑스선이 매우 짧은 파장이라는 증거이며, 또한 결정학 분야에서 매우 중요한 발견들이었습니다. 이제는 결정체 내에서 원자의 위치를 결정할 수 있게 되었으며 여기에서 많은 중요한 지식을 얻게 되었습니다. 앞으로도 이 분야에서 많은 발견이 기대됩니다. 예를 들어 회절에 미치는 온도의 영향을 실험적으로 연구하면 영점에너지에 대한 의문이 해결되거나 최소한 해답을 찾는 데 도움이 될 것입니다. 왜냐하면 영점에너지의 유무에 따라 온도의 영향이 다르게 나타나기 때문입니다. 그렇지만 회절의 발견이 가지는 직접적인 결과 역시 그 중요성이 작지 않습니다. 이제는 엑스선 스펙트럼을 직접 조사할 수 있게 되었으며, 선 스펙트럼의 사진을 얻을 수 있게 되었습니다. 과학은 매우 유용한 연구방법을 갖게 되었으며 그 방법이 가져올 성과를 모두 예측해 내는 것은 아직 불가능합니다.

발견이 인간에게 기여한 정도에 따라 인류의 발견을 평가하는 것이 가능하다면 폰 라우에 교수의 발견에 버금가는 것은 그리 많지 않을 것입니다. 또한 결정에 의한 엑스선 회절을 발견한 폰 라우에 교수의 결과가 출판된 지는 몇 년 되지 않았습니다만, 왕립과학원이 노벨 물리학상을 결정하는 데 1914년 폰 라우에 교수처럼 쉽게 의견의 일치를 본 경우는 드물다는 점을 말씀드립니다.

스웨덴 왕립과학원 노벨 물리학위원회 위원장 G. 그란크비스트

엑스선을 사용한 결정의 구조 분석

1915

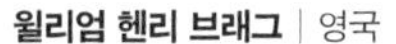
윌리엄 헨리 브래그 | 영국

윌리엄 로렌스 브래그 | 영국

:: 윌리엄 헨리 브래그 William Henry Bragg (1862~1942)

영국의 물리학자. 킹 윌리엄스칼리지와 케임브리지 대학교 트리니티 칼리지에서 수학을 공부하였으며, 캐번디시 연구소에서 물리학을 공부하였다. 1885년에 남오스트레일리아의 애들레이드 대학교 수학 및 물리학 교수가 되었다. 이후 다시 영국으로 건너와 1909년부터 1925년까지 리즈 대학교와 런던 대학교의 물리학 교수로 재직하였으며, 1925년에 왕립과학연구소 화학교수가 되었다. 1920년에 기사 작위를 받았다.

:: 윌리엄 로렌스 브래그 William Lawrence Bragg (1890~1971)

오스트레일리아 태생 영국의 물리학자. 세인트 피터스 칼리지, 애들레이드 대학교, 케임브리지 대학교 트리니티 칼리지에서 공부하였다. 노벨상 수상 후 1919년부터 1938년까지 맨체스터 대학교의 교수로 재직하였다. 그 뒤 1953년까지 캐번디시 연구소 소장을 역임했으며, 1954년부터는 왕립과학연구소 소장을 지냈다. 1941년에 기사 작위를 받았다. 결정구조의 고찰 결과와 더불어 브래그 부자가 결정 구조의 고찰을 위해 고안한 방법은 물리학의 발전에 기여하였다.

결정에서 엑스선이 회절한다는 폰 라우에의 시대적 발견은 한편으로는 파동이 엑스선의 본질이라는 것을 확립하였고 결정 내에는 엑스선을 산란시킬 수 있는 주기적인 격자가 존재한다는 것을 실험으로 증명하였습니다. 그러나 공간격자뿐만 아니라 엑스선 스펙트럼에 있는 여러 파동의 파장과 강도 분포도 알아야 하므로 폰 라우에의 공식을 사용해 결정구조를 계산하려면 매우 복잡한 과정을 거쳐야만 했습니다. 윌리엄 로렌스 브래그가 이 회절 현상이 수학적인 관점에서는 격자점들을 연결하면 면이 만들어지고 이 평행한 면들에서 엑스선이 반사되면서 회절되는 현상으로 생각할 수 있고, 결정면 사이의 거리와 파장과의 관계는 회절각에 의해 간단한 수식으로 표현할 수 있다는 점을 발견한 것은 매우 의미있는 일이었습니다.

수학적인 방법의 단순화를 통해 결정구조를 결정하는 것이 가능했지만 최종적으로 결정구조를 결정하기 위해서는 폰 라우에가 사용한 사진방법이 회절원리에 기초한 실험방법으로 대체되어야 했으며, 이 경우 처음에는 알 수 없지만 정확하게 정의된 파장이 필요합니다. 이런 목적에 사용되는 필수적인 도구는 엑스선 분광기로서 윌리엄 로렌스 브래그 교수의 아버지인 윌리엄 헨리 브래그 경이 만들었으며, 이 분광기를 사용해 아버지와 아들이 한편으로는 연합하고 다른 한편으로는 독자적으로 연구해 결정구조에 대한 많은 결과들을 얻었습니다.

많은 입방체들에서 하나의 입방체가 인접한 입방체의 면과 모두 일치해 최종적으로 8개의 꼭지점이 항상 한 점에서 만나도록 3차원적으로 배열되면 이른바 단순 입방체를 만들 수 있습니다. 만약 한 격자점이 각각의 정육면체의 면의 중심과 일치하도록 위치시키면 이른바 면심 입방체 격자가 얻어집니다. 반면 체심 입방체는 모든 입방체의 중심마다 하나의 격자점을 갖게 됩니다. 이 세 경우를 제외하고 임의의 방향에 놓인 평행한 면이 모든 격자점을 통과해 서로 같은 거리를 갖는 조건을 만족시키는 입방체 격자는 없습니다. 따라서 규칙적이거나 입방체 시스템에서의 공간격자는 위의 세 가지 중의 하나 또는 그들의 혼합으로 이루어져 있어야 합니다. 그리고 방금 전에 언급한 조건이 충족되지 않는, 결론적으로 말하면 특정한 방향들에 있는 모든 격자점들을 통과하도록 놓인 평행한 평면들이 같은 거리에 있지 않는 격자 혼합은 이 면에 대해 회절이 일어나면 다른 규칙을 가진 스펙트럼 사이에서 회절 강도의 분포가 비정상적으로 나타나게 되어 있습니다.

결정학적인 데이터로부터, 임의의 주어진 규칙결정에서 입방체의 면이 어떻게 위치하는지 항상 알 수 있으며, 그 결과 미리 지정된 임의의 방위를 가진 면에서 회절이 일어나는 것과 같은 방식으로 분광표 상에서 결정을 지정하는 것은 어렵지 않습니다.

결정에 조사되는 빛은 엑스선 튜브에서 생성되는데 처음에는 백금을 양극으로 사용했습니다. 금속의 특성엑스선복사는 잘 알려진 대로 소수의 강한 선들 또는 좁은 띠들로 이루어져 있습니다. 최초로 분광기를 사용해 수행한 실험은 백금의 특성엑스선을 보여 주고 있습니다. 그러나 복잡한 공간격자의 구조를 밝혀내기 위해서는 다양한 순서를 가진 분광선 사이에 나타나는 회절선의 비정상적인 강도분포가 가장 중요한 관측결과 중의 하나인데 가장 강력한 백금선 파장의 약 절반에서 나오는 엑스선 복사가 가장 좋은 것으로 판명되었습니다. 이론적인 연구를 통해 윌리엄 헨리 브래그 교수는 원자량이 100정도인 금속이 원하는 파장을 가진 특성복사를 방출할 것으로 생각했습니다. 이론과 일치하게 팔라듐과 로듐을 양극으로 사용한 경우에 원하는 특성복사를 얻을 수 있었습니다. 이 경우

심지어 다섯 번째의 스펙트럼도 얻을 수 있었습니다. 그러나 이런 특성복사의 장점을 이용하기 위해서는 복잡한 공간격자에서 회절파의 강도를 계산하는 방법을 개발하는 것이 필수적이었고 윌리엄 로렌스 브래그 교수가 개발한 방법은 폰 라우에가 개발한 방법보다 훨씬 더 간단했습니다.

이상으로 결정구조를 연구하기 위해 브래그 부자가 개발했던 방법들을 간단히 설명하였습니다. 그들은 여러 결정계를 연구하였는데 이 자리에서는 대략적으로 요약하겠습니다.

우선 두 연구자는 알칼리 할로겐염으로 대표되는 규칙적인 구조의 가장 단순한 유형을 연구하기 시작했습니다. 브롬화칼륨과 요오드화칼륨에서는 면심 입방체의 특성을 보이는 분광선이 얻어졌으며 염화칼륨은 단순 입방체, 염화나트륨은 중간적인 위치를 차지한다는 것을 알게 되었습니다. 염화나트륨을 다른 염들과 비교하고 화학적 · 결정학적 관점에서 연구한 결과 두 개의 면심 입방정이 서로 교차되어 하나의 입방체 격자를 이루고 있었습니다.

이러한 고찰로부터 알칼리염의 결정에서 금속원자는 같은 거리에 놓인 여섯 개의 할로겐원자로 둘러싸여 있다는 것을 알 수 있었으며 할로겐원자 또한 같은 거리에 놓인 여섯 개의 금속원자로 둘러싸여 있습니다. 그리고 이러한 구조는 많은 결정계에서 관찰되었습니다. 이 발견은 분자물리학과 화학에서 매우 중요합니다. 왜냐하면 엑스선 회절을 통해 결정된 결정구조에 따르면 결정은 원자들이 격자를 이루는 것이지, 분자들이 격자를 이루는 것이 아니기 때문입니다.

두 개의 면심 입방체 격자들이 서로 교차되어 침투해 하나의 격자에 해당하는 모든 점들은 다른 격자에 속하는 사면체 면의 무게중심에 위치할 수 있습니다. 브래그 부자는 다이아몬드에서 이러한 구조를 발견하였고 화학자들이 네 개의 배위수를 가진 탄소원자에 대해 가정해 왔던 사면체 구조를 실험으로 증명할 수 있었습니다. 한편 결정학자들이 다이아몬드가 결정의 규칙적인 체계 속에서 어떤 종류에 속하는지에 대해 왜 여지껏 일치를 보이지 못했는가에 대해 분명히 설명할 수 있었습니다.

결정의 공간격자에 대한 심도있는 고찰을 설명하다 보니 너무 멀리 왔고 또 복잡해졌습니다. 브래그 부자는 연구를 진행하면서 한편으로는 회절선들의 진폭과 위상차 사이의 관계를 발견했고, 다른 한편으로는 원자량에 따른 진폭과 위상차 사이의 관계를 발견했습니다. 또한 열이 공간격자에 미치는 영향도 실험적으로 보여 주었습니다.

마지막으로 두 연구자들은 엑스선의 파장과 격자점들을 통과하도록 위치한 연속적인 면들 사이의 거리를 아주 정확하게 결정하였습니다. 만일 오차가 있더라도 그것은 아마도 기껏해야 몇 퍼센트일 것이며 측정 그 자체 때문이라기보다 결정에 들어가는 일반적인 물리학적 상수 때문이라는 점을 말씀드립니다.

브래그 부자가 결정구조를 고찰하기 위해 고안한 방법들 덕분에 새로운 물리학의 세상이 열렸으며 그중 일부는 경이적인 정확도로 탐구됩니다. 이 방법과 이를 이용해 얻은 결과는 각각이 그 자체로 인상적이지만 전체로서는 너무나 넓고 깊어 아직 온전히 평가할 수 없습니다. 이 방법이 물리학 연구에 미친 중요성을 고려해 스웨덴 왕립과학원은 윌리엄 헨리 브래그 경과 그의 아들인 윌리엄 로렌스 브래그 교수에게 엑스선에 의한 결정구조의 연구를 발전시킨 커다란 공로를 인정하여 1915년 노벨 물리학상을 수여하기로 결정하였습니다.

스웨덴 왕립과학원 노벨 물리학위원회 위원장 G. 그란크비스트

원소의 특성엑스선복사의 발견

1917

찰스 바클라 | 영국

:: **찰스 글로버 바클라 Charles Glover Barkla (1877~1944)**

영국의 물리학자. 리버풀 대학교에서 수학과 물리학을 공부하였으며 1898년에 석사학위를 취득하였다. 1899년 케임브리지 대학교 트리니티 칼리지의 캐번디시 연구소에 들어가 J. J. 톰슨의 지도를 받으며 연구하였다. 1905년부터 리버풀 대학교에서 강의하였으며, 1909년에 런던 대학교 교수로 임용 되었으며, 1913년부터 죽을 때까지 에든버러 대학교의 자연철학 교수로 재직하였다. 특성 엑스선에 대한 발견으로 인하여 원자의 내부구조라는 개념을 발전시키는 연구를 비롯하여 분광학 전반의 발전에도 기여하였다.

어떤 물질에 엑스선이 입사되면 그것이 고체이건 액체이건 기체이건 간에 입사된 엑스선에 의해 2차 복사가 일어납니다. 이것은 1897년에 사낙이 발견했으며 그 이후 많은 연구자들이 오랫동안 연구하여 왔습니다. 에든버러 대학교의 바클라 교수는 엑스선복사를 처음부터 열정적으로 연구하면서 전혀 기대하지 않았던 새로운 현상을 발견했는데 이 현상은 물리학 연구에 매우 중요한 발견이었습니다.

2차 복사는 서로 완전히 다른 두 종류의 복사로 이루어집니다. 하나는 음극선과 같은 성질을 가지는 입자복사이며 방사선 물질의 베타선과 유사한 전자의 방출입니다. 반대로 다른 하나는 엑스선과 동일한 특성을 가집니다.

바클라 교수는 두 유형의 복사 가운데 엑스선과 같은 특성을 가진 복사의 성질을 매우 주의 깊게 연구했습니다. 그는 2차 복사에는 다른 두 종류의 엑스선이 있다는 것을 발견했습니다. 두 엑스선 중 하나의 흡수계수는 입사되는 엑스선의 흡수계수와 같습니다. 즉 이 엑스선은 입사된 엑스선과 동일한 침투력을 가지고 다른 측면에서도 입사된 복사선과 동일한 특성이 있다고 판명되었기 때문에 입사된 엑스선이 산란된 것으로 간주되었습니다.

산란복사에서 복사선의 강도는 입사된 초기 복사선의 강도에 의존하며 방향에 따라 변화합니다. 바클라 교수는 조건을 변화시키면서 산란복사선의 강도 분포를 측정해 물질의 총 복사량을 결정하였습니다. 얻은 결과들 중 가장 중요한 결과는 원자에 포함된 전자의 수를 근사적으로 계산할 수 있다는 것입니다.

다른 종류의 엑스선은 입사복사선과 전혀 다른 특성이 있습니다. 바클라 교수는 이 복사는 균질하며 흡수계수는 입사된 엑스선과는 무관하고 복사가 일어난 물질에 따라 결정된다는 것을 증명했습니다. 나아가 그는 이 복사선의 특징이 복사선들의 그룹화나 서로 간에 주고받는 영향, 다시 말해서 그 물질의 화학적 구성과는 무관하고 그 물질을 구성하고 있는 원자의 특성에만 의존한다는 중요한 사실을 발견했습니다. 모든 화학원소는 원소에 특징적인 2차 복사를 만들어 냅니다. 바클라 교수는 이런 유형의 복사를 특성엑스선복사라고 명명하였습니다.

이 복사는 상대적으로 높은 원자량을 가진 원소들의 연구에 가장 편리합니다. 왜냐하면 무거운 원소는 특성복사가 산란복사보다 더 강하기 때문입니다. 그렇지만 특성복사는 산란복사와는 대조적으로 완벽하게 균질하기 때문에 산란복사와 구별할 수 있으며 바클라 교수는 원자가 27인 원소까지 특성복사를 측정할 수 있었습니다.

게다가 특성복사는 산란복사와는 대조적으로 극성을 띠지 않으며 초기 복사의 방향에 의존하지 않고 모든 방향으로 균일하게 퍼져나갑니다.

특성복사가 엑스선에서 발생하기 때문에 특성복사가 방출되기 위해서는 엑스선이 원자에 흡수되어야 합니다. 이러한 이유로 바클라 교수는 여러 물질이 엑스선을 흡수하는 양상에 대해 철저하게 연구했습니다. 그 결과 밀도, 온도, 응집상태, 화학조성 같은 요소는 엑스선의 흡수에 별다른 영향을 주지 않는다는 것을 확인하였습니다. 오직 원자 그 자체의 특성만이 흡수량을 결정합니다. 흡수는 훨씬 더 선택적이며 복사선들은 빛과 마찬가지로 원자에 먼저 흡수되고 복사선을 흡수한 원자는 특성복사의 형태로 동일한 온도에서 엑스선을 방출합니다.

또 바클라 교수는 다른 빛과 엑스선이 놀랄 만큼 유사하다는 것을 발견했습니다. 스토크스의 법칙에 따르면 높은 주파수의 빛에서만 형광이 발생하는데 특성복사도 초기 입사되는 엑스선의 침투력이 매우 커야 합니다. 다른 강도를 가진 두 영역은 특성복사에서 구별된다는 바클라 교수의 발견은 원자의 구조에 대한 현대적인 개념과 관련하여 근본적으로 중요합니다. 바클라 교수는 다른 강도를 가진 두 영역들을 각각 K시리즈와 L시리즈라고 이름붙였습니다. 모든 화학원소는 엑스선이 조사되면 다른 침투력을 지닌 두 가지 복사선을 방출합니다. 다시 말해 모든 원소는 형광에 의해 K시리즈와 L시리즈라고 불리는 두 가지 선 혹은 두 가지선의 집단으로 이루어진 엑스선 스펙트럼을 방출합니다. 이 중에서 K시리즈의 침투력이 더 큽니다. 바클라 교수는 칼슘에서 세륨까지의 K시리즈를, 은에서 비스무트까지의 L시리즈를 추적하는 데 성공했습니다.

만약 이 복사선들이 원자에서의 흡수라는 개념으로 정의된다면, 강도가 다른 두 영역을 가진 복사선에 의한 흡수는 복사를 방출하는 원소 원자량의 선형함수가 됩니다. 이런 결론에 도달한 바클라 교수는 한편으로는 모든 화학원소는 원소 자신의 특성엑스선을 방출한다는 것을 명확하게 증명했으며 다른 한편으로는 특성엑스선은 이제까지 알려진 모든 분광학적 결과와는 달리 주기율표에서 원소의 위치에 따라 주기적으로 변화하는 것이 아니라는 것을 명확하게 보여 주었습니다.

특성엑스선에 대한 바클라 교수의 발견이 물리학에서 매우 중요한 현상이라는 것이 증명되었고 이 사실은 다른 연구자들의 후속 연구로 더욱 분명해졌습니다.

엑스선으로 결정에서 회절현상과 그에 따른 엑스선의 파장을 결정할 수 있었으며 이후 K시리즈와 L시리즈에 대한 심도있는 고찰로 원자의 내부구조라는 개념을 발전시키는 데 근본적으로 중요한 결과물을 얻을 수 있었습니다. 그렇지만 이 자리에서 이 주제에 대해 너무 깊숙히 들어가는 것은 시상 연설의 목적을 벗어나는 것입니다. 단지 주기율표에서 원자의 위치를 결정하는 것은 이제까지 가정했던 것처럼 원자량이 아니라 원자핵에 있는 전하라는 사실을 엑스선을 통한 연구에 의해서 증명했다는 점을 언급하는 것으로 충분하다고 생각합니다.

일반적으로 원자핵의 전하는 원자량의 절반입니다. 그러나 원소에서 원자량 분포의 불규칙성 때문에 이 규칙에서 벗어나는 원소도 있습니다. 핵의 전하는 원자의 화학적 속성을 결정하는 요소입니다. 또한 화학원소가운데 알려지지 않은 것은 단지 6개밖에 없다는 사실을 확립했습니다. 원소의 특성엑스선복사에 대한 바클라 교수의 발견은 원자의 내부구조 연구에 중요한 내용을 밝혀 주었고 우리로 하여금 벌써 너무나 광범위하고 의미심장한 결론에 도달하도록 해주었습니다. 불꽃이나 전기적 스파크로부터의 불연속적인 스펙트럼과 이에 따라 만들어지는 여러 개의 선이나 띠 형태로 된 스펙트럼의 분화에 대한 발견 이후로 분광학에서 이처럼 중요한 발견은 없었다는 주장은 결코 과장이 아닙니다.

이러한 사실로부터 스웨덴 왕립과학원은 바클라 교수가 수행한 원소의 특성엑스선복사의 발견에 대해 1917년 노벨 물리학상을 수여하기로 결정하였습니다.

스웨덴 왕립과학원 노벨 물리학위원회 위원장 G. 그란크비스트

에너지 양자의 발견

1918

막스 플랑크 | 독일

:: 막스 카를 에른스트 루트비히 플랑크Max Karl Ernst Ludwig Planck (1858~1947)

독일의 이론물리학자. 뮌헨 대학교, 베를린 대학교에서 공부한 후 1879년에 뮌헨 대학교에서 박사학위를 취득하였으며, 1880년부터 강의를 시작하였다. 1885년에 킬 대학교 교수로 임명된 뒤, 1889년에 베를린 대학교 교수로 임용되어 1892년에는 정교수, 1913년에는 베를린 대학교 총장이 되었다. 그의 양자론은 원자 및 원자구성입자 세계에서 일어나는 과정을 이해하는 데 혁명을 일으켰으며, 아인슈타인의 상대성이론과 더불어 20세기 물리학의 기초적 이론이 되고 있으며, 인간이 가장 소중히 간직했던 철학적 믿음들 가운데 몇몇을 수정하도록 했고, 현대생활의 모든 측면에 영향을 미치는 산업적 · 군사적 응용을 가능하게 해주었다.

신사 숙녀 여러분.

왕립과학원은 양자이론을 제안하고 발전시킨 베를린 대학교의 막스 플랑크 교수께 1918년 노벨 물리학상을 수여하기로 결정하였습니다.

흑체복사의 강도는 흑체의 온도와 복사의 파장에만 의존하며 이 관계를 연구하는 것이 가치 있다는 키르히호프의 발표 이후, 복사의 문제를 다룬 이론적 연구는 매우 풍성한 연구결과를 가져왔습니다. 도플러 효과와 맥스웰이 구축한 빛의 전자기 이론, 스테판 법칙의 볼츠만 해석, 그리고 복사에 관한 빈의 법칙에서 볼 수 있듯이 이 과정에서 빛의 특성에 관한 개념에 많은 변화가 일어났습니다. 그러나 이 법칙들은 실재 현상과 정확히 일치하지 않고 오히려 레일리 경이 제안한 복사 법칙처럼 일반적인 복사법칙의 특별한 경우에 해당하는 것이었습니다.

플랑크 교수는 일반적인 복사법칙을 찾기 위한 연구를 시작해 1900년 이 법칙을 찾아냈고, 나중에 이를 이론적으로 유도하였습니다. 그 식에는 두 개의 상수가 포함되어 있습니다. 첫 번째는 1몰의 물질 내에 들어 있는 분자의 개수입니다. 플랑크 교수는 이 관계식을 이용해서 처음으로 아보가드로 상수의 매우 정확한 값을 얻은 사람 가운데 한 명입니다. 두 번째 상수는 이른바 플랑크 상수로서 매우 중요한 의미를 가진 상수로 판명되었는데 어쩌면 첫 번째 상수보다 더 중요하다고 할 수 있습니다. 플랑크 상수와 복사 진동수의 곱인 $h\nu$는 진동수 ν를 갖는 복사의 최소 에너지입니다. 이런 이론적 결론은 복사현상에 대한 기존의 개념과 반대되는 것입니다. 따라서 플랑크 교수의 복사이론이 받아들여지기 위해서는 매우 확고한 실험적 증거가 필요했지만, 결국 이 이론은 전대미문의 성공을 거두었습니다. 인광이나 형광 현상에 관한 스토크스의 법칙과 아인슈타인이 처음으로 제안한 광전효과에 관한 설명은 기존의 개념에 반하는 플랑크 교수의 복사이론을 강력하게 뒷받침하는 것이었습니다. 분광해석 분야에서 플랑크 이론의 더욱 위대한 승리가 있었습니다. 보어의 기초연구나 조머펠트, 엡스타인의 결과, 그리고 다른 사람들의 연구는 이 분야의 수수께끼 같은 법칙을 설명해 냈습니다. 최근에는 반응속도나 반응열에 미치는 온도의 영향 같은 기본적인 물리화학현상 역시 플랑크 교수의 이론을 매컬러, 루이스, 페랭 등이 연구하면서 새로운 빛을 보게 되었습니다.

플랑크 교수의 복사이론은 현대 물리학 연구의 가장 중요한 길잡이입니다. 플랑크 교수의 이론으로 얻은 빛나는 결과들이 그 효용을 다하기까지는 매우 오랜 시간이 소요될 것입니다.

플랑크 교수님.

스웨덴 왕립과학원은 양자론에 관한 뛰어난 연구 업적을 기려 1918년 노벨 물리학상을 교수님께 수여하기로 하였습니다. 양자론은 원래 흑체복사와 관련하여 제안되었습니다만 많은 다른 분야에도 적용되는 것으로 밝혀졌습니다. 교수님의 이름을 딴 상수는 아직 알려져 있지 않지만 물질의 어떤 공통적인 특성을 기술하는 상수로 밝혀졌습니다. 이제 노벨위원회 위원장으로부터 노벨상을 수상하시기 바랍니다.

스웨덴 왕립과학원 원장 A. G. 엑스트란드

– 이날 시상식에는 공주의 갑작스러운 사망으로 왕실 가족이 참석하지 못했다.

양극선에서 도플러 효과와 전기장에서 분광선의 갈라짐

1919

요하네스 슈타르크 | 독일

:: **요하네스 슈타르크** Johannes Stark **(1874~1957)**

독일의 물리학자. 1894년부터 뮌헨 대학교에서 물리학, 화학, 수학, 결정학을 공부한 후 1897년에 박사학위를 취득하였으며, 1900년까지 같은 대학교물리학 연구소에서 롬멜의 조교로 일하였다. 1900년부터 괴팅겐 대학교에서 강의하였으며, 하노버 대학교, 아헨 공과대학, 그라이프발트 대학교 등을 거쳐 뷔르츠부르크 대학교 교수로 재직하였다(1920~1922). 전기장과 자기정의 영향에 있는 원자들의 광동역학이 다양하게 변화한다는 점을 발견하였으며, 이는 원자이온들과 분자이온들의 상호작용을 비롯하여 현대의 원자 연구에 기여하였다.

전하, 그리고 신사 숙녀 여러분.

스웨덴 왕립과학원은 양극선에서의 도플러 효과와 전기장 내에서 분광선의 갈라짐을 발견한 공로로 그라이프스발트 대학교의 교수인 요하네스 슈타르크 박사에게 1919년 노벨 물리학상을 수여하기로 결정하였습니다.

물리 현상을 연구할 때 희박한 기체를 통한 전류의 전도를 측정하여 훌륭한 발견에 이른 경우는 거의 없었습니다. 1869년 이미 히토르프는 방전튜브에 압력을 낮게 해주면 빛은 음극, 이른바 캐소드로부터 방출된다는 것을 발견하였습니다. 비록 눈엔 보이지는 않지만 방출되는 빛이 독특한 효과를 내기 때문에 검출할 수는 있습니다. 음극선에 대한 계속되는 연구 중 특히 레나르트는 음극선 연구에서 많은 결과들을 얻었는데, 빛은 수소원자 질량의 1,800분의 1밖에 되지 않는 음극으로 대전된 질량이 입자의 흐름으로 되어 있다는 것을 그 연구를 통해 알게 되었습니다. 우리는 이런 작은 입자를 전자라고 부릅니다. 전자의 성질과 전자와 물질과의 상관관계에 대한 연구가 진행되면서 현대 물리학의 토대가 되는 이론이 나타나기 시작했습니다. 전자이론은 물질의 구성 성분이라는 개념을 다루었고 물리학과 화학 모두에서 매우 중요했습니다.

음극선이 어떤 물체에 입사되면 물체는 새로운 빛을 방출합니다. 1895년 뢴트겐은 이 복사를 발견하여 엑스선이라 불렀습니다. 그리고 엑스선을 연구하면서 물리학뿐만 아니라 과학의 주요 영역에 대해서 매우 많은 중요한 결과들을 알게 되었습니다. 폰 라우에 교수는 결정에 엑스선이 조사되면 회절 현상이 일어난다는 것을 발견하고 엑스선은 파장이 아주 짧은 파동이라는 것을 증명했습니다. 오늘날에는 빛의 분광을 사진으로 찍는 것이 가능하며, 그 결과 과학 연구를 위한 도구들이 풍부해졌고 이 도구들이 가진 잠재력은 아직 다 실현되지 않았습니다.

폰 라우에 교수의 이러한 발견으로 결정학은 커다란 발전을 이루었습니다. 그리고 브래그 교수 부자가 결정학 연구를 위한 이론적이고 실험적인 방법들을 고안해 냈기 때문에 이제 결정 내의 어떤 위치에 어떤 원자가 자리 잡고 있는지 알 수 있습니다. 새롭게 고안된 방법들은 완전히 새로운 세계를 열었고 그 세계의 일부분을 탐구하여 왔습니다.

위에서 언급한 업적 이상의 중요성을 가진 연구를 1906년 바클라 교수가 수행했습니다. 그는 모든 화학원소에 엑스선이 투사되면 그 화학원소는 다시 엑스선 분광을 방출하며 방출되는 엑스선의 특성은 원소에 따라 다르다는 것을 발견했습니다. 이 발견은 원자구조 이론의 발전에 대단히 중요합니다.

1886년 골드스타인은 희박한 기체를 담은 방전튜브에서 새로운 종류의 빛을 발견합니다. 새로운 종류의 빛을 연구하는 것은 원자와 분자의 물리적 속성에 대한 우리의 지식을 넓히는 데 매우 중요합니다. 이 빛이 양극에서 형성되었기 때문에 골드스타인은 이 빛을 양극선이라고 이름 붙였습니다. 빈과 톰슨은 양극선이 방전튜브 내에서 양극으로 대전된, 매우 빠른 속도로 움직이는 기체원자 빔이라는 것을 증명했습니다.

양극선을 따라 움직이는 양극선 입자들은 튜브 속에 채워진 기체 분자들과 계속 충돌합니다. 따라서 양극선 입자들의 운동에너지만 충분하다면 빛이 방출될 것이라고 예측할 수 있습니다. 이미 1902년에 슈타르크 교수는 움직이는 양극선 입자들은 빛을 낸다는 것과 그 빛의 분광선은 관찰자를 향해 접근하는 경우 자외선 영역으로 이동할 것이라고 예측했습니다. 이것은 우리에게 접근하는 별의 분광선이 자외선 영역으로 이동하는 것과 유사한 도플러 효과로서 분광선의 위치 변화는 광원의 속도가 클수록 커지기 때문에 양극선 입자의 속도를 측정할 수 있습니다.

1905년 슈타르크 교수는 처음으로 이 현상을 수소가 담긴 양극선튜브에서 검출하였습니다.

우리에게 익숙한 이른바 발머 시리즈에 속하는 각각의 단일 수소 분광선들 옆에 하나의 새롭고 더 넓은 선이 나타났는데, 이 선은 원래의 선 옆에 놓여 있으며 양극선이 관측자를 향해 접근하는 경우 분광의 보라색

쪽에 나타났고 관측자로부터 멀어지는 경우 분광의 빨간색 쪽에 나타났습니다. 이러한 분광선의 위치 이동은 수소뿐만 아니라 관찰된 모든 화학원소에서 나타납니다.

지구상에 있는 광원에 도플러 효과를 사용한 발견들을 통해 양극선 입자들은 발광하는 원자들이거나 혹은 원자이온이라는 것을 증명할 수 있었습니다. 슈타르크 교수와 그의 제자들은 분광선에서 발견되는 도플러 효과를 깊이 연구해 양극선 그 자체의 성질, 양극선의 형성 등과 관련해 동일한 화학원소가 여러 다른 환경에서 방출할 수 있는 분광선이 어떤 것인지에 대한 중요한 결과들을 얻을 수 있었습니다.

강한 전기장을 통과한 수소 기체를 담은 튜브 속에서의 양극선을 고찰하던 슈타르크 교수는 1913년에 수소의 분광선이 넓어지는 현상을 관측했습니다. 이런 넓어지는 현상을 깊이 연구한 결과 이 선들은 특성 분극 조건을 가진 수 개의 성분으로 분해할 수 있다는 것을 알게 되었습니다. 이러한 갈라짐은 양극선에서 관찰이 가장 잘 되었지만 원자의 운동과는 관계가 없고 오로지 원자들이 극도로 강한 전기장에 놓일 경우에만 나타납니다. 이 발견은 극도로 강한 자기장을 통해 분광선이 갈라진다는 것을 발견하고 그에 대한 공로를 인정 받아 노벨상을 수상한 제만의 결과와 유사합니다.

슈타르크 교수는 수소뿐만 아니라 다른 많은 원소들에서 전기장에서 분광선이 갈라지는 현상을 관찰할 수 있었으며 얻은 결과들을 자세히 고찰한 후 전기장과 자기장의 영향 아래 원자들의 광동역학은 매우 다른 방식으로 변화한다는 것을 알게 되었습니다.

슈타르크 교수가 발견한 효과는 현대의 원자 연구에 매우 중요하며 원자이온들과 분자이온들 사이의 상호작용 연구에 새로운 장을 열었습니다. 수소와 헬륨의 명백한 분광선들이 보여 준 극도로 복잡한 조건들은 원자의 내부구조에 대한 현대적 개념에 토대를 두고 있는 가장 강력한 이론으로 성공적으로 설명되었습니다.

슈타르크 교수의 연구가 물리학의 발전에 끼친 지대한 중요성에 입각하여 스웨덴 왕립과학원은 1919년의 노벨 물리학상을 슈타르크 교수께 수여하는 것이 매우 타당하다고 생각합니다.

슈타르크 교수님.

왕립과학원은 원자와 분자의 내부구조를 밝히는 데 기여한 양극선에서의 도플러 효과에 대한 시대적 연구를 기념하여 교수님께 1919년 노벨 물리학상을 수여하기로 했습니다. 이 상은 또한 과학적으로 매우 중요한 발견이 된 전기장 내에서 분광선들의 갈라짐에 대한 교수님의 발견과도 관련이 있습니다.

이제 노벨위원회 위원장으로부터 노벨상을 수상하시기 바랍니다.

스웨덴 왕립과학원 원장 A. G. 엑스트란드

- 이날 시상식에는 왕자의 갑작스러운 사망으로 왕실 가족이 참석하지 못했다.

니켈 합금강으로 정밀 측정에 기여

1920

샤를 기욤 | 스위스

:: 샤를 에두아르 기욤 Charles Édouard Guillaume (1861~1938)

스위스 물리학자. 취리히 공과대학에서 박사학위를 취득하였으며, 1883년 파리 근처 세브르에 있는 국제도량형국에 입사해 온도 측정, 기상학, 미터법에 관한 문제 등을 연구하였다. 1902년에 책임연구원이 되었으며, 1915년부터 20년간 국제도량형국장으로 활동하였으며, 퇴임 후에는 명예국장으로 지냈다. 국제도량형국에서 연구하면서 1897년에 온도에 따른 부피변화가 전혀 없는 '인바'라고 하는 니켈강을 발견하였다. 기욤의 발견은 정밀 측정을 비롯하여 그에 따른 현대 과학 및 공학의 발전에 기여하였다.

전하, 그리고 신사 숙녀 여러분.

스웨덴 왕립과학원은 니켈강의 특성을 발견하여 물리적 측정기술의 발전에 기여한 공로를 세운 무게 및 측량 국제기구의 총재 샤를 기욤 씨에게 1920년 노벨 물리학상을 수여하기로 결정했습니다.

그리스의 위대한 철학자 중 한 명은 만물은 숫자라고 주창하며 만물의 기원을 숫자에서 찾았습니다. 오늘날의 과학자들은 그 정도까지 숫자를 예찬하지는 않습니다만, 어떤 현상을 계량적으로 기술하는 것에서부터 자연에 대한 모든 이해가 시작된다는 생각을 합니다. 과학의 발전은 언제나 측정 정밀도의 향상과 함께 해왔습니다. 천문학, 지질학, 화학 그리고 무엇보다도 물리학에서 그렇습니다. 이 분야의 괄목할 만한 발전은 현대적 의미의 정밀성이 관찰에 적용되면서부터 시작되었습니다.

1790년 프랑스 국회는 이 점을 정확히 간파하여, 파리과학원에 불변의 무게와 측량 기준을 마련하도록 하였습니다. 이런 목적으로 보르다, 라그랑제, 라플라스, 몽주, 그리고 콩도르세로 구성된 위원회가 만들어졌으며, 그들의 제안에 따라 국회가 지구 자오선의 일정 부분을 기초로 한 십진제를 채택하였습니다. 이로써 1793년 8월 1일에 법이 통과되면서 미터법이 프랑스에 도입되었습니다.

다른 나라에서는 진행이 더뎠습니다. 유럽에서 미터법의 장점이 인식된 것은 그로부터 수십 년이 지나서였는데, 대규모 국제박람회가 그 계기가 되었습니다. 무게 및 측량의 통일된 국제 규격의 도입을 위한 위원회가 1867년 국제박람회가 열리는 파리에서 박람회 참가국들을 중심으로 만들어졌습니다. 1869년 9월 1일 프랑스 황제가 승인한 제안서가 모든 국가에 제출되었으며, 파리 근처의 브레퇴유에 무게 및 측량 국제기구가 세워졌습니다.

이런 위대한 개혁 아이디어를 실현했을 뿐만 아니라 탁월한 외교술로 모든 문명국의 규격으로 채택되도록 한 프랑스는 인류에게 커다란 혜택을 가져다 주었습니다. 여러 나라에서 사용하려는 모든 표준 미터와 킬로그램들은 이 국제기구에서 엄밀하게 검증받아야 합니다. 이 기구의 수장인 샤를 에두아르 기욤 씨는 오늘날 가장 중요한 측량사입니다. 전 생애를 과학에 헌신한 기욤 씨는 미터법의 개발에도 큰 기여를 했습니다.

길고 힘든 연구를 통해 그는 측량기준으로 가장 적합한 금속을 발견했는데, 스웨덴 왕립과학원은 이 발명에 올해의 노벨 물리학상을 수여하고자 합니다. 이것은 정밀한 측정을 위해 그리고 이를 통한 전반적인 과학의 발전에 매우 중요한 발견이기 때문입니다.

무게와 측량의 국제표준이 있다는 것과 그것을 적용하기 위한 국제기구를 만들었다는 사실만으로 길이와 무게의 측정에 따른 어려움이 모두 해소된 것은 아닙니다. 이를 위해서는 고도의 정밀도를 가진 측정이 가능해야 합니다. 특히 길이의 측정에서는 모든 물질의 부피는 온도에 따라 변하기 때문에 온도에 따른 오차가 가장 큰 문제였습니다.

따라서 온도에 따라 모든 금속과 합금의 팽창 정도를 매우 정확하게 측정하는 것이 기본이었습니다. 이런 정교한 측정과 더불어 특히 특정 종류의 강의 특성을 조사하면서 기욤 씨는 온도가 변해도 부피의 변화가 없는 합금을 만들 수 있겠다는 역설적인 아이디어를 떠올렸습니다. 수많은 합금, 특히 니켈강의 팽창계수와 탄성계수, 경도 그리고 시간에 따른 안정성을 평가하기 위한 수년 간의 지루하고도 어려운 실험 끝에 기욤 씨는 마침내 중요한 발견을 하였습니다. 그것이 바로 온도에 따른 부피 변화가 전혀 없는 인바invar라는 이름의 니켈강입니다.

기욤 씨의 연구와 발견은 새롭고 중요한 분야에 계속 적용되고 있습니다. 예를 들면 인바가 물리기기의 제작에 사용되며, 특히 측지학에서는 베이스라인을 측정하는 방법을 완전히 바꾸어 놓았습니다. 니켈강은 백열램프 제작에 필요한 백금의 대체품으로 사용되면서 약 2,000만 프랑의 비용을 절감할 수 있었습니다. 마지막으로, 이 새로운 합금으로 시계를 전보다 싸고 더 정확하게 만들 수 있게 되어 시간의 측정에서도 기욤 씨의 발명은 큰 기여를 하였습니다.

이론적으로도 니켈강에 대한 깊이 있고 체계적인 기욤 씨의 연구는 매우 중요합니다. 이 니켈강들은 이원계나 삼원계 합금에서 르샤틀리에의 동소이론이 적용된다는 것을 보여 주기 때문입니다. 기욤 씨는 고체의 조성에 관한 연구에도 중요한 기여를 했습니다.

정밀한 측정에 관한 연구와 그에 따른 현대 과학과 공학의 발전에 기여한 공로로 스웨덴 왕립과학원은 올해의 노벨 물리학상을 샤를 에두아르 기욤 씨에게 수여하기로 했습니다. 특히 물리적 정밀측정 기술의 발전에 기여한 공로와 니켈강의 발견에 주목하고자 합니다.

기욤 씨.

온도 측정에 관한 꾸준한 연구를 통해 귀하는 물리와 화학 분야에 이미 잘 알려진 연구자입니다만, 귀하의 과학적 영예는 다른 분야에서 이루어졌습니다. 금속 합금과 온도의 영향에 대한 연구를 통해 어떤 합금은 놀랍게도 온도에 따른 부피 팽창이 없다는 사실을 발견했습니다. 특히 니켈강 중에서 니켈을 36퍼센트 함유한 합금은 측정 표준으로 사용 가능한 모든 조건을 갖추고 있었습니다. 이 합금은 열이나 기타 환경 변화에 따른 영향이 거의 없기 때문에 인바(변형 없음)라는 이름을 붙였습니다. 표준이나 여러 과학적 장치의 구축을 위한 잠재적 가치는 널리 인정되었습니다. 측지학에서 인바 와이어는 다른 어떤 것들보다도 정확한 기준값을 주었습니다.

왕립과학원을 대표해서 매우 유용하게 활용되어 온 귀하의 연구와 발견을 축하드리며, 그 업적으로 노벨상을 수상하게 된 것을 축하드립니다. 이제 전하로부터 노벨상을 수상하시기 바랍니다.

스웨덴 왕립과학원 원장 A. G. 엑스크란드

광전효과의 발견

1921

알베르트 아인슈타인 | 스위스

:: **알베르트 아인슈타인 Albert Einstein (1879~1955)**

독일 태생 스위스의 물리학자. 1900년 스위스 연방 공과대학을 졸업한 후 스위스 시민이 되었으며, 1902년 베른의 스위스 특허국에 취직하였다. 1911년 프라하의 독일 대학교 교수를 거쳐 1912년에 스위스 연방 공과대학의 교수가 되었으며, 1913년에 프로이센 과학 아카데미 정회원 및 카이저-빌헬름 연구소 물리학부장이 되었다. 그는 질량과 에너지의 등가를 단언하고 공간 · 시간 · 중력에 관한 새로운 사고방식을 제안한 일련의 이론들을 발표했으며, 그의 상대성이론와 중력에 관한 이론들은 뉴턴 물리학을 넘어서는 심오한 진전이었고 과학적 탐구와 철학적 탐구에 혁명을 일으켰다.

전하, 그리고 신사 숙녀 여러분.

오늘날 살아 있는 물리학자 가운데 알베르트 아인슈타인 박사만큼 이름이 널리 알려진 사람은 아마 없을 것입니다. 대부분의 논의는 그의 상대성이론에 집중되어 있습니다. 상대성이론은 필연적으로 인식론과 관련이 있으며 따라서 철학적 관점에서 생생한 논쟁의 주제가 되어 왔습니다. 저명한 철학자인 베르그송이 파리에서 이 이론에 이의를 제기할 때 다른 철학자들은 이 이론을 전적으로 지지하였습니다.

금세기 처음 10년 동안 이른바 브라운 운동이 가장 뜨거운 논란을 불러일으켰습니다. 1905년 아인슈타인은 브라운 운동을 설명하기 위한 운동 이론을 정립하였는데 이 이론을 통해 그는 서스펜션, 즉 고체입자가 떠다니는 액체의 주요한 특성을 유도했습니다. 이 이론은 고전역학에 기초하며 콜로이드 용액의 거동을 설명하는 데 도움이 됩니다. 콜로이드 용액에 대한 연구는 과학의 커다란 한 분야로 성장해 온 콜로이드 화학이라는 분야에서 이미 스베드베리, 페랭, 지그몬디와 그 밖에 셀 수 없을 만큼 많은 과학자들이 연구한 주제였습니다.

아인슈타인 박사가 노벨상을 수상하게 되는 그의 세 번째 연구는 1900년 플랑크 교수가 정립한 양자이론 분야입니다. 양자이론에서는 물질이 입자들, 다시 말해서 원자들로 이루어진 것처럼 빛도 '양자quanta'라는 개개의 입자들로 되어 있다고 주장합니다. 플랑크 교수가 1918년 노벨 물리학상을 받은 이 주목할 만한 이론은 초기에는 이론이 가진 여러 결함을 해결하지 못하면서 1905년경 일종의 막다른 골목에 몰려 있었습니다. 그 당시 아인슈타인은 비열과 광전효과에 대한 연구에 매진하고 있었습니다. 광전효과는 1887년 유명한 물리학자인 헤르츠에 의해 발견되었습니다.

헤르츠는 두 개의 구 사이를 통과하는 전기스파크에 다른 전기적 방전에서 나온 빛이 비춰지면 더 쉽게 통과한다는 사실을 발견하였습니다. 이 흥미로운 현상에 대해 할박스가 더욱 철저한 연구를 수행했는데 그에 따르면 금속판 같은 음극으로 충전된 물체에 특정한 조건에서 특정한 색의 빛이 비춰지면 금속판은 음극을 상실하고 최종적으로는 양극을 띤다고 발표했습니다. 1899년 레나르트는 음극으로 충전된 물체로부터 일정한 속도를 가진 전자가 방출되는 원인을 규명했습니다. 이 효과의 가장 기이한 점은 전자가 방출되는 속도는 비추는 빛의 강도에 의존하지 않고 빛의 주파수에 따라 증가한다는 점입니다. 레나르트는 이 현상을 그 당시에 대세를 이루던 빛의 파동성에 대한 개념과 일치하지 않는다고 강조했습니다.

이와 관련된 현상이 광발광, 즉 인광과 형광입니다. 빛이 어떤 물질에 부딪치면 빛을 받은 물질은 인광이나 형광의 형태로 빛을 방출합니다. 방출된 광양자의 에너지는 주파수와 비례하여 증가하기 때문에 어떤 주파수를 가진 광양자는 더 낮은 혹은 기껏해야 동일한 주파수를 가진 광양자만 형성할 것이라는 것은 분명합니다. 그렇지 않으면 에너지보존법칙에 위배됩니다. 그러므로 인광 혹은 형광은 광발광을 유도한 빛보다 더 낮은 주파수를 갖습니다. 이것이 아인슈타인이 양자이론을 이용하여 설명한 스토크스의 법칙입니다.

이와 유사하게 광양자가 금속판에 입사될 때 광양자는 기껏해야 자신이 가진 에너지의 전부만을 금속판의 전자에게 전달할 수 있습니다. 이 에너지의 일부는 그 전자를 공기 중으로 보내는 데 소비되고 그 나머지는 운동에너지로 전자와 함께 남게 됩니다. 이 현상은 금속의 표면에 있는 전자에 적용됩니다. 이 현상으로부터 금속에 빛이 복사될 때 대전될 수 있는 양의 퍼텐셜을 계산할 수 있습니다. 광양자가 금속으로부터 전자를 떼어내기에 충분한 에너지를 가지고 있기만 하면 전자는 공기 중으로 방출될 것입니다. 결과적으로 복사되는 빛의 강도가 아무리 크더라도 일정한 한계 이상의 주파수를 가진 빛만이 광발광 효과를 유도할 수 있습니다. 이 한계를 넘어서는 빛을 쪼일 경우 빛의 주파수가 일정하다면 광발광효과는 빛의 세기에 비례합니다. 기체분자의 이온화 현상에서도 유사한 현상이 일어나며 따라서 기체를 이온화시킬 수 있는 빛의 주파수가 얼마인지 알 수 있다면 이른바 이온화 퍼텐셜도 계산할 수 있습니다.

아인슈타인 박사의 광전효과는 미국인 밀리컨과 그 제자들이 철저하게 시험하였고 광전효과 이론이 맞다는 것을 검증하였습니다. 아인슈타인 박사의 광전효과에 대한 연구로 양자이론의 수준은 높아졌고 양자이론에서 광범위한 논문들이 등장했으며 이에 따라 광전효과 이론이 특별한 가치를 가진다는 것이 입증되었습니다.

스웨덴 왕립과학원 노벨 물리학위원회 위원장 S. A. 아레니우스

– 1921년 노벨 물리학상은 1922년 9월에 발표되었다. 당시 아인슈타인은 중국 상하이에서 강연 중이었기 때문에 시상식에 참석하지 못했다.

원자구조와 원자 스펙트럼 연구에 기여

1922

닐스 보어 | 덴마크

:: 닐스 헨리크 다비드 보어 Niels Henrik David Bohr (1885~1962)

덴마크의 물리학자. 1911년 코펜하겐 대학교에서 물리학으로 박사학위를 취득한 후, 케임브리지 대학교의 J. J. 톰슨과 맨체스터 대학교의 E. 러더퍼드의 지도 아래 연구하였다. 1912년부터 코펜하겐 대학교에서 강의하였으며, 1916년에 이론물리학과 교수가 되었고, 코펜하겐 이론물리학 연구소를 신설하여 1921년에는 소장이 되었다. 제2차 세계대전 중에는 영국과 미국으로 건너가서 맨해튼 계획에 참가하기도 하였으며, 원자력의 평화적 이용에 관한 행동도 하였다. 원자 구조 및 원자 스펙트럼의 연구에 있어 맥스웰의 고전적 원리에 바탕을 둔 이론으로부터 벗어나 새로운 이론을 제시하는 등 양자 물리학 분야에서 주도적인 역할을 하였다.

전하, 그리고 신사 숙녀 여러분.

1860년대 키르히호프와 분젠이 분광분석법을 개발한 이후 이 분석은 아주 중요한 결과들을 만들었으며, 매우 중요한 연구 방법이 되었습니다. 지상의 물질뿐 아니라 천상의 물질들도 분광 스펙트럼의 연구 대상이었습니다. 이 연구가 대단한 성과를 거두자 원자 스펙트럼들로부터 규칙성을 찾아내려는 다음 단계의 연구가 시작되었습니다. 우선 작열하는 여러 가스로부터 방출되는 스펙트럼선들이 비교되었습니다. 이 선들은 물질 내의 진동체로 만들어진 것들이며, 이 경우 기체 내의 진동체는 그 원자나 분자들일 것입니다. 그러나 이런 탐색에서는 더 이상의 발전이 이루어지지 못했습니다. 이제는 다른 방법으로 가스로부터 나오는 여러 진동들 사이의 관계를 찾기 위해 계산이 시도되었습니다. 가장 간단한 수소부터 시작했습니다. 1885년 스위스의 발머는 수소 스펙트럼선 사이의 관계를 찾아냈습니다. 그 이후 카이저, 룬게, 리츠, 데스란드레스 그리고 우리 스웨덴 사람인 리드베리 등 수많은 연구자들에 의해 여러 화학 원소들의 스펙트럼에서 규칙성을 찾으려는 연구가 뒤를 이었습니다. 리드베리는 발머의 식과 유사한 식을 이용해서 이들 간의 관계를 찾아냈습니다. 이 식들은 리드베리상수라고 부르는 상수를 가지는데 이것은 물리학에서 매우 중요한 기본 상수라는 것이 나중에 밝혀졌습니다.

이제 원자구조에 대한 아이디어만 나온다면 수소원자에서 관찰되는 스펙트럼의 기원을 이해하는 시발점이 될 것입니다. 상당한 수준까지 원자의 비밀을 파헤쳐 온 러더퍼드가 이런 원자모델을 만들었습니다. 그의 모델에 따르면 수소원자는 매우 작은 크기의 단위 양전하를 갖는 핵과 이 주위의 궤도를 도는 음전하의 전자로 되어 있습니다. 핵과 전자 사이에는 전기력만이 존재하기 때문에 전자의 궤도는 타원이거나 원이어야 하며, 핵은 타원의 한 중심 혹은 원의 중심에 위치합니다. 핵은 태양에 해당되고 전자는 행성에 해당되는 셈입니다.

맥스웰의 고전적 전자기론에 의하면 이 궤도상의 움직임은 빛을 방출해야 하고 따라서 에너지 손실이 생겨서 전자는 점점 더 작은 궤도를 더 빠른 주기로 움직이다가 핵으로 끌려들어가게 됩니다. 따라서 전자는 나선 모양으로 회전하며 빛을 방출하는데, 그 주기가 점차 짧아지기 때문에 연속적인 스펙트럼을 만들어 내야 합니다. 고체나 액체에서는 이런 특성을 가진 스펙트럼이 얻어지지만 기체에서는 결코 이런 스펙트럼을 얻을 수 없습니다. 이 결과는 원자모델이 틀렸거나 아니면 맥스웰의 전자기론이 틀렸음을 의미합니다. 지난 10여 년간 이 두 가지 중 하나를 선택해야 했는데, 과학자들은 전혀 주저없이 원자모델이 적용될 수 없다는 선택을 했습니다.

그러나 보어 교수가 이 문제를 연구하기 시작한 1913년, 베를린 대학교의 위대한 물리학자 플랑크는 복사의 법칙이 기존의 생각과는 달리 열에너지가 양자의 형태로 방출된다는 가정을 해야만 설명이 가능하다는 것을 보여 주었습니다. 양자는 물질이 작은 조각, 즉 원자로 되어 있듯이 열에너지를 구성하는 단위 조각이라고 할 수 있습니다. 이런 가정을 바탕으로 플랑크는 흑체복사의 에너지 분포를 계산하는 데 성공했습니다. 이에 앞서 1905년과 1907년에 아인슈타인은 양자론을 완성하고, 그로부터 온도 감소에 따른 고체의 비열 감소에 관한 법칙과 광전효과에 관한 법칙 등 여러 법칙들을 추론해 냈습니다. 이 발견으로 아인슈타인은 노벨상을 수상했습니다.

이후 보어는 과감하게 맥스웰의 이론이 이 경우에는 적용되지 않으며, 러더퍼드의 원자모델이 맞다는 가정을 하였습니다. 그는 전자들이 양전하의 핵 주위를 돌면서 연속적으로 빛을 방출하는 것이 아니라, 전자가 한 궤도에서 다른 궤도로 옮길 때 빛을 방출한다고 생각했습니다. 이때 방출되는 에너지는 양자 하나의 양을 가집니다. 플랑크의 이론에 따르면 에너지의 양자는 광의 진동수에 'h'로 표기하는 플랑크상수를 곱한 것이므로, 한 궤도에서 다른 궤도로의 전이에 따른 복사광의 진동수를 계산할 수 있습니다. 발머가 수소에서 발견한 규칙성을 설명하기 위해서는 궤도의 반지름이 정수의 제곱, 즉 1, 4, 9, 16 등에 비례해야만 합니다. 실제로 보어는 그의 첫 번째 논문에서 수소의 원자량, 플랑크상수, 단위전하량 등 알려진 값들로부터 리드베리상수값을 계산해 냈는데 측정값과의 오차가 1퍼센트에 불과했습니다. 이 오차도 최근의 좀 더 정확한 측정으로 없앴습니다.

보어의 결과는 과학계의 선망 어린 주목을 받았으며 앞에 놓인 문제의 대부분이 해결되리라는 기대를 갖게 했습니다. 조머펠트는 수소 스펙트럼들이 인접한 여러 개의 선들로 나누어져 있는 이른바 스펙트럼 미세구조가 보어의 이론으로 설명된다는 것을 보여 주었습니다. 수소의 여러 전자궤도는 기저상태 궤도인 최내각의 궤도를 제외하면 원뿐만 아니라 타원으로 이루어져 있으며 타원의 장축은 원의 지름과 같습니다. 어떤 타원궤도의 전자가 다른 궤도로 전이될 때의 에너지 변화, 즉 스펙트럼선의 진동수는 원 궤도에서 전이될 때와 약간 차이가 납니다. 따라서 매우 가깝긴 하지만 두 개의 다른 주파수를 갖는 스펙트럼선이 얻어집니다. 그러나 이론적으로 예측되는 것보다는 적은 수의 선들이 관찰되는 문제가 여전히 남아 있었습니다.

보어는 이른바 대응원리를 도입하여 이런 어려움을 극복하였습니다. 이 원리는 대단히 중요하고 새로운 관점이며 좀 더 고전적인 관점에 가깝습니다. 이 이론에 의하면 몇몇 전이는 일어날 수 없는데 이것은 수소원자보다 무거운 원자들의 전자궤도를 결정하는 데 매우 중요합니다. 헬륨핵의 전하는 수소의 두 배이며 중성의 상태에서 두 개의 전자가 돌고 있습니다. 헬륨은 수소 다음으로 가벼운 원자로 두 개의 변형을 가질 수 있습니다. 하나는 파 헬륨으로 좀 더 안정한 헬륨이며, 다른 것은 오소 헬륨입니다. 처음에는 이들이 두 개의 다른 물질로 인식되었습니다. 대응원리에 의하면 파 헬륨의 두 전자는 바닥궤도에서 60도의 각도를 이루는 두 원을 따라 움직입니다. 한편 오소 헬륨은 두 전자의 궤도가 동일면상에 놓여 있으며, 하나는 원 모양, 다른 하나는 타원 모양입니다. 헬륨 다음의 원자량을 가진 원소는 세 개의 전자를 가진 리튬입니다. 대응원리에 의하면 두 개의 최내각 전자들은 파 헬륨의 두 전자들과 동일한 궤도이며, 세 번째 궤도는 안쪽의 궤도보다 훨씬 큰 크기의 타원궤도를 가집니다.

비슷한 방법으로 보어는 대응원리를 바탕으로 원자들의 차이를 결정하는 가장 중요한 전자궤도를 구축할 수 있었습니다. 그것은 원자의 화학적 특성이 결정되는 최외곽 전자궤도의 위치에 관한 것으로서 이를 바탕으로 원자가가 결정되기도 합니다. 우리는 큰 희망을 가지고 이 위대한 연구의 발전을 기대해 봅니다.

보어 교수님.

교수님은 스펙트럼의 연구자들에게 문제의 성공적인 해답을 제시하였으며, 이를 위해 맥스웰의 고전 원리에 바탕을 둔 이론으로부터 벗어난 새로운 이론을 제시하였습니다. 교수님의 성공은 근본적인 진리로 접근하는 옳은 길을 찾아냈음을 보여 주는 것입니다. 그리고 가장 빛나는 진전을 가져올 원리를 만들어서 미래의 연구에 풍성한 결실을 거둘 수 있도록 하였습니다. 앞으로 교수님이 열어 놓은 과학의 넓은 영역에서 풍성한 성과가 이루어지기를 기원합니다.

스웨덴 왕립과학원 노벨 물리학위원회 위원장 S. A. 아레니우스

전기의 기본 전하량과 광전효과 연구

1923

로버트 밀리컨 | 미국

:: **로버트 앤드루스 밀리컨 Robert Andrews Millikan (1868~1953)**

미국의 물리학자. 오하이오주의 오벌린 대학교와 컬럼비아 대학교에서 공부하여 1895년에 박사학위를 취득한 후, 2년간 베를린 대학교과 괴팅겐 대학교에서 공부하였다. 1910년에 시카고 대학교의 교수가 되어 1921년까지 재직하였다. 1921년부터 1945년까지 패서디나에 있는 캘리포니아 공과대학의 노먼 브리지 물리학연구소 소장 및 대학교운영위원회 위원장으로 재직하였다. 전기의 기본 전하량에 관하여 정확한 고찰 방법과 실험 기술을 사용함으로써 그로 인해 중요한 물리상수들의 정확한 계산이 가능하게 되었다.

전하, 그리고 신사 숙녀 여러분.

스웨덴 왕립과학원은 전기의 기본 전하에 대한 연구와 광전효과에 대한 연구를 수행한 로버트 앤드루스 밀리컨 박사에게 올해의 노벨 물리학상을 수여키로 하였습니다.

전기가 어떤 물체에 축적되는 현상을 대전이라고 합니다. 그리고 그것이 금속 철사를 따라 뻗어 나갈 때 전류라고 합니다. 그러나 전기가 물이나 수용액을 통과할 때는 문자적 의미에서의 흐름은 일어나지 않습니다. 액체에서는 화학적 분해, 즉 전기분해와 전하의 이동으로 전기가 전달됩니다. 그에 따라 물은 구성 요소인 수소와 산소로 분해되고 은염용액에서는 금속 은이 침전됩니다. 단 하나의 동일한 흐름, 즉 전기의 흐름으로 이러한 분해가 일어나는 것이라면 일정한 시간 동안 방출된 수소의 질량과 침전된 은의 질량비는 은의 원자량에 대한 수소의 원자량과 동일한 비율을 갖게 됩니다. 따라서 일정 시간에 일정한 강도로 전류를 보내면 항상 일정량의 수소와 그에 상응하는 양의 은이 침전됩니다. 전류의 강도는 주어진 시간에 액체를 통과하는 전기의 양을 나타내므로 수소원자와 은원자는 동일한 전하를 운반하며 이때 한 단위가 전하의 기본 단위입니다. 같은 법칙이 모든 전기분해 과정에 적용될 수 있습니다. 전기분해 과정에서 다른 원자들은 자신의 가전자만큼의 전하를 운반할 수 있습니다. 전하를 띤 원자들을 이온이라고 부르지만 이 단어는 더 넓은 의미로 사용되기도 합니다.

이러한 전기분해의 법칙으로부터 1그램의 수소에 들어 있는 원자의 수와 동일한 크기로 전하의 기본 단위를 계산할 수 있게 되었습니다. 1874년에 벌써 전하 기본 단위의 대략적인 값을 결정하였는데 이 값은 밀리컨 교수의 연구로 정확하게 측정된 수치의 3분의 2에 해당합니다. 전자라는 용어는 전하의 한 단위를 뜻하는 이름으로 제안되었으나 음극선을 발견하고 거기에서 자유롭게 움직이는 음전기의 단위가 추가되었기 때문에 전자라는 용어는 전하의 기본 단위와 동일한 음전기의 양으로 정의됩니다.

일반적으로 기체는 전류가 흐르지 않습니다. 그러나 어떤 기체가 엑스선에 노출되면 전기가 흐를 수 있습니다. 엑스선의 영향으로 기체에는 양이온과 음이온이 형성되고 전기분해와 비슷한 메커니즘으로 전하를 운반한다는 것이 증명되었습니다. 방사선 원소의 발견은 이온화에 대한 기초 연구에 많은 도움을 주었습니다.

이제 기체이온들의 전하 단위는 전기분해에서 알려진 단위와 대략 같다는 것이 알려졌습니다. 이온화는 단원자 비활성 기체에서도 관측이 가능합니다. 이 결과는 전하의 단위(전자)는 원자의 구성요소이고 이온화되면서 원자에서 방출되었다는 것을 의미합니다. 정확한 전하의 단위를 결정하기 위해 많은 노력이 있었지만 별로 개선되지 않았습니다. 밀리컨 교수가 이 문제를 해결하기까지는 말이지요.

밀리컨 교수의 목적은 전기가 이론에서 예측한 값과 같은 값을 가지는 가장 기초적인 단위로 되어 있다는 것을 증명하는 것이었습니다. 이것을 증명하기 위해서는 그 원천이 무엇이든지 전기는 전하의 한 단위 또는 그 단위의 정수배여야 한다는 것뿐만 아니라 그 단위는, 예를 들면, 최근에 원자가의 경우처럼 통계적 평균이 아니라는 것을 분명히 해야 했습니다. 다시 말해서 밀리컨 교수는 기본 전하 단위는 항상 일정하다고 확신할 만큼 정확하게 단일 이온의 전하를 측정할 필요가 있었고 자유전자의 경우에도 동일하게 증명해야 했습니다. 밀리컨 교수는 정확한 고찰 방법과 특별할 정도로 정확한 실험 기술로 그 목적을 달성했습니다.

그는 실험에서 두 개의 수평으로 놓인 금속판을 준비하고 두 금속판의 거리를 약간 떨어지게 했습니다. 그러고 나서 스위치를 사용해 두 개의 판을 고압 전류의 극들에 연결시키거나 누전시켰습니다. 금속판 사이의 공기는 차폐될 수 있는 라듐을 사용해 이온화하였습니다. 상판의 중앙에는 미세한 구멍이 하나 뚫려 있고 그 구멍을 통해 약 1,000분의 1밀리미터의 지름을 가진 기름방울을 분사하였습니다. 구멍으로 분사된 기름방울은 금속판 사이의 공간에 들어가게 됩니다. 이때 금속판 사이의 공간에는 빛이 비춰져 기름방울은 마치 망원경으로 보이는 검은 배경을 갖고 빛나는 별처럼 반짝이게 됩니다. 그 망원경의 접안렌즈에는 세 개의 십자선이 놓여 있고 밀리컨 교수는 기름방울이 그 사이를 통과하는 시간을 측정하였습니다. 이런 식으로 밀리컨 교수는 기름방울의 하강 속도를 측정했는데, 작은 기름방울은 순식간에 떨어졌습니다.

기름방울은 분사할 때 일어난 마찰 때문에 전기를 띠게 됩니다. 기름방울이 떨어질 때 전류의 스위치를 켜 기름방울에 있는 전하로 인해 상판으로 끌려 올라가도록 했습니다. 그리고 기름방울의 상승속도를 측정했습니다. 그 후 금속판을 단락시켜 기름방울을 다시 떨어지게 하였습니다. 이렇게 기름방울이 오르락내리락하는 과정을 몇 시간 동안 반복해 처음에는 스톱워치를, 나중에는 크로노그래프를 사용해 상승 및 하강 속도를 반복해서 측정했습니다. 실험 결과, 떨어질 때의 속도는 일정했지만 상승할 때의 속도는 측정할 때마다 달랐는데 이것은 판 사이에 있는 이온들이 기름방울에 달라붙었기 때문입니다. 상승 속도의 차이는 달라붙은 전하의 양에 비례하고 속도의 차이는 항상 같은 값 또는 그 값의 정확한 배수였습니다. 다시 말해 실험을 반복함에 따라 기름방울에는 정확히 전하의 기본 단위 또는 그 단위의 정수배만큼의 전하가 달라붙었다는 것을 알 수 있었습니다. 이런 방식으로 매우 많은 경우에 대해 단일 이온의 전하가 측정되었으며 정확도는 1,000분의 1이었습니다.

전류의 스위치를 켰을 때 양이온들은 음극을 띤 금속판을 향해 높은 속도로 이끌리고 그 반대도 마찬가지입니다. 기름방울이 양이온이나 음이온들의 홍수 속에 노출되도록 설정해 기름방울의 전하를 변화시키고 싶다면 스위치를 켜 전류가 흐르기 시작하게 만드는 순간 기름방울들을 금속판 중의 하나 가까이에 떨어뜨리기만 하면 되었습니다. 이 방법을 사용해 밀리컨 교수는 마찰에 의해 기름방울이 얻은 전하는 그 단위의 정확한 배수가 된다는 것을 증명하였습니다.

반박의 여지가 없는 증명을 하기 위해, 더 나아가 기체 속에서 작은 물체의 하강 법칙과 브라운 운동의 법칙을 고찰하기 위해서 밀리컨 교수는 음극선과 알파선 그리고 베타선을 가지고 비슷한 실험을 했습니다.

전기는 동일한 단위로 이루어져 있다는 것을 밀리컨 교수가 증명했다는 사실을 생각하지 않더라도 전기의 단위를 정확히 측정했다는 것은 물리학에서 무엇으로도 가치를 매길 수 없을 만큼 중요한 기여입니다. 왜냐하면 이것으로부터 물리학자들은 많은 중요한 물리상수들을 아주 정확하게 계산할 수 있었기 때문입니다.

밀리컨 교수의 수상이 정당한 이유로는 광전 효과에 대한 연구를 빼놓을 수 없습니다. 자세한 설명 대신 단지 밀리컨 교수의 광전 효과에 대한 실험이 현재 알려진 것과 다른 결과를 얻게 되었다면 아인슈타인의 법칙은 무의미했을 것이며 보어의 이론도 지지를 얻을 수 없었을 것이라는 점만 언급하고 넘어가겠습니다. 밀리컨 교수의 결과가 발표된 이후 두 연구자들은 노벨 물리학상을 수상했습니다.

스웨덴 왕립과학원 노벨 물리학위원회 위원장 A. 굴스트란드

엑스선 분광학에 대한 연구

1924

카를 시그반 | 스웨덴

:: **카를 마네 게오르크 시그반Karl Manne Georg Siegbahn (1886~1978)**

스웨덴의 물리학자. 1911년 룬드 대학교에서 박사학위를 취득하였으며, 1920년에 물리학과 교수로 임용되었다. 1924년부터 10년간 웁살라 대학교 교수로 재직하였으며, 1937년에 스웨덴 왕립과학원 실험물리학 교수가 되어 노벨 연구소를 설립하고 연구 소장을 지냈다. 1939~64년에는 국제 도량형 위원회 회원으로도 활동하였다. 높은 정밀도의 엑스선 분광기를 개발함으로써 원자 물리학 분야의 진보에 기여하였다.

전하, 그리고 신사 숙녀 여러분.

왕립과학원은 엑스선 분광학 연구와 관련된 발견의 공로로 웁살라 대학교의 카를 시그반 교수를 올해의 노벨 물리학상 수상자로 선정했습니다.

뢴트겐이 첫 번째 노벨 물리학상을 수상할 때는 엑스선의 스펙트럼이라는 개념이 없었으며, 설사 그런 개념이 있었다고 하더라도 실험적 증거는 없었습니다. 당시에는 오늘 수상하게 될 연구 영역이 없었습니다.

비교적 이른 시기에 뛰어난 과학자들은 빛이나 열처럼 엑스선도 전기적 진동으로 되어 있다는 가설을 세웠습니다. 그러나 이런 진동의 특징적인 현상, 즉 굴절·편광·간섭 그리고 회절 현상을 확인하려는 시도는 모두 실패했으며 뚜렷한 성과를 거두지 못했습니다. 다른 종류의 엑스선을 구별하는 유일한 방법은 물리적인 측정이 가능한 엑스선의 강도, 즉 침투력뿐이었습니다.

그러나 능숙한 연구자들은 이것만으로도 원소의 특성엑스선을 찾아낼 수 있었습니다. 에든버러 대학교의 바클라 교수는 원소의 특성엑스선은 그 원소를 포함하는 물질의 화학조성과 무관하게 방출된다는 것을 발견했습니다. 모든 원소를 연구한 그는 원자량이 증가하면 원소의 특성엑스선의 침투력, 즉 엑스선의 강도도 증가하는 것을 발견했습니다. 원자량이 아주 큰 경우에는 또 다른 엑스선이 나타나지만, 이 엑스선의 강도 역시 원자량과 함께 증가하는 것을 발견했습니다. 바클라는 이들 두 엑스선을 원소의 K선과 L선이라고 불렀으며, 이 선들을 이용해서 서로 다른 원소들을 구별할 수 있었습니다. 이런 중요한 발견들을 통해 엑스선 분광학이 시작되었습니다.

바클라가 엑스선의 편광을 발견한 뒤, 이 현상이 비록 빛의 편광과 동일하지는 않았지만 이 두 가지 형태의 광선이 결국은 같은 특성일 가능성이 더욱 커졌습니다. 그리고 이렇게 파동 특성을 가진 엑스선의 파장을 측정할 수 있을 만큼의 발전도 있었습니다.

파장의 분포를 보여 주는 분광 스펙트럼은 복합파장의 광을 분해해서 얻습니다. 모든 파장이 존재한다면 연속적인 스펙트럼이 얻어집니다. 그렇지 않다면 스펙트럼은 선이나 폭을 갖는 밴드로 이루어집니다. 스펙트럼으로 분해하는 방법에는 프리즘을 이용해서 굴절시키거나, 에돌이

발grating에 회절이나 간섭을 이용하는 것들이 있습니다. 에돌이발로는 보통 반사되는 금속 표면에 평행한 골들이 아주 가깝게 파인 것을 쓰지만, 광투과성 물질의 에돌이발도 투과와 반사의 동시 작용으로 복합파장의 빛을 분해할 수 있습니다. 골들이 가까울수록 분해능이 커지고 더 짧은 파장들도 분해가 가능해집니다.

금속 에돌이발은 가시광선 영역의 파장 연구에 성공적이었습니다. 그러나 엑스선은 이보다 파장이 수천 배나 짧은 것으로 생각되는데, 이런 영역에서의 파장을 에돌이발로 측정하는 것은 불가능해 보였습니다. 그러나 결정학이 얘기하듯이 공간격자 내에 원자나 분자가 규칙적으로 배열된 결정에서 그 격자점 간 거리는 엑스선을 분해하기에 딱 적당한 크기입니다. 따라서 결정은 그 자체로 엑스선을 스펙트럼으로 분해하기에 아주 적당한 에돌이발이었습니다. 이런 결론으로부터 엑스선이 결정을 지날 때 일어나는 굴절과 간섭을 사진으로 기록할 수 있는지를 연구한 사람은 폰 라우에였습니다. 실험은 성공적이었습니다. 이 기념비적인 발견은 엑스선의 파동 특성과 결정학에서 가정한 공간격자의 존재를 확인했을 뿐 아니라 새로운 연구 방법을 제공했습니다. 이 발견은 비록 수상이 다음 해로 연기되긴 했지만 1914년에 노벨상을 받았습니다.

이 새로운 현상은 두 가지 다른 방향으로 응용되었습니다. 첫째는 결정격자 연구를 위한 응용이었고, 다른 하나는 엑스선 분광연구를 위한 것이었습니다. 엑스선 분광연구는 격자에 대한 지식을 전제로 하므로, 먼저 결정격자 연구에 대해 설명하는 것이 좋겠습니다. 결정은 3차원 에돌이발이므로 이전의 선이나 십자 에돌이발과는 본질적으로 다른 결과를 낳았습니다. 그 결과는 한 마디로 단순하기 때문에 훌륭합니다. 영국 사람인 로렌스 브래그는 결정격자의 효과에 대한 라우에의 비교적 복잡한 이론을 아주 단순한 식으로 대체했습니다. 그 식은 결정을 통과하는 엑스선의 라우에 사진을 해석하는 데 사용되었을 뿐 아니라 그의 아버지인 윌리엄 브래그가 엑스선 분광기를 설계하는 기반이 되었습니다. 그는 엑스선의 반사를 이용해서 엑스선 분광기를 설계했는데, 그 이후의 엑스선 분광기도 대부분 반사를 이용하고 있습니다. 이런 수단을 가지고 이들 부자는 많은 결정의 복잡한 격자 구조를 연구하였으며, 그 공로로 1915년에 노벨 물리학상을 받았습니다.

두 번째 응용을 통해서는 서로 다른 원소의 엑스선을 연구하는 엑스선 분광학이라는 새로운 분야가 열렸습니다. 이 분야 역시 영국의 젊은 과학자인 모즐리의 성공과 함께 시작되었습니다. 엑스선의 침투력은 파장이 감소하면 증가하기 때문에 바클라의 K선과 L선은 다소 제한적인 엑스선 스펙트럼인 게 명확해졌습니다. 모즐리는 이런 엑스선을 사진기법으로 연구했으며, K선은 두 개, 그리고 L선은 네 개의 스펙트럼선으로 이루어져 있음을 발견했습니다. 나아가 그는 분광선의 위치로부터 결정되는 엑스선의 진동수, 즉 파장을 원자 번호로부터 계산할 수 있는 간단한 수학식을 찾아냈습니다. 이로써 원자량보다 원자 번호가 원소의 구별에 더 중요하다는 것이 밝혀졌으며, 이후 원자 번호는 현대 원자물리학에서 핵심적인 개념이 되었습니다. 모즐리는 노벨상을 받기 전에 다르다넬스 해협에서 전사했지만, 그의 연구는 바클라의 연구 결과에 주목하게 만들었습니다. 바클라는 1918년 노벨상에 추천되었으며 지체 없이 노벨상 수상자로 선정되었습니다.

시그반 교수는 오늘 노벨상을 수상할 연구 업적으로 이런 훌륭한 연구자들의 반열에 올랐습니다. 엑스선이 원자의 내부구조에서 방출된다는 것은 이미 잘 알려져 있었으며, 따라서 엑스선 분광 연구는 원자의 내부구조를 연구하는 유일한 수단이었습니다. 이 사실을 잘 인식한 시그반 교수는 10년간의 주도 면밀하고 체계적인 연구를 통해 여러 장치의 거의 모든 부분에서 새로운 설계와 개선을 이루어 측정의 정밀도를 꾸준히 개선하였습니다. 주로 사진술을 이용한 방법과 결정격자에서의 반사뿐 아니라 파장이 짧아 격자를 통과할 수 있는 엑스선의 경우엔 격자에서의 회절을 이용합니다. 그가 개발한 엑스선 분광기의 높은 수준은 다음의 한마디로 표현할 수 있습니다. 시그반 교수가 측정할 수 있는 파장의 정확도는 모즐리가 측정한 것의 1,000배에 이릅니다. 이런 측정 정밀도의 개선은 새로운 발견의 기반이 되었습니다. 그는 K선과 L선 안에서 수많은 새로운 분광선들을 발견했습니다. 더구나 그는 새로운 특성엑스선인 M선을 발견했으며, 그의 지휘 아래 N선이 발견되었습니다. 이미 바클라는 이런 특성엑스선들의 존재를 예측하였습니다만, 그렇다고 해서 이 발견과 정확한 측정의 과학적 가치가 감소하는 것은 아닙니다.

시그반 교수와 그 연구진이 이룩한 성과의 정도는 2개의 K선과 4개의 L선을 보여 준 모즐리의 결과와 그 10년 뒤의 시그반 교수의 결과를 비교하면 쉽게 알 수 있습니다. 최근 42개 원소의 K선에 관한 새로운 연구가 진행중이며, 이중 27개에서 4개의 주된 분광선이 확인되었습니다. 좀 더 가벼운 원소에서는 8개의 희미한 분광선들이 측정되었습니다. 약 50개의 원소에서 확인된 L선은 28개의 분광선이 있으며, 16개의 원소에서 관찰된 새로운 M선은 24개의 분광선이 있었습니다. N선은 가장 무거운 원소 3개에서 관찰되었는데 우라늄과 토륨에서 5개의 분광선이 확인되었습니다.

시그반 교수의 업적은 그의 측정법이 그때까지는 꿈도 꾸지 못했던 정밀도를 구현하여 새로운 과학적 진보를 가져왔으며 그 자신이 새로운 발견을 이루었을 뿐 아니라 그의 측정법과 관련된 발견이 갖는 원자물리학에서의 중요성 때문에 노벨상에서 필요로 하는 자격은 충분합니다.

물리학의 중요한 목표는 원자 내에서의 에너지 관계 및 원자들과 다양한 방사광 사이의 에너지 변환을 규정하는 법칙을 알아내는 것입니다. 그러나 그 목표는 광선, 방사열, 자외선 그리고 직접 전기장에 의해 발생하는 장파장의 파동 외에 또 다른 방사선을 이해하지 않고는 달성이 어렵습니다. 과학이 이러한 연구 수단에 제한된다면 원자물리학은 존재할 수도 없습니다. 과학자들은 파동이 각각 양전하와 음전하로 대전되어 인력에 의해 묶여 있는 두 점인 쌍극자에 의해 방출된다는 가정에 대해 연구했습니다.

곧이어 입자의 방사가 발견되었습니다. 그 첫째가 진공에서 전류가 공급될 수 있는 음극으로부터 양극으로 방출되는 음극선입니다. 이 음극선은 전자라고 불리는 단위 음전하의 입자로 되어 있었습니다. 그리고 전자의 방사와 매우 짧은 파장의 엑스선 방사와 함께 알파입자로 알려진 양전하를 가진 입자로 구성된 방사능 방사가 발견되었습니다. 이러한 발견들을 통해 쌍극자의 진동만으로는 원자 구조에 관한 만족할 만한 그림을 그릴 수 없음이 명백해졌습니다.

한편 플랑크는 좀 더 좋은 그림이 그려지기도 전에 다음과 같은 결론에 도달했습니다. 그는 전자기론이 맞다면 각각의 쌍극자가 불연속적인 에너지 상태로만 존재할 수 있어야 실험적 사실이 설명된다고 하였습니다. 진동수와 어떤 상수의 곱은 양자라고 하는 단위 에너지값을 만드는데, 쌍극자는 이 양자의 정수배에 해당되는 에너지 외에는 가질 수 없다는 것입니다. 그 후 원자물리학의 발전에 따라 이 유명한 플랑크상수의 중요성은 더욱 커졌습니다.

논리적으로 플랑크 이론은 한 상태에서 다른 상태로의 전이가 양자의 정수배에 해당되는 에너지를 흡수하거나 방출할 때에만 가능하다는 결론을 내리게 됩니다. 따라서 물질과 방사선 사이의 에너지 교환, 다시 말해서 방사선의 방출 혹은 흡수는 양자의 정수배에 해당되는 에너지의 전달로만 가능합니다. 그러나 이런 결론을 이끌어 낸 사람은 플랑크가 아니라 광전효과의 법칙을 유도한 아인슈타인이었습니다. 이 법칙은 밀리컨의 탁월한 실험으로 멋지게 확인되었습니다. 플랑크 상수와 양자론의 중요성은 아인슈타인의 법칙으로 부각되었습니다.

전자가 발견되고 전자의 질량이 수소원자의 2,000분의 1에 불과하다는(사실 이렇게 작은 질량을 가진 단위 양전하는 없습니다) 것이 확인되면서 이에 따른 원자모델이 제시되었습니다. 러더퍼드는 방사능 물질에서 나오는 알파입자가 원자를 통과하는 궤적을 조사하여 원자의 양전하 부분은 전체 원자의 크기에 비해 매우 작다는 것을 보여 주었습니다. 따라서 원자는 양전하의 작은 핵과 마치 행성들이 태양 주위를 돌듯이 전자가 핵 주위의 궤도를 돌고 있는 원자모델을 제시했습니다. 러더퍼드의 원자모델은 전하의 분포 관점에서 현재 우리가 알고 있는 원자모델의 원형입니다. 그러나 그것은 빛의 전자기론과 상충합니다.

이런 불일치가 존재하며 해소될 것 같지 않다는 사실이 현재의 원자모델을 제안하게 된 심리적 동기가 되었을 것입니다. 그 모델을 이끌어 낸 사람은 덴마크의 젊은 과학자 보어였습니다. 그는 기존의 이론들과는 달리 전자의 궤도 운동은 에너지를 방출하지 않는다는 근본적인 가정에서 출발했습니다. 전자는 정지궤도 내에서만 움직일 수 있으며, 한 궤도에서 다른 궤도로 전이될 때는 에너지를 방출하거나 흡수해야 합니다. 아인슈타인의 법칙에 따르면 이 경우 원자와 방사선 간의 에너지 교환은 언제나 주파수와 플랑크 상수의 곱인 양자 단위로 이루어집니다. 그리고 원자의 특성들은 플랑크 양자의 정수배에 해당되는 에너지의 크기로 구별됩니다. 이 이론은 많은 과학자들의 노력과 연구 업적으로 상당히 완벽한 수준에 도달하였습니다. 실험에서 측정된 분광선과 이론이 잘 일치하며 자기장과 전기력으로 분광선이 분리된다는 사실과도 일치합니다. 이러한 업적으로 플랑크와 아인슈타인 그리고 보어가 노벨 물리학상을 수상했습니다.

특성엑스선은 물질의 화학조성에 관계없이 포함된 원소에만 의존하며 원소의 원자량이 증가함에 따라 단조 증가하는 반면 원소의 외곽구조에 의해 결정되는 화학적 특성은 주기적으로 변한다는 사실로부터 이미 바클라는 특성엑스선이 원자의 내부에서 나오는 것이라는 결론을 내릴 수 있었습니다.

모즐리의 연구는 모즐리가 발견한 원자번호가 보어의 이론에서 원자핵에 존재하는 양전하의 개수, 다시 말해 핵 주위를 돌고 있는 전자의 개수라는 것을 다시 보여 줍니다. K선과 L선을 방출하는 원소에서 K선은 L선보다 훨씬 짧은 파장, 즉 훨씬 큰 진동수를 가진 파동입니다. 따라서 에너지 양자가 진동수에 비례하므로 K선의 방사는 L선의 방사보다 원자 내에 더 큰 에너지의 변화를 포함하고 있습니다. 원자론에서는 이것은 전자가 K선을 방출하며 떨어지는 궤도가 L선을 방출하는 경우보다 핵에 더 가깝다는 것을 의미합니다. 이런 식으로 핵에 가장 가깝게 K궤도가 있고, 그 바깥에 L궤도, 그리고 그 위로 M궤도와 N궤도가 존재한다는 추론이 가능한데, 이 모든 4개의 궤도는 실험적으로 확인되었습니다. 더 나아가 O궤도 및 P궤도의 존재도 가정할 수 있습니다.

M과 N선의 발견이 갖는 중요성은 이런 맥락에서 이해되어야 합니다.

시그반 교수의 측정과 새로운 선의 발견은 그것들이 많은 과학자의 연구에 기초가 된다는 점에서 커다란 가치가 있습니다. 에너지가 다른 3개의 L궤도가 있고, 5개의 M궤도, 7개의 N궤도 등이 있다는 것이 이제 명확해졌습니다. 그의 측정 결과들은 아직 완전히 해명되지 않은 많은 과제를 남겨 놓았으며, 앞으로 오랫동안 원자물리학의 변화 혹은 혁명의 시금석이 될 것입니다.

시그반 교수의 가장 뛰어난 업적의 설명에 덧붙여, 그는 단독으로 혹은 학생들과의 공동 연구를 하면서 같은 분야에서 많은 다른 발견들을 이루었습니다. 예를 들어 두 시간씩 2번의 엑스선 노출을 통해 물질의 정성분석이 가능한 장치를 만들었으며, 원자번호 11의 나트륨부터 92의 우라늄까지 모든 원소들을 찾아낼 수 있었습니다. 마지막으로 무모할 정도의 열정으로 프리즘을 통한 엑스선의 회절을 구현하기도 했습니다.

시그반 교수님.

과거에 파장을 정확하게 측정하여 세계적인 명성을 얻은 명예로운 스웨덴 국민이 있었습니다. 그는 빛의 분광 스펙트럼을 연구한 안데르스 요나스 옹스트롬으로 그의 이름은 이 영역의 파장을 측정하는 단위로 쓰입니다. 저는 이제 다시 한 번 스웨덴 국민이 비슷한 세계적 명성을 얻게 된 것에 대한 과학원의 자부심을 전하고자 합니다. 확신컨대 교수님의 업적은 원자라는 미시세계의 역사에 영원히 새겨질 것입니다.

교수님께서 이 상을 수상하게 되어 대단히 기쁩니다. 이제 전하로부터 노벨상을 수상하시기 바랍니다.

스웨덴 왕립과학원 노벨 물리학위원회 위원장 A. 굴스트란드

전자가 원자에 충돌하는 현상에 대한 법칙

1925

제임스 프랑크 | 독일

구스타프 헤르츠 | 독일

:: 제임스 프랑크 James Franck (1882~1964)

독일의 물리학자. 1906년 베를린 대학교에서 바르부르크의 지도 아래 박사학위를 취득하였으며, 1911년에 교수 자격을 취득하여 1918년까지 강의하였다. 제1차 세계대전 이후 베를린의 카이저 빌헬름 연구소와 괴팅겐 대학교에서 재직하다가, 1933년 나치에 대한 항의로 괴팅겐 대학교 교수직을 사임하고 미국으로 이주하였다. 존스홉킨스 대학교 등을 거쳐서, 1938년에 시카고 대학교 교수가 되었다.

:: 구스타프 루트비히 헤르츠 Gustav Ludwig Hertz (1887~1975)

독일의 물리학자. 괴팅겐 대학교, 뮌헨 대학교에서 공부한 후 1913년 베를린 대학교 물리학 조교가 되어 공동 수상자인 제임스 프랑크와 함께 연구하였다. 1925년에 할레 대학교 물리학 교수로, 1928년 베를린 공과대학교교수로 임명되었다. 제2차 세계대전이 끝난 뒤 소련군에 연행되어 1945년부터 1954년까지 소련에서 연구하였으며, 1954에 독일로 돌아와 1961년 라이프치히에 있는 카를 마르크스 대학교 교수로 재직하였다.

전하, 그리고 신사 숙녀 여러분.

1925년의 노벨 물리학상은 원자에 입사된 전자의 거동을 지배하는 법칙을 발견한 공로로 제임스 프랑크 교수와 구스타프 헤르츠 교수에게 수여키로 하였습니다.

물리학이라는 거대한 나무에서 가장 새롭고 번성하는 가지는 원자물리학입니다. 1913년에 닐스 보어가 그의 새로운 과학을 정립하였을 때 그가 다룬 물질은 빛나는 물체의 복사에 대해 수십 년 동안 축적한 자료로 구성되어 있었습니다. 분광학 최초의 발견은 빛을 발하는 기체가 방출한 빛을 분광기로 관찰하면 분광선이라고 불리는 많은 수의 다른 선들로 쪼개진다는 것이었습니다. 이러한 분광선의 파장들 사이에 단순한 관계가 존재한다는 사실은 1885년 수소 분광에 대한 발머의 실험에서 처음으로 발견되었고 이후 리드베리가 수많은 원소들에도 비슷한 현상이 나타나는 것을 입증하였습니다. 이런 발견으로 인해 이론물리학에서 두 가지 문제가 제기되었습니다. 즉 하나의 원소가 어떻게 그렇게 많은 수의 다른 분광선을 만들어 낼 수 있는가? 그리고 한 원소의 분광선에 나타난 빛의 파장 사이에는 어떤 관계가 있으며 그 관계가 나타난 이유는 무엇인가? 이러한 두 질문에 대한 답을 찾기 위해 수많은 시도가 이루어졌습니다만 모두 헛수고였습니다. 1913년 보어는 분광학의 수수께끼를 풀어냈는데 그것은 오로지 고전물리학과 완전히 결별했기 때문에 가능하였습니다. 보어의 기본적인 가설은 다음과 같이 정리할 수 있습니다.

원자는 무한한 수의 다른 상태, 이른바 정상상태로 존재할 수 있습니다. 각각의 정상상태는 모두 다른 에너지 준위를 갖고 있습니다. 두 준위 사이의 에너지 차이를 플랑크 상수 h로 나누면 원자가 방출하는 분광선의 진동주파수가 얻어집니다. 이러한 기본적인 가정에 덧붙여 보어는 많은 특수한 가정들을 제시하고 수소원자와 헬륨이온의 분광선들을 계산했습니다. 계산결과와 실험결과는 놀랄 만큼 정확하게 일치했으며 그 이후 거의 전 세대의 이론 및 실험물리학자들이 원자물리학과 그것의 분광학 응용에 매진하였습니다.

보어의 더 구체적인 가정들은 얼마 지나지 않아 과학의 다른 가정들과 같은 신세가 되었습니다. 양자역학이 급속히 발전하면서 보어의 가정은 구식이 되어 버렸습니다. 보어의 가정은 우리가 지금 알고 있는 모든 사실들과 관련지어 볼 때 너무나 한계가 많습니다. 지난 1년 동안 원자의 수수께끼를 다른 방식으로 해결하려는 많은 시도들이 있었습니다. 그러나 지금 정립 중인 새 이론도 완전히 새로운 이론은 아닙니다. 오히려 새로운 이론도 보어 이론의 심오한 확장으로 이름 붙여야 할 것입니다. 그 이유는 다른 어떤 것보다도 보어의 기본 가정이 여전히 변하지 않으며 유지되고 있기 때문입니다. 이전의 생각들이 계속 폐기되는 이런 현실, 원자물리학에서 세운 모든 가정들이 매우 위태로워 보이는 지금 과거를 되돌아보면 원자가 다른 상태들로 존재할 수 있고 각각의 상태들은 에너지 준위로 특징지을 수 있으며 원자에서 방출된 분광선들은 이러한 에너지 준위의 차이에 따라 결정된다고 가정하고 연구를 시작한 사람은 없었습니다. 1913년 보어의 가설은 이러한 일이 실제로 일어나게 했는데 그 이유는 보어의 가설들은 더 이상 단순한 가설이 아니라 실험적으로 증명된 사실들이기 때문입니다. 이 가설들은 제임스 프랑크 교수와 구스타프 헤르츠 교수가 입증하였습니다. 그리고 그 방법의 개발에 대한 공로로 올해의 노벨상을 수상하게 되었습니다.

프랑크 교수와 헤르츠 교수는 물리학의 새로운 한 분야를 열었습니다. 한편으로는 전자의 충돌에 대한 이론이고 다른 한편으로는 원자, 이온, 분자, 그리고 분자 집단들의 충돌에 관한 이론입니다. 이것은 두 교수님이 전자가 원자나 분자와 충돌하면 무슨 일이 일어날 것인가에 대해 최초로 문제 제기를 하였다거나 혹은 그들의 발견이 일어날 길을 마련해 주고, 기체 속에서 전자가 어떻게 흐르는지에 대한 실험을 위한 일반적인 방법을 창안하였다는 뜻은 아닙니다. 이 분야의 선구자는 레나르트 교수입니다. 그러나 프랑크 교수와 헤르츠 교수는 레나르트 교수의 방법을 발전시키고 세련되게 만들어 원자, 이온, 분자 및 분자집단의 구조를 연구할 때 훌륭한 도구가 되도록 하였습니다. 이리하여 프랑크 교수와 헤르츠 교수는 전자와 다른 유형의 물질 사이의 충돌에 관한 방대한 양의 자료들을 얻을 수 있었습니다. 비록 이 자료들이 중요하다 하더라도 지금 훨씬 더 중요한 것은 원자의 다른 상태들과 빛의 복사와의 관계에 대한 보어의 가설이 실재 현상과 완벽하게 일치한다는 것을 보여 준 점입니다.

프랑크 교수님, 헤르츠 교수님.

두 분은 여러 다른 가설들이 계속해서 넘쳐나고 있는 분야에서 명료한 사고와 수고를 아끼지 않는 실험을 통하여 미래의 연구를 위한 확고한 토대를 제공하였습니다. 두 분의 노고에 감사드립니다. 이제 전하로부터 1925년의 노벨상을 수상하시기 바랍니다.

스웨덴 왕립과학원 노벨 물리학위원회 C. W. 오젠

물질의 불연속적인 구조에 관한 연구

1926

장 밥티스트 페랭 | 프랑스

:: **장 밥티스트 페랭 Jean Baptiste Perrin (1870~1942)**

프랑스의 물리학자. 파리 고등사범학교에서 공부하여 1897년 박사학위를 취득하였으며, 소르본 대학교에서 강의하였다. 1898년부터 파리 대학교에서 강의를 시작하였으며 1910에 물리화학 교수로 임명되어 1940년까지 교수와 생물물리학연구소장 및 국제물리화학회장으로도 활동하였다. 1936년 제1차 인민전선 내각에서 과학부 장관이 되었으며, 1941년 미국으로 망명하였다. 액체 중에 떠다니는 미세 입자의 브라운 운동을 연구하여 물질의 원자적 특성을 확증함으로써 아인슈타인의 이론을 실험적으로 증명하였으며, 또 다른 방법으로 아보가드로수를 결정할 수 있게 하였다.

전하, 그리고 신사 숙녀 여러분.

자연 현상은 두 가지 방식으로 설명할 수 있습니다. 어떤 현상들을 설명할 때, 관찰을 바탕으로 구체적인 현상들을 설명할 일반 법칙을 추론해 내는 방법이 있습니다. 혹은 물질의 구조에 대한 가정을 세운 뒤 그 가정으로부터 현상들의 설명을 모색할 수도 있습니다. 이 두 방법들은 물리 연구에 언제나 적용되어 왔습니다.

자연에 대한 현상학적 설명과 원자론적 설명의 차이를 잘 보여 주는 예를 하나 들어보겠습니다. 산 위에 공기가 더 희박하다는 것을 우리는 잘 알고 있습니다. 이 현상은 무거운 기체에 관한 법칙으로 완벽하게 설명이 되므로 기체를 연속적인 물체라고 생각해도 전혀 틀릴 이유가 없습니다. 이렇게 현상학적인 접근으로도 문제가 해결됩니다. 그러나 분자론의 지지자들이 보기에 이런 결론은 현상을 피상적으로 기술하는 것에 불과합니다. 그들에게 기체는 제멋대로 움직이는 분자들의 모임입니다. 그들은 분자의 운동법칙으로부터 어떤 현상을 설명할 수 있어야만 비로소 만족해 합니다.

1926년도 노벨 물리학상을 수상할 장 페랭 교수의 연구는 분자의 존재에 관한 오랜 논쟁을 마무리짓기 위한 것이었습니다.

패랭 교수의 아이디어는 이런 것이었습니다. 질량은 있지만 지표면에 압축되지 않고 높은 곳에서는 멀리 펴져서 희박해지는 현상이 분자운동의 법칙을 따라 일어나는 것이라면, 그리고 분자의 운동법칙이 모든 다른 미세 물체의 운동법칙과 같다면, 그 현상은 모든 작은 물체의 시스템에서도 공통적으로 일어날 것이라는 생각입니다. 예를 들어 충분히 작고 가벼운 많은 양의 입자들을 액체에 섞으면 입자들이 액체보다 무겁더라도 모든 입자들이 바닥에 가라앉지 않고 공기의 경우와 마찬가지의 법칙에 따라 액체 중에 분산될 것입니다. 페랭 교수는 실험으로 이를 보여 주었습니다.

이 실험을 위해서는 우선 무게와 크기가 동일한 매우 작은 입자들이 필요합니다. 페랭 교수는 식물의 수액에서 얻은 자황을 이용해 이런 입자들을 만들었습니다. 물 속에서 자황을 손으로 비비면 혼탁액을 만들 수 있는데, 현미경으로 이를 관찰하면 이 액체 속에 서로 다른 크기의 둥근 입자들이 많이 보입니다. 페랭 교수는 이 액체로부터 원하는 크기의 동일한 입자들로 구성된 혼탁액을 얻었습니다. 이 과정이 결코 쉽지 않아서 아주 정교하고 조심스런 조작을 수 개월 동안 거쳐야만 1킬로그램의 자황에서 겨우 몇 데시그램(1/10그램)의 원하는 크기를 가진 입자들을 얻을 수 있었습니다. 이렇게 준비된 실험에서 그는 예측한 결과를 얻었습니다.

자황 혼탁액을 이용한 실험에서 페랭 교수는 가장 중요한 물리상수인 아보가드로 수, 즉 분자량의 무게에 해당하는 분자의 개수, 특별히 수소에 대해 말하자면 수소 2그램 속에 들어 있는 수소분자의 개수를 구할 수 있었습니다. 구한 값은 오차범위 내에서 기체운동론에서 얻은 값과 일치하였습니다. 이를 확인하기 위한 많은 검증들이 있었지만 이 결과의 타당성을 흔들지 못했습니다.

지금까지 정리한 페랭 교수의 연구는 분자의 존재에 관한 간접적인 증거라고 할 수도 있습니다. 그러나 페랭 교수는 그 직접적인 증거도 제시하였습니다. 액체 속의 작은 입자들은 결코 정지해 있지 않습니다. 동일한 온도 등 완벽한 외부 평형상태에서도 그 입자들은 멈추지 않고 계속 움직입니다. 이런 현상의 유일한 설명은 액체 내의 분자들이 입자에 부딪쳐서 입자가 움직인다는 것입니다. 이 현상의 수학적 이론은 아인슈타인이 만들었으며, 이 이론을 독일 물리학자 세디그가 실험적으로 증명하였습니다. 그 이후 두 명의 과학자가 동시에 이 문제에 다시 도전했는데 그중 한 명이 페랭 교수이며, 다른 한 명은 스베드베리였습니다. 이 브라운 운동에 대한 페랭 교수의 연구는 아인슈타인의 이론이 실재와 완벽하게 일치한다는 것을 보였습니다. 이 실험을 통해 또 다른 방법으로 아보가드로 수를 결정할 수 있었습니다.

분자의 충돌은 액체 내에 분산된 입자를 앞으로 이동시킬 뿐만 아니라 회전시키기도 합니다. 이 회전의 수학적 이론 역시 아인슈타인이 만들었으며, 페랭 교수는 이와 관련된 측정을 시도하였습니다. 이 실험들을 통해 페랭 교수는 아보가드로 수를 결정하는 세 번째 방법을 발견했습니다.

그러면 이런 연구들의 결과는 어떨까요? 2그램의 수소에는 몇 개의 분자가 있을까요? 세 가지 방법으로 측정한 결과는 이렇습니다.

$$68.2\times10^{22},\ 68.8\times10^{22},\ 65\times10^{22}$$

페랭 교수님.

지난 30년 이상 교수님은 원자론을 입증하기 위해 헌신해 커다란 성취를 이루었습니다. 이를 축하드리며 영광스런 프랑스 과학의 대표적인 학자로서 교수님을 맞게 되어 매우 기쁩니다. 이제 전하로부터 1926년 노벨 물리학상을 수상하시기 바랍니다.

스웨덴 왕립과학원 노벨 물리학위원회 C. W. 오젠

콤프턴 효과의 발견 | 콤프턴
윌슨상자의 개발 | 윌슨

1927

아서 콤프턴 | 미국

찰스 윌슨 | 영국

:: 아서 홀리 콤프턴 Arthur Holly Compton (1892~1962)

미국의 물리학자. 1916년 프린스턴 대학교에서 박사학위를 취득한 후, 1919년 케임브리지 대학교에서 연구하였다. 1920년에 세인트루이스에 있는 워싱턴 대학교의 물리학과 학과장이 되었고, 1923년부터는 시카고 대학교 물리학 교수로 재직하였다. 1945년에 워싱턴 대학교 총장이 되었으며, 1954년부터 1961년까지 워싱턴 대학교 자연철학 교수로 활동하였다. 콤프턴 효과를 발견함으로써 전자기 복사가 파동과 입자라는 이중성을 가진다는 점이 확증되었다.

:: 찰스 톰슨 리즈 윌슨 Charles Thomson Rees Wilson (1869~1959)

영국의 물리학자. 맨체스터 대학교 오언스 칼리지에서 공부한 후, 1888년부터 4년간 케임브리지 대학교 시드니서식스 칼리지에서 공부하였다. 1925년부터 1934년까지 케임브리지 대학교 잭슨좌 자연사 교수로 재직하였다. 방사능, X선, 우주선 및 기타 핵 현상의 연구에 사용되는 '윌슨 방'을 개발함으로써 되튀어 나오는 전자 궤적에 대한 콤프턴의 이론을 실험적으로 증명하였을 뿐만 아니라, 궤적을 관찰할 수 있는 수단 또한 마련하였다.

전하, 그리고 신사 숙녀 여러분.

스웨덴 왕립과학원은 이른바 콤프턴 효과를 발견한 시카고 대학교의 아서 홀리 콤프턴 교수와 전기적으로 대전된 입자의 경로를 눈에 보이도록 만드는 확장법을 발견한 케임브리지 대학교의 찰스 톰슨 리즈 윌슨 교수를 올해의 노벨 물리학상 수상자로 선정하였습니다.

콤프턴 교수는 엑스선 복사 연구로 노벨상을 수상하였습니다. 뢴트겐이 엑스선을 발견한 직후, 엑스선에 노출된 물질은 다른 특성을 가진 2차 복사를 방출한다는 것이 알려졌습니다. 전자의 방출 외에 복사의 광학적 영역에서도 광전효과에 해당하는 2차 복사가 일어납니다. 엑스선 분광학이라는 방법이 알려지기 전 2차 엑스선의 흡수는 이중의 성질을 가진다는 것이 증명되었습니다. 기초적인 연구를 통해서 2차 엑스선 복사가 한편으로는 원래의 엑스선과 동일한 침투력을 지닌 산란된 엑스선, 그리고 엑스선을 쉽게 흡수하는 원소가 방출하는 특성엑스선으로 되어 있다는 것을 밝힌 사람은 바클라였습니다.

엑스선이 작은 원자량을 가진 물체에 조사될 때, 예를 들면 흑연에서, 바클라는 위에서 언급된 특성엑스선 복사를 탐지하지는 못했고 단지 산란만을 발견했습니다. 그리고 2차 복사는 원래의 엑스선과 동일한 성질을 가진다고 결론 내렸습니다. 그러나 흡수를 계속 연구한 후 그는 흑연에서 2차 엑스선은 적어도 부분적으로는 원래의 복사보다 더 쉽게 흡수되고 따라서 더 큰 파장을 가진 복사가 존재한다는 것을 보여 주었습니다. 바클라는 이것을 새로운 특성엑스선 복사라고 생각했습니다.

바로 이 지점이 콤프턴 교수가 참여하여 과학 발전에 영향을 미친 곳입니다. 그는 작은 원자량을 지닌 물질로부터 2차 복사를 분광측정 방식으로 정확하게 분석하였습니다. 다시 말해서 그는 산란 엑스선 복사를 정확하게 관찰하는 임무를 맡았습니다. 약간의 예비 연구 후 그는 놀라울 정도로 정확한 결과를 얻을 수 있는 실험방법을 개발하였습니다.

균질한 엑스선, 즉 광학적으로 동일한 파장으로 이루어진, 다시 말해 오직 하나의 분광선만을 방출하는 광원을 입사시켜 두 개의 선으로 이루어진 산란복사를 발견했는데, 하나는 원래의 빛과 정확히 동일한 것이고 다른 것은 약간 더 긴 파장을 지닌 선이라는 것을 발견하였습니다. 이것이 콤프턴 효과에 대한 최초의 명백한 증거였습니다. 초기에 콤프턴 효과의 실체에 대해 약간의 논쟁이 있었지만 나중에는 확고한 현상으로 자리 잡았습니다.

산란복사에서 발견되는 파장의 변화는 입사되는 빛과 산란되는 빛 사이의 각도에 따라 변하지만 산란에 사용된 물질과는 무관하다는 것이 증명되었습니다. 그리하여 이 현상은 이제까지 알려진 것과 동일한 성질을 가진 새로운 특성복사가 아니라는 것이 증명되었습니다. 콤프턴은 입자를 제안하였는데 이 입자 가설을 사용하면 모든 실험 결과들을 실험 오차한도 내에서 정확하게 예측할 수 있었습니다.

콤프턴 교수의 이론에 따르면 전자 하나가 정확히 하나의 광양자를 정확한 방향으로 다시 방출시키고 이 전자는 입사된 복사에서 나온 전자와 예각을 이루는 방향으로 튀어 나갑니다. 수학적인 관점에서 파장의 증가는 입사파의 파장과는 무관하고 입사와 산란된 복사 사이의 각이 0도에서 180도 사이에 있을 때 빛의 속도를 기준으로 0퍼센트에서 80퍼센트로 전자의 속도가 변합니다.

이 이론은 위에서 언급된 전자의 속도보다 일반적으로 훨씬 작은 속도를 가진 튀어 나오는 전자를 예견하고 있고, 이것은 광전효과에 해당합니다. 이렇게 튀어나온 전자를 윌슨과 다른 연구자들의 실험으로 확인한 것은 두 그룹 모두에게 승리를 안겨주었습니다. 이렇게 해서 콤프턴 효과가 가진 두 번째 주요한 현상이 실험적으로 검증되었고 모든 관찰들은 콤프턴이 그의 이론에서 예측했던 것과 일치한다는 것이 증명되었습니다.

다른 연구자들에 의한 개선과 보완과는 별개로 콤프턴은 최근 원자이론에서 일어난 혁명의 도움을 받아 초기에 사용했던 입자설을 폐기했습니다. 새로운 파동역학은 그 논리적 귀결로써 콤프턴 이론의 수학적 기초가 되었습니다. 이리하여 콤프턴 효과는 복사 분야에서 다른 분야들과 연결고리를 만들 수 있게 되었습니다. 콤프턴 교수가 제안한 이론은 이제 너무나 중요해졌기 때문에 앞으로는 이 효과를 설명하지 못하거나 이 효과의 발견자가 확립했던 법칙들을 따르지 않는 원자이론은 수용될 수 없습니다.

마지막으로 콤프턴 효과는 짧은 파장을 가진 전자기파, 특히 방사선 복사의 흡수와 새롭게 발견되는 우주선의 흡수에 결정적으로 중요한 역할을 한다는 것이 증명되었습니다.

콤프턴 교수님.

콤프턴 효과로 알려진 현상을 발견한 교수님의 공로는 너무나 중요하다는 것이 입증되었으므로 스웨덴 왕립과학원은 교수님을 노벨상 수상자로 선정하였습니다. 이 상을 전하로부터 받으시기 바랍니다.

윌슨 교수는 1911년 순수한 실험적인 방법으로 이루어진 그의 발견에 대한 공로를 인정받아 노벨상을 수상했습니다. 윌슨 교수의 연구는 수분이 충만한 기체가 갑자기 팽창할 때 구름이 형성되는 현상에 기초합니다. 기체가 팽창하면 기체의 온도는 떨어져 이슬점 이하가 되면 기체

안에 있던 수증기는 작은 물방울들로 응축되고 작은 물방울들이 합쳐져 눈에 보이는 구름을 형성합니다. 응축의 초기 단계에서 물방울은 항상 응축핵의 주위에 형성됩니다. 전기적으로 대전된 입자가 물방울을 형성하는 응축핵으로 작용한다는 사실은 입자복사가 발견되기 오래전 헬름홀츠가 수증기의 흐름이 전기를 가진 물체 근처에서 불투명해진다는 것을 발견했을 때부터 알려진 사실입니다.

전기는 이온화된 기체를 통해서 전도되는데, 이온화는 엑스선 혹은 방사선 물질에 의해 형성된다는, 즉 기체가 이온화된다는 사실이 알려지게 된 이후 전기를 띤 입자 주변에 물방울들이 생겨나는 현상을 눈으로 추적할 수 있는 길이 열렸습니다. 방사성 물질에 의해 방출된 알파입자와 베타입자들은 기체를 이온화시키고 이 궤적은 물방울의 형성으로 알 수 있습니다. 물방울의 궤적을 찍으면 이온화되는 입자들의 궤적을 눈으로 볼 수 있습니다.

엑스선이 야기하는 이온화의 성질과 그 상세한 과정을 설명하자면 문제는 조금 더 복잡해지는데 1923년 논문에서 이 문제를 완전히 설명할 수 있었습니다. 이 연구를 위해서는 시간 간격을 매우 정확하게 결정해야 합니다. 윌슨 교수는 주기 조절이 가능한 세 개의 진자를 사용했습니다. 처음 내려오는 진자는 진공장비와 통신을 시작합니다. 그 결과 기계적인 방법으로 흡입이 시작되어 기체는 갑자기 팽창하게 됩니다. 두 번째 진자는 전기 스파크를 만들어 내고 전기 스파크는 엑스선 관을 통과합니다. 이때 진동하는 스파크는 배제합니다. 이렇게 해서 음극은 아주 짧은 시간에 입체 카메라의 렌즈 앞으로 엑스선을 방출합니다. 세 번째 진자는 다른 전기 스파크를 방출하는데 이것은 수은 증기를 통과해 순간적으로 구름에 빛을 비춥니다. 보통의 메트로놈처럼 진자에 가해지는 무게를 변화시켜 팽창이 끝나는 순간 기체를 통해 엑스선을 보낼 수 있었고 빛을 비추는 스파크는 이온 주위에 물방울이 충분히 달라붙을 때까지 충분히 긴 시간 동안 빛을 비추어 줄 수 있었습니다. 이때 물방울이 기체의 흐름에 의해 이동될 만큼 긴 시간 동안 비춘다면 인쇄된 사진에 보이는 그림의 이미지가 변형되기 때문에 짧은 시간만 빛을 비춰야 합니다.

윌슨 교수의 생각은 우아하고 인기있는 증명 방법으로 주목받았습니다. 엑스선 입자가 형성하는 물방울은 밀도가 매우 높아 생성되는 구름 사진에는 끊어지지 않는 하얀선들이 보입니다. 그리고 기쁘게도 이 선들에서 이미 알고 있는 입자들이 급격하게 방향을 바꿀 때 나타나는 예리한 굴곡들도 관찰이 가능합니다. 베타선을 입사시키는 경우에는 고립된 방울들이 관찰되는데 이 궤적들은 초기 속도의 차이에 따라 여러 다른 유형들이 나타납니다. 비교적 느린 속도를 가진 선들을 연구할 때 가장 적당한 방법은 위에서 설명한 것과 같은 순간적인 엑스선 복사를 사용하는 것입니다. 여기에는 많은 물질에 대한 사진이 수집되었는데 아직 모든 결론이 내려진 것은 아니며 윌슨 교수는 여전히 열정적인 연구를 수행하고 있습니다.

최근에는 다른 방법으로는 얻을 수 없었던 새롭고 중요한 결과들을 얻었습니다. 이 성과는 비록 오래 전에 만들어졌지만 노벨상 수여에 대한 조건을 충족하였습니다. 이 자리에서는 이러한 결과들에 대해 설명하지 않겠습니다. 왜냐하면 최근의 결과를 이해하려면 원자 구조에 대한 많은 지식이 필요하기 때문입니다. 단지 산란된 엑스선 파장의 변화를 설명했던, 다시 튀어나오는 전자궤적에 대한 콤프턴의 이론을 1923년 윌슨 교수가 실험적으로 증명했으며, 전자궤적을 자세히 관찰할 수 있는 수단을 마련했다는 점을 기억하시기 바랍니다.

윌슨 교수님.

비록 당신께서 우아한 팽창법을 발견한 후로 오랜 시간이 지났지만 교수님의 열정적인 연구와 다른 연구자들의 결과로 볼 때 교수님의 발견이 가지는 가치는 계속 높아져 왔습니다. 과학원의 노벨상 수상 규칙에 따르면 오랜 시간이 지났더라도 그 연구 결과가 가치를 더하는 경우 상을 수여할 수 있습니다. 이제 전하로부터 노벨상을 받으시기 바랍니다.

스웨덴 왕립과학원 노벨 물리학위원회 위원 K. M. G. 시그반

열전자 현상에 관한 연구와 리처드슨 법칙의 발견

1928

오언 리처드슨 | 영국

:: **오언 윌런스 리처드슨 Owen Willans Richardson (1879~1959)**

영국의 물리학자. 1900년 케임브리지 대학교 트리니티 칼리지를 졸업한 후, 캐번디시 연구소의 조지프 존 톰슨의 지도 아래 연구하였다. 1906년부터 1944년까지 프린스턴 대학교와 런던 대학교 킹스 칼리지에서 물리학 교수로 재직하였다. 1939년에 기사 작위를 받았다. 고온의 금속내의 자유전자가 움직이는 법칙에 대한 12년에 걸친 연구를 통하여 자신의 이론을 입증하였으며, 진공관 등 실질적인 기술 발전에도 기여하였다.

전하, 그리고 신사 숙녀 여러분.

오늘날 전기 기술에서 연구되는 가장 중요한 분야 중에는 세계 어디서든 통신을 가능케 하는 기술이 있습니다. 1928년 현재 이 기술은 스웨덴과 북미 간에 전화 통화가 가능한 단계까지 와 있습니다. 이 경우에 음성은 스톡홀름과 뉴욕 사이에 22,000킬로미터에 달하는 거리를 지나게 됩니다. 스톡홀름에서의 목소리가 케이블과 전선을 타고 베를린을 거쳐 영국에서 들립니다. 영국에서는 무선으로 뉴욕으로 연결되며 거기서 지상의 케이블을 타고 로스엔젤레스로 갔다 뉴욕으로 돌아온 뒤 또 새로운 선을 타고 시카고로 갔다가 마지막으로 다시 뉴욕으로 돌아옵니다. 이런 먼 거리를 이동함에도 불구하고 음성을 명확히 들을 수 있는 것은 그 사이에 166개 이상의 증폭기가 있기 때문입니다. 증폭기의 원리는 대단히 간단합니다. 증폭기의 뜨거운 필라멘트에서는 연속적으로 전자빔이 방출됩니다. 여기에 음파와 동일하게 진동하는 전기신호인 음성신호가 아주 약해진 상태로 도달하면 이 음성신호가 증폭기의 전자빔 흐름을 제어하여 음성신호와 일치하는 강한 전자의 흐름을 만들어 주는 것입니다. 이런 식으로 음성신호의 손실 없이 166번의 증폭을 반복하면서 신호가 전달됩니다.

최근에 이 분야에서 이룬 또 하나의 성과를 예로 들고자 합니다. 1928년 2월 16일, 뉴욕의 미국 전기공학자협회와 런던의 전기공학자협회 간에 회의가 열렸는데 양쪽에서 동시에 스피커를 통해 연설을 들을 수 있었습니다.

여기 참석하신 모든 분들은 행방불명된 탐험대의 소식을 기다릴 때의 초조함을 잘 기억하고 있을 것입니다. 그리고 실종된 탐험대의 음성을 아마추어 무선가가 처음으로 잡았다는 사실도 물론 잘 기억하실 것입니다. 이런 경우에 무선은 오락이나 취미의 대상뿐 아니라 정복해야 할 자연과의 투쟁에서 가장 소중한 도구라는 것을 모든 사람들이 이해했으리라 생각합니다.

진공관 수신기를 가진 모든 분들은 진공관의 중요성을 알고 있을텐데, 그 진공관에서 가장 핵심적인 부품이 바로 빛나는 필라멘트입니다.

오스카 2세 즉위 25주년에 열렸던 축제에서 우리 의료진은 폐결핵 퇴치 연구에 착수하였습니다. 전하의 70회 생신에 열렸던 축제에서는 암

퇴치를 위한 연구가 같은 식으로 시작되었습니다. 우리는 엑스선이 이런 연구에 가장 강력한 무기라는 것에 동의하지만 이런 무기는 언제나 양면성이 있다는 것도 잘 알고 있습니다. 엑스선은 좋은 목적으로 사용될 수도 있고 나쁜 목적으로 사용될 수도 있습니다. 모든 것은 그 강도와 세기를 얼마나 정확히 조절하느냐에 달려 있습니다. 최근 이 분야에서 새로운 발전이 있었습니다. 전자를 빠른 속도로 고체에 부딪쳐서 엑스선을 얻는데, 작열하는 필라멘트에서 나오는 전자빔을 사용하면 엑스선의 강도와 세기를 정확히 조절할 수 있다는 것입니다.

지금까지 간단히 말씀드린 발전의 뒤에는 많은 사람들의 공로가 숨어 있습니다. 그러나 이 모든 것은 하나의 공통점이 있습니다. 작열하는 필라멘트인 '붉은 실' 이 그것입니다.

1737년 프랑스의 과학자 뒤페는 작열하는 물체 주위의 공기는 전기 전도체라는 것을 발견했습니다. 두 명의 독일 과학자인 엘스터와 가이텔은 이 전도성에 관한 중요한 연구를 수행하였으며, 오늘날 영국 물리학의 대부인 톰슨이 그들의 연구를 계승하였습니다.

이 연구들은 작열하는 금속 주위의 공기 전도성이 공기 중에 존재하는 자유전자 때문이라는 것을 보여 주었습니다. 이런 상태에서 리처드슨 교수가 이 연구에 뛰어들었습니다. 그는 우선 이 현상의 이론을 내놓았습니다. 그는 이 현상이 금속의 전기전도성에 기인한다고 하였습니다. 전기전도성은 금속 내에 자유전자가 존재하기 때문인데, 고온에서는 이 전자들이 금속 내에 머물지 못하고 어떤 일정한 법칙에 따라 외부로 방출된다는 것입니다. 그러나 이론은 실재에 어떤 지식도 주지 않으므로 실험은 반드시 필요합니다.

리처드슨 교수는 이 이론의 타당성을 확인하기 위한 실험을 하였습니다. 이 질문에 대답하기 위해서 12년간의 오랜 연구가 필요했습니다. 연구가 너무도 어렵고 12년이라는 긴 시간이 걸린 까닭에 한때 이론이 완전히 틀린 것이 아닐까 하는 의혹이 있기도 했습니다. 당시에는 다른 원인으로, 예를 들어 금속과 그 속의 불순물 간의 화학반응으로 전자가 생긴 것이라는 생각이 지배적이었습니다. 그러나 마침내 리처드슨의 이론이 모든 면에서 옳다는 것이 증명되었습니다. 무엇보다도 중요한 것은 열전자 방출현상이 어떤 정해진 법칙을 따른다는 리처드슨 교수의 견해가 완벽하게 확인된 점입니다. 이 사실이 확인되자 비로소 이 현상의 실질적인 응용이 가능해졌습니다. 리처드슨 교수의 연구는 제가 앞서 말씀드렸던 기술 발전의 시발점이며 초석이었습니다.

리처드슨 교수님.

교수님은 인생의 진정한 가치를 지켜 줄 바로 그것을 가진 행복한 분입니다. 교수님은 좋아하는 일에 온 힘을 다해 투신하였습니다. 이런 일은 반드시 빛을 보게 된다는 것을 우리는 잘 알고 있습니다. 또 젊은 시절에 연구했던 분야가 인류에게 많은 혜택을 주는 모습을 보는 것도 교수님의 큰 행운이 아닐 수 없습니다. 이렇게 부자인 교수님께는 왕립과학원에서 과학적 발견의 업적으로 수여하는 가장 위대한 상마저도 미미할지 모르겠습니다.

이제 나오셔서 전하로부터 1928년도 노벨 물리학상을 수상하시기 바랍니다.

스웨덴 왕립과학원 노벨 물리학위원회 위원장 C. W. 오젠

전자의 파동 성질 발견

1929

루이 드 브로이 | 프랑스

:: 루이 빅토르 피에르 레몽 드 브로이 Louis Victor Pierre Raymond de Broglie (1892~1987)

프랑스의 이론물리학자. 1913년 소르본 대학교를 졸업하고, 1924년에 박사학위를 취득하였다. 1928년 앙리 푸앵카레 연구소 이론물리학 교수가 되었으며, 1932년에는 파리 대학교 교수가 되었다. 1952년에는 국제연합(UN) 경제및사회 회의가 주는 칼링가상을 받기도 하였다. 물질입자로 간주되던 전자도 파동의 성질을 지닌다고 주장하고 이를 입증함으로써 이후 파동역학 분야의 연구에 기여하였다.

전하, 그리고 신사 숙녀 여러분.

빛의 성질은 가장 오래된 물리학 문제 중의 하나입니다. 고대 철학자들은 이 현상을 근본적으로 다른 두 종류의 개념으로 설명하였습니다. 물리학의 토대가 생겨나던 시대, 즉 천재 뉴턴이 등장하던 시기에는 두 개념이 확실하고 명확한 형태로 발전되었습니다. 두 이론 중 하나의 이론에 따르면 빛은 물질이 외부로 방출한 미립자라고 설명합니다. 다른 이론은 빛은 파동이라고 합니다. 이렇게 두 이론이 공존 가능했던 이유는 빛의 전파 법칙, 즉 빛이 구부러지지 않고 직선으로 퍼져 나가는 현상을 잘 설명했기 때문입니다.

19세기는 빛의 파동이론이 승리했습니다. 그 시기에 연구를 시작한 모든 사람들은 빛이 파동이라는 것을 확실하게 배웠습니다. 빛을 파동으로 간주한 이유는 파동이론으로는 아주 잘 설명이 되지만 입자이론으로는 설명이 되지 않는 일련의 현상들 때문입니다. 대표적인 현상 중의 하나가 빛이 통과하지 않는 막에 뚫린 작은 구멍을 빛이 통과할 때 나타나는 회절현상입니다. 빛의 회절로 밝고 어두운 선이 교대로 나타납니다. 이 현상은 오랫동안 파동이론을 증명하는 결정적인 근거였습니다. 더욱이 19세기에 빛에 관한 더 복잡한 현상들이 많이 알려졌고 그 현상들은 모두 예외 없이 입자이론으로는 설명하기가 불가능한 반면 파동이론으로는 완벽하게 설명되었습니다. 이제 빛의 파동이론은 명확하게 성립되는 것처럼 보였습니다.

19세기는 또한 원자의 개념이 물리학에 뿌리를 내린 시기이기도 했습니다. 19세기 말에 이루어진 위대한 발견들 중 하나는 자유 상태에서 발생하는 음극을 띠는 가장 작은 전기 단위인 전자의 발견입니다.

이러한 두 가지 흐름의 영향 아래 19세기 물리학이 우주를 설명하는 방법은 다음과 같습니다. 우주는 두 개의 세계로 나누어집니다. 하나는 빛, 즉 파동으로 이루어진 세계이고, 다른 하나는 물질, 즉 원자와 전자들로 이루어진 세계입니다. 이러한 두 세계가 교류함으로써 우리는 우주를 지각할 수 있습니다.

20세기에 들어서면서 우리는 빛이 파동이라는 것을 증명하는 많은 현상과 함께 빛은 입자라는 것을 증명하는 다른 현상들도 많이 있다는 것을 알게 되었습니다. 어떤 물질에 빛을 쪼이면 물질에서는 전자의 흐름이 생겨납니다. 이때 방출되는 전자의 수는 빛의 강도에 따릅니다. 그렇지만 전자가 물질을 떠나는 속도는 항상 동일합니다. 이 경우 빛은 마치 변경되지 않은 우주공간을 가로질러 온 작은 입자로 되어 있는 것처럼 보입니다. 따라서 빛은 파동인 동시에 입자들의 흐름이기도 합니다. 빛의 속성들 가운데 일부는 파동으로, 다른 일부는 입자로 설명됩니다. 그리고 두 가지 모두 사실입니다.

루이 드 브로이 교수는 대담하게도 물질의 모든 속성들이 입자론으로 설명될 수 없다고 주장하였습니다. 드 브로이 교수는 물질의 많은 현상들이 입자론으로 설명할 수 있지만 어떤 경우 파동으로 간주해야만 설명이 가능한 현상도 있다는 것입니다. 이 이론을 뒷받침해 주는 어떤 실험 결과도 보고되지 않았던 그 당시 루이 드 브로이 교수는 불투명한 막 속에 있는 아주 작은 구멍(슬릿)을 통과하는 전자들의 흐름은 동일한 조건에 있는 빛과 똑같은 현상을 보일 것으로 단언했습니다. 그렇지만 전자가 파동의 성질을 가진다는 것을 증명하기 위한 실험은 본인이 제안한 방식으로 진행되지는 않았습니다. 대신 전자빔들이 결정표면에 반사될 때 또는 얇은 막sheet들을 관통할 때 일어나는 현상 등으로 전자의 파동성을 증명할 수 있었습니다. 다양한 방법으로 얻은 실험 결과는 드 브로이 교수의 이론을 뒷받침하고 있습니다. 이제 물질은 파동의 성질이 있다고 가정해야만 설명할 수 있는 성질이 있다는 것이 사실로 드러났습니다. 완벽하게 새로운, 예전에는 의심했던 물질이 가진 성질의 한 측면이 이렇게 해서 드러나게 되었습니다.

빛과 파동으로 이루어지고 물질과 입자들로 이루어진 두 개의 세계가 존재하는 것이 아닙니다. 오로지 하나의 우주만이 존재합니다. 그것의 속성들 중 일부는 파동이론으로 설명되고 다른 일부는 입자이론으로 설명이 되는 것입니다.

결론적으로 물질에 적용되는 것은 우리 자신에게도 적용된다는 것을 지적하고 싶습니다. 왜냐하면 우리 몸도 물질로 이루어져 있기 때문입니다.

스웨덴의 유명한 시인은 시의 도입부에서 "내 삶은 파도다"라고 했습니다. 시인은 또한 그의 생각을 이러한 말로 표현하기도 했습니다. "나는 파도다." 만일 시인이 의도적으로 이야기했다면 그의 시구는 물질의 성질에 대한 인간의 가장 심오한 예지를 담고 있는 것입니다.

루이 드 브로이 교수님.

교수님은 젊은 나이에 물리학에서 가장 심오한 문제를 둘러싸고 일어난 논쟁에 참여했습니다. 교수님은 어떠한 실험의 뒷받침없이 대담하게도 물질은 입자의 성질뿐만 아니라 파동의 성질도 가진다는 것을 단언하였습니다. 나중에 실험으로 교수님의 주장이 맞다는 것이 증명되었습니다. 교수님은 이미 물리학 명예의 전당에 오르셨습니다.

스웨덴 왕립과학원은 교수님의 발견에 대해 우리가 할 수 있는 가장 높은 보상으로써 보답하고자 합니다. 이제 전하로부터 직접 1929년 노벨상을 수상하시기 바랍니다.

스웨덴 왕립과학원 노벨 물리학위원회 위원장 C. W. 오젠

빛의 산란에 대한 연구와 라만효과의 발견

1930

찬드라세카라 라만 | 인도

:: **찬드라세카라 벵카타 라만 Chandrasekhara Venkata Raman (1888~1970)**

인도의 물리학자. 1904년에 마드라스에 있는 프레지덴시 대학교를 졸업하고 1907년에 석사학위를 취득하였다. 이후 재무부 회계국에서 근무하면서 연구를 계속하여, 1917년 캘커타 대학교 물리학 교수가 되었으며, 1926년에는 ≪인도 물리학 학회지≫를 창간하였다. 1933년부터 1948년까지 방갈로에 있는 인도 과학연구소 소장으로 재직했으며, 1948년에는 자신이 설립한 라만 연구소의 소장이 되었다. 라만 효과의 발견은 분자구조에 대한 이해를 비롯하여 물질의 화학조성을 규명하는 연구에 기여하였다.

전하, 그리고 신사 숙녀 여러분.

과학원은 1930년도 노벨 물리학상을 빛의 산란에 대한 연구와 그의 이름을 딴 현상을 발견한 벵카타 라만 경에게 수여키로 했습니다.

빛의 확산은 오랫동안 잘 알려진 광학 현상입니다. 광선은 눈에 직접 들어오기 전에는 인식할 수 없습니다. 그러나 매우 작은 먼지가 들어찬 곳을 통과할 때는 먼지에 의해 광선이 옆으로도 산란되어 광선의 궤적을 옆에서도 볼 수 있게 됩니다. 그 과정은 이렇게 설명할 수 있습니다. 먼지의 작은 입자가 광선의 전기장의 영향으로 진동을 시작하면, 먼지들은 빛이 모든 방향으로 흩어지는 포인트가 됩니다. 이때 흩어지는 빛의 파장 혹은 초당 진동수는 원래의 빛과 같습니다. 그러나 이 효과의 정도는 빛의 파장에 따라 달라지는데, 짧은 파장의 빛이 긴 파장의 것보다 효과가 더 강합니다. 즉 푸른색이 붉은색보다 더 많이 흩어지는 것입니다. 따라서 모든 파장을 포함한 백색광이 통과할 때 노란색이나 붉은색 광선은 산란없이 지나가더라도 푸른색은 옆으로 산란됩니다. 이 효과를 틴들효과라고 합니다.

이 현상을 연구했던 레일리 경은 하늘의 푸른색과 일몰 일출 시의 붉은빛은 공기 중의 미세한 먼지나 물방울에 의한 빛의 산란 때문이라는 가설을 세웠습니다. 하늘의 푸른빛은 빛이 옆으로 산란되기 때문이며, 석양은 빛이 대기의 하층부를 통과할 때 붉은빛은 산란되지 않고 통과하지만 푸른빛은 산란되어 흩어져 버리기 때문이라고 설명했습니다. 그 후 1899년 레일리 경은 이 현상이 공기 중의 분자들 자체가 빛의 산란을 일으키기 때문이라는 제안을 내놓았습니다. 1914년 카바네는 먼지가 없는 순수한 기체도 빛을 산란시킬 수 있음을 실험적으로 보임으로써 레일리 경의 제안을 뒷받침했습니다.

그러나 여러 고체·액체·기체에서의 산란을 좀 더 자세히 조사한 결과, 산란된 빛은 틴들효과에 의하지 않는 경우가 있다는 것이 발견되었습니다. 무엇보다도 틴들효과의 예외적인 가정은 옆으로 산란된 빛이 편광된다는 것입니다. 그러나 꼭 그렇지만은 않다는 것이 밝혀졌습니다.

예측을 빗나간 이런 결과는 산란된 빛의 특성을 연구하는 계기가 되었으며, 라만 경은 이 분야에서 가장 활발한 연구자였습니다. 라만 경은 산란을 연구하면서 분자의 비대칭성과 관련된 의문의 해답을 찾으려고

했습니다. 1928년 산란현상에 관한 이런 연구 과정에서 라만 경은 산란된 빛은 1차 산란에 의한 것뿐 아니라 입사광선과 다른 파장을 가진 것들도 포함한다는, 전혀 기대치 못한 놀라운 사실을 발견했습니다.

그는 이 새로운 빛을 좀 더 면밀히 연구하기 위해 강력한 수은 램프에서 나오는 빛을 걸러서 하나의 파장만을 가진 빛으로 만들었습니다. 이 단파장 빛을 어떤 물질에 비추었을 때 산란되는 산란광을 파장에 따라 선이 기록되는 분광기를 통해 관찰하였습니다. 이 연구에서 라만 경은 입사된 단파장 빛의 파장에 해당되는 선뿐 아니라 새로운 날카로운 선들이 입사광선 파장의 선 양쪽에 나타나는 것을 발견했습니다. 다른 파장의 수은 램프 빛을 사용할 때도 마찬가지로 선들이 추가로 나타났습니다. 즉 입사광의 파장을 바꾸면 새로운 선들의 파장도 같이 변해서 원래의 선과 새로 생긴 선의 간격은 언제나 일정하게 유지되었습니다.

라만 경은 여러 물질을 산란 물질로 사용하여 이 현상의 일반적인 특징을 조사하였습니다. 모든 물질에서 관찰되는 이 현상을 발견자 이름을 따서 라만효과라고 불렀습니다. 라만 경은 현대적인 개념의 빛의 특성을 이용하여 이 현상을 설명했습니다. 현대적인 개념에서는 빛이 물질로부터 방출되거나 흡수될 때 광양자로 알려진 특정한 양의 에너지 단위로만 방출과 흡수가 일어납니다. 이 광양자 에너지는 일종의 원자의 특징이 있습니다. 광양자 에너지는 빛의 파동수에 비례하는데 주파수가 두 배인 경우에는 그 에너지도 두 배가 됩니다.

원자가 광 에너지를 방출하거나 흡수하는 조건을 설명하기 위해서 보어의 원자모델을 생각해 보겠습니다. 보어의 원자모델에서 원자는 양전하의 핵과 핵의 주위를 돌고 있는 음전하의 전자로 되어 있는데, 전자는 핵에서 일정한 거리를 두고 원 궤도를 돕니다. 이런 전자의 궤도는 특정한 에너지를 갖는데, 이는 핵과의 거리에 따라 달라집니다.

이들 중 특정 궤도만이 안정한 궤도인데, 전자가 이 궤도를 따라 움직일 때는 아무 에너지도 방출하지 않습니다. 그러나 전자가 높은 에너지의 궤도에서 낮은 에너지의 궤도로 떨어질 때, 즉 바깥쪽 궤도에서 안쪽 궤도로 전이될 때 빛이 방출되는데 주파수는 이들 두 궤도에 의해 결정되며 그 에너지 차이만큼의 광양자를 가지게 됩니다. 따라서 원자는 안정한 궤도 사이의 가능한 전이 개수만큼의 주파수를 가진 빛을 방출합니다. 이 빛의 분광 스펙트럼에는 각 주파수에 해당되는 선들이 나타나게 됩니다.

마찬가지로 어떤 원자에 비춰진 빛의 광양자가 그 원자가 방출할 수 있는 양광양자 중의 하나와 정확히 일치할 때에만 원자가 그 빛을 흡수할 수 있습니다.

라만효과는 이런 법칙에 위배되는 것처럼 보입니다. 산란광 스펙트럼의 라만선은 특정 원자의 고유한 값이 아니라 입사되는 빛에 따라 변하기 때문입니다. 라만 경은 일견 모순되어 보이는 이런 현상이 외부로부터 들어오는 광양자와 원자에 의해 방출되는 광양자의 조합으로 라만선이 생긴 결과라고 설명했습니다. 원자가 외부로부터 광양자를 받는 동시에 다른 광양자를 방출한다면, 그리고 이 두 광양자의 차이가 전자가 궤도를 바꾸며 흡수하거나 방출하는 광양자와 일치한다면, 원자는 외부로부터 들어오는 광양자를 흡수할 수 있습니다. 이런 경우에 원자가 방출하는 빛의 주파수는 입사광선의 주파수와 원자 고유진동수의 차이거나 합이 됩니다. 따라서 이 새로운 선들은 입사광선의 주파수보다 조금 크거나 작게 됩니다. 그리고 입사광선과 가장 가까운 라만선의 주파수 차이는 원자의 가장 작은 진동수 혹은 그에 해당하는 적외선 스펙트럼과 일치합니다. 원자나 원자의 진동에 관한 이런 설명은 분자의 경우에도 마찬가지로 적용됩니다.

이렇게 해서 입사광선의 스펙트럼에 따라 움직이는 적외 스펙트럼이 생기는 것입니다. 라만선의 발견으로 분자구조를 이해하는 데 매우 중요한 진전을 이루었습니다.

사실 이제까지는 이러한 적외선 영역을 연구하는 것이 거의 불가능했습니다. 적외선 영역의 스펙트럼은 감광판으로 감지할 수 있는 영역에서 크게 벗어나 있기 때문입니다. 라만 경의 발견으로 이런 어려움을 극복할 수 있었고 분자의 진동을 연구할 수 있는 길이 열렸습니다. 입사선의 진동수를 사진감광판이 감지할 수 있는 영역을 택하면, 분자의 적외선 스펙트럼은 라만선의 형태로 입사선의 영역 근처에 나타나고 따라서 사진감광판 위에서 정확히 측정할 수 있게 됩니다.

자외선 스펙트럼도 마찬가지로 라만효과를 이용해 연구할 수 있습니다. 이로써 우리는 분자의 진동을 모든 영역에서 연구할 수 있는 간단하고도 정확한 방법을 갖게 되었습니다.

라만 경 자신과 그 후속 연구자들은 라만현상을 발견한 이후 수많은 고체, 액체, 기체 상태의 물질을 연구해 왔습니다. 그들은 합성 방법에 따른 원자와 분자들의 변화, 전해상태에서의 분자, 물질의 적외선 흡수에 대해 연구했습니다.

라만효과로 물질의 화학 조성을 확인하는 중요한 성과를 이미 얻었습니다. 조만간 라만효과를 이용한 매우 유용한 도구가 개발될 것이며, 이것은 물질의 구조에 대한 우리의 지식을 심화시킬 것입니다.

벵카타 라만 경.

왕립과학원에서는 기체의 확산에 관한 뛰어난 연구와 라만효과의 발견 공로로 경에게 노벨 물리학상을 수여하기로 결정하였습니다. 라만효과는 물질의 구조를 연구하는 새로운 길을 열었으며, 이미 대단히 중요한 성과를 거두었습니다.

이제 나오셔서 전하로부터 노벨상을 수상하시기 바랍니다.

스웨덴 왕립과학원 노벨 물리학위원회 위원장 H. 플레옐

양자역학의 불확정성원리 발견 | 하이젠베르크
양자역학에 파동방정식 도입 | 슈뢰딩거, 디랙

1932 | 1933

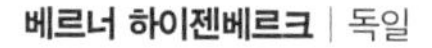

베르너 하이젠베르크 | 독일

에르빈 슈뢰딩거 | 오스트리아

폴 디랙 | 영국

:: 베르너 카를 하이젠베르크 Werner Karl Heisenberg (1901~1976)

독일의 물리학자. 뮌헨 대학교와 괴팅겐 대학교에서 물리학을 공부하였으며, 1923년에 뮌헨 대학교에서 박사학위를 취득하였다. 이후 코펜하겐 대학교에서 닐스 보어의 지도를 받으며 연구한 후 1927년부터 1941년까지 라이프치히 대학교의 이론물리학 교수로 재직하였다. 1941년에는 베를린 대학교 교수가 되었고, 제2차 세계대전 후 세계 각국에서 강의를 한 후 1958년 뮌헨 대학교 교수가 되었다. 불확정성원리의 연구와 양자역학을 창시함으로써 현대 물리학의 연구에 기여하였다.

:: 에르빈 슈뢰딩거 Erwin Schrödinger (1887~1961)

오스트리아의 이론 물리학자. 빈 대학교에서 공부한 뒤 슈투트가르트 대학교(1920)와 브레슬라우 대학교(1921)를 거쳐 1921년에 취리히 대학교 교수로 임용되었으며, 1927년에는 베를린 대학교의 교수가 되었다. 나치를 피하여 미국 프린스턴 대학교, 더블린 대학교 등으로 옮긴 후, 1956년 빈 대학교의 명예교수가 되었다. 물질의 파동적 속성들에 대한 연구를 통하여 새로운 체계의 파동 역학을 정립하였다.

:: 폴 에이드리언 모리스 디랙 Paul Adrien Maurice Dirac (1902~1982)

영국의 이론 물리학자. 브리스톨 대학교에서 공학을 공부하였으나, 이후 물리학을 공부하여 1926년 케임브리지 대학교에서 박사학위를 취득하였다. 1932년에 교수가 되었으며, 1939년에는 왕립학회 메달을 받기도 하였다. 1968년 미국으로 이주하여 1971년에는 플로리다 주립 대학교 명예교수가 되었다.

전하, 그리고 신사 숙녀 여러분.

올해의 노벨 물리학상은 새로운 원자물리학을 정립한 공로에 대해 수여되겠습니다. 왕립과학원은 하이젠베르크 교수, 슈뢰딩거 교수, 그리고 디랙 교수를 수상자로 선정하였습니다. 이들은 현대 원자물리학의 기초적인 개념들을 창조하고 발전시켰습니다.

1900년 플랑크 박사는 처음으로 빛이 입자의 속성을 가진다고 발표했습니다. 그리고 그가 제시한 이론은 후에 아인슈타인에 의해서 더욱 발전합니다. 특정 단위의 정수배에 해당되는 에너지를 가지지 않으면 물질은 빛을 생성할 수도 흡수할 수도 없다는 것이 이 이론의 내용입니다. 이러한 에너지의 단위에 광양자 혹은 광양자라는 이름이 붙여졌습니다. 광양자의 에너지는 색깔에 따라 다릅니다. 그러나 광양자가 가진 에너지의 양을 빛의 주파수로 나누면 언제나 이른바 플랑크 상수 '*h*'라는 똑같은 값이 얻어집니다. 이 상수는 보편적인 성질을 가지며 현대 원자물리학의 초석을 이루고 있습니다.

빛도 역시 입자로 구분이 가능하므로 빛에서 관찰되는 모든 현상들은 입자들 사이의 상호작용으로 설명될 수 있어야 합니다. 질량도 빛의 입자성에 기인하는 것이고 광선이 물질에 투사될 때 관찰되는 효과도 물체의 충돌에 관한 법칙으로 설명할 수 있습니다.

그로부터 몇 년 후에 발견된 광양자와 빛의 연관성은 물질의 운동과 파동의 전파 사이의 유사성을 찾는 방향으로 진전되었습니다.

파동 형태로 진행되는 빛은 굴절이 되기도 하고 다른 매체에 반사되기도 하는데 오랜 세월 동안 여기에 대한 통상적인 설명은 단지 실제의 상황에 대한 근사치로만 이루어져 왔습니다. 즉 이런 근사적인 접근이 맞으려면, 빛이 통과하는 물체의 부피, 그리고 빛을 관찰하는 도구의 크기와 비교할 때 빛의 파장이 무한히 작아야 합니다. 파동의 전파법칙에 따르면 실제로 빛은 모든 방향으로 퍼져나가는 파동의 형태로 전파됩니다.

루이 드 브로이는 빛의 경로와 물질의 궤적 사이에 존재하는 유사성을 찾아보려는 놀라운 생각을 했습니다. 그는 물질입자의 궤적이라는 것은 빛의 경로와 마찬가지로 실재를 근사적으로 표현하는 것에 불과할지 모르며 물질입자도 파동처럼 다루어야 한다고 생각했습니다. 그는 아인슈타인의 상대성이론을 이용하여 빛의 속도보다 훨씬 더 빠른 속도로 전파되는 파동의 혼합으로 물질의 운동을 표현해 성공적으로 물질의 성질을 설명할 수 있었습니다. 즉 다소 다른 전파속도를 갖는 파동의 간섭을 통해 특정한 지점에서 높은 마루를 형성하는 파동이 생기는 곳에 물질이 존재한다고 표현합니다. 파동계는 그것을 구성하는 파장들의 속도와는 매우 다른 속도로 전파되는 마루를 형성합니다. 파동계가 가지는 속도를 이른바 물질파의 군속도라 부릅니다.

드 브로이의 물질파 이론은 이후 실험으로 검증을 받습니다. 만약 천천히 움직이는 전자가 결정표면을 만나게 되면 회절과 반사 현상이 나타나는데 이것은 파동이 전파되는 것과 같은 방식입니다.

드 브로이의 이론에 따르면 우리는 물질이 영속적인 구조를 가지지 않고 공간에 한정된 크기를 가진다고 생각할 수밖에 없습니다. 물질을 형성하는 파동들은 사실상 다른 속도로 움직이고 따라서 조만간 분리될 수밖에 없습니다. 물질은 그 형태가 변하고 공간에 뻗어 있습니다. 따라서 불변하는 입자들로 구성되었다는 물질에 대한 우리가 만든 개념은 수정되어야 합니다.

설명을 제대로 하기 힘든 물리현상 중의 하나는 원자와 분자가 진동할 때 그 결과로 생겨나는 수없이 많은 분광선들의 모습과 광학적 도구를 사용해서 빛을 쪼갤 때 얻어지는 띠입니다. 오랫동안 알려진 사실은, 각각의 분광선은 특정 주파수를 지닌 빛에 해당하고 그 선이 색 스펙트럼의 다양한 위치 중 어디에서 나타나는가에 따라 주파수는 달라집니다.

이 모든 선들과 분광선상에서의 상대적인 위치를 정확하게 설명하는 것이 매우 중요합니다. 왜냐하면 이것을 제대로 설명할 수 있으면 원자와 분자의 구조와 물질들 사이의 관계를 이해할 수 있기 때문입니다.

1913년 보어는 플랑크상수가 빛을 방출하고 흡수하는 것에 대해서뿐만 아니라 원자 내부의 운동에 대해서도 결정적인 요소로 간주해야 한다고 주장했습니다.

러더퍼드 이후 보어는 원자의 내부는 무겁고 양전하를 띤 입자들로 구성되며 그 주위를 음전하를 띤 가벼운 전자들이 핵에 이끌려서 원자핵에서 떨어지지 않고 닫힌 경로로 돌고 있다고 가정했습니다. 핵에서 전자의 경로가 멀리 떨어져 있는지 가까운지에 따라 전자는 다른 속도와 에너지를 가집니다. 보어는 이제 더 나아가서 전자가 주어진 경로 내에서 움직일 때의 에너지가 빛의 양자의 정수배에 해당될 경우에만 주어진 경로가 허용될 수 있다고 가정합니다. 또한 빛은 전자가 한 경로에서 다른 경로로 갑작스럽게 이동할 때 발생하고 경로가 변환되면서 변화한 에너지를 플랑크상수로 나누면 발생하는 빛의 주파수를 얻을 수 있다고 가정했습니다. 그러나 보어 교수가 얻은 빛의 주파수는 단 하나의 전자만을 가진 수소원자에는 유효했으나 좀 더 복잡한 원자 또는 특정한 광학적 현상과는 일치하지 않았습니다. 그럼에도 불구하고 수소원자의 경우 보어의 방법이 유효하다는 것은 플랑크상수가 입자로서의 빛과 파동으로서의 빛의 속성에 대한 결정적인 요소라는 것을 의미합니다. 다른 한편으로는 원자 내부에서 일어나는 빠른 운동을 설명하는 데 고전역학에 근거를 둔 보어의 방법을 적용하는 것은 적당하지 않을 수 있다는 생각이 들기도 합니다. 여러 방면에서 보어의 이론을 발전시키고 개선하려는 노력이 이루어졌지만 모두 허사였습니다. 원자와 분자의 진동 문제를 해결하기 위해서는 새로운 생각이 필요했습니다.

1925년 각기 다른 시작점과 방법들을 사용한 하이젠베르크, 슈뢰딩거, 디랙 교수의 연구에서 해법이 발견되었습니다. 우선 슈뢰딩거 교수의 공헌에 대해서 언급하겠습니다. 이유는 다른 어떤 연구들보다 그의 연구가 위에 언급한 보어의 물질파동이론을 사용해서 얻은 성과에 가장 근접하기 때문입니다.

슈뢰딩거 교수는 전자는 진행파이기 때문에 빛의 전파를 결정하는 파동방정식과 같은 방법으로 전자들의 운동에 대한 파동방정식을 찾는 것이 가능할 것으로 생각했습니다. 이 파동방정식의 해로부터 원자 안의 전자의 운동에 대한 적당한 진동을 선택하는 것이 가능해졌습니다. 그는 또한 전자의 다른 운동에 대한 파동방정식을 결정하는 데 성공했습니다. 그리고 이런 방정식들은 시스템의 에너지가 플랑크상수의 정수배에 해당될 때에만 해가 얻어질 수 있었습니다.

보어의 이론에서는 전자의 경로에 대한 이러한 불연속적인 에너지는 단지 가정일 뿐이었습니다. 그러나 슈뢰딩거 교수의 이론에서는 불연속적인 에너지는 파동방정식의 해를 통해 완전하게 결정할 수 있습니다. 슈뢰딩거 교수 자신과 그를 뒤따르는 다른 사람들은 그의 이론을 빛과 전자 사이의 충돌을 동반하는 현상에 대한 해석, 전기장과 자기장에서의 원자의 거동, 그리고 빛의 회절 등 다양한 광학적 문제들에 적용하였습니다. 모든 방면에서 슈뢰딩거 교수의 이론을 사용하면 값과 공식들이 얻어졌고 그 결과들은 이전의 이론보다 실험과 더 잘 일치했습니다. 슈뢰딩거 교수의 파동방정식은 빛의 분광선과 관련된 문제들을 다루는 데 있어 편리하고 간단한 방법이었으며 오늘날의 물리학에서 빼놓을 수 없는 도구가 되었습니다.

슈뢰딩거 교수의 이론이 나타나기 얼마 전 하이젠베르크 교수가 유명한 양자역학을 발표했습니다. 하이젠베르크 교수는 매우 다른 출발점에서 시작했고 아주 초기부터 문제를 넓은 각도에서 보았기 때문에 전자, 원자, 분자 등 모든 시스템을 다룰 수 있었습니다. 하이젠베르크 교수에 따르면 직접적으로 측정이 가능한 물리적인 양들이 연구의 출발점이 되어야 하고, 이러한 양들을 연결시키는 법칙들을 찾아내는 것이 연구의 목적입니다. 이때 처음으로 생각할 양은 원자와 분자의 분광선 안에 있는 각각의 선들의 강도와 빈도입니다. 하이젠베르크 교수는 스펙트럼의 모든 진동을 조합해 하나의 체계로 묶은 후 그가 만든 계산의 기호규칙을 통해 수학적으로 취급하였습니다. 고전역학에서 평행운동과 회전운동이 서로 특수하게 다르게 취급된 것처럼 원자 내부에서의 운동들도 어느 정도는 서로 독립적인 것으로 다루어야 한다는 것이 이미 결정이 된 바 있습니다. 여기에 관련해서 언급해야 할 것은 분광선의 속성을 설명하기 위해서는 양성자와 전자들이 자전해야 한다는 가정입니다. 하이젠베르크 교수의 양자역학에서 원자와 분자의 다른 종류의 운동은 다른 체계를 형성합니다. 하이젠베르크 이론의 근본적인 요소는 위치좌표와 전자 속도 사이의 관계와 관련하여 그가 수립한 규칙입니다. 그리고 그 규칙에는 플랑크상수가 양자역학 계산에 결정적인 요소로 도입되어 있습니다.

하이젠베르크 교수와 슈뢰딩거 교수의 이론이 출발점이 다르고 다른 사고 과정을 통해 발전되었지만 두 이론을 동일한 문제에 적용하면 동일한 결과를 얻을 수 있습니다.

하이젠베르크 교수의 양자역학은 원자와 분자의 분광선이 가진 속성들을 연구하는 데 적용되었고 실험과 일치했습니다. 또한 하이젠베르크 교수의 양자역학은 원자의 분광선을 체계화할 수 있었습니다. 한 가지 더 언급되어야 할 것은 하이젠베르크 교수는 두 개의 동일한 원자들로 이루어진 분자에 그의 이론을 적용했을 때 수소분자는 두 개의 다른 형태로 존재해야 하고 동시에 두 형태는 일정한 비율로 존재한다는 것을 예측했습니다. 이 예측은 후에 실험으로 증명되었습니다.

디랙 교수는 가장 일반적인 조건에서 시작하는 파동역학을 정립하였습니다. 처음부터 그는 상대성이론의 가정을 충족하는 파동역학을 만들었습니다. 일반적인 방식으로 파동역학을 만들자 가정으로 생각됐던 전자의 자전이 이론의 결과로 나타났습니다.

디랙 교수는 초기의 파동방정식을 더 간단한 두 개의 방정식으로 나누었습니다. 그리고 각각의 방정식에 대한 독립적인 해를 구했습니다. 해 중의 하나는 전자와 질량과 전하량의 크기는 같지만 부호는 다른 양전자가 존재해야 한다는 것을 예측했습니다. 이 결과로 디랙 교수의 이론은 곤란하게 되었는데 그 이유는 그 당시 알려진 입자들 중 양전하를 띤 입자는 전자보다 훨씬 무거운 원자핵뿐이었기 때문입니다. 처음에는 이론이 실재를 반영하지 못한 틀린 이론처럼 보였지만 이론에서 예측된 양전자는 후에 실험에서 발견되어 디랙 교수의 이론이 타당함을 입증해 주었습니다.

새로운 양자역학은 원자와 분자로 이루어진 미시적인 세계에 존재하는 입자들 사이의 관계에 대한 모든 개념들을 크게 변화시켰습니다. 그는 이미 새로운 파동역학의 결과로 물질입자의 불변성에 대한 생각을 수정해야만 했다는 사실을 언급하였습니다. 그러나 더 나아가 하이젠베르크 교수는 양자역학에 의거하여 순간적인 시간에 입자가 차지하는 위치와 입자의 속도를 둘 다 결정하는 것은 불가능하다는 것을 보였습니다. 더 자세히 양자역학을 연구한 결과 입자의 위치를 정확하게 고정시키려고 시도하려면 할수록 입자의 속도를 결정하는 것은 더 불확실해지며 그 반대의 경우도 그러하다는 것입니다. 더 깊이 고려되어야 할 것은 원자 혹은 분자의 상태를 측정할 때는 언제나 그 측정에 사용된 도구나 조명들 자체가 관찰 대상의 상태를 변경시킨다는 점입니다. 전자로부터 방출된 빛은 광학적 도구들에서 변경되게 됩니다. 이제 그 관계는 점점 더 깊어집니다.

빛의 양자를 도입한 결과 양자역학은 미시세계 내에서 인과율을 포기해야만 했습니다. 광학도구에 입사된 빛은 분해가 된다는 것을 알고 있습니다. 그러나 광양자는 분해할 수 없습니다. 따라서 빛이 분해될 때 어떤 광양자는 이쪽으로 다른 광양자는 저쪽으로 갈 수밖에 없습니다. 인과율과 관련해 확실하게 말할 수 있는 단 하나의 물리법칙은 하나의 또는 다른 사건이 일어날 확률을 보여 준다는 것입니다. 우리의 감각과 도구들이 가진 불완전성 때문에 우리는 단지 평균적인 값만을 감지할 수 있으며, 따라서 우리의 물리법칙이 다룰 수 있는 것은 확률입니다. 그 결과 통계적인 방법 외에 물리 세계와 일치하는 것이 있는가에 대한 질문도 생겨났습니다.

하이젠베르크 교수님.

젊은 시절에 교수님은 복사이론에 대한 끊임없는 연구로 우리 앞에 제기된 다양한 문제를 해결하기 위해 일반적인 방법인 양자역학을 개발하였습니다. 분자의 속성에 대한 연구에서 다른 무엇보다 수소분자들이 두 가지 형태로 나타날 것이라고 예측했고 이것은 나중에 사실로 증명되었습니다. 양자역학은 새로운 개념을 창조했고 물리학을 새로운 사고로 이어질 수 있도록 이끌었습니다. 그리고 이제 이러한 생각들은 물리 현상에 근본적으로 중요한 지식으로 증명되었습니다.

스웨덴 왕립과학원은 이러한 연구를 기념하여 1932년의 노벨 물리학상을 수여합니다. 이제 전하로부터 이 상을 수상하시기 바랍니다.

슈뢰딩거 교수님.

교수님은 물질의 파동에 대한 연구를 통해서 원자와 분자 내에서의 운동에 효과적이며 새로운 체계의 파동역학을 정립하였습니다. 교수님은 파동역학으로 원자물리학에서의 많은 문제들에 대한 해답을 찾아냈습니다. 교수님의 이론은 다양한 외부 조건에서 원자와 분자의 속성 연구에 대한 간단하고도 편리한 방법을 제공하였으며 물리학의 발전에 커다란 도움이 되었습니다.

원자물리학의 새롭고 효율적인 형식과 그것의 적용에 대해서 스웨덴 왕립과학원은 교수님께 노벨상을 수여하기로 결정하였습니다. 이제 전하로부터 이 상을 수상하시기 바랍니다.

디랙 교수님.

교수님이 발전시킨 파동역학이론은 보편성이 특징인데 그 이유는 처음부터 상대성이론의 가정이 충족되는 조건들을 부여했기 때문입니다. 그 결과 교수님은 전자의 자전과 그것의 속성이 이론에서 필요한 가정이 아닌 이론의 결과라는 것을 보여 주었습니다.

더 나아가서 교수님은 파동방정식을 두 개로 나누는 데 성공하였습니다. 그 두 개의 방정식은 해가 두 개인데 그중 한 해는 음전자와 동일한 크기와 전하를 가지는 양전자가 존재해야 한다는 것이었습니다. 이후 양전자에 대한 실험적 발견으로 교수님의 이론은 훌륭하게 증명되었습니다.

교수님이 제시한 새롭고 생산적인 형태의 원자이론과 그것의 적용에 대해서 왕립과학원은 노벨상을 수여하였습니다. 그리고 이제 이 상을 전하로부터 받으시기 바랍니다.

스웨덴 왕립과학원 노벨 물리학위원회 위원장 H. 플레옐

중성자 발견

1935

제임스 채드윅 | 영국

:: **제임스 채드윅 James Chadwick (1891~1974)**

영국의 물리학자. 1913년 맨체스터 대학교에서 석사학위를 취득하고 1923년부터 케임브리지 대학교 캐번디시 연구소에서 E. 러더퍼드와 함께 일하였다. 1927년에 왕립학회 회원이 되었고, 1936년 리버풀 대학교의 교수가 되었으며, 1945년네 기사 작위를 받았다. 1943년부터 3년간 미국의 원자폭탄 개발 계획에 참여하였으며, 1957년부터는 영국 원자력 위원회 의원으로 활동하였다. 원소들의 핵에서 질량을 정확히 계산하는 방법을 개발함으로써, 중성자를 발견하였을 뿐만 아니라 그 방법을 이용하여 원소들의 정확한 질량을 결정할 수 있게 되었다.

전하, 그리고 신사 숙녀 여러분.

스웨덴 왕립과학원은 2년 전과 마찬가지로 올해의 노벨 물리학상을 원자 및 분자 세계의 발견에 대해 수여하게 되었습니다. 그렇지만 올해의 수상자와 지난 번 수상자의 업적은 근본적으로 다릅니다. 2년 전의 노벨상은 이론에 대한 연구, 즉 실험에서 발견된 아주 많은 현상을 지배하는 법칙을 발견한 데 대해 수여되었다면 올해의 노벨상은 실험으로 새로운 근본 입자인 중성자의 발견에 대한 공로로 수여되었습니다. 올해의 수상자인 채드윅 교수는 직관과 논리적 사고 그리고 실험의 조합을 통해 중성자의 존재를 증명하고 그것의 속성들을 정립하는 데 성공하였습니다.

1933년 노벨상 수상자인 하이젠베르크 교수는 자신의 연구를 토대로 우리의 감각과 도구들의 조잡함과 원리상의 이유로 원자 내부에서 무슨 일이 일어나는가를 완벽히 결정하는 것은 불가능하다고 증명했습니다. 그러나 실험의 진보는 놀랄 만한 것이었습니다. 올해의 노벨 물리학상과 화학상 수상자들은 개선된 연구 방법과 새로운 도구를 발명하여 물질의 구조와 성질에 대한 더욱 깊은 지식을 제공해 주었습니다.

올해의 노벨 물리학상은 중성자 발견 후 업적을 인정한 것입니다.

중성자는 어떠한 전하도 띠지 않으며 수소원자의 핵인 양성자와 동일한 질량을 지닌 무거운 입자입니다.

방사성 물질의 붕괴와 원자 및 분자의 분열에서 항상 두 종류의 입자들이 발견되었습니다. 그중 하나는 전자라고 불리는 극도로 작은 질량의 입자로써 수소원자 질량의 2,000분의 1정도입니다. 전자는 음전하를 띠는데 전하의 양은 모든 전자에 대해 동일합니다. 다른 종류의 입자는 수소원자의 질량과 같은 크기 또는 그 정수배의 질량입니다. 이 무거운 입자는 항상 양전하를 띠는데 전하의 크기는 전자의 전하의 크기와 동일하거나 그 정수배입니다. 이렇게 발견된 양전하를 띤 가장 작은 입자는 수소원자의 핵을 구성하며 수소원자핵의 양전하의 크기는 전자가 가지는 음전하의 크기와 동일합니다. 가장 작은 양전하를 띠는 입자에 양성자라는 이름이 붙여졌습니다. 원자의 분열이 항상 양성자와 전자로 귀결되는 덕에 원자는 양성자와 전자로 이루어져 있다는 이론이 확립되었습니다. 원자는 행성들의 체계와 같은 형태로 생각되는데 원자의 중심은 양성자들로 되어 있습니다. 원자핵의 바깥에는 음전하를 띤 가벼운 전자들이 마치 태양을 둘러싼 행성들처럼 위치합니다. 전자의 수는 물질에 따라 다릅니다. 가장 가벼운 물질인 수소는 단지 하나의 전자만 있으며 헬륨은 두 개의 전자가 있습니다.

원자가 전기적으로 중성의 상태로 있기 위해서는 원자핵의 양전하의 총량과 외부의 전자가 가진 음전하의 총량이 똑같아야 합니다. 가장 단순한 관계는 원자핵 속의 양성자의 수가 원자핵 주위를 돌고 있는 전자의 수와 같은 것입니다. 그러나 이것은 사실이 아니었습니다. 수소 이외의 다른 원소들의 원자핵 속에는 외부 전자 수의 두 배에 가까운 양성자가 존재한다는 것이 발견되었습니다. 예를 들면 헬륨의 질량은 수소핵의 4배인데 단지 두 개의 전자를 외부에 가지고 있습니다. 원자가 전기적인 측면에서 중성이려면 두 개의 추가적인 전자가 원자핵 속에 존재해 남아도는 양전하를 상쇄해야 한다고 가정해야 합니다. 따라서 헬륨원자핵 안에는 네 개의 양성자와 두 개의 전자가 존재하고 이 헬륨원자핵 주위를 또다시 두 개의 전자가 공전해야 했습니다.

원자구조에 대한 이러한 초기 모델은 경험적 결과와 상당히 잘 일치했습니다. 핵의 전하는 원자의 속성을 결정하고 주기율표상에 특정한 위치에 원자가 놓이게 해줍니다. 외부 전자의 개수와 원자핵에서 다른 거리에 존재하는 전자들의 경로와 분포가 원소의 물리적, 화학적 특성을 결정합니다. 하나의 전자가 갑자기 한 궤도에서 다른 궤도로 이동하게 되면 빛이 방출되고 핵에 더 가까운 궤도에 있던 전자가 원자 밖으로 나가게 되면 엑스선이 방출됩니다. 원자핵에 있는 양성자의 개수가 증가하거나 감소하더라도 원자핵의 전하가 변하지 않은 채로 유지된다면 여전히 같은 원소가 얻어지지만 이때는 원자의 질량이 달라지게 됩니다. 이른바 동위원소가 생성되는 것입니다. 따라서 예를 들어 납은 다른 원자 질량을 가진 다른 형태들로 발견됩니다. 그리고 작년의 노벨 화학상의 주제였던 중수소는 정상적인 수소가 유사하게 변형된 것입니다.

그러나 원자핵의 분열에서 발생하는 에너지가 어떤 조건을 가져야 하는지에 대한 연구에서 원자핵이 양성자와 전자만으로 이루어져 있다는 이론은 이론적, 실험적 사실들과 일치하지 않았습니다. 이 분야에서 자주 그렇듯이 원자핵의 구조라는 문제를 해결할 수 있었던 것은 설명하기 힘든 새로운 현상을 발견했기 때문입니다. 1930년 보테와 베커는 새롭고 이상한 복사를 발견했는데 이것은 베릴륨이라는 물질이 헬륨핵과 충돌했을 때 나타나는 현상이었습니다. 이 새로운 복사를 베릴륨복사라고 불렀는데 투과력이 매우 높아 아무런 속도의 손실없이 수 센티미터 두께의 청동판을 투과했습니다. 새로운 복사를 사용해 원자핵에 충돌시키면 원자핵이 폭발하는 것과 같이 분열되었습니다.

당연히 이 기이하고도 새로운 빛은 당장 연구의 대상이 되었고 그 가운데 올해의 노벨 화학상 수상자인 졸리오 퀴리 부부가 적극적이고 중요한 역할을 하였습니다. 그 당시 일반적인 생각은 베릴륨복사는 방사성 물질의 분해에서 발생하는 극도로 짧은 길이를 지닌 전자기적인 파동과 유사하다는 것이었습니다. 이 복사에 감마복사라는 이름이 붙여졌고 이것은 잘 알려진 엑스선과 같은 성질이 있습니다. 그러나 새로운 복사는 가장 강력한 감마선보다도 훨씬 더 강력하다는 것이 발견되었습니다. 다른 물질인 보론에서 나오는 복사는 훨씬 더 강력했습니다.

베릴륨복사를 연구하던 졸리오 퀴리 부부는 새로운 복사에 노출된,

수소가 포함된 파라핀이나 다른 물질의 조각에서 강한 양성자의 흐름이 방출되는 현상을 발견했습니다. 노벨상 수상자인 윌슨 교수가 전기를 띤 입자, 즉 양성자나 전자들이 눈에 보일 수 있도록 제작한 팽창상자를 사용해 파라핀에서 방출되는 양성자의 에너지를 계산할 수 있었고, 이 결과를 이용해 양성자의 흐름을 일으키는 베릴륨복사의 에너지를 계산할 수 있었습니다. 그런데 베릴륨의 복사가 감마복사라고 생각한다면 얻어진 에너지의 값은 터무니없이 높아진다는 사실이 드러났습니다. 그리고 이 에너지가 베릴륨복사의 원인이 된 복사가 가질 것이라고 생각된 에너지와도 일치하지 않았습니다. 베릴륨복사에 대한 연구를 해왔던 채드윅 교수는 헬륨, 리튬, 탄소, 질소, 아르곤 등 수많은 다른 원소에서도 이와 유사한 복사를 발견하였습니다. 충돌시 필요한 에너지의 조건에 대한 폭넓은 연구와 계산을 통해 베릴륨복사는 감마복사가 될 수 없다는 것을 확신했습니다.

1920년 이미 러더퍼드는 양성자와 전자들 이외에도 양성자와 같은 무게를 가지지만 아무런 전기를 띠지 않는 입자들이 존재한다고 주장하고 이 입자를 중성자라고 불렀습니다. 그러나 오랜 세월 중성자를 찾으려던 시도들은 모두 실패했습니다. 전기를 전혀 띠지 않는 이 입자를 발견하는 것이 얼마나 어려운 것인지는 쉽게 이해할 만도 합니다. 전자와 마찬가지로 중성자와 양성자는 극도로 작은 입자들입니다. 그러나 전하를 띤 입자들은 전하 때문에 항상 전기장을 동반하며 이것은 이 입자들이 실제의 크기보다 상당히 큰 것처럼 행동하게 하고, 입자가 가진 전하로 인해 물체를 통과할 때 원자의 전하에 영향을 받습니다. 즉 전하를 가진 입자들은 그것들이 물체를 통과할 때 확실히 확인이 됩니다.

이와는 반대로 중성자는 전하를 가지고 있지 않기 때문에 어떠한 영향도 받지 않고 확인도 되지 않습니다. 만일 중성자가 다른 입자와 직접 충돌한다면 확인이 가능하겠지만 중성자의 크기가 중성자들의 간격에 비해 너무나 작기 때문에 이런 일은 거의 일어나지 않습니다. 이것은 왜 중성자가 자신의 운동 에너지를 상실하지 않은 채로 수천 킬로미터의 공기를 통과할 수 있는지를 설명해 줍니다. 양성자 또는 전자의 움직임은 위에서 언급한 윌슨상자 속에서 관찰할 수 있습니다. 이 입자들은 전하를 띠고 있기 때문에 전기나 자기장에 노출되면 그 경로가 구부러집니다. 이 곡선은 윌슨상자에서 관찰할 수 있습니다. 이와 반대로 중성자는 전하가 전혀 없기 때문에 자기장의 영향을 전혀 받지 않으며 오로지 원자핵과 직접 충돌할 때만 발견할 수 있습니다.

채드윅 교수는 베릴륨복사가 베릴륨에서 방출된 중성자들로 이루어져 있다고 가정하고 베릴륨복사가 원자핵에 충돌할 때의 에너지 교환에 대한 연구를 했고, 실험결과들이 계산과 일치한다는 것을 발견했습니다. 그리고 이러한 일치는 다른 물질의 복사에서도 마찬가지였습니다. 이러한 사실들을 종합해 보면 중성자의 존재는 의심할 여지없이 확인되었습니다. 채드윅 교수는 이어 충돌할 때 여러 원소들의 원자핵이 다른 원소의 핵으로 변화하거나 중성자로 변화할 때 일어나는 질량의 교환을 관찰했습니다. 예를 들면 헬륨의 핵이 베릴륨의 핵과 충돌하면 탄소핵과 중성자를 만들어 냅니다. 다른 핵들의 질량들을 알고 있으면 중성자의 질량을 계산하는 것은 간단합니다. 다른 원소의 원자핵들 사이의 충돌에서 일어나는 질량의 교환을 관찰함으로써 채드윅 교수는 중성자의 질량을 정확히 측정할 수 있었으며 예상했던 대로 양성자 또는 수소원자핵의 질량과 거의 같다는 사실을 발견했습니다.

다른 한편으로 이 연구의 가치는 다른 원소들의 핵에서 질량을 정확히 계산하는 방법을 개발했다는 데 있습니다. 새로운 방법이 얼마나 유용한지 살펴보면, 애스턴이 질량분광기로 측정한 수소의 질량과 새로운 방법의 질량은 달랐습니다. 이후 애스턴은 자신의 분광기를 개선해 채드윅 교수가 얻어낸 값과 일치하는 수소의 질량을 얻었습니다.

이제 중성자의 존재는 증명되었으며 원자핵에 부족한 음전하를 보상하기 위한 추가적인 전자를 가정할 필요가 없게 되었습니다. 오늘날 원자핵은 많은 수의 양성자와 중성자로 되어 있다고 생각합니다. 헬륨핵은 두 개의 양성자와 두 개의 중성자로 되어 있습니다. 헬륨핵의 주변에는 두 개의 전자가 공전하고 있습니다. 고체의 원자에는 중성자 개수의 남고 모자람에 따라 동위원소들이 생겨납니다.

무거운 질량과 엄청난 투과력으로 중성자는 원자핵의 분열을 일으키는 강력한 원천이 되었습니다. 그리고 지난 몇 년 동안 원자와 분자를 쪼개는 데 중성자를 사용했습니다.

중성자의 존재가 충분히 증명됨에 따라 과학자들이 생각하는 원자의 구조에 대한 새로운 개념은 원자핵 내의 에너지 분포에 더욱 정확하게 일치했습니다. 중성자가 원자와 분자 그리고 또한 우주의 물질을 이루는 구성성분 중 하나를 형성한다는 사실이 이제 명백히 증명되었습니다.

그러나 아직도 의문은 여전히 남아 있습니다. 그중의 하나는 양성자와 중성자의 관계입니다. 양성자와 중성자는 원래는 하나인데 변형되어 두 개가 되었다는 것을 암시하는 약간의 증거들이 있습니다. 디랙이 이론적 연구로 발견한 양전자positive electrons의 존재는 이제 실험적으로 증명이 되었으며, 이제 물리학의 임무는 좀 더 자세히 전자와 원자핵의 구성요소들, 즉 양성자와 중성자 사이에 존재하는 관계를 고찰하는 일일 것입니다. 채드윅 교수가 발견한 중성자는 원자와 분자의 구조에 대한 앞으로의 연구에 강력한 도구를 제공해 주었습니다. 중성자의 성질이 이용된다면 조만간 물질과 그것의 변형에 대한 새롭고 심오한 지식을 얻을 수 있을 것입니다.

채드윅 교수님.

스웨덴 왕립과학원은 중성자의 발견에 대한 공로로 교수님에게 노벨 물리학상을 수여합니다.

양성자와 전자와 같은 기초적인 역할을 하는 새로운 입자를 발견함으로써 이루어진 이 중대한 업적에 대해 축하를 보냅니다. 교수님이 창안한 새로운 방법으로 중성자의 질량을 결정할 수 있었으며 똑같은 방법으로 수많은 원소들의 정확한 질량을 결정할 수 있었습니다.

우리는 원자와 분자를 쪼개는 중성자라는 강력한 도구를 획득하였으며 이것은 이미 중요한 결과들을 만들어 내기 시작했습니다.

이제 전하로부터 노벨상을 받으시기 바랍니다.

스웨덴 왕립과학협회 노벨 물리학위원회 위원장 H. 플레옐

우주선의 발견 | 헤스
양전자의 발견 | 엔더슨

빅토르 헤스 | 오스트리아 **칼 앤더슨** | 미국

:: 빅토르 프란치스 헤스 Victor Francis Hess (1883~1964)

오스트리아의 물리학자. 1910년 그라츠 대학교에서 박사학위를 취득한 후, 빈에 있는 물리학연구소에서 연구하였으며, 이후 1920년까지 빈의 과학아카데미 라듐연구소에서 스테판 마이어의 조교로 일하였다. 1925년에 그라츠 대학교 실험물리학 교수가 되었으며, 1931년에는 인스브루크 대학교 교수로 임용되었다. 방사선의 효과에 대한 연구를 통하여 우주선의 존재를 발견하였으며, 이는 물리학의 강력한 연구 도구이자 물질에 관한 새롭고 중요한 지식이 되었다.

:: 칼 데이비드 앤더슨 Carl David Anderson (1905~1991)

미국의 물리학자. 1930년에 패서디나에 있는 캘리포니아 공과대학에서 물리학과 공학으로 박사학위를 취득하였으며, 1933년까지 연구과정을 이수한 뒤 곧바로 물리학 조교수로 임용되었다. 1939년에 정교수로 승진한 뒤 계속 그곳에 근무하다가 1976년에 명예교수가 되었다. 우주선에 관한 깊이 있는 연구를 통하여 우주의 구성입자 중 하나인 양전자를 발견함으로써 디랙이 주장한 양전자의 존재를 입증하였다.

전하, 그리고 신사 숙녀 여러분.

1895년은 물리학의 역사에 커다란 전환점이었습니다. 뢴트겐은 새로운 광선을 발견했고, 곧 이어 베크렐의 방사선이 발견되었습니다. 그리고 원자 구조의 근본 요소의 하나인 음전하의 전자가 발견되었습니다.

많은 과학자들은 베크렐의 방사선을 연구 주제로 삼았습니다. 라듐을 발견한 퀴리 부부의 연구를 시작으로 이 분야의 연구는 보통의 원자들도 외부의 영향으로 방사능을 띨 수 있다는 졸리오 퀴리 부부의 발견으로 마무리되었습니다.

오늘 빅토르 헤스 교수가 우주선cosmic ray의 발견으로 노벨 물리학상을 받게 되었는데, 새롭고 특이한 방사선인 이 우주선의 존재는 방사선의 근원을 찾는 과정에서 명백해졌습니다. 우선 방사선의 특징에 대해 간단히 설명하고자 합니다. 방사선은 불안정한 구조를 가진 어떤 물질의 원자핵이 붕괴되면서 발생합니다. 원자가 붕괴될 때 원자의 구성물들이 모든 방향으로 날아갑니다. 따라서 방사선들은 무겁고 양전하를 띤 핵의 구성물들과 핵 주위의 음의 전하를 띤 가벼운 전자들을 포함합니다. 원자의 에너지가 방출되는 경우에는 이 두 종류의 방사선 외에 감마선이라고 불리는 엑스선과 같은 특성을 가진 강한 방사선이 발생합니다. 원자가 붕괴하면 다른 원소들도 생기는데, 이는 한 원소가 다른 원소로 변환된다는 것을 의미합니다. 방사선은 공기 중의 분자를 양과 음으로 나누어, 즉 이온화시켜 전도성 환경을 만듭니다. 이런 특성을 이용하면 방사선의 존재를 확인할 수 있습니다. 곧 방사선에 노출된 공기 속에서는 검전기가 대전된 전하를 잃어버립니다. 한편 검전기를 방사선으로부터 보호하기 위해서는 충분한 두께의 납판이 필요합니다.

방사선이 발견된 후 앞서 말씀드린 검전기를 사용하여 땅속과 바닷속 그리고 공기 중에서 또 다른 방사능 물질을 찾기 위한 연구가 계속되었습니다. 그러나 놀랍게도 깊은 물속이든 높은 산 정상에서든 방사선은 어디에서나 발견되었습니다. 더 놀라운 것은 어떤 두께의 납으로 감싸든 방사선의 영향을 완전히 제거하는 것이 불가능하다는 사실이었습니다. 그 방사선이 지구나 대기 중의 방사능 물질에서 나오는 것이라면 이것은 도저히 납득할 수 없는 결과였습니다. 과학자들은 지금까지 알려지지 않은 또 다른 매우 강력한 투과력을 가진 방사선의 근원이 있다는 가정을 하게 되었습니다.

새로운 방사선의 근원을 찾는 과정에서 지구 표면으로부터 멀어졌을 때 방사선이 약해지는지를 조사하게 되었습니다. 이 실험을 많은 과학자들이 진행하였는데 어떤 사람은 에펠탑 정상에서 실험하기도 했습니다. 실험결과는 고도가 높아질수록 방사선은 감소하긴 했지만 방사선이 지구로부터 방출된다고 가정하고 계산한 비율보다는 훨씬 낮은 비율로 감소하였습니다. 실험은 풍선을 타고 올라가 4,500미터의 높이에서까지 진행되었습니다. 어떤 경우에는 약간의 감소가 발견되기도 했지만 어떤 경우에는 이온화율의 변화가 거의 없었습니다.

이 실험에서 어떤 확정적인 결과를 얻진 못했지만 그 결과들은 이 방사선이 지각 내의 방사능 물질과는 무관하다는 것이었습니다.

헤스 교수가 연구를 시작한 시점에도 이 방사선의 근원은 여전히 의문으로 남아 있었습니다. 처음부터 방사선이 강력한 감마선이라는 의견을 가지고 있던 헤스 교수는 먼저 방사선이 공기층을 통과하면서 강도가 약해지는지를 면밀히 조사했습니다. 그는 사용하는 장치의 오류 가능성도 조사하고, 뛰어난 솜씨로 오류 가능성을 제거한 완벽한 측정 장치를 만들었습니다. 준비를 완벽하게 마친 헤스 교수는 1911년과 1912년에

5,300미터 높이까지 풍선을 타고 올라갔습니다. 체계적인 측정을 통해 그는 이온화가 높이 1,000미터까지는 감소하지만, 그 이상에서는 오히려 증가하여 높이 5,000미터에서는 지표면의 두 배 강도가 된다는 것을 측정하였습니다.

나중에 헤스 교수의 제자들은 기록 장치를 장착한 무인 풍선을 이용한 실험에서 높이 9,300미터에서는 방사선의 강도가 지표면에 비해 무려 40배에 달하는 것을 보였습니다. 이 연구 결과로부터 헤스 교수는 우주에서 지구 표면으로 오는 강력한 투과력을 가진 방사선이 존재한다는 결론을 내렸습니다. 우주의 모든 방향에서 오는 이 방사선을 우주선이라고 부릅니다. 헤스 교수의 결론은 커다란 관심을 불러일으켰지만 많은 사람들로부터 회의적인 평가를 받기도 했습니다. 제1차 세계대전 중에는 이에 관한 연구에 진전이 없었습니다. 하지만 전쟁이 끝나자 유럽과 미국에서 연구가 적극적으로 재개되어 곧 우주선의 존재는 인정받게 되었습니다.

이 새로운 방사선은 강도나 투과력 면에서 이전까지 알려진 그 어떤 것보다 강력합니다. 1미터 두께의 납판을 투과하며, 수심 500미터의 호수 바닥에서도 감지됩니다. 문제는 어디서 이런 방사선이 오는가 하는 것입니다. 첫 번째 풍선 실험에서 헤스 교수는 밤과 낮의 차이가 없다는 것을 관찰했으며, 일식 때의 풍선 실험에서도 특별한 차이가 관찰되지 않았습니다. 따라서 우주선이 태양으로부터 오는 것은 아니었습니다.

나중에 헤스 교수는 매우 정밀하고도 체계적으로 방사선을 측정하여 항성에 대한 측정 위치가 바뀌면 방사선의 강도도 변하는 것을 발견했습니다. 그 차이는 아주 작아서 0.1퍼센트에 불과했습니다. 한편 콤프턴은 이런 변화가 태양의 움직임, 즉 공간상에서 지구의 위치 변화에 기인하는 것임을 이론적으로 밝혔습니다. 은하의 한 부분으로서 태양계는 은하와 함께 회전하기 때문에 지구 역시 초속 300킬로미터로 움직이고 있습니다. 이런 지구의 움직임 때문에 움직이는 쪽의 면에서는 우주선의 겉보기 증가가 생기고 반대쪽 면에서는 겉보기 감소가 발생합니다. 이에 관한 콤프턴의 계산 결과는 실험 결과와 일치했는데, 이 결과로부터 우주선은 우리 은하계에서 오는 것이 아니라 그 바깥의 외계로부터 오는 것이라는 결론에 이르게 되었습니다.

우주의 심연 속에서 어떤 과정으로 우주선이 생기는지는 여전히 모릅니다. 많은 이론들이 나왔지만 지구상의 가장 강한 방사능 물질보다 1,000배 이상의 강도를 가진 이런 우주선이 어떻게 존재할 수 있는지를 자세히 설명하는 이론은 아직 없습니다. 우주선에 얽힌 신비를 일부라도 설명하는 이론이 나온다면, 그것은 틀림없이 에너지와 물질의 상호작용과 물질의 붕괴 그리고 그 기원을 밝히는 해답이 될 것입니다.

헤스 교수님.

교수님은 뛰어난 실험 기법을 적용한 방사선 효과에 관한 연구를 통해 우주 깊은 곳으로부터 오는 방사선인 우주선의 놀라운 존재를 발견하였습니다. 교수님께서 증명한 대로 이 새로운 방사선은 강력한 투과력과 전례없는 크기의 강도를 가지고 있습니다. 그것은 물리학의 강력한 연구 도구가 되었으며, 물질과 조성에 관한 새롭고도 중요한 사실을 전해 주었습니다. 우주선의 존재는 또한 우리에게 물질의 형성과 소멸에 관한 중요한 문제들을 제시했으며 새로운 연구 분야를 열었습니다. 교수님의 훌륭한 성취를 축하드립니다.

우주선의 발견 공로로 왕립과학원에서는 노벨 물리학상을 교수님께 수여하겠습니다. 이제 전하로부터 노벨상을 받으시기 바랍니다.

앤더슨 박사께서 노벨상을 수상하게 된 양전자의 발견은 우주선과 밀접한 관계가 있어서 이 주제를 다시 한 번 다루어야겠습니다.

우주선의 존재가 확인된 이후 그 특성에 관한 의문이 생겨났습니다. 앞서 저는 방사능 원자가 붕괴될 때 다양한 종류의 방사선이 나온다고 말씀드렸습니다. 또한 이들 방사선이 원자핵으로부터 발생한 무겁고 양전하를 띤 입자와 음전하를 띤 전자 그리고 엑스선과 동일한 특성을 가진 이른바 감마선과 매우 짧은 파장의 광선으로 이루어져 있으며, 강력한 투과 특성이 있다고 말씀드렸습니다. 처음 두 종류의 방사선은 대전된 입자로 구성되어 입자선이라고도 합니다. 그렇다면 우주선은 입자선일까요, 아니면 감마선으로 구성된 것일까요? 이 질문에 답하려면 강력한 자장 속에 우주선을 통과시켜 보면 됩니다. 대전입자로 구성된 방사선이라면 자장 내에서 그 궤적이 대전된 전하에 따라 달라질 것이기 때문입니다. 반면에 감마선이라면 궤적이 자장의 영향을 받지 않을 것입니다. 방사선의 특성 연구에 사용되는 훌륭한 기구로 윌슨 구름상자가 있습니다. 그것은 수분이 과포화된 밀폐용기로 방사선이 지나는 궤적을 따라 응결이 일어나서 방사선의 궤적을 볼 수 있는 장치입니다.

초기의 실험에서는 자기장에 의한 궤적의 변화를 관찰하지 못했습니다. 우주선의 높은 에너지 때문에 가시적인 효과가 나타나기 위해서는 매우 강력한 자장이 필요했기 때문입니다. 한편 다른 연구에서는 우주선이 입자선일 가능성을 보여 주는 결과가 있었습니다. 아시다시피 지구는 그 자체로 거대한 자석입니다. 태양으로부터 음전하의 전자로 구성된 입자선이 나온다는 것이 오래전부터 알려져 있었으며, 슈퇴르머는 그 전자선의 궤적이 지구의 자장 때문에 틀어진다는 것을 보인 바 있습니다. 전자선의 방향이 자력 방향과 일치하는 자석의 극에서만 전자선이 지구 대기로 들어올 수 있는데, 극지에서 극광현상이 발생하는 것이 이것 때문입니다.

한편 우주선은 태양으로부터 오는 전자선보다 훨씬 큰 투과 특성이 있어서 어디서나 지구 표면으로 쏟아집니다. 그렇다 하더라도 지구 자기장의 영향 때문에 극 지역과 적도 지역의 우주선 밀도에 어떤 차이가 있을 것으로 기대할 수 있습니다. 암스테르담 대학의 클레이 교수는 1929년 네덜란드와 자바 섬에서 측정한 우주선의 강도를 비교하였습니다. 이 측정결과는 명확히 위도에 따라 다른 값을 보였습니다. 이미 말씀드렸습니다만 나중의 연구에서 고도에 따라 우주선의 강도가 크게 달라지는 것이 관찰되었습니다.

우주선의 특성을 좀 더 자세히 연구하기 위해 밀리컨 교수는 패서디나의 그의 연구소에 매우 강력한 자장이 인가되는 윌슨 구름상자를 포함한 대형 실험 장치들을 설치하기로 하고, 이 연구의 계획과 수행을 앤더슨 박사에게 맡겼습니다. 몇 년 후 실험 장치들의 설치가 완료되고, 밤낮없이 15초마다 우주선을 관찰했습니다. 그렇게 모은 풍부한 자료가 1931년에 출판되었습니다. 사진 속에는 음의 전자가 휜 궤적뿐 아니라 이와 반대로 휜 궤적들도 발견됩니다. 이것은 양으로 대전된 입자의 것으로 대부분 무거운 핵입자들의 궤적으로 판명되었습니다. 그러나 한 장의 사진에서 앤더슨 박사는 양전하의 궤적이지만 핵입자의 것이 아닌 궤적을 발견했습니다. 핵입자는 무거워서 가벼운 전자보다 직선에 가까운 궤적을 그립니다. 놀랍게도 앤더슨 박사가 발견한 것은 방향만 반대일 뿐 음전하의 전자와 같은 정도로 휜 것이었습니다.

가장 가능한 설명은 이것이 전자와 질량은 같지만 양의 전하를 가진 입자의 궤적이라는 것입니다. 디랙은 이론적 연구에서 전자기장을 결정하는 방정식들은 양의 전하를 가지고 전자만큼 가벼운 입자를 필요로 한다는 사실을 발견했습니다. 그러나 이런 입자가 발견되지 않았으므로 디랙은 우주의 다른 곳에 전하가 뒤바뀐 세계가 있을 것이라는 가정을 세웠습니다. 앤더슨 박사는 장비를 더욱 개선하고 확인 실험과 측정을 반복하여 1932년 여름, 드디어 양전하의 전자가 존재한다는 명확한 증거를 제시할 수 있었습니다. 디랙이 찾던 양전자가 발견된 것입니다.

이제 윌슨상자에 나타나는 궤적들은 우주선 자체의 것과 우주선 때문에 상자 내부나 상자 벽의 원자들이 부서지면서 생기는 2차적인 선들의 궤적이 섞여 있음을 알게 되었습니다. 따라서 아직은 우주선이 부분적으로든 전체적으로든 대전된 입자들로 이루어졌는지에 대한 결론을 내릴 수는 없습니다. 앤더슨 박사를 포함한 많은 과학자들은 토륨을 포함하는 방사능 물질에서 나오는 감마선은 반응에 의해 음전하의 전자와 양전자를 만들어 낸다는 사실을 발견했습니다. 이 경우는 순수한 복사 에너지에 의해 입자들이 창조된 것입니다. 마찬가지로 양전하와 음전하의 전자가 합쳐서 사라지면 모든 방향으로 에너지가 방출되는 흔적만이 남게 됩니다.

최근 우주선의 특성에 관한 심층적인 연구 프로그램이 진행되었으며, 이 연구에서도 앤더슨 박사는 매우 중요한 기여를 했습니다. 이 연구의 결과, 우주선은 엄청난 에너지와 속도로 외계에서 지구로 들어오는 입자들로 밝혀졌습니다. 우주선에는 양전자와 음전자가 거의 동일한 양이 존재하지만, 양전자는 대기 중으로 들어오는 즉시 원자들과 충돌하여 소멸해 버립니다. 앤더슨 박사는 우주선의 에너지 분포와 물질을 통과할 때의 에너지 손실에 대한 연구를 수행했습니다.

앤더슨 박사님.

우주선에 관한 깊이 있는 연구로 박사님은 우리의 의문을 해소하는 데 중요하고도 구체적으로 기여하였습니다. 또한 탁월한 실험 장비로 우주의 구성입자 중 하나인 양전자를 발견하였습니다. 박사님이 젊은 시절에 이룩한 성공을 축하드리며 앞으로의 연구에 더욱 새롭고 훌륭한 결과가 이어지기를 기원합니다.

스웨덴 왕립과학원은 양전자를 발견한 공로로 박사님께 노벨 물리학상을 수여하기로 결정하였습니다. 이제 전하로부터 노벨상을 받으시기 바랍니다.

스웨덴 왕립과학원 노벨 물리학위원회 위원장 H. 플레옐

결정에 의한 전자의 회절

1937

클린턴 데이비슨 | 미국

조지 톰슨 | 영국

:: 클린턴 조지프 데이비슨 Clinton Joseph Davisson (1881~1958)

영국의 물리학자. 시카고 대학교에서 물리학과 수학을 공부하였으며, 1904년 파듀카 대학교에서 밀리컨의 조교가 되었다. 1911년 프린스턴 대학교에서 박사학위를 취득하였으며, 이후 카네기 공과대학에서 물리학을 강의하다 1917년에 웨스턴일렉트릭 사 기술부(후에 벨전화연구소)에 들어가 1947년까지 재직하였으며, 이후 버지니아 대학교 교수를 지냈다. 전자가 회절한다는 것을 증명함으로써 전자의 성질의 규명에 기여하였다.

:: 조지 패짓 톰슨 George Paget Thomson (1892~1975)

영국의 물리학자. 제1차 세계대전 후 케임브리지 대학교의 캐번디시 연구소에서 연구하였으며, 1922년에 애버딘 대학교의 자연철학교수로 임명되었다. 1930년부터 20여년간 런던에 있는 임피리얼 칼리지의 물리학 교수로 재직하였으며 1943년에 기사 작위를 받았다. 1952년 케임브리지 대학교 코퍼스 크리스티 칼리지 학장이 되었다.

전하, 그리고 신사 숙녀 여러분.

1937년의 노벨 물리학상은, 결정이 전자빔에 노출되었을 때 나타나는 간섭현상을 발견한 공로로 클린턴 데이비슨 박사와 조지 톰슨 교수에게 수여됩니다.

결정표면에 입사되는 전자빔의 산란과 회절 현상에 대한 연구는 1922년에 데이비슨 박사와 그의 동료 쿤스만이 시작하였습니다. 이 연구와 이듬해 노벨상 수상자인 드 브로이가 발표한 물질파 이론을 결합하여 물질의 실체에 대한 새로운 생각을 제안할 수 있었습니다. 물질파 이론에 따르면 물질입자들은 항상 움직이는 파동인 '파속'과 결합되어 물질을 구성하며 물질의 움직임을 결정합니다. 만일 우주가 다른 속도로 이동 중인 파동들로 채워졌다고 가정하면 우리는 물질의 입자와 물질의 파동 사이의 관계에 대한 대표적인 그림을 얻을 수 있습니다. 일반적으로 파동들은 서로를 중화시키지만(간섭되어 소멸하지만) 어떤 지점에서는 파동들 사이에 보강간섭이 일어나 두드러진 파동의 마루를 형성합니다. 이 파동의 마루가 물질 입자에 해당합니다. 그렇지만 파동들은 모두 다른 속도로 움직이기 때문에 서로 멀어져 파동의 마루는 사라지고 근처에서 다시 나타납니다. 즉 물질입자가 이동한 것입니다. 그 결과 파동의 마루는 움직이지만 그 움직이는 속도는 우주를 채우고 있는 파동계가 움직이는 속도와는 아주 다릅니다. 일반적으로 물질입자는 물질파의 표면에 대해 직각으로 움직입니다. 이것은 마치 광선이 광파의 표면에 대해 직각 방향으로 진행하는 것과 같습니다.

드 브로이의 이론은 물질입자의 이동을 지배하는 법칙과 광선의 경로에 적용되는 법칙들 사이에 유사성이 있다는 생각에서 유추된 것입니다.

광학에서 관측된 많은 현상들은 입자로서의 빛이라는 개념으로 설명하거나 기술할 수 없습니다. 대표적인 예를 들자면 빛이 좁은 틈새 사이나 날카로운 모서리의 옆을 통과할 때 나타나는 회절과 산란 현상을 들 수 있습니다. 광학에서의 산란과 회절을 설명하기 위해서는 빛이 파동이라고 가정해야 합니다.

최근 관찰된 회절과 간섭 현상은 빛의 성질에 관한 논쟁을 해결해 주었습니다. 이번에는 엑스선이었습니다. 논쟁의 주제는 엑스선이 어마어마한 속도로 분사되는 입자인가, 전자기 파동인가였습니다.

광학에서 간섭현상을 연구하는 데 사용된 격자에서는 엑스선이 회절하지 않고 통과했습니다. 아마도 엑스선의 파동이 너무나 짧거나 격자가 너무 넓었기 때문일 것입니다. 폰 라우에는 결정을 격자로 사용한다는 독창적인 생각을 했는데 그 결과 노벨상을 수상하게 되었습니다. 폰 라우에 생각의 기저에는 결정을 이루는 원자들은 규칙적으로 배열되어 있기 때문에 회절의 중심점들로 작용하리라는 것이었습니다. 또한 그 결정격자들 속에서 엑스선은 회절과 간섭 현상을 일으킬 것이라는 사실도 언급되었습니다. 결론적으로 엑스선은 파동임이 밝혀졌습니다.

드 브로이의 물질파는 파동으로서의 빛에 해당하며 물질입자의 경로는 빛의 경로에 해당합니다. 물질파 이론에 따르면 물질입자의 속도와 그 입자와 결합된 '파속'의 파장 사이에 단순한 관계가 성립합니다. 입자의 속도가 커질수록 파동의 길이는 짧아집니다. 입자의 속도를 알 수 있다면 드 브로이가 제안한 공식을 사용해 파장을 계산할 수 있으며, 그 반대도 성립합니다.

드 브로이는 물질파의 개념을 제안하고 파동역학을 발전시켰는데 이 개념은 현재 원자론 연구에 매우 중요합니다. 따라서 이러한 혁명적인 이론과 그 이론이 예측하는 물질파의 존재를 실험적으로 증명하려는 많은 시도가 있었던 것은 매우 당연합니다.

이미 언급했지만 데이비슨 박사는 동료인 쿤스만과 함께 드 브로이의 이론이 제시되기 1년 전 전자빔들이 결정의 표면에 특정한 속도로 충돌했을 때 일어나는 회절현상에 대한 일련의 실험들을 시작하였습니다. 이 실험들은 그다음해까지 계속되었으나 초기의 결과는 생소하고 설명하기 힘들었습니다. 이것은 아마도 장비의 조정과 관련된 실험적인 어려움 때문이었을 것입니다. 그러나 1928년 그의 연구가 성공하면서 데이비슨 박사와 동료인 저머는 물질파의 존재를 실험적으로 확실히 입증하고 드 브로이의 이론이 맞다는 것을 증명했습니다. 넉 달 후 데이비슨 박사와 독립적으로 똑같은 문제를 다른 실험장비를 사용해 연구한 톰슨 교수도 드 브로이의 이론을 증명했습니다.

실험을 위해 데이비슨 박사와 저머는 정육면체 니켈결정을 이용했습니다. 니켈결정을 이루는 원자들은 결정의 표면과 평행한 면에 대칭적으로 배열되어 평면에서 사각형 망을 형성합니다. 그러나 정육면체의 면이 복사의 표면으로 사용되지 않고 삼각형의 평면이 사용되었는데, 이것은 정육면체의 각이 대칭적으로 잘리게 되면 이 면에 있는 원자들은 삼각형 형태의 망을 형성하기 때문입니다.

속도가 결정된 전자들이 이 면에 입사되었습니다. 만약 입사되는 전자를 물질파로 대치한다면 이 파동은 결정의 표면과 평행하게 됩니다. 동시에 이 물질파는 표면에 있는 원자들을 때릴 것이고 맞은 원자들은 물질파를 모든 방향으로 산란시킵니다. 특정한 방향으로 방출되는 파동은 그 방향에 놓인 감지장치인 패러데이상자를 사용해 측정하고 분석합니다. 이 감지장치에서 물질파는 입자로서의 전자와 같은 효과를 가집니다.

밖으로 향하는 복사가 어떻게 생성되는지를 좀 더 잘 이해하기 위해 결정면에 평행하게 나오는 파와 삼각망의 한 변과 수직으로 나오는 파를 검출할 수 있는 수신장치를 생각해 봅시다. 삼각망의 한 변과 평행하게 원자들은 특정한 간격으로 열을 만들고 있습니다. 이 열 사이의 간격은 엑스선 측정으로 결정할 수 있습니다. 각 열은 입사되는 물질파에 따라 자신들의 파동을 산란시킵니다. 그러나 안쪽의 줄에서 나오는 파동들은 삼각형의 가장자리까지 도달하기 위해 통과해야 하는 길이 멀기 때문에 늦게 도착합니다. 파동의 간섭규칙에 따르면 불규칙적인 파동의 집합은 파동들이 서로 소멸간섭을 하는 형태로 얻어지고 그 결과 외부로 방출되는 파는 없습니다. 만약 물질파의 파장이 원자들의 열 사이의 거리와 같다면 모든 방출되는 파는 동일한 위상으로 보강간섭을 할 것입니다. 이 경우 우리는 특정한 방향에서 방출되는 전자빔의 다발을 관찰할 수 있습니다.

이들의 실험은 들어오는 전자의 속도에 따라 어떻게 보강간섭 또는 소멸간섭이 일어나는지를 보여 주고 있으며, 보강간섭이 일어난 경우 물질파의 파장은 원자의 열과 열 사이의 간격과 동일하게 됩니다. 이런 방식으로 물질파의 파장이 결정되어 파장과 속도가 결정되면, 드 브로이 공식의 타당성을 검사할 수 있습니다. 데이비슨 박사는 이론에서 예측한 값이 실험과 1~2퍼센트의 오차로 일치한다는 사실을 발견했습니다. 이들은 다양한 방향에서 전자빔의 산란을 관찰하였고 물질파 이론과 일치하는 결과를 얻었습니다.

데이비슨 박사는 전자를 50볼트에서 600볼트 사이의 전압에서 가속되게 한 후 실험을 했는데 이 경우 전자의 속도는 비교적 낮습니다.

반면 톰슨 교수는 1만에서 8만 볼트의 전압을 사용했기 때문에 전자의 속도는 상당히 빨랐습니다. 속도가 빠른 전자는 이후 물질의 구조를 연구할 때 더 유용했습니다.

톰슨 교수는 셀룰로이드, 금, 백금 그리고 알루미늄의 얇은 막을 사용했습니다. 그는 전자빔이 막에 수직으로 입사되게 하여 막의 뒤편에 놓인 형광막에 형성되는 회절형태를 관찰했고, 이 회절형태가 사진건판에 새겨지게 했습니다. 실험에 사용된 막은 1밀리미터의 1만분의 1 내지 10만분의 1의 두께였습니다. 그렇지만 이렇게 얇은 막에도 다양한 방향의 셀 수 없이 많은 작은 결정들이 있습니다. 실험 결과 형광막에는 일련의 동심원이 얻어졌는데 이는 원자들이 규칙적으로 배열해 결정을 만들고 있다는 것을 의미합니다. 그리고 이 결과는 이론에서 예측하는 바와 일치합니다. 동심원의 지름으로부터 물질파의 파장을 결정할 수 있으며 동심원 고리가 형성되기 위해서는 물질파의 파장과 고리를 만드는 결정면 사이의 거리가 일치해야 합니다. 이와 비슷한 방법이 이전에 데바이-셰러가 엑스선을 통해 결정구조를 분석할 때 사용되었습니다. 톰슨 교수의 실험은 드 브로이의 이론과 매우 잘 일치했습니다. 여기에서 더 나아가 자기장이 막을 통과하는 빔에 영향을 주어 약간 측면으로 이동한다는 것을 발견했는데, 이것은 빔이 전자들의 다발로 구성되어 있다는 것을 의미합니다.

위에 언급된 실험을 위해서 전자는 파동으로 취급되었습니다. 이후의 연구들에서 드 브로이의 이론이 분자, 원자, 원자핵의 빔들을 사용한 경우에도 적용될 수 있다는 것이 입증되었습니다.

여기까지 설명된 실험의 목적은 드 브로이의 이론을 검증하는 것이었습니다. 이 실험을 위해서는 결정 내 원자의 배열에 대한 지식들도 사용되었습니다. 엑스선을 사용한 연구를 통해 원자의 배열에 대해서는 많은 지식이 축적되어 있었습니다. 드 브로이의 법칙이 알려지고 인정을 받자 그 반대의 방법이 생겨났습니다. 드 브로이의 법칙을 통해 전자의 속도를 알 수 있다면 그 전자의 속도에 해당하는 물질파의 파장을 알 수 있습니다. 전자의 속도를 변화시키면 원하는 파장을 가진 전자를 만들 수 있습니다. 위에 언급한 연구 방법 중 하나를 적용해 결정 내 다양한 원자면들 사이의 간격을 알 수 있으며 최종적으로 결정의 구조를 결정할 수 있습니다. 이 과정은 엑스선을 사용해 결정의 구조를 결정하는 방법과 유사합니다.

우리는 결정의 구조를 결정할 수 있는 또 다른 방법을 찾았습니다. 그러나 두 방법은 사용되는 빔의 성질이 다르기 때문에 다른 분야에서 응용됩니다. 엑스선은 빛처럼 순수한 전자기파이며 따라서 결정의 원자들에 미치는 영향은 미미합니다. 바로 이 이유 때문에 엑스선은 결정을 그냥 지나갈 수 있습니다. 같은 이유로 회절된 엑스선은 상대적으로 약해 산란된 엑스선을 기록하기 위해서는 상당히 오랜 시간 노출해야 합니다. 반면 전자의 물질파는 전하를 띠고 있어 결정을 이루는 원자가 가진 전하에 큰 영향을 받습니다. 따라서 물질파는 결정의 표면에서 빨리 흡수되기 때문에 측정된 산란파의 모양은 매우 얇은 표면의 구조만을 반영합니다. 회절되거나 반사된 전자 다발의 강도는 매우 크고 필요한 노출 시간은 극도로 짧아져 대부분의 경우 겨우 1초의 몇 분의 1 정도면 됩니다. 따라서 물질의 구조와 관련된 연구에서 전자빔은 엑스선을 대체할 훌륭한 도구입니다.

중요한 표면구조를 연구하는 데에는 전자빔 방법만이 좋은 결과를 낼 수 있는데 그 이유는 엑스선을 사용하는 경우 표면층 말고도 더 깊은 층에 있는 원자들도 산란된 빛에 영향을 받기 때문입니다. 전자빔의 사용으로 다양한 기계적, 열적, 화학적 변화가 금속의 표면구조에 미치는 영향을 연구하고 설명할 수 있게 되었습니다. 또한 기체와 분말 같은 얇은 층의 성질도 연구할 수 있었습니다. 전자빔은 짧은 시간을 노출해도 측정이 가능하기 때문에 금속의 산화와 관련된 변화 과정을 추적할 수 있고 금속이 부식성 물질에 노출될 때 일어나는 화학적 현상뿐만 아니라 다양한 온도처리가 아연과 강철의 부식현상에 미치는 영향도 관찰할 수 있습니다. 복사의 강도가 아주 크기 때문에 1,000,000분의 1그램보다 적은 질량을 가진 결정구조까지 쉽게 관찰할 수 있습니다. 또한, 전자빔 방법은 엑스선 방법에서는 너무 작아 불가능한 극도로 작은 결정구조를 가진 물질을 찾는 데 사용될 수 있습니다.

전자빔으로 얻은 실험 결과들을 모두 소개하기는 불가능합니다. 특히 전자빔을 사용한 연구 분야가 물리학과 화학에서 계속 만들어지기 때문에 더욱 그렇습니다.

데이비슨 박사님.

결정에 입사되는 전자빔들이 회절과 간섭 현상을 일으키는 것을 발견하였을 때, 그 자체로도 전자의 성질에 관한 우리의 지식을 넓혀 준 발견임에 틀림없습니다. 그렇지만 그 발견에는 훨씬 더 중요한 의미가 있습니다. 전자의 회절에 대한 연구로 물질의 파동적 성질을 증명한 것입니다. 박사님과 톰슨 교수님께서 수행해 온 연구와 두 분이 수행한 추가적인 연구들은 물질의 구조를 연구하기 위해 종래 사용되었던 엑스선을 대체할 만한 새롭고 값진 도구를 과학에 안겨 주었습니다. 전자빔을 사용한 새로운 연구는 이미 물리학과 화학, 그리고 이러한 과학들의 실용적 응용 분야에서 다양하고 의미 있는 결과가 나오고 있습니다.

스웨덴 왕립과학원을 대표하여 두 분의 중요한 발견에 대해서 축하를 보냅니다. 이제 나오셔서 노벨상을 받으시기 바랍니다.

스웨덴 왕립과학원은 톰슨 교수께서 여기에 나오지 못한 점을 매우 유감으로 생각합니다. 상은 영국 총리께 대신 전달될 것입니다.

총리께서는 톰슨 교수를 대신하여 전하로부터 노벨상을 받으십시오.

스웨덴 왕립과학원 노벨 물리학위원회 위원장 H. 플레옐

중성자에 의한 인공방사성 원소의 연구

1938

엔리코 페르미 | 이탈리아

:: 엔리코 페르미 Enrico Fermi (1901~1954)

이탈리아의 물리학자. 1922년에 피사 대학교에서 박사학위를 취득한 후 괴팅겐 대학교의 M. 보른 및 레이덴 대학교의 P. 에렌페스트의 지도 아래 연구를 했다. 1924년 피렌체 대학교 역학 · 수학 강사를 거쳐 1927년 로마 대학교 이론물리학 교수가 되어 1938년까지 재직하였다. 노벨상 수상 후 미국으로 이주하여 1939년부터 1942년까지 컬럼비아 대학교 물리학 교수로 재직하였고 맨해튼 계획에도 참가하였으며, 제2차 세계대전 후 시카고 대학교 교수로 지냈다. 새로운 방사능 물질과 느린 중성자의 특별한 능력을 발견함으로써 원자 연구의 발전에 기여하였다.

전하, 그리고 신사 숙녀 여러분.

오늘날 우리가 원자의 구조에 대해 알고 있는 사실에 기초하면 서로 다른 원소들을 이리저리 변환하여 납이나 수은을 금으로 만들려던 옛날 연금술사들의 시도는 전혀 희망이 없는 일이었습니다. 그들의 방법으로는 원자의 핵심 부분인 핵을 전혀 조작할 수 없었기 때문입니다. 화학결합의 힘이나 복사와 같은 대부분의 물리현상은 원자의 가장 외각 부분에서 원자핵 주위를 도는 음전하의 전자에 의해 결정됩니다. 그러나 원자의 고유 특성, 즉 한 원자를 다른 원자와 구별짓는 핵심적인 특징은 핵 내의 양전하를 띤 입자인 양성자의 수가 결정합니다. 이 양전하로 인해 가벼운 음전하의 전자가 마치 태양 주위의 행성들처럼 핵 주위에 흩어져 도는 것입니다.

현재까지 우리가 아는 바로는, 원자핵은 중성자라고 불리는 전하를 띠지 않은 무거운 입자와 양성자라고 불리는 중성자와 질량은 같지만 양전하를 띠는 입자로 구성되어 있습니다. 양성자는 사실 가장 가벼운 원소인 수소의 원자핵입니다. 헬륨은 2개의 양성자와 2개의 중성자로 구성되어 있으며 탄소는 6개의 양성자와 6개의 중성자로 구성되어 있습니다. 원자번호는 바로 양성자의 숫자를 의미하는데, 이것은 곧 핵에 존재하는 단위전하의 개수이기도 합니다. 수소는 1개이며, 지금까지 알려진 가장 무거운 원소인 우라늄은 92개입니다.

한편 원자핵의 중성자 개수는 정상적인 숫자보다 적거나 많을 수도 있음이 관찰되었습니다. 이러한 원자들은 동위원소라고 부르는데 이들은 정상적인 원자들과 무게만 다를 뿐 물리화학적 특성이 모두 같은 원소들입니다. 동위원소의 예로는 유리가 발견한 중수를 구성하는 중수소를 들 수 있습니다. 수소 동위원소들은 핵에 중성자가 1개 혹은 2개 포함된 경우입니다.

연금술사식의 원소 전환이 실패를 거듭하자 지난 세기에는 92개의 서로 다른 원자는 더 이상 나누어지지 않고 변환되지 않는 물질의 기본 단위라는 생각이 확고해졌습니다. 따라서 프랑스의 베크렐이 1892년에 우라늄 원소가 자연 붕괴되면서 강력한 방사선을 내놓는다는 사실을 발표하자 커다란 반향이 일었습니다. 추가 연구를 통해 이 방사선에는 우라늄으로부터 매우 빠른 속도로 방출되는 헬륨의 핵이 존재한다는 사실이 밝혀졌습니다. 우라늄핵의 한 부분이 폭발적으로 붕괴되면 새로운 물질이 생성되고 이 물질이 또 붕괴되면서 계속 새로운 물질이 생성되어 최종적으로 안정한 물질이(이 경우는 납) 될 때까지 이런 붕괴와 방사선 방출이 계속됩니다. 이 연속과정의 생성물 중에는 퀴리 부인이 발견한 매우 강력한 방사능 물질인 라듐도 있습니다.

우라늄의 방사능이 발견된 직후, 동일한 방사능이 토륨이나 악티늄 같은 다른 원소들에서도 속속 발견되었는데, 이들 두 원소가 붕괴된 후의 최종 산물 역시 납입니다. 그러나 이들 세 원소의 붕괴로 얻은 납은 중성자 개수가 서로 다릅니다. 우라늄으로부터 붕괴된 납은 중성자가 124개이지만, 토륨은 126개, 악티늄은 125개입니다. 이로써 우리는 납의 동위원소 3개를 얻게 되었는데, 실제로 자연에서 관찰되는 납도 이 3가지 동위원소들로 구성되어 있습니다.

대부분 원자들은 아주 작은 숫자만 붕괴되므로 우라늄의 반이 붕괴되려면 45억 년이 걸리고 라듐은 1600년이 걸립니다. 그러나 어떤 방사성 원소의 경우에는 붕괴 속도가 대단히 빨라서 원소의 반이 붕괴되는 데 수 초 혹은 반나절 정도면 충분합니다.

이제는 원소 간의 변환이 불가능하다는 생각을 버리게 되었으므로, 과학자들은 원소의 전환을 이루고자 했던 연금술사의 문제로 다시 돌아가게 되었습니다. 러더퍼드 경은 그것을 즉시 실천에 옮겼습니다. 그는 방사능 물질에서 나온 무거운 헬륨의 핵을 물질에 고속으로 충돌시켜 원자들을 쪼개는 데 성공했습니다. 한 예로 질소핵에 헬륨의 핵을 충돌시키면 질소로부터 수소의 핵이 쪼개져 나오고, 나머지와 충돌한 헬륨이

산소핵을 만들었습니다. 즉 질소와 헬륨이 산소와 수소로 변환된 것입니다. 그러나 이렇게 얻은 산소는 중성자를 8개 가진 보통의 산소원자가 아니라 9개의 중성자를 가진 산소 동위원소입니다. 매우 드물긴 하지만 자연에서도 이런 붕괴가 일어나기 때문에 자연 상태에서도 12,500개의 산소원자당 1개의 산소 동위원소가 발견됩니다.

헬륨핵의 방사선을 이용한 러더퍼드 식의 원자붕괴 실험은 이후 졸리오와 퀴리 등 다른 연구진이 계속 진행하였습니다. 그들은 새로운 동위원소가 생기면 이 동위원소들은 대부분 방사능 물질로 방사선을 방출하면서 계속 붕괴된다는 것을 발견하였습니다. 이것은 매우 비싸고 얻기 어려운 라듐을 대체할 물질을 인공적인 방법으로 얻을 수 있다는 것을 보여 주었다는 점에서 대단히 중요합니다.

그러나 헬륨의 핵이나 수소의 핵을 사용해서 원자번호가 20이상인 원자를 쪼갤 수는 없었습니다. 즉 주기율표 상의 가벼운 원자들만을 인공적으로 쪼갤 수 있었던 것입니다.

오늘의 노벨 물리학상 수상자는 이보다 무거운 원소, 심지어 주기율표에서 가장 무거운 원소까지 쪼개는 데 성공한 페르미 교수입니다.

페르미 교수는 이 실험에 중성자를 사용하였습니다.

앞서 말씀드린 바와 같이 중성자는 핵을 구성하는 두 요소 중 하나입니다. 그러나 중성자의 존재는 최근에야 비로소 확인되었습니다. 러더퍼드는 희미하게나마 전하를 띠지 않은 무거운 입자가 존재할 것으로 추측하고 중성자라는 이름을 붙였습니다. 그리고 그의 제자인 채드윅에게 방사능을 띤 베릴륨에서 나오는 매우 강한 방사선 속에서 중성자를 찾는 일을 맡겼습니다. 중성자는 핵반응을 위해 입사되는 빔으로 아주 적절한 특성을 가지고 있습니다. 헬륨과 수소의 핵은 전하를 띠고 있어서 이들

입자가 어떤 원자의 핵에 다가가면 강한 반발력으로 튕겨져 나갑니다. 이와 반면 전하를 띠지 않은 중성자는 핵에 직접 충돌하여 멈추게 될 때까지 이런 방해를 전혀 받지 않습니다. 그러나 원자간 거리에 비해 핵의 크기가 매우 작기 때문에 이런 충돌현상은 매우 드물게 일어나며 중성자빔은 속도의 감소없이 수 미터 두께의 철판을 통과할 수도 있습니다.

페르미 교수는 중성자 충돌 실험들을 통해 대단히 유용한 결과들을 얻었으며, 원자핵의 구조를 밝히는 새로운 길을 열었습니다.

페르미 교수는 방사원으로 베릴륨 분말과 방사능 물질을 혼합하여 사용하였습니다만, 오늘날에는 중수소핵을 베릴륨이나 리튬에 충돌시켜 중성자를 만들고 있습니다. 이 방법으로 매우 높은 에너지의 강력한 중성자빔을 얻을 수 있습니다.

중성자가 원자핵에 충돌하면 중성자는 핵 안에 잡힙니다. 가벼운 원소들은 수소나 헬륨의 핵을 쉽게 방출하지만 무거운 원소들은 원자 구성입자들 사이의 인력이 대단히 강해서 현재 얻을 수 있는 중성자의 속도에서는 어떤 물질의 방출도 일어나지 않습니다. 중성자에 의해 추가된 에너지는 전자기선(감마선)을 방출하며 사라집니다. 이 과정에서 전하의 양에는 변화가 없기 때문에 원래 물질의 동위원소가 만들어진 것이지만, 이 동위원소는 대부분 불안정하여 곧 붕괴되며 방사선을 내놓습니다. 즉 방사능 물질이 만들어지는 것입니다.

중성자를 이용한 첫 번째 실험 후 반년쯤 흘렀을 때, 페르미 교수와 그의 동료들은 우연한 기회에 대단히 중요한 새로운 발견을 하게 됩니다. 그들은 중성자가 물이나 파라핀을 통과하고 나면 중성자 충돌의 효과가 극도로 증가한다는 사실을 발견했습니다. 그들은 곧 중성자가 이 물질들 내에 존재하는 수소핵과 충돌하면서 중성자의 속도가 감소했음을 알게 되었습니다. 일반적인 믿음과 달리 느린 중성자가 빠른 것보다 훨씬 강력한 효과가 있었던 것입니다. 추가로 물질에 따라 어떤 특정 속도에서 가장 강한 효과가 나타난다는 것이 밝혀졌습니다. 이 현상은 광학이나 음향학에서의 공명과 비슷한 현상입니다.

느린 중성자를 이용하여 페르미 교수와 동료들은 수소와 헬륨 그리고 몇 개의 방사능 원소를 제외한 모든 원소의 방사능 동위원소를 만들 수 있었습니다. 400개 이상의 새로운 방사능 물질을 얻었는데, 이 중 몇 개는 라듐보다 강한 방사능을 가지고 있습니다. 이들 물질 중 반 이상이 중성자를 충돌시켜 만든 것입니다. 이들 인공 방사능 물질의 반감기는 1초에서 수일 정도로 비교적 짧습니다.

다시 한 번 요약하면, 중성자를 무거운 원소의 핵과 충돌시키면 중성자가 핵 내부에 붙잡히면서 무거워진 원소의 동위원소가 만들어지는데, 그 동위원소가 방사능 물질이 됩니다. 이 동위원소가 붕괴될 때 음전하의 전자가 방출되는 것이 확인되었으며, 따라서 새로운 원소는 더 높은 양전하를 가진 원자번호가 하나 높은 원소로 전환됩니다.

무거운 원소에 중성자가 충돌할 때 일반적으로 관찰되는 이런 변화 패턴들을 주기율표 상의 마지막 원소인 원자번호 92번의 우라늄에 적용하면 어떻게 될까요? 이 패턴에 의하면 붕괴의 첫 번째 산물은 93개의 양전하를 가지는 주기율표 바깥의 새로운 원소가 될 것입니다. 따라서 우라늄을 이용하여 실험하면 당시까지 알려진 가장 무거운 원소인 우라늄보다도 무거운 원소들을 발견할 확률이 가장 높습니다. 실제로 페르미 교수는 원자번호가 93과 94인 두 개의 새로운 원소를 만드는 데 성공했으며, 각각 오세늄과 헤스페리움이라는 이름을 붙였습니다(지금은 각각 넵투늄과 플루토늄으로 불린다—옮긴이).

페르미 교수의 중요한 발견들은 그의 탁월한 실험 기법과 뛰어난 창의성 그리고 직관력이 있기에 가능했습니다. 이런 재능은 극미량의 새로 만들어진 원소의 존재를 확인할 수 있는 정교한 실험 기법과 방사능 물질의 붕괴 속도를 측정하는 데에서 잘 드러납니다. 많은 경우에 반감기가 다른 여러 붕괴 물질이 동시에 존재하기 때문에 붕괴 속도의 측정은 특히 어려운 과제였습니다.

페르미 교수님.

왕립과학원은 새로운 방사능 물질과 느린 중성자의 특별한 능력을 발견한 공로로 1938년 노벨 물리학상을 수여키로 결정했습니다. 노벨상 수상을 축하드리며 원자 연구의 새로운 지평을 연 탁월한 업적에 깊은 찬사를 보냅니다.

이제 전하로부터 노벨상을 받기 바랍니다.

스웨덴 왕립과학원 노벨 물리학위원회 위원장 H. 플레옐

사이클로트론의 발명과 인공 방사성 원소의 합성

1939

어니스트 로렌스 | 미국

:: **어니스트 올랜도 로렌스** Ernest Orlando Lawrence **(1901~1958)**

미국의 물리학자. 1922년 사우스 다코타 대학교를 졸업하고 이후 시카고 대학교에서 물리학을 공부한 후 1925년에 예일 대학교에서 박사학위를 취득하였다. 1928년 캘리포니아 대학교 조교수를 거쳐 1930년 정교수가 되었으며, 1936년에는 같은 학교의 방사선 연구소 소장이 되었다. 제2차 세계대전 중 맨해튼 계획에 참여하였다. 1961년 그의 공적을 기려 원자번호 103번이 로렌슘으로 명명되었다. 그가 발명한 사이클로트론은 입자물리학의 진전에 기여하였다.

1919년 러더퍼드 경의 핵반응 공식에 따르면 질소에 알파입자를 쏘이면 양성자를 방출할 수 있습니다. 다음은 러더퍼드 경의 핵반응 공식입니다.

$$^{14}_{7}N + ^{4}_{2}He \rightarrow ^{17}_{8}O + ^{1}_{1}H$$

이 발견으로 물리학은 새 시대를 열었습니다. 그러나 핵반응에서 사용되는 헬륨을 자연에 있는 방사성 원소에서만 얻을 수 있다면 핵반응으로 만들어 낼 수 있는 물질과 핵반응의 정량적인 산출량에 대한 연구는 계속 발전할 수 없습니다.

그렇다면 자연적인 방사성 물질을 사용하지 않고 인공적으로 충분한 에너지를 가진 투사체를 사용해 핵반응을 일으키는 방법은 어떤 것들이 있을까요? 다행히 핵반응의 문제를 해결하는 데 그동안 발전되어 온 양자역학 이론을 사용할 수 있습니다. 양자역학적 계산에 따르면 핵융합을 일으키는 데 필요한 투사체의 에너지는 고전이론에서 예측한 값보다 낮을 수 있습니다. 핵반응 실험을 위해서는 충분히 많은 입자들을 생산해야 하는데 입자들의 생산에 대한 연구 중 캐번디시 연구소에서 러더퍼드의 주도로 이루어진 실험이 처음으로 긍정적인 결과를 보여 주었습니다. 러더퍼드의 실험에서 리튬에 투사될 양성자는 600킬로볼트의 높은 전압으로 가속되었습니다. 리튬과 수소의 핵반응은 다음 식과 같습니다.

$$ {}^{7}_{3}\mathrm{Li} + {}^{1}_{1}\mathrm{H} \rightarrow 2 + {}^{4}_{2}\mathrm{He} $$

그러나 러더퍼드가 실험하기 2년 전, 그러니까 1930년 9월에 로렌스 교수는 빠른 입자를 얻기 위해 완전히 새로운 방법인 이른바 자기공명가속 기법을 제안하였습니다. 이 방법은 항상 일정한 자기장과 일정한 주파수를 가진 진동전기장을 훌륭하게 조합해 이온들을 반지름이 증가하는 원 궤도를 따라 움직이도록 단계적으로 가속하는 것입니다. 최초의 단순한 '사이클로트론' 실험에 대한 논문은 캐번디시 연구소에서 인공적으로 생성된 핵반응에 대한 실험을 한 바로 그해에 출판되었습니다.

로렌스 교수의 지도와 많은 숙련된 연구자들의 연구 결과 사이클로트론 방법은 원자핵 반응 연구에 매우 효과적인 도구임이 증명되었습니다. 사이클로트론 방법의 개발로 얻은 입자의 에너지는 다른 방법으로 얻은 에너지보다 훨씬 높았습니다. 사이클로트론 기법에서 가속된 입자의 최대 에너지는 자연적인 방사성 물질의 알파복사에서 얻어진 에너지값보다 훨씬 컸습니다. 자연적인 알파복사에서 얻어진 에너지가 7~8메가볼트였다면 사이클로트론법을 사용해 가속된 입자의 에너지는 최근의 보고(1939년 11월)에 따르면 38메가전자볼트에 달합니다.

중수소를 투사체로 한 실험에서 로렌스 교수와 동료 연구자들은 모든 원소들에서 핵반응이 실질적으로 일어나는 것을 증명하였습니다.

사이클로트론에서 만들어진 복사에서 150암페어 이상의 전류가 얻어졌는데 이것은 30킬로그램의 라듐에서 나오는 알파복사의 양과 같습니다. 비교하자면 세계 전체의 정제된 라듐의 양은 1킬로그램으로 추정됩니다.

핵 연구를 위해 사이클로트론이라는 강력한 도구가 등장하면서 이루어진 원자핵 관련 연구는 폭발적으로 증가했습니다. 전 세계의 수많은 연구소에 사이클로트론이 설치되었거나 설치될 계획입니다. 사이클로트론으로 얻은 결과를 사용하여 발표된 논문은 거의 눈사태처럼 증가했습니다.

사이클로트론의 가장 중요한 점은 인공적인 방사성 물질을 생산하는 데 있습니다. 활성 동위원소는 1933년 졸리오 퀴리가 자연적인 방사성 물질의 알파입자를 사용하여 만들었지만 오로지 사이클로트론 방식만이 대량으로 활성 동위원소를 생산할 수 있습니다. 대량으로 생산된 동위원소는 생물학과 의학적인 목적에 사용할 수 있습니다. 핵반응에 대한 연구는 이미 활발히 진행중이며 실용적인 응용을 위한 새로운 장도 열리고 있는데 이것은 모두 사이클로트론 덕분입니다.

의학적인 목적으로 생산된 방사성 물질의 가치를 평가하자면 다음의 자료가 유용합니다. 1936년 이미 로렌스 교수는 사이클로트론에서 중수소를 사용해 매일 일정량의 활성 나트륨을 생산하고 있는데 이것은 감마 복사로 환산하면 200밀리그램 라듐에 해당됩니다. 나중에 건설된 좀 더 큰 규모의 사이클로트론은 이 양의 약 10배를 생산할 수 있습니다.

마지막으로 사이클로트론은 엄청난 강도의 중성자 복사를 생산할 수 있는데 이렇게 하면 중성자 복사의 물리학적·생물학적 효과에 대한 정량적인 연구가 가능합니다. 의학적 치료라는 응용의 관점에서 이러한 예비적인 결과는 상당히 고무적입니다.

실험물리학의 발전 역사에서 사이클로트론의 위치는 예외적입니다. 사이클로트론은 현재까지 개발된 장비 중 가장 크고 복잡합니다. 사이클로트론으로 얻은 과학적 결과는 물리학의 다른 실험 도구에서는 유사한 것도 찾기 어렵습니다. 또한 분명한 것은 이러한 유형의 장비를 조작하고 테스트하는 것은 너무나 세부적인 부분이 많아 한 사람만의 업적이 될 수 없다는 것입니다. 이러한 거대한 규모의 프로젝트의 진행자 혹은 지도자로서 로렌스 교수는 물리학 분야에서 장점들을 보여 주었기 때문에, 스웨덴 왕립과학회는 로렌스 교수가 노벨상 수상에 필요한 요구 사항들을 충족했다고 평가했습니다.

스웨덴 왕립과학협회 노벨 물리학위원회 위원장 K.M.G. 시그반

– 전시 상황이기 때문에 상은 1940년 2월 29일에 버클리 대학교에서 열린 행사에서 로렌스 교수에게 전달되었다.

분자선 방법과 양성자의 자기모멘트 측정 | 슈테른
공명법을 사용한 원자핵의 자기적 성질 연구 | 라비

1943 | 1944

오토 슈테른 | 미국　　**이지도어 라비** | 미국

:: 오토 슈테른 Otto Stern (1888~1969)

독일 태생 미국의 물리학자. 1912년 브레슬라우 대학교에서 박사학위를 취득한 후, 프라하 대학교 및 취리히 공과 대학에서 아인슈타인과 함께 연구하였다. 1923년부터 1933년까지 함부르크 대학교 물리화학 교수로 재직하였다. 1933년 히틀러 정권에 의해 추방되어 미국으로 건너가 피츠버그의 카네기 공과대학 물리학 연구소 교수가 되어 1945년까지 재직하였다. '슈테른겔락실험'으로 원자의 방향양자화方向量子化를 입증하였으며 전자의 자기모멘트 측정도 가능하게 하였다.

:: 이지도어 아이작 라비 Isidor Isaac Rabi(1898~1988)

오스트리아 태생 미국의 물리학자. 1919년 코넬 대학교에서 화학을 공부한 뒤 컬럼비아 대학교에서 물리학을 공부하여 1927년에 박사학위를 취득하였다. 1937년 물리학 교수로 임용되었으며 1940년부터 1945년까지 매사추세츠 공과대학의 방사능 연구소에서 책임 연구원으로 활동하였다. 1946년부터 1957년까지는 원자력위원회 책임 자문위원으로 활동하였다. 원자의 자기적 성질을 측정하는 방법을 개발함으로써 전자와 원자핵의 세계와 라디오파의 관계를 확립하였다.

일반적으로 자기장은 전류에 의해 만들어지므로 전기와 자기 현상은 서로 밀접합니다. 유명한 암페어도 전기와 자기의 관련성을 이용해 물질의 자성을 추적해 원자와 분자에서 전기의 와류현상을 발견했습니다. 전기와 자기가 밀접한 관련이 있을 것이라는 가정은 매우 강한 자기장에 놓인 광원에 대한 분광학적인 연구로 입증되었습니다. 그러나 원자 내부에서 전류의 근원이 되는 전자의 움직임에 미치는 자기장의 영향을 자세하게 설명하기에는 몇 가지 어려운 문제들이 있습니다. 예를 들면, 전자들은 전자공학 같은 분야에서 정당성이 확실히 증명된 전기동역학적 법칙을 따르지 않는 경향이 있습니다. 그중에서도 공간에서 자유롭게 움직이는 작은 원자자석은 인가된 자기장의 방향과 관련하여 어떤 띄엄띄엄 떨어진 값만을 가지는 것처럼 보입니다. 이른바 방향성 또는 공간 양자화 효과를 처음으로 밝혀냈던 주목할 만한 실험으로부터 오늘의 연설을 시작하겠습니다.

그 실험은 1920년 프랑크푸르트에서 오토 슈테른 교수와 발터 게를라흐에 의해서 다음과 같은 방식으로 수행되었습니다. 전기로 가열된 작은 노에 조그만 구멍이 뚫려 있고, 그 구멍으로 수증기가 높은 진공 상태에 있는 노의 내부로 흘러 들어오면 극도로 얇은 수증기 빔을 형성합니다. 이른바 원자 혹은 분자 빔 속의 분자들은 어떤 충돌도 하지 않고 모두 앞으로 날아갑니다. 그리고 그 분자들은 검출기에 검출되는데 불행하게도 여기서는 이 검출기가 어떻게 만들어졌는지 설명할 시간은 없습니다. 어쨌든 노 내부에서 검출기로 가는 분자 빔은 균일하지 않은 자기장의 영향을 받도록 설정되어 있습니다. 이 경우 원자들이 정말로 자성을 띠고 있다면 원자 또는 분자 자석의 축이 인가되는 자기장에 따라 분자마다 다른 방향을 가리킬 것입니다.

고전적인 개념에 의하면 얇고 깨끗하게 잘린 빔은 결과적으로 확산되는 빔으로 팽창할 것이지만 실제로는 그 반대의 경우가 일어난다는 것이 증명되었습니다. 두 실험에서 분자 빔은 예리하게 잘린 많은 수의 빔으로 나누어진다는 것을 발견했고, 그 작은 빔들에 있는 분자자석의 방향은 인가되는 자기장의 방향에 의존해 공간적으로 띄엄띄엄 떨어져 있습니다. 즉 이 실험은 공간 양자화 가설을 입증하는 것이었습니다. 더 나아가 실험은 전자의 자기모멘트를 측정할 수 있었습니다. 측정결과 전자는 이른바 '보어 마그네톤' 이라고 불리는 보편적인 자기의 단위와 거의 비슷한 값을 가진다는 것을 알게 되었습니다.

연구의 대가인 슈테른 교수가 함부르크 물리연구소 소장으로 지명되었을 때, 그는 자신의 모든 연구 능력을 분자선 방법을 완벽하게 만드는 데 쏟아부었습니다. 그의 많은 연구 주제들 중 상당한 관심을 끌었던 주제가 하나 있습니다.

분광선의 미세구조를 연구한 결과 원자핵도 전자처럼 자전하는 성질, 이른바 '스핀' 을 가지고 있다는 사실이 알려졌습니다. 원자핵의 자기모멘트는 전자보다 수천 배 작을 것으로 예상되었고 분광학자들은 그 값을 간접적인 방식 그것도 어림으로만 측정할 수 있었습니다. 따라서 수소핵 이른바 양성자의 자기모멘트를 결정하는 데 큰 관심이 모아졌습니다. 그 이유는 최근에 발견된 중성자와 함께 양성자는 모든 물질 원소의 기본적인 구성요소를 이루며, 이 두 종류의 입자가 전자처럼 더 이상 쪼개질 수 없는 근본적인 입자라면 양성자의 질량은 전자의 질량보다 더 크기 때문에 양성자가 가진 자기모멘트는 전자의 자기모멘트보다 몇 배나 작을 것이라는 점 때문입니다. 계산에 따르면 양성자의 자기모멘트는 전자의 자기모멘트보다 1,850배나 작습니다. 따라서 1933년 슈테른 교수와 그의 동료들이 분자 빔 방법을 사용해 자기모멘트를 결정했다고 발표했을 때 지대한 관심을 불러일으켰던 것은 당연한 것이었습니다. 슈테른 교수가 측정한 양성자의 자기모멘트는 이론적으로 예측되었던 것보다 2.5배 정도 더 컸습니다.

이제 잠시 이 쯤에서 라비 교수의 업적을 언급하겠습니다. 문제의 핵심으로 돌아가서 다시 질문해 보겠습니다. 원자가 어떻게 자기장에 반응할까요? 영국의 수학자 라머가 제시한 공리에 따르면 원자가 자기장에 반응하는 것은 인가되는 자기장 방향을 축으로 한 상대적으로 느린 원자의 세차운동 때문입니다. 마치 지구의 회전축이 기울어진 것처럼 원자의 회전축이 자기장의 축에 대해 기울어진 채로 회전운동을 하는 회전자기 효과에 의한 것일 수 있습니다. 인가되는 자기장의 강도를 알고 있고 세차운동의 진동수를 관측하고 측정할 수 있다면 원자핵의 자기모멘트도 결정할 수 있습니다.

라비 교수는 이 문제를 매우 훌륭하고도 단순한 방법으로 해결하였습니다. 그는 자기장 내로 철사 루프를 삽입하고 이 루프에 주파수를 조정할 수 있는 회로를 연결했습니다. 이렇게 하면 어떤 주어진 파장에 라디오 수신장치를 맞추는 것과 같은 방식으로 주파수를 전환시킬 수 있습니다. 이제 원자 빔이 자기장을 통과할 때, 원자들의 세차운동이 라디오파 전류의 주파수와 동일할 때 변화가 일어나고 이 변화는 그래프로 기록됩니다. 아치 모양의 그래프는 양자도약이 일어나고 있음을 보여 주며, 양자도약에 따라 원자의 가기축은 공간적으로 다른 방향을 가리키게 됩니다. 그러나 이것이 원자가 탐지기에 도달하지 못해서 제대로 측정하지 못한다는 뜻은 아닙니다. 이때의 라디오파 주파수는 라디오파 게이지를 사용해 도달할 수 있는 높은 정밀도로 기록됩니다. 이 방법으로 라비 교수는 문자 그대로 가장 측정하기 힘든 전자나 원자핵의 자기적 특성을 라디오파와의 상호 반응을 통해 연구할 수 있었습니다.

스톡홀름 대학교 E. 훌텐

– 1943년 노벨 물리학상은 1944년 9월에 발표되었다.

파울리 배타원리의 발견

1945

볼프강 파울리 | 미국

:: 볼프강 파울리 Wolfgang Pauli (1900~1958)

오스트리아 태생 미국의 물리학자. 1921년에 뮌헨 대학교의 아르놀트 좀머펠트 밑에서 박사학위를 취득한 후, 괴팅겐 대학교의 M.보른 및 코펜하겐 대학교의 N. H. D. 보어의 지도 아래 연구하였다. 1923년부터 1938년까지 함부르크 대학교에서 강의하였으며, 1928년에 취리히 공과대학 이론물리학 교수로 임용되었다. 1940년에는 프린스턴 대학교 이론물리학과 학과장으로 선출되고 1946년에 미국에 귀화했다. 제2차 세계대전 후에 취리히 공과대학으로 돌아갔다. 한 원자 내에서 2개의 전자가 같은 에너지를 가질 수 없다고 하는 파울리의 배타원리를 발견하여 양자이론의 개발에 기여하였다.

전하, 그리고 신사 숙녀 여러분.

1911년 러더퍼드는 원자는 핵과 전자로 구성되어 있으며 원자핵은 양전하를 띠며 원자 질량의 대부분이 집중되어 있고 음전하를 띤 전자는 원자핵을 둘러싸고 있다고 발표했습니다. 원자구조에 대한 새로운 발견은 원자 연구에 큰 충격을 주었습니다. 러더퍼드의 발견 이후 20년 동안 원자물리학은 원자를 둘러싼 전자의 배열에 대한 연구에 집중됐습니다.

1913년 보어가 확립하고 그와 그 동료들이 발전시킨 이론에 따르면 전자는 원자에 의해 결정된 에너지값을 가지는 양자상태에 위치하며 핵 주위를 회전합니다. 전자의 궤도에 해당하는 에너지는 '양자수'라는 정수들로 정의할 수 있는데 말하자면 이것은 전자들의 에너지 상태를 정수값에 따라 열거하는 것입니다. 1921년 보어가 진전시킨 모든 원자들의 전자구조에 관한 유명한 이론에 의하면, 원자에 있는 전자들은 그룹으로 배열되어 있으며 각각의 그룹은 핵에서의 평균 거리가 다르고 두 개의 양자수로 특징지을 수 있습니다.

전자의 배열 문제를 해결하는 데 중요한 기여를 한 것은 이듬해의 란데와 스토너였습니다.

이 정도의 원자이론 발전단계에서 볼프강 파울리 교수는 1925년, 자연의 새로운 법칙의 하나인 배타원리 또는 파울리원리를 발견함으로써 원자이론의 발전에 중요한 공헌을 하였습니다. 이 발견에 대한 공로를 인정해 1945년의 노벨 물리학상은 파울리 교수에게 수여키로 결정하였습니다.

파울리 교수는 원자물리학의 실험과 이론을 아우르며 자신의 연구를 수행했습니다. 그는 전자의 에너지 상태를 정의하기 위해서는 일반적으로 4개의 양자수가 필요하다는 것을 발견하였습니다. 이어 그는 그의 이름을 딴 원리인 파울리 배타원리를 발표했는데 이 원리는 4개의 양자상태가 완전히 정의된다면 각각의 에너지 상태에는 하나 이상의 전자가 존재할 수 없다는 것입니다. 3개의 양자수만이 핵 주위를 도는 전자의 회전하고 관련되어 있습니다. 네 번째 양자수가 필요하다는 것은 전자가 흥미로운 속성을 갖고 있음을 증명하는 것입니다.

다른 물리학자들은 전자의 흥미로운 속성은 아마도 전자가 스핀을 가지고 있다는 것, 다시 말해서 전자는 어느 정도는 자신을 중심으로 빠르게 회전하고 있는 것처럼 행동한다고 해석할 수 있는 증거를 발견했습니다.

파울리 교수는 전자의 배열이 배타원리에 의해서 완벽하게 설명될 수 있음을 보여 주었고 그 결과 다른 원소들의 독특한 물리적·화학적 성질을 배타원리를 사용해 설명할 수 있었습니다.

파울리 원리가 반드시 필요한 중요한 현상들 중 금속의 전기전도와 물질의 자기적 속성에 대해 설명하고자 합니다.

1925년과 1926년 양자이론에서 다른 종류의 핵심적 진보가 이루어졌고 이것은 원자물리학의 토대를 형성하였습니다. 입자들의 운동을 기술하기 위해 새롭고 혁명적인 방법들이 개발되었습니다. 파울리 교수의 발견이 가진 근본적인 중요성은 더욱더 명확해졌습니다. 파울리의 배타원리는 새로운 양자이론의 개발에 독립적이고 필수적이라는 것이 증명되었습니다. 배타원리의 표현에 원래의 원리보다 더 간단하고 광범위한 적용 가능성을 가진 다른 방법이 제시되었습니다. 이 측면에서 파울리 교수는 중요한 공헌을 하였는데 이는 또한 다른 커다란 파급 효과들을 일으켰습니다.

지난 20년 동안 원자에 대한 연구는 원자핵의 성질을 규명하는 것으로 점점 초점이 맞춰졌습니다. 원자에 대한 연구가 진행되면 될수록 파울리의 배타원리가 근본적인 자연법칙이라는 것이 더욱 확실해졌습니다. 처음에 이 원리는 전자 배열의 설명에 사용되었는데 이제는 양성자라고 불리는 수소원자의 핵과 또 많은 핵반응에서 형성되는 중성자에 대해서도 적용할 수 있음이 판명되었습니다. 중성자는 전하를 띠지 않지만 양성자와 거의 같은 질량을 가진 입자입니다. 현재의 관점에 따르면 모든 원자핵은 양성자와 중성자로 되어 있습니다. 따라서 파울리의 원리는 원자핵의 성질을 설명하는 데 필수적입니다.

파울리 교수는 현재 이론물리학에서 지도적인 위치에 있습니다. 그는 그가 연구하는 과학의 다른 분야에서도 중요한 공헌을 했습니다. 그중의 한 분야는 핵물리학입니다.

왕립과학원은 파울리 교수가 오늘 행사에 참석하여 직접 상을 받을 기회를 갖지 못한 것에 깊은 유감을 표시합니다. 이 상은 미국 사절단의 대사에게 전달될 것입니다.

래븐덜 씨.

파울리 교수를 대신하여 전하로부터 노벨상을 받으시기 바랍니다.

스웨덴 왕립과학원 노벨 물리학위원회 위원장 이바르 발러

초고압력 생성 장비의 발명과 고압력 물리학 분야에서의 발견

1946

퍼시 브리지먼 | 미국

:: **퍼시 윌리엄스 브리지먼 Percy Williams Bridgman (1882~1961)**

미국의 실험물리학자. 1908년에 하버드 대학교에서 물리학으로 박사학위를 취득한 후 강의를 시작하여 1919년 교수로, 1926년에는 홀리스 좌 교수로 임용되었다. 1950년부터는 히긴스 대학교의 교수로 활동하였다. 고압 물리 분야에서의 연구를 통하여 고압을 얻는 기술을 비롯하여 고압 하에서의 물질 특성을 파악하는 데 기여하였다. 그의 선구적 연구를 바탕으로 1955년 제너럴 일렉트릭사 의 과학자들이 다이아몬드의 합성에 성공하였다.

전하, 그리고 신사 숙녀 여러분.

고압의 조건에서 압력을 받는 물질의 여러 특성을 연구하려는 시도는 17세기 초반 또는 중반 무렵부터 시작되었습니다. 매우 초보적인 당시의 실험은 액체의 압축특성 연구에 초점이 맞추어져 있었습니다. 이러한 연구들은 지난 세기 초에야 비로소 좀 더 과학적이고 체계적으로 발전했지만, 예전의 제한된 연구 영역에 한정되기는 마찬가지였습니다. 그럼에도 그 연구의 영역은 서서히 넓혀졌습니다. 예를 들면 기체를 고압으로 압축하여 보일의 법칙에서 벗어나는 현상을 관찰한다거나, 물의 굴절률에 미치는 압력의 영향을 조사한다거나, 혹은 전도체의 저항과 압력의 관계를 조사하는 것 등을 들 수 있습니다. 그중 가장 중요한 것은 1861년에 앤드류가 발견한 기체의 임계현상일 것입니다.

이 발견 이후 1890년대 초까지 매우 활발하게 연구가 진행되었습니다. 이 시기의 선도적인 연구자로는 프랑스의 물리학자인 카유테와 아마가가 있었습니다. 이들 두 과학자, 특히 아마가는 고압을 얻는 기술의 발전과 고압 측정기술 분야에서 큰 기여를 했습니다. 아마가는 고압을 다룰 때 필수적인 비례 축소와 효과적인 적층 기술을 개발했습니다. 이 기술을 바탕으로 아마가는 3000kg/cm² 이상의 압력을 얻을 수 있었습니다. 그의 방법은 후속 연구의 발전에 매우 큰 기여를 하였으며, 이후 여러 나라의 많은 연구자들이 고압 연구에 참여하여 매우 의미있는 결과들을 얻어냈습니다. 그러나 더 이상의 기술 발전이 이루어지지는 못한 채 3000kg/cm²이 고압의 상한으로 남아 있었습니다. 1905년이 되어서야 비로소 이 분야에 획기적인 발전이 있었는데, 그 공로는 초고압이 가능한 장치의 발명과 고압물리 분야의 연구 공로로 오늘 노벨 물리학상을 수상하는 브리지먼 교수에게 돌아가야 합니다.

브리지먼 교수는 우연한 기회에 고압 분야에 기여하게 되었습니다. 1905년경, 브리지먼 교수는 고압에서의 광학현상을 연구하게 되었습니다. 그는 유리로 만든 장치 일부가 실험 중에 폭발하는 바람에 핵심 부품이 파괴되어 부품의 교환을 기다려야만 했습니다. 그 사이에 브리지먼 교수는 가압 장치를 다른 용도로 바꾸어 쓰려고 하였습니다. 그는 압력실 밀폐 장치의 설계를 바꾸어서 사용했는데, 그 성능이 생각했던 것보다 훨씬 우수하다는 것을 알게 되었습니다. 새 밀폐 장치는 압력이 증가하면 밀폐 효율도 증가해서 압력이 새는 일이 전혀 없었기 때문입니다. 따라서 이 밀폐 장치를 쓰면 아마가의 경우처럼 압력이 새는 문제 때문에 최대 압력이 제한되는 일은 없었습니다. 다만 장치를 구성하는 재료의 강도에 따라 최대 압력이 결정되었습니다. 압력이 새는 문제가 해결된 뒤에는 가능한 고압의 상한이 재료의 문제로 귀착된 것입니다.

브리지먼 교수는 초기 실험에서 이미 압력 20000kg/cm²에 도달할 수 있었습니다만, 이때는 재료의 변형 때문에 더 높은 압력을 가하지는 못했습니다. 재료를 개선하고 압력을 정확히 측정하는 다른 방법을 찾아내는 데 또 상당한 시간이 필요했습니다. 아마가의 3000kg/cm²를 넘어선 이후, 브리지먼 교수는 우수한 장치에 현대 기술을 능숙하게 적용하면서 한 발씩 압력의 범위를 높여 갔습니다.

마침내 연구 목적으로 100000kg/cm²의 고압을 얻을 수 있었고, 어떤 경우에는 400000~500000kg/cm²의 고압도 기록했습니다.

브리지먼 압력 장치의 주요 특징은 강력한 연결 채널을 통해 서로 소통하는 두 개의 용기를 썼다는 점입니다. 전체 시스템은 적당한 액체로 채워져 있습니다. 하나의 용기(압력챔버)에서 피스톤으로 액체를 눌러 압력을 가하면, 압력이 액체를 통해 다른 용기(실험챔버)로 전달됩니다. 두 번째 용기는 연구 목적에 따라 바꿀 수 있도록 되어 있습니다.

브리지먼 교수는 내부압력이 걸리는 용기의 변형저항은 외압을 동시에 걸어 주면 증가한다는 원리를 이용해서 이중의 고압 용기를 만들어 30000~100000kg/cm²의 압력을 얻을 수 있었습니다. 그는 원뿔 모양의 형상을 가진 내압용기를 강화 실린더 내의 구멍에 맞추고 원형의 채널을 설치했습니다. 그리고 서로 반대 방향으로 작용하는 2개의 피스톤

사이에 압력을 가할 재료를 놓았습니다. 50000~100000kg/cm²의 압력 범위에서는 카볼로이라는 이름의 매우 강한 탄화텅스텐을 사용하여 재료의 변형을 최소화했습니다.

400000~500000kg/cm²의 가장 높은 압력 영역에서의 연구를 위해서는 압력이 가해지는 단면의 지름이 3밀리미터까지 줄어든 카볼로이 피스톤을 사용했습니다. 이런 높은 압력을 얻기 위해서는 작은 압력실을 사용할 수밖에 없었고, 따라서 압력을 가할 수 있는 물질의 양도 매우 작았습니다. 425000kg/cm²의 압력에서 납작한 박편의 시료에 압력을 가하며 엑스선 분석을 수행한 결과, 브리지먼 교수는 압력 때문에 결정질 물질이 결정성이 없는 비정질로 변하는 것을 관찰하였습니다.

브리지먼 교수의 연구가 더 높은 압력을 얻기 위한 것으로만 집중된 것은 아닙니다. 얻을 수 있는 압력이 더 높아졌다는 것은 곧 압력의 제한 때문에 하지 못했던 새로운 영역의 연구가 가능해졌음을 의미합니다. 이런 분야에서 이룩한 브리지먼 교수의 중요한 연구 성과들은 너무 많아서 여기서는 그 일부만을 간단히 소개합니다.

초기 브리지먼 교수의 연구는 최대 12,000kg/cm²까지의 압력에서 수행한 것들입니다. 최초의 연구는 고체와 유체 상태에 대한 것이었는데 이 연구를 50000kg/cm²의 압력 영역까지 확대하면서 여러 물질의 새로운 변형을 발견했습니다. 특히 고체상태의 물과 중수의 여러 변형들을 발견했으며, 얼음은 총 일곱 가지의 다른 형태를 가지고 있음을 밝혀냈습니다. 또한 두 가지 새로운 상태의 인을 발견했는데, 하나는 안정한 상태의 이른바 흑린이며, 다른 하나는 불안정한 상태의 인입니다.

100000kg/cm²의 높은 압력을 가하면 수많은 이형체들이 나타났습니다. 연구의 상당 부분은 전기저항에 미치는 압력의 영향을 엄밀히 조사

하는 것이었습니다. 특히 높은 압력 영역에서는 금속의 저항이 최소치가 된다는 사실도 밝혀냈습니다.

브리지먼 교수의 관심은 다른 영역에도 미쳤습니다. 열전현상이나 가스의 열전도도, 유체의 점도에 미치는 압력의 영향을 연구하여 과학과 기술의 두 관점에서 모두 중요한 발견들을 하였습니다. 고체의 탄성특성에 미치는 압력의 영향에 관한 연구에서도 마찬가지였습니다. 이 분야들은 초고압이 가능하기 전까지는 관심을 끌지 못하던 분야였습니다. 또한 초고압이 가능하기 위해 필수적이었던 재료에 관한 집중적인 연구 결과들은 고압물리 분야의 향후 연구를 위해 대단히 중요합니다. 마지막으로 브리지먼 교수가 고압물리 분야에서의 오랜 연구를 통해 축적한 고압에서의 물질특성에 관한 데이터들은 매우 중요한 과학적 가치가 있음을 말씀드립니다.

브리지먼 교수님.

교수님께 올해의 노벨 물리학상을 수여하면서 왕립과학원은 고압물리 분야에서 이룩한 교수님의 뛰어난 연구 성과에 깊은 감사의 뜻을 전합니다. 교수님의 뛰어난 장비와 탁월한 실험 기법, 그리고 집중적인 연구로 이룩한 중요한 발견들은 우리에게 고압에서의 물질특성에 관해 많은 지식을 얻게 되었습니다.

스웨덴 왕립과학원을 대표하여 교수님의 중요하고도 성공적인 과학적 성취를 축하드립니다. 이제 전하로부터 노벨상을 수상하시기 바랍니다.

스웨덴 왕립과학원 노벨 물리학위원회 위원장 A. E. 린드

애플턴층의 발견

1947

에드워드 애플턴 | 영국

:: 에드워드 빅터 애플턴 Edward Victor Appleton (1892~1965)

영국의 물리학자. 1913년 케임브리지 대학교 세인트존스 칼리지를 졸업하였으며 1914년에 J. J. 톰슨과 러더퍼드 밑에서 공부하였다. 1920년부터 1924년까지 캐번디시연구소에서 일한 후, 1924년에 런던 대학교 킹스 칼리지의 물리학 교수가 되었다. 1935년부터 케임브리지 대학교에서 물리학 교수로 재직하였으며, 1941년에 기사 작위를 받았다. 제2차 세계대전 동안에는 정부의 핵폭탄과 레이더 연구에 참여하였다. 애플턴층의 발견으로 인하여 무선통신, 무선공학을 비롯한 물리학 전반의 발달에 기여하였다.

전하, 그리고 신사 숙녀 여러분.

1901년 12월 12일, 마르코니는 무선통신으로 구세계와 신세계를 연결하는 데 성공했습니다. 무선파가 지구의 반대편에 도달하기 위해서는 성층권 꼭대기 어딘가에 전기를 전도하는 층이 존재해야만 합니다. 그래야만 직선으로 움직이는 무선파가 지구 표면으로 반사될 수 있는데, 이는 태양이 수평선 아래로 진 다음 긴 시간이 지난 후에도 휘어진 태양빛을 우리가 관찰할 수 있는 것과 비슷합니다. 헤비사이드와 케널리는 무선파를 지구로 다시 반사시킬 수 있는 전 지구를 둘러싸는 층이 존재할 수 있는 이유는 태양광선 중 자외선이 상층 대기권을 이온화시키기 때문이라고 제안했습니다. 그렇지만 전도층의 존재에 대한 증거는 1920년대 초까지 발견되지 않았습니다.

이 당시 영국과 미국에서는 무선기술이 급속하게 발전하고 있었고, 그 결과 무선통신에 필요한 사용 가능한 라디오파의 수가 얼마 남지 않게 되었습니다. 그 결과 아마추어 무선사들은 100미터 이하의 파장만 다루도록 제한되었습니다. 그렇지만 장거리 전송에 가장 적합한 것은 킬로미터 단위 이상의 파장을 가진 전파입니다. 아마추어 무선사들에게 닥친 가장 직접적인 어려움은 먼 거리까지 전파를 효과적으로 보낼 수 있는 전송기를 확보하는 일이었습니다. 1921년과 1922년, 아마추어들을 위해 마련된 미국과 유럽 간의 단파라디오 신호경연대회에서 매우 작은 전송기를 사용해도 드물지만 종종 통신이 가능하다는 것이 증명되었습니다.

애플턴 박사는 바로 이 점에서 획기적인 공헌을 하였습니다. 1924년, 애플턴 박사는 바네트와 함께 이른바 주파수 변조방식이라는 훌륭한 방법으로 지면과 평행하게 전파되는 직접 무선파와 지면에 수직으로 전파되어 우주에 존재하는 층에서 반사된 파동 사이에는 간섭이 존재하며, 파동을 반사하는 이른바 헤비사이드층은 지상에서 약 100킬로미터 상공에 존재한다는 것을 증명했습니다. 무선파가 헤비사이드층에 어떻게 침투하는지를 세심한 이론적 분석으로 해석한 애플턴 박사는 무선파의 침투와 관련한 중요하고도 세밀한 현상을 고찰하였습니다.

무선파는 빛이 광학적으로 얇은 매체로 들어가는 것과 똑같은 방식으로 헤비사이드층 안에서 굴절됩니다. 그 결과 무선파는 파장이 길 경우 지구 표면으로 다시 반사되고 이온화 정도가 가장 큰 헤비사이드층의 중간을 뚫기에 무선파의 에너지가 충분하다면 헤비사이드층을 통과해 우주 바깥으로 전파되어 나갑니다. 이 현상에 대한 임계파장 이론에 따르면 성층권의 다른 지점들에서, 또는 전송기로부터 엄청 먼 거리에서도 헤비사이드층의 이온화 정도를 측정할 수 있습니다. 지난 두 차례의 세계대전을 거치면서 이러한 조건들을 기록할 수 있는 장비를 갖춘 무선전신국들이 세계 곳곳에 세워졌습니다. 무선전신국에서 나오는 정보는 무선통신에 상당히 중요합니다. 왜냐하면 그것은 두 지역이 무선통신을 할 경우 어떤 파장을 선택할 것인지를 결정하는 데 도움을 주기 때문입니다. 우리가 이제 보게 될 테지만 이러한 연구는 무선통신 이외의 다른 많은 영역들에서도 중요합니다.

무선통신을 연구하는 과정에서 애플턴 박사는 1927년 헤비사이드층 위에 또 다른 반사층이 존재해야 하며 그 높이는 지상에서 약 230킬로미터 상공이라는 것을 발견하였습니다. 새롭게 발견된 이른바 애플턴층은 아래에 있는 헤비사이드층보다 자외선 복사에 훨씬 더 많이 노출되어 있습니다. 그리고 좀 더 정확하게 말하자면 헤비사이드층은 산발적으로 발생하는 몇 개의 층으로 구성되며 시간에 따라 만들어지고 없어집니다. 따라서 이온화의 정도는 애플턴층이 헤비사이드층보다 더 크며 무선파를 더 강력하게 반사할 수 있습니다. 애플턴 박사는 또한 애플턴층이 낮에는 두 부분으로 나누어지고 밤에는 다시 하나로 합쳐진다는 사실을 밝혔습니다. 애플턴층은 반사 용량이 더 크기 때문에 이 층을 이용하면 무선통신이 더 용이합니다.

이온화 외의 다른 측면에서도 위에 있는 애플턴층은 아래에 있는 헤비사이드층과 구별됩니다. 아래층에서는 이온화가 태양 자외선복사 강도의 변화 추이에 따라가는 반면 상층은 밤시간에도 대부분 변화하지 않습니다. 이 현상은 애플턴층이 지구에서 멀리 떨어져 있어 희박화 현상이 지배적이기 때문입니다. 다시 말하면 애플턴층에서는 공기가 매우 희박해서 공기 중의 이온들이 서로 만나 재결합하려면 오랜 시간이 걸리고 그 결과 변화의 정도가 크지 않게 됩니다. 태양의 흑점이 가장 적었던 1934년과 태양의 흑점이 가장 많아지는 1937년 사이에 이루어진 헤비사이드층의 이온화 정도를 관찰하여 비교한 결과 태양자외선의 변화와 헤비사이드층의 이온화 사이에는 밀접한 상관관계가 있다는 것이 밝혀졌습니다.

흑점이 가장 많았을 때인 1937년에 측정된 이온화는 흑점이 가장 적었을 때인 1934년에 비교해 50~60퍼센트 증가했으며 이것은 태양의 자외선복사가 120~150퍼센트 증가하는 것에 해당하는 수치입니다. 그런데 태양의 자외선복사가 이와 같이 크게 변화했음에도 동일한 기간에 지상에서의 자외선복사 측정값이 실질적으로 변하지 않았다는 것은 주목할 만합니다. 라디오파 방법이 태양 복사의 변화를 판단할 수 있는 유용한 방법이라는 것이 증명되었습니다. 흑점은 태양의 내부로 열린 구멍이나 창문 같은 것으로 간주할 수 있는데 흑점을 통해 우리는 태양 속에서 일어나는 강력한 현상 중의 일부를 관찰할 수 있습니다. 애플턴 박사는 흑점에서 방출되는 무선단파 형태의 복사는 수백 만 킬로와트의 송신기에서 나오는 에너지에 해당한다는 것 또한 발견했습니다.

지난 몇 년 동안 우리가 애플턴 박사에게 신세진 모든 발견들과 고찰들에 대해서 자세하게 설명하는 것은 이 자리의 목적에서 지나치게 벗어나는 일일 것입니다. 저는 그중 하나에 대해서만 간단하게 언급하고자 합니다. 세계대전이 일어나기 수 년 전 애플턴 박사와 동료들이 발전시킨 에코방식은 세계대전 동안 연합군이 비행기, 잠수함 등의 위치 추적에 매우 성공적으로 사용한 레이더 방식의 전신입니다. 머지않은 미래에는 3~30센티미터 파장의 초단파 레이더파가 많은 목적으로, 그중에서도 기상학에서 중요하게 사용될 것이 확실합니다. 레이더파는 이온화된 층을 통과할 때는 경로가 바뀌지 않지만, 압력과 온도가 불균일한 공기를 지나거나 수증기의 함량이 다른 공기를 통과할 때는 경로가 바뀝니다. 즉 레이더파는 소나기에 의해서 반사되는데 그 결과 소나기를 먼 거리에서 탐지할 수 있습니다. 세계대전 중에 레이더 방식은 멀리 떨어진 저기압 지역의 한랭전선과 온난전선의 위치를 추적할 때 널리 사용되었습니다.

마지막으로 애플턴 박사는 번개가 칠 때 생성되는 전자파에 대해서 광범위한 연구를 하였습니다. 특별한 장치를 갖춘 관측소가 있다면 1,000~2,000킬로미터 떨어진 지역에서 번개에 의한 방전과 천둥의 위치를 추적할 수 있습니다. 멀리 떨어진 특히 적도에 있는 천둥들 사이의 상호작용이 무선수신에 영향을 미칠 수 있다는 사실도 밝혔습니다.

애플턴 박사의 연구 덕택에 물리학에 새로운 분야가 추가되었습니다. 그러나 여기서 끝이 아닙니다. 그와 동료들이 라디오파를 통해 지구 주위의 대기권을 탐구하기 위해 개선시켜 왔던 방법들은 천문학, 지구과학, 기상학과 같은 물리학의 다른 분야에서 제기되는 문제들을 해결하였으며 무선공학의 발전에 매우 중요한 역할을 했습니다.

에드워드 애플턴 경의 전자기파는 물리학적으로 매우 중요한 주제이며 다른 과학의 영역에도 계속해서 적용되고 있습니다. 전자기파의 존재는 100년 전 마이클 패러데이가 처음 증명하였습니다. 패러데이는 이후에 광학과 전기 현상의 관계에 대해서 연구를 계속했는데 패러데이의 아이디어는 1873년 클라크 맥스웰 경이 엄격한 수학적 방정식으로 완성하였습니다. 1890년대 초 마침내 유명한 독일의 물리학자인 하인리히 헤르츠가 전자기파를 발견하였습니다. 얼마 후 무선파가 지니는 막대한 유용성이 이탈리아 발명가인 마르코니에 의해서 증명되었습니다.

그후 전자기파는 과학의 여러 분야에서 성공적으로 적용되었고 한 천재는 과학적인 기법과 도구를 만들었습니다. 그중에서 전자튜브만은 언급하고 싶습니다. 오언 리처드슨 교수의 전자튜브를 열-이온 법칙을 사용해 철저하게 연구했습니다.

이제 대기권에 대한 연구에 전자기파를 사용함으로써 애플턴 경은 이 아름다운 사슬에 새로운 연결고리를 보탰습니다. 이러한 전자기파를 가지고 애플턴 경은 인간이 한번도 도달해 보지 못한 우주공간에 다가갈 수 있었습니다. 심지어 경은 태양에서 일어나는 폭발과 은하수에 멀리 떨어진 별에서 지르는 함성에 귀기울이는 방법도 가르쳐 주었습니다.

기상학의 문제 해결에 적용된 레이더파의 유용성은 이미 잘 알려져 있습니다. 지구 대기권에 가득한 신뢰할 수 없고 변덕스러운 기상 조건을 세련된 방법으로 빠른 시간에 통제할 필요성은 아무리 강조해도 지나치지 않습니다. 특히 여전히 항해를 위협하는 기상의 위험들에 관해서 말입니다.

그리스 신화에서 다이달로스는 밀랍으로 그의 아들 이카로스의 어깨에 한 쌍의 날개를 고정시켰습니다. 그렇지만 이카로스는 태양에 너무 가까이 날아 밀랍이 녹고 마침내 바다에 추락해 죽습니다. 확실히 현대의 이카로스 또한 비행 중에 자신의 날개를 단단하게 고정할 필요가 있습니다.

스웨덴 왕립과학원을 대신하여 저는 경의 중요한 발견을 축하드리며, 이제 나오셔서 전하로부터 노벨상을 받으시기 바랍니다.

스웨덴 왕립과학원 노벨 물리학위원회 위원장 E. 훌텐

핵물리 및 우주선의 재발견

1948

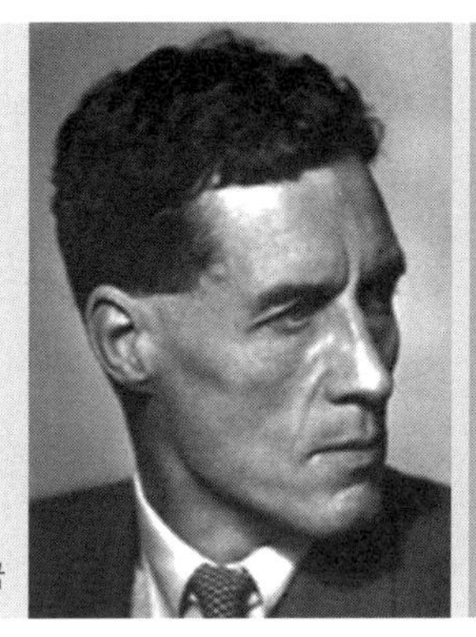

패트릭 블래킷 | 영국

:: **패트릭 메이너드 스튜어트 블래킷 Patrick Maynard Stuart Blackett (1897~1974)**

영국의 물리학자. 두 차례의 세계대전에 모두 참전하였다. 제1차 세계대전 후 러더퍼드 밑에서 물리학을 공부하여 1921년에 케임브리지 대학을 졸업하였다. 이후 윌슨상자를 연구하여 1924년에는 질소에서 산소로 전환하는 사진을 촬영하는 데 성공하였다. 1933년 런던에 있는 버크백 칼리지, 1937년에는 맨체스터 대학교 교수로 임용되었다. 1953년 런던의 과학기술 임페리얼 칼리지 물리학 과장 및 교수가 되었다. 우주선에 관한 그의 연구로 우주선의 운동량 분포나 흡수 등에 관한 정밀한 측정이 가능하게 되었다.

전하, 그리고 신사 숙녀 여러분.

노벨 재단의 정관에 의하면 노벨 물리학상은 물리 분야의 발견 혹은 발명에 수여하도록 되어 있습니다. 스웨덴 왕립과학원은 올해의 노벨상을 윌슨방법의 개발과 이를 통한 핵물리 및 우주선 분야에서의 업적으로 블래킷 교수께 수여하면서, 이 결정이 정관에 기술된 내용대로 매우 충실하게 이루어졌음을 밝히고자 합니다. 올해에는 발견에 약간 더 무게가 주어졌다고도 하겠습니다만, 이러한 발견들도 방법과 장비의 개발이 있었기에 가능한 것이었습니다.

핵물리학에서 여러 다른 종류의 방사선에 관한 실험 연구들은 언제나 전하를 띤 입자들이 빠른 속도로 이동할 때 주위의 가스들을 이온화시키는 현상, 즉 이동한 흔적을 따라 가스를 양이온과 음이온으로 분해하는 현상에 주로 의존해 왔습니다. 입자의 개수를 셀 수 있는 가이거계수기도 실은 아주 민감한 이온화 상자로서 방사선이 생성한 아주 작은 수의 이온으로 전하의 산사태를 일으켜 짧은 시간 동안 충분한 방전을 일으키도록 만든 것입니다.

그러나 입자의 전체 궤적을 명확히 관찰하기 위해서는 1911년 윌슨이 발명한 방법을 사용해야 합니다. 수증기로 포화된 기체가 가득 찬 팽창상자에 방사선을 통과시키면서 상자의 부피를 갑자기 팽창시키면, 기체가 냉각되어 방사선이 지나간 흔적을 따라 생성된 이온의 주위에 물방울이 응결합니다. 적당한 조명 아래서 이 흔적은 마치 빛을 내는 입자들이 만든 것처럼 명확히 나타납니다. 현대 핵물리학의 창시자인 러더퍼드 경은 윌슨상자를 "과학의 역사에서 가장 독창적이고 놀라운 장치"라고 말한 바 있습니다.

그러나 윌슨방법의 무한한 가치는 1920년대 초반이 되어서야 비로소 빛을 발하였는데, 여기에는 이 방법을 꾸준히 발전시켜 온 블래킷 교수가 있었습니다. 1932년 이전 블래킷 교수의 연구는 주로 방사능을 가진 무거운 입자들을 다루는 것이었습니다. 1925년에 고속의 알파입자(헬륨핵)에 의해 질소핵이 붕괴되는 과정의 사진을 얻었는데, 이것은 최초의 핵붕괴 사진으로 붕괴 과정의 주된 특성을 명확히 보여 주고 있었습니다. 또한 블래킷 교수는 원자핵 사이의 충돌과정이 상대론에 의한 에너지와 질량의 등가원칙을 적용하면 고전적인 운동량과 에너지보존의 법칙을 정확히 따른다는 것을 보여 주었습니다. 이 두 가지 법칙은 양전기와 음전기는 언제나 똑같은 양으로 짝을 지어 형성된다는 전기보존의 법칙과 함께 언제나 성립하는 물리의 근본 원리입니다.

블래킷 교수는 새로운 발견으로 이들 법칙을 더욱 공고히 만들었습니다. 1932년에 그는 해수면에서 거의 수직으로 입사되는 우주선으로 관심을 돌렸습니다. 윌슨의 구름상자는 이미 여러 곳에서 이들 우주선의 연구에 사용하기 시작했습니다. 그러나 효율이 매우 낮아서 20장의 사진을 찍어야 우주선의 궤적을 보여 주는 사진 한 장을 겨우 얻을 수 있었습니다. 그 이유는 우주선이 시간과 공간상에 뿔뿔이 흩어지기 때문이며, 좋은 궤적 사진을 얻기 위해서는 상자의 팽창 전후 100분의 1초 내에 우주선이 상자 속을 지나도록 해야 하기 때문입니다. 그럼에도 불구하고 앤더슨은 양의 전자가 순간적으로 존재한다는 것을 보여 주는 몇 장의 사진을 얻는 데 성공했습니다. 이 양전자들이 음전하의 보통 전자와 결합해 소멸되는 경향이 매우 강한 것으로 볼 때, 대단히 빠른 속도로 운동해야만 물질로 가득 찬 공간에서 단독으로 존재할 수 있으리라 생각되었습니다.

그의 동료인 오치알리니와 함께 블래킷 교수는 우주선이 그 자신의 사진을 찍도록 만든 자동윌슨장치를 개발했습니다. 그들은 윌슨상자의 팽창 시점을 상자의 상하에 설치한 두 개의 가이거계수기가 결정하도록 하였습니다. 이들 가이거계수기는 빠른 전기스위치를 통해 상자 팽창 장치에 연결되어 있는데, 이 들 두 개의 계수기에서 동시에 방전이 일어날 때에만 팽창 장치가 작동되도록 하였습니다. 원자선이 두 개의 계수기를 동시에 통과하기 위해선 반드시 상자를 통과해야 하므로, 이 조건은 원자선이 상자를 통과했을 때를 의미합니다. 이 방법으로 구름상자의 효율을 몇 배나 증가하였으며, 이 구름상자는 우주선 연구의 매우 중요한 실험장치가 되었습니다.

이 장치를 완성한 직후 블래킷 교수와 오치알리니는 우주선은 양과 음의 전자가 짝을 이루어 존재한다는 사실을 발견했습니다. 그들은 자기장을 인가하면 전자들의 궤적이 반대 방향으로 휘는 것을 관찰했으며, 그 쌍이 주로 구름상자의 벽 등 일정한 곳에 발생하는 것처럼 보였습니다. 어떤 때는 한 장의 사진에 엄청나게 많은 궤적들이 나타나는데 이는 우주선에 양전자와 음전자의 폭포가 존재한다는 것을 보여 주는 것입니다. 나중에 채드윅 교수와의 공동연구에서 그들은 전자쌍이 방사능 물질에서 나오는 매우 짧은 파장의 감마선에 의해 발생한다는 사실을 밝혀냈습니다. 여기서는 에너지 관계를 좀 더 면밀하게 연구할 수 있었습니다.

이 실험 결과들은 양전자의 존재를 명확히 확인한 것 이상으로 매우 중요한 의미가 있는데, 이에 대해 좀 더 상세히 설명하겠습니다.

전자들이 짝을 이루어 생성되는 것을 발견한 것은 이론적으로 반대의 특성을 가진 2개의 근본적인 방사 과정을 확인한 것입니다. 하나는 전자쌍의 존재로부터 확인된 빛이 물질로 전이되는 과정이며, 다른 하나는 그 반대의 과정입니다. 이들 과정은 에너지, 운동량, 전기보존의 법칙이라는 세 가지 물리학의 근본 원리 체계 안에서 일어납니다. 원자핵 근처를 지나는 광양자는 한 쌍의 전자로 전환될 수 있습니다. 그러나 이런 전환은 그 에너지가 두 전자의 질량에 해당되는 에너지값과 최소한 같아야 일어날 수 있습니다. 전자의 정지질량이 약 0.5메가볼트에 해당되므로 빛은 최소한 1메가볼트에 해당되는 주파수를 가져야 합니다. 만약 빛이 그 이상의 에너지를 가지고 있다면, 즉 빛의 주파수가 더 크다면 잉여의 에너지는 생성된 전자의 운동에너지로 나타납니다. 역으로 전하가 반대인 전자쌍이 만나면 질량을 가진 입자는 사라지고 0.5메가볼트의 에너지에 해당되는 두 광양자가 생성됩니다. 이들은 전자들의 충돌점에서 서로 반대 방향으로 방출되므로 전체 운동량은 여전히 0입니다(빛의 경우라도 운동량의 방향은 방사되는 빛의 방향과 일치합니다).

블래킷 교수와 오치알리니는 그들의 실험 결과와 디랙의 양자론적 전자론으로부터 이런 결론에 쉽게 도달할 수 있었습니다. 소멸에 따른 방사는 곧 티보와 졸리오에 의해 실험적으로 확인되었습니다.

에너지가 어떤 때는 빛으로, 또 어떤 때는 질량으로 바뀌는 이런 환상적인 모습은 프랑스의 저명한 물리학자 오제를 매료시켰습니다. 그는 우주선에 관한 모노그래프에서 이렇게 열정적으로 표현했습니다.

"누가 현대의 복잡 다단한 과학에 시적인 요소가 없다고 했는가? 높은 에너지의 광양자가 어떤 물질의 원자 근처를 스쳐갈 때 쌍으로 태어나는 2개의 활달한 전자들을 보라! 그리고 그들이 쇠락하여 속도가 떨어지면 다시 만나 소멸되는 그 죽음의 순간을 생각해 보라! 공간으로 그들의 마지막 숨결처럼 2개의 빛 알갱이를 내놓아 에너지의 영혼을 담아 날려 보내지 않는가?"

이 글의 시적인 가치는 논란이 될 수도 있겠습니다만 오제의 은유가 탁월하다는 것은 부정할 수 없습니다.

1930년대 후반, 블래킷 교수는 성능이 더욱 개선된 윌슨상자를 가지고 우주선에 관한 연구를 계속하여 우주선의 운동량 분포와 흡수능 등을 매우 정밀하게 측정할 수 있었습니다. 새로운 광학적 방법으로 전자의 에너지가 20메가볼트까지에 해당되는 궤적의 매우 미약한 곡률을 측정하기도 했습니다.

블래킷 교수님.

스웨덴 왕립과학원은 윌슨방법의 개발과 이를 통한 핵물리 및 우주선에 대한 연구 업적으로 올해의 노벨상을 교수님께 수여하고 교수님의 탁월한 기여를 기리고자 합니다.

이 연설에서 저는 교수님의 성과 중 아주 작은 부분 특히 전자쌍 생성의 발견이 갖는 중요성을 전달하고자 했습니다. 과학원을 대표해 교수님께 축하의 말씀을 드리고, 전하로부터 노벨상을 수상하도록 교수님을 이 자리에 모시게 되어 저에겐 무한한 영광입니다.

스웨덴 왕립과학원 노벨 물리학위원회 위원장 G. 이싱

중간자에 대한 연구

1949

유카와 히데키 | 일본

:: **유카와 히데키 湯川秀樹 (1907~1981)**

일본의 물리학자. 1929년에 교토 제국 대학교를 졸업하였으며 1938년에 오사카 제국 대학교에서 박사학위를 취득한 후 1939년부터 이론물리학 교수로 재직하였다. 1953년부터 1970년까지 교토 대학교에 있는 기초물리학 연구소 소장으로 활동하였다. 전자보다 무겁고 양성자보다 가벼운 중간자의 존재를 예측하고 그 성질에 대해 연구함으로써 원자핵과 우주복사에 대한 연구에 크게 기여하였다.

전하, 그리고 신사 숙녀 여러분.

지금까지 과학의 중요한 목적 중의 하나는 기본입자들의 성질을 통해 우리가 관찰하는 현상들을 합리적으로 설명하는 것이었습니다. 현대 물리학에서 이 문제는 가장 중요합니다. 지난 10년 동안 중간자로 불리는 기본입자가 특히 관심을 끌었습니다. 중간자는 전자보다는 무겁지만 수소원자의 핵, 즉 양성자보다는 가벼운 입자입니다.

1934년 유카와 히데키 교수가 핵력에 대한 이론적인 연구로 중간자의 존재를 예측하기 전에는 중간자는 전혀 알려지지 않은 입자였습니다. 중간자의 존재에 대한 예측은 오늘 노벨 물리학상을 수상하게 된 업적이 되었습니다.

하이젠베르크를 비롯한 다른 연구자들의 초기 연구에서 우리는 원자핵, 즉 원자의 중심핵은 양성자, 그리고 양성자와 질량은 같지만 전하를 띠지 않는 다른 입자로 구성되었음을 알게 되었습니다. 이러한 다른 입자는 '중성자'라고 불리며 핵력에 의해서 원자핵에 단단히 결합되어 있습니다.

핵력의 성질을 설명하기 위해 유카와 교수는 전자기장을 모델로 사용했습니다. 그는 전자기장을 수정해 짧은 범위에서만 힘이 작용하도록 하였습니다. 그리고 수정된 전자기장이 핵력에 해당된다고 가정했습니다. 현대 물리이론에 따르면 힘의 장이 있으면 그 힘을 매개하는 입자가 존재해야 합니다. 유카와 교수는 힘의 장과 힘을 매개하는 입자의 질량 사이에는 간단한 관계가 있다는 것을 알아냈습니다. 알려진 실험 자료를 사용해 핵력을 매개하는 새로운 입자는 전자보다 약 200배 정도 더 무거워야 한다는 것도 발견하였습니다. 이러한 핵자들 사이에 힘을 매개하는 입자는 나중에 중간자로 불리게 됩니다. 유카와 교수의 이론에 따르면 핵력은 핵자들이 서로 중간자를 교환하면서 발생합니다. 핵자들은 끊임없이 중간자를 방출하고 흡수하면서 핵력을 만들어 냅니다.

또한 유카와 교수는 중간자들이 원자핵의 외부에서도 발견될 수 있는지를 연구했습니다. 유카와 교수의 결론은, 만약 중간자가 충분한 양의 에너지를 전달할 수 있다면 핵자들의 상호작용에서 중간자들이 생성될 수 있다는 것이었습니다. 중간자는 보통의 핵반응에서는 생성되지 않습니다. 그러나 엄청난 에너지를 가진 입자들이 발견되는 우주복사에서는 중간자들이 생성될 수 있다고 유카와 교수는 강조했습니다.

유카와 교수는 중간자가 양전하와 음전하를 모두 가질 수 있고 중간자의 전하 크기는 전자가 가진 전하의 크기와 같다고 가정했습니다. 유카와 교수는 몇 해 전 페르미 교수가 제안한 이론을 바탕으로 중간자는 전자와 뉴트리노라 불리는 전하를 띠지 않는 가벼운 입자로 변환될 수 있다고 가정했습니다. 나중에 지적하겠지만 자유중간자는 1초의 100만분의 몇이나 그 이하의 아주 짧은 순간만 존재할 수 있다고 생각됩니다.

유카와 교수가 제안했듯 우주복사에 대한 연구에서 중간자의 존재를 증명하는 최초의 실험적인 증거가 발표되었습니다. 1937년 앤더슨과 네더마이어, 그리고 다른 미국 과학자들이 중간자의 존재를 밝혔습니다. 그 이후 우주복사에서 나타나는 중간자에 대해 많은 연구들이 발표되었고, 실험 결과의 해석에 유카와 교수의 이론이 사용되었습니다. 중간자 연구의 새로운 단계는 약 3년 전에 시작되었습니다. 영국 물리학자인 파웰과 그의 동료들은 두 종류의 중간자가 존재한다는 것을 발견하였습니다. 그중의 하나는 1937년에 발견되었고, 다른 하나는 다소 더 무겁고 여러 면에서 달랐습니다. 중간자는 이제 캘리포니아 버클리에 있는 커다란 사이클로트론에서 만듭니다. 이 사이클로트론을 사용하면 중간자를 연구할 기회가 더 많아집니다.

실험으로 얻은 두 종류의 중간자 질량은 유카와 교수가 예측한 중간자의 질량과 크기가 일치합니다. 무거운 중간자는 유카와 교수가 예측한 것과 거의 같은 강도로 핵자들과 상호작용을 합니다. 이러한 입자들이 발견되었다는 것은 유카와 교수의 이론이 실험적으로 검증되었다는 것을 의미합니다. 두 중간자들의 전하는 유카와 교수가 예측한 것과 일치했습니다. 또한 중간자들은 아주 짧은 순간만 존재할 수 있다는 사실도 실험적으로 확인되었습니다. 무거운 중간자는 수억 분의 1초 동안만 존재합니다. 반면 가벼운 중간자는 수백만 분의 1초 동안 존재하며 그다음에는 전자가 생성되고 아마 중성미자도 생성될 것입니다.

중간자의 존재에 대한 실험적 검증이 이루어진 후 많은 사람들이 유카와 교수의 이론에 관심을 갖게 되었습니다. 이론을 개선하고 결과를 고찰하려는 많은 연구들이 수행되었습니다. 유카와 교수와 그의 일본 동료들이 이러한 연구를 주도했습니다. 다른 무엇보다도 그들은 전하를 띤 중간자 외에 중성인 중간자가 존재한다는 것을 이론적으로 예측했습니다.

핵력에 대해서 만족할 만한 수준의 실험과 정량적으로 일치하는 이론은 아직까지 개발되지 않았습니다. 그렇지만 유카와 교수의 이론은 핵의 중요한 성질들을 정량적으로 예측할 수 있는 방법을 제공하였습니다. 또한 그의 이론은 우주선의 연구에도 엄청나게 중요함이 입증되었습니다. 예를 들면 지구에 입사되는 1차 복사에 의해 대기권 상층부에 중간자들이 생성될 수 있다는 것을 이해할 수 있게 되었습니다.

중간자에 대한 연구는 아마도 새로운 발견들을 이끌어 낼 것입니다. 중간자 이론은 다른 형태로 발전될 수도 있습니다. 유카와 교수는 중간자들의 존재와 중간자들의 기본적인 성질에 대한 연구로 매우 중요한 선구적인 업적을 남길 수 있었습니다. 그의 아이디어는 실험뿐만 아니라 이론 연구에도 엄청난 자극제가 되었습니다.

유카와 히데키 교수님.

겨우 27세였던 1934년에 교수님은 대담하게도 '중간자'라고 불리는 새로운 입자의 존재를 예측하였고, 원자핵에서 작용하는 힘들을 이해하는 데 중간자가 매우 중요한 역할을 할 것이라고 예상하였습니다. 최근의 실험은 교수님의 핵심적인 아이디어를 완벽하게 입증하였습니다. 교수님의 아이디어는 엄청난 결실을 맺었으며 오늘날 원자핵과 우주복사에 대한 이론적, 실험적 연구에 대한 길잡이별의 역할을 하고 있습니다. 또한 기본입자이론의 다른 문제들에도 많은 공헌을 하였으며 일본이 현대 물리학에서 매우 높은 위상을 갖는 데 큰 역할을 하였습니다.

스웨덴 왕립과학원을 대신하여 교수님의 천재적인 연구에 대해서 축하드립니다. 이제 왕자 전하로부터 직접 노벨상을 수상하시기 바랍니다.

스웨덴 왕립과학원 노벨 물리학위원회 이바르 발러

핵반응 연구를 위한 사진술의 개발 및 이를 이용한 중간자의 발견

1950

세실 파웰 | 영국

:: 세실 프랭크 파웰 Cecil Frank Powell (1903~1969)

영국의 물리학자. 케임브리지 대학교의 시드니 서섹스 칼리지를 졸업한 후, 캐번디시 연구소에서 C. T. R. 윌슨과 러더퍼드 밑에서 연구하여 1927년에 박사학위를 취득하였다. 이후 1948년에 브리스틀 대학교 교수, 1964년에는 윌스 연구소 소장이 되었다. 그가 개발한 사진술은 핵물리 연구의 가장 효과적인 실험기술의 하나가 되었으며, 메손에 대한 발견 및 연구는 소립자 군의 연구에 기여하였다.

전하, 그리고 신사 숙녀 여러분.

스웨덴 왕립과학원은 올해의 노벨 물리학상을 브리스톨 대학교의 세실 파웰 교수에게 수상하며 핵반응의 연구를 위한 사진술의 개발과 메손(중간자) 관련 발견을 그 수상 업적으로 발표하였습니다.

파웰 교수가 사용한 사진술은 전하를 띤 입자가 감광유제를 지나면 감광유제 속의 불화은입자가 감광된다는 사실에 바탕을 두고 있습니다.

여기서는 입자의 궤적이 어두운 선으로 나타나는데, 어두운 선은 실제로는 특정한 간격을 두고 나열된 흑화된 입자들이 모인 것입니다. 입자들 간의 거리는 입자의 속도에 비례하여 멀어지는데 이는 빠른 입자의 이온화 효율이 느린 입자보다 작기 때문입니다.

이 방법은 아주 새로운 것이 아니고, 20세기 초반에 이미 방사선의 존재를 확인하면서 사용되었습니다. 핵반응에 이 방법을 사용하기 위해서는 먼저 다양한 전하입자, 특히 매우 빠른 입자에 민감한 감광유제를 개발하는 것이 필요했습니다. 1930년대 초반에 미리 감광된 원판은 매우 빠른 입자와 반응한다는 사실이 발견되었지만 그 방법은 너무 어려워 널리 사용되지 못했습니다.

빠른 입자와 반응하는 감광유제는 1935년에 레닌그라드(지금의 상트페테르부르크)의 주다노프와 일포드 실험실에서 독립적으로 개발되었습니다.

우주선의 연구에는 많은 과학자들이 사진술을 사용했습니다만 핵물리학 분야에서 사진술은 1930년대 말까지도 일반적인 연구 방법이 아니었습니다. 궤적의 길이로부터 계산된 입자의 에너지값이 뒤죽박죽이어서 핵물리학자들은 이 방법에 대해 회의적이었습니다. 그들은 '윌슨상자'를 더 신뢰했습니다. 수증기로 포화된 공기나 다른 기체가 들어 있는 팽창 상자에 방사선을 조사하고 상자를 급격히 팽창시키면 기체가 냉각되면서 입자의 궤적을 따라 형성된 이온 주위에 미세한 응결이 일어납니다. 상자가 팽창한 순간의 입자궤적이 적당한 조명 아래서 구름의 궤적으로 나타나는 것입니다.

파웰 교수는 사진술에 관한 이런 회의를 불식하고 사진술을 우주선과 핵반응을 연구하는 매우 효과적인 실험 도구로 만드는 데에 매우 탁월한 재능을 발휘하였습니다. 그는 일포드 사의 새로운 반색조 감광판을 사용해서 사진술을 핵반응에 적용할 수 있는지, 그리고 그 신뢰성은 얼마나 되는지를 조사하기 시작했습니다. 1939년부터 1945년까지 그의 연구진은 재료처리 기법과 실험 방법 그리고 입자의 궤적을 분석하기 위한 광학장치를 개선하면서 다양한 핵반응에 사진술을 적용했습니다. 파웰 교수는 이 연구에서 사진술이 윌슨상자나 계수기를 대체할 수 있을 뿐더러 어떤 경우에는 훨씬 우수하다는 것을 증명하였습니다. 윌슨상자 방법을 이용하여 핵반응을 연구한 것과 비교해 보면 사진술이 시간과 재료를 훨씬 절약할 수 있음을 알 수 있습니다.

윌슨상자를 이용한 연구에서는 20,000장의 사진으로부터 1,600개의 입자궤적을 측정할 수 있었지만, 파웰 교수의 연구진은 3제곱센티미터 면적의 사진판 하나에서 3,000개의 입자궤적을 측정할 수 있었습니다. 사진술은 1946년에 큰 진전을 보게 됩니다. 파웰 교수의 연구진은 일포드 사의 새로운 감광유제인 C2를 이용한 실험 결과를 발표했는데, 그 특성은 모든 면에서 반색조 감광유제를 능가하였습니다. 입자의 궤적이 더 명확하게 나타났으며 배경이 흐트러지지 않아서 측정의 신뢰도를 훨씬 높였습니다. 매우 드물게 일어나는 현상이라 발견해 내기 어려웠던 문제도 해결되기 시작했으며, 특별한 목적의 연구를 위해 감광유제에 다른 원자를 첨가하기도 했습니다. 개선된 사진술은 원자선의 연구에서 특히 중요한 역할을 했습니다. 윌슨상자는 노출되는 매우 짧은 순간만 입자와 반응 과정을 기록하지만 사진판은 장시간의 반응을 기록할 수 있다는 점에서 우주선의 연구에 사진판이 윌슨상자보다 월등히 뛰어나다는 것을 쉽게 알 수 있습니다.

새로운 감광유제의 사진판을 해발 2,800미터 높이의 픽뒤미디 천문대에서 우주선에 노출시켰습니다. 이 사진판과 해발 5,500미터의 더 높은 곳에서 노출시킨 사진판에서 이른바 '분해된 별들'과 함께 상당히 많은 수의 고립된 입자궤적을 발견하였는데 이것은 유제 내의 원자핵이 분열하며 생긴 것입니다. 이 별들을 분석한 결과 그 일부는 매우 작은 질량의 입자가 원자핵을 통과하고 나서 그 원자가 붕괴되는 과정에서 만들어진 것임을 밝힐 수 있었습니다. 좀 더 자세한 분석을 통해 연구진은 그 입자가 전자 질량의 수백 배 정도의 질량인 중간자임을 확인하였으며, 이 경우에는 음전하를 띠고 있음을 발견했습니다.

핵이 붕괴되면서 느린 메손이 방출되는 경우도 관찰되었습니다. 계속된 연구를 통해 또 하나의 중요한 현상이 발견되었습니다. 1947년에 파웰 교수와 오치알리니, 뮤어헤드, 그리고 래츠는 메손 궤적의 끝에서 2차 메손이 생성된다는 것을 발표하였습니다. 1차 메손과 2차 메손의 궤적을 분석한 결과 질량이 다른 두 종류의 메손이 존재할 가능성이 있음을 제시하였으며 이는 추후의 실험으로 확인되었습니다. 1차 메손은 파이-메손이라고 하며, 2차메손은 뮤-메손이라고 합니다. 예비분석을 통해 파이-메손 질량이 뮤-메손의 질량보다 크며, 전하량은 전자의 전하량과 같은 것으로 계산되었습니다.

이 시상 연설에서 브리스톨 대학교의 연구진이 입자의 궤적을 확인하고 분석하기 위해 개발한 탁월한 방법과 메손 간의 질량 관계, 그 특성에 관한 연구 내용들을 상세히 설명하는 것은 불가능합니다. 여기서는 메손들과 그 특성에 관해 얻어낸 가장 중요한 결과들만을 간략히 살펴보겠습니다.

파웰 교수의 연구실에서는 파이-메손의 질량이 뮤-메손보다 1.35배 크다는 것을 발견했습니다. 이 값은 미국 버클리 국립연구소의 184인치

원형가속기를 이용해 만들어 낸 메손들에서 측정된 1.33배와 거의 일치하는 결과입니다. 파이-메손의 질량은 전자질량의 286배였으며, 뮤-메손은 216배로 측정되었습니다. 뮤-메손은 미국의 과학자들이 우주선에서 발견했던 것과 같습니다. 파이-메손이나 뮤-메손 모두 양이나 음의 전하를 띨 수 있습니다. 뮤-메손의 수명은 100만분의 1초이며 파이-메손은 이보다 100배나 짧고 불안정해서 자발적으로 뮤-메손으로 붕괴됩니다. 음전하의 파이-메손은 원자핵의 구성원들과 상보적인 거동을 하며 유제 내에서 원자에 흡수되어 빛과 무거운 원자핵으로의 붕괴를 유발합니다. 전자에 민감한 새로운 유제(코닥 N.T.4) 덕분에 파웰 교수는 1949년 뮤-메손이 하나의 가벼운 대전입자와 최소한 2개의 중성입자들로 붕괴된다는 것을 보일 수 있었습니다.

파웰 교수의 최근 연구 중에서는 질량이 전자의 1,000배 정도 되는 타우-메손에 대한 연구를 언급하고 싶습니다. 그 존재는 이미 다른 과학자들이 제시하였지만 좀 더 확실한 증거들은 브리스톨에서의 연구를 통해 축적되었습니다.

전자에 반응하는 새로운 유제가 개발되면서 파웰 교수의 연구실에서는 더 중요한 발견들이 이어졌습니다. 그중 하나는 올해 발표된 것으로 우주선에서 중성 메손을 발견한 것입니다. 이 입자의 존재 자체는 버클리 연구소의 메손 연구로 이미 밝혀졌지만, 이 입자의 수명이 뮤-메손의 수명인 100만분의 1초보다 1억 배나 짧은 것이었습니다.

파웰 교수님.

노벨상위원회에 교수님을 후보로 추천한 사람 중 한 분은 이렇게 말했습니다. "내 생각에 그가 특별한 점은 근본적인 중요성을 가진 발견이 아직도 가장 단순한 장치를 통해 가능하다는 것을 보여 주었다는 데 있습니다. 이 경우에는 그의 지도 아래 개발된 특별한 감광유제가 그것입니다." 어느 누구도 이에 반론을 제기할 수 없을 것입니다. 교수님은 사진술을 누구도 꿈꾸지 못했던 완벽한 실험기법으로 발전시켰으며, 핵물리연구의 가장 효과적인 실험기술 중 하나로 만들었습니다. 교수님의 실험실에서 수행한 원자핵반응에 관한 수많은 연구들은 교수님의 개선을 거친 뒤 사진술이 우리 시대의 핵물리학 연구자에게 가장 중요한 실험기법이 되었음을 보여 줍니다.

우주선의 연구에 교수님의 방법이 다른 방법보다 월등히 뛰어나고 효과적이라는 점은 교수님 자신과 교수님의 뛰어난 동료 연구자들이 이룩한 중요하고 놀라운 발견으로 명쾌하게 확인되었습니다. 교수님은 메손의 연구 및 메손과 관련한 발견들을 통해 소립자군에 새로운 구성원들을 탄생시켰습니다. 핵물리 분야에서, 특히 핵 에너지나 우주선에 관한 지식에서 차지하는 이 발견의 중요성에 대해서는 더 이상 강조할 필요가 없습니다. 단지 저는 교수님의 탁월한 연구가 우리의 지식을 충만하게 한 기여에 대해 우리 물리학자들의 진심어린 찬사를 전달하고 싶을 뿐입니다. 스웨덴 왕립과학원을 대표하여 교수님의 연구와 발견에 대해 축하의 말씀을 전합니다. 이제 전하로부터 1950년도 노벨 물리학상을 받으시기 바랍니다.

스웨덴 왕립과학원 노벨 물리학위원회 A. E. 린드

원자핵입자를 사용한 원자변환

1951

존 코크로프트 경 | 영국

어니스트 월턴 | 아일랜드

:: 존 더글러스 코크로프트 John Douglas Cockcroft (1897~1967)

영국의 물리학자. 맨체스터 대학교에서 공부하였으며, 1924년 케임브리지 대학교의 세인트존스 칼리지를 졸업한 후 캐번디시연구소에서 러더퍼드 밑에서 일하였다. 1932년 월튼과 함께 최초의 입자가속기인 코크로프트-월턴 발전기를 설계하여 양성자로 리튬 원자를 쏘아 붕괴시키는 데 성공하였다. 1939년부터 1946년까지 케임브리지 대학교 잭슨좌 자연철학 교수로 재직하였으며, 1960년에는 처칠 칼리지 학장이 되었다. 1948년에 기사 작위를 받았다.

어니스트 토머스 신턴 월턴 Ernest Thomas Sinton Walton (1903~1995)

아일랜드의 물리학자. 벨파스트의 메서디스트 칼리지 및 더블린의 트리니티 칼리지에서 공부하였다. 캐번디시연구소에서 러더퍼드 밑에서 일하였으며, 1931년 케임브리지 대학교에서 박사학위를 취득하였다. 1932년 코크로프트와 함께 최초의 입자가속기인 코크로프트-월턴 발전기를 설계하여 양성자로 리튬 원자를 쏘아 붕괴시키는 데 성공하였다. 1946년부터 1974년까지 더블린 대학교 교수로 재직하였다.

전하, 그리고 신사 숙녀 여러분.

올해의 노벨 물리학상은 핵연구에서 획기적인 발견을 한 공로로 하웰의 원자에너지 연구단의 책임자인 존 코크로프트 경과 더블린 대학교의 어니스트 월턴 교수에게 수여되겠습니다.

20세기 초에 자연적으로 방사선을 방출하는 물질에 대한 연구를 통해 방사성 물질이 방사선을 방출하는 것은 물질을 이루는 원자가 자발적으로 변화하기 때문이라는 것을 알게 되었습니다. 그러나 방사선 방출과정을 인간의 힘으로 제어하는 것은 불가능해 보였습니다.

라듐에서 발생하는 방사선에는 빠르게 움직이는 양전하를 띤 헬륨원자가 포함되어 있습니다. 1911년 위대한 핵과학자 러더퍼드는 방출된 헬륨원자핵이 물질에 입사될 때 물질을 이루고 있는 다른 원자에 의해 어떻게 비켜 나가게 되는지를 연구한 후, 물질을 이루는 원자는 원자핵과 전자로 구성되어 있고, 원자핵은 양전하를 띠며 전체 원자 크기에 비해 매우 작지만 원자질량의 대부분을 차지하고, 전자는 음전하를 띠며 핵 주위를 움직인다고 결론지었습니다.

러더퍼드는 연구를 계속 진행하여 1919년에 라듐에서 얻은 헬륨핵을 질소에 투사해 질소의 원자핵이 변환된다는 것을 보였습니다. 라듐에서 방출된 헬륨원자핵 중 어떤 것들은 아주 드물게 큰 에너지를 가질 수 있는데 이런 큰 에너지를 가진 헬륨원자핵은 질소핵이 만들어 내는 척력을 극복하고 질소핵에 접근할 수 있습니다. 이 경우 질소핵은 수소핵을 방출하면서 산소원자핵이 됩니다.

이제 인공적인 방법으로 질소를 산소로 변환하는 것이 가능해졌습니다. 즉 한 원소를 다른 원소로 변환할 수 있게 된 것입니다.

그러나 방사성 라듐에서 방출되는 헬륨핵처럼 자연에서 만들어지는 원소를 투사체로 사용해 원자핵을 변환하는 것은 매우 드문 경우에만 가능했습니다. 더 큰 규모에서 핵을 변환시키기 위해, 그리고 원자핵의 구조를 더 깊이 이해하기 위해서는 더욱 큰 에너지의 투사체 입자들을 만들 필요가 있었습니다.

1920년대 말 전하를 띤 입자를 높은 에너지로 가속하여 종국에는 핵의 변환을 일으키는 방법에 대한 연구가 시작되었습니다. 올해의 노벨 물리학상 수상자들은 당시 러더퍼드가 책임자로 있던 케임브리지 캐번디시 연구소에서 공동 연구를 통해 처음으로 전하를 띤 입자를 높은 에너지로 가속하였던 연구자들입니다. 이 연구를 계획할 때 그들은 거니와 콘돈 그리고 가모프가 동시대에 수행한 이론연구의 중요성을 깨달았습니다. 이론적인 연구에 따르면 물질입자는 파동의 성질을 가지는데 물질의 파동성을 고려하면 입자적인 관점에서 핵과의 전기적인 척력을 극복하기에 충분하지 않은 에너지를 가져도 핵으로 침투할 수 있다는 것입니다. 코크로프트 경은 만약 수소핵이 투사입자로 사용되는 경우 원자핵까지 침투할 가능성이 더 높아 수소핵을 단지 수십만 볼트만 가속하더라도 측정이 가능할 정도로 많은 수의 가벼운 원소가 생성될 수 있다고 강조했습니다.

코크로프트 경과 월턴 교수의 연구는 원자핵 연구의 새로운 분야를 여는 야심찬 것이었습니다. 몇 가지 큰 어려움을 극복하고 1932년 초 물질의 변환에 성공했습니다. 그들은 변압기로부터 전압을 올리고 증폭하는 장치를 만들어 60만 볼트의 일정한 전압을 얻을 수 있었습니다. 또한 방전튜브를 제작하여 그 안에서 수소핵을 가속할 수 있게 하였습니다. 그들은 가속된 수소핵을 리튬층에 충돌시켜 리튬에서 헬륨핵이 방출되는 것을 관찰했습니다. 이 현상은 리튬핵에 수소가 침투해 들어가 두 개의 헬륨을 만들고 만들어진 헬륨은 높은 에너지를 가지며 거의 반대 방향으로 방출되는 것으로 해석되었고 나중에 완전히 확인되었습니다. 처음으로 인공적인 핵변환이 일어난 것입니다.

리튬에서 측정 가능할 정도로 많은 양의 헬륨원소를 얻기 위해서는 10만 볼트보다 약간 높은 전압이 필요했으며, 전압이 증가함에 따라 변환되는 양도 빠르게 증가했습니다. 이런 방법으로 얻어진 결과와 가모프와 다른 사람이 제안한 이론적인 결과를 비교하고 확인하는 것은 매우 중요합니다.

코크로프트 경과 월턴 교수가 이 원소를 변환할 때 입자들의 에너지 관계를 분석한 결과는 특히 흥미롭습니다. 왜냐하면 이 분석을 통해 아인슈타인의 질량과 에너지 등가이론을 확인할 수 있었기 때문입니다.

리튬이 헬륨으로 변환될 때는 에너지를 방출합니다. 왜냐하면 만들어진 헬륨 원자핵의 전체 에너지는 원래의 원자핵보다 더 작기 때문입니다. 아인슈타인의 질량에너지 등가법칙에 따르면 에너지를 얻는 것은 원자핵에서 그에 상응하는 질량을 잃는 것과 같습니다. 질량과 에너지의 등가관계는 실험의 오차를 고려하더라도 만족스러웠습니다. 얼마 뒤 질량에너지 등가원리에 기초한 더욱 정확한 연구가 수행되었으며 아인슈타인의 법칙이 완전히 만족함을 확인하였습니다. 그 결과 원자핵의 질량을 비교할 수 있는 강력한 방법이 얻어졌습니다.

그 후 일련의 연구를 통해 코크로프트 경과 월턴 교수는 많은 다른 원자핵을 변환했습니다. 그들이 원자핵의 변환에 사용한 기법과 결과들은 원자핵 연구의 모범이 되었습니다. 투사되는 입자로는 발견된 지 얼마 안 된 중수소 원자핵도 사용되었습니다. 그 결과 이전에는 발견되지 않았던 여러 원자핵을 발견할 수 있었습니다. 프레데릭과 이렌 졸리오 퀴리에 의한 인공적인 방사성 원소의 발견에 뒤이은 코크로프트 경과 월턴 교수의 인공적인 방사성 원소 역시 수소원자핵을 투사해 만들었습니다.

코크로프트 경과 월턴 교수는 여러 종류의 핵변환에 대한 새로운 연구 분야를 열었습니다. 또한 이들의 발견은 핵물리학의 비약적인 발전을 촉발했습니다.

코크로프트 경과 월턴 교수의 장비 외에도 로렌스가 제작한 사이클로트론 그리고 여러 다른 입자가속기들이 중요한 역할을 했습니다. 코크로프트 경과 월턴 교수의 결과는 새로운 이론을 개발하고 실험 기법의 발전에 자극제가 된 매우 중요한 연구입니다. 이 연구로 원자핵 연구는 완전히 새로운 시대를 맞이하게 되었기 때문입니다.

존 코크로프트 경, 어니스트 월턴 교수님.

두 분의 발견과 밀접한 관련이 있는 위대한 핵물리학자 러더퍼드는 "이것이 중요한 첫 번째 단계이다"라는 말을 자주 사용했습니다. 이 말은 인공적으로 가속된 입자를 사용해 원자핵의 변환을 발견한 두 분의 연구에 걸맞은 얘기라고 생각됩니다. 정말 두 분의 연구는 전 세계 과학자들이 잡고 싶어 하는 새롭고 풍부한 결실을 거둘 연구의 장을 열었습니다. 두 분의 연구는 핵물리학 이후의 진행 과정에 심대한 영향을 끼쳤습니다. 그리고 그 연구는 이전에는 꿈도 꿀 수 없었던 원자핵의 성질에 대한 새로운 통찰을 가질 수 있게 해주었다는 점에서 대단히 중요합니다. 두 분의 연구는 과학의 역사에서 획기적인 사건입니다.

스웨덴 왕립과학회를 대표하여 저는 두 분에게 가장 따뜻한 축하의 인사를 보냅니다. 이제 전하로부터 노벨상을 수상하기 바랍니다.

스웨덴 왕립과학원 노벨 물리학위원회 이바르 발러

핵자기의 정밀측정 기법 개발 및 이와 관련된 발견의 공로

1952

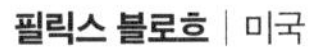

필릭스 블로흐 | 미국 **에드워드 퍼셀** | 미국

:: 필릭스 블로흐 Felix Bloch (1905~1983)

스위스 태생 미국의 이론물리학자. 1928년 라이프치히 대학교에서 박사학위를 취득한 후 강의를 시작하였다. 1933년 미국으로 이주하여 1934년에 캘리포니아에 있는 스탠퍼드 대학교 교수로 임용되었다. 1954년 유럽 공동 핵위원회의 초대 의장을 지냈으며, 1971년에는 스탠퍼드 대학교 명예교수가 되었다. 핵자기의 단위로 중성자의 모멘트를 직접 측정하는 방법을 제안함으로써 핵 유도 방법을 용이하게 만들었다.

:: 에드워드 밀스 퍼셀 Edward Mills Purcell (1912~1997)

미국의 물리학자. 1938년 하버드 대학교에서 박사학위를 취득하였다. 메사추세츠 공과대학방사선 실험실에서 연구하여 1946년 핵 공명 흡수 방법을 개발하였다. 1949년 하버드 대학교 물리학 교수로 임용되었으며, 1960년 G. 게이드좌 교수, 1980년에 명예교수가 되었다.

전하, 그리고 신사 숙녀 여러분.

일반인들에게 가장 친숙한 자기 기기는 아마도 나침반의 바늘일 겁니다. 그러나 언제 어디서 나침반이 처음으로 사용되었는지에 대해서는 논란이 많습니다. 기원전 2600년에 사용되었다는 중국 기록으로부터 스칸디나비아인들이 아이슬란드를 항해할 때 사용했다는 12~13세기의 항해일지에 이르기까지 기록이 엇갈립니다. 그러나 이런 점은 나침반이든 폭약이든 오랫동안 사용되어 온 발명품에 대한 기록에서는 흔히 나타나는 문제입니다. 옛날에는 발명의 최초 아이디어라는 것이 오늘날과 같은 의미가 아닌 것 같습니다.

사실 우리가 이해하는 의미에서 자성에 대한 과학적 연구는 1600년 길버트의 『자성에 관하여』가 런던에서 출판되면서 시작되었습니다. 그 후 자성은 세 개의 카테고리로 나누어졌습니다. 철 · 코발트 · 니켈처럼 자성 특성이 강한 강자성, 대부분의 결정이나 유체처럼 자성 특성이 약한 상자성, 그리고 마지막으로 자성을 상쇄하고자 하는 특성으로 모든 물질에 내재되어 있는 반자성입니다. 그렇다면 나침반의 바늘도 반자성 특성이 있을 테니, 나침반 바늘이 자력선에 수직 방향으로 배열되어 동서를 가리키는 일이 일어날까요? 다행히 반자성은 너무 약해서 이런 이유로 배의 진로가 잘못되어 난파되는 경우는 없었습니다. 오늘날에는 이렇게 다양한 자기 분야에 제4의 카테고리가 추가되었습니다. 바로 원자핵에서 발생하는 핵자기입니다.

극히 작은 원자핵에서 나오는 자기장은 매우 미약해서 15년이나 20년 전에는 단지 그것이 존재할 것이라고 추측하였습니다. 따라서 올해의 노벨 물리학상 수상자인 블로흐 교수와 퍼셀 교수가 물리학의 어떤 다른 측정보다도 정밀한 방법으로 핵자기의 존재를 확인했을 때, 사람들은 어떤 특별한 방법과 장치 덕분에 측정이 가능했을 것이라고 생각했습니다. 그러나 이렇게 간단한 방법으로 목적이 달성된 경우가 또 있었을까요?

지금까지의 측정 방법 중에는 물체의 자기모멘트를 측정하는 기발한 아이디어가 있었습니다. 독일의 유명한 수학자이며 물리학자인 카를 프리드리히 가우스는 1836년 일정한 자기장 내에서 나침반 바늘의 진동운동을 관찰함으로써 나침반 바늘의 자기모멘트를 운동모멘트로 바꾸어 측정하였습니다. 사실 전자와 원자핵이 자장 내에서의 나침반 바늘처럼 운동하지는 않습니다. 오히려 자이로스코프처럼 자전하면서 자기장의 수직 방향을 축으로 세차운동을 합니다. 그러나 전자와 핵의 스핀은 전하량이나 원자량처럼 그 입자의 고유 특성이기 때문에 여기서 회전자기계수를 구하는 것은 아주 간단합니다.

그러나 자기장 내에서 전자와 원자핵의 진동수를 어떻게 관찰하고 측정할 수 있을까요? 이 질문으로부터 새로운 발전이 시작되었습니다. 그 방법은 라디오 안테나와 라디오파의 공명과 유사한 방법입니다. 이런 비유에 걸맞게도 자기장 내에서 전자와 원자핵의 주파수는 정확히 단파라디오의 주파수와 레이더의 센티미터파 사이에 있습니다. 자기장 내에서 이들 원자주파수는 각 원자 혹은 동위원소 특유의 고유값을 가지는데, 그것은 플라이휠이나 진자 혹은 현대의 시계에 사용되는 수정 진동자보다도 안정적이고 규칙적입니다. 핵자기모멘트를 라디오파의 공명으로 측정하는 방법은 오랫동안 잘 알려진 것으로 1944년 라비가 노벨 물리학상을 수상했던 분야이기도 합니다. 라이덴 대학교의 고터도 비슷한 방법으로 전자의 스핀에 의한 결정들의 상자성을 연구한 바 있습니다.

라비는 분자선 방법으로 핵자기모멘트를 연구했습니다. 이 방법은 희박한 상태의 물질을 연구하는 데 큰 장점이 있었지만 동시에 그것이 한

계이기도 합니다. 퍼셀과 블로흐 교수의 방법은 이런 점에서 매우 일반화된 것으로서, 고상과 액상 그리고 기상의 물질에도 적용될 수 있기 때문에 많은 경우에 유용하게 사용될 수 있습니다. 각각의 원자와 그 동위원소들은 잘 정의된 특성 핵주파수를 가지고 있기 때문에 두 개의 전자석 사이에 놓인 물체 속의 원소나 동위원소들을 라디오파로 찾아내거나 조사할 수 있습니다. 더 중요한 것은 그 형태나 결정구조 등에 전혀 영향을 미치지 않으면서 조사할 수 있다는 점입니다. 이런 실시간 분석 능력은 이 분석법이 다른 분석 방법에 비해 뛰어난 점입니다. 또한 뛰어난 감도 역시 미세분석법으로서 많은 과학기술 분야에 이 방법을 적용할 수 있을 것입니다.

퍼셀 교수님.

제2차 세계대전 종료 후 매사추세츠 공과대학의 유명한 방사선 실험실에서 연구를 마치고 오늘 노벨상을 수상하게 된 핵공명 흡수의 탁월한 방법을 개발하기까지의 연구 활동을 보면, 교수님은 칼을 쟁기로 바꾸려는 인류의 오랜 꿈을 실현했던 것 같습니다. 이 방법의 발명은 전자공학에 대한 교수님의 넓은 경험과 상자성 현상에 대한 깊은 관심이 있었기에 가능했습니다. 또한 그 탁월한 감도 덕분에 우리는 고상과 액상을 구성하는 물질과 원자 간의 상호작용에 관해 깊은 통찰을 하게 되었습니다.

이 방법을 이용해서건 아니건 교수님 그룹에서는 수많은 중요한 발견이 이루어졌는데, 그중 다음의 세 가지만을 특별히 강조하고자 합니다.

첫째로는 솔레노이드로 만들 수 있는 약한 자기장 내에서의 핵자기공명을 연구할 수 있는 방법을 개발하였는데, 이 방법은 핵자기모멘트의 절대값을 구할 수 있다는 큰 의미가 있습니다. 두 번째로는 파운드 박사와 함께 수행한 매우 흥미로운 실험으로서 상자성을 이용하여 절대온도

0도 이하의 온도에 해당되는 원자핵 상태를 만든 것을 들 수 있습니다. 마지막으로는 1951년 유엔 박사와 함께 은하의 전파 스펙트럼에서 원자수소에 의한 선을 관찰한 것인데, 이것은 매우 경이로운 발견으로 현대 전파천문학에 큰 기여를 하였습니다. 교수님의 수상을 축하드리며 이제 전하로부터 노벨상을 받으시기 바랍니다.

블로흐 교수님.

몇 분간의 연설을 통해 교수님께서 노벨상을 수상하게 된 핵유도 방법의 주요 특성을 전달하는 것은 대단히 어려운 일이며, 교수님의 발명 과정을 완벽하게 설명하는 것은 더욱더 어렵습니다.

교수님은 이론물리학자로서 연구 활동을 시작했으며 금속이론 분야에 큰 기여를 한 것으로 잘 알려져 있습니다. 그러나 교수님은 중성자 빔의 자기편광을 구하는 새로운 아이디어에 확신을 가지고 있었기 때문에 누구도 예상치 못한 실험 연구에 뛰어들었습니다. 교수님의 뛰어난 아이디어와 끈질긴 시험, 그리고 마무리 능력 등은 핵물리의 가장 어렵고 중요한 과제인 중성자의 자기모멘트를 정밀하게 구하는 과정에서 잘 드러났습니다.

아이디어는 또 새로운 아이디어를 낳는 법입니다. 교수님은 핵자기의 단위로 중성자의 모멘트를 직접 측정하면 자기장의 절대값을 결정해야 하는 어려운 과정을 생략할 수 있다는 아이디어를 내놓았습니다. 교수님께서는 이 방법이 있었기에 핵 유도 방법도 가능해졌다고 밝혔습니다.

노벨상 수상을 축하드리며 이제 전하로부터 노벨상을 받으시기 바랍니다.

스웨덴 왕립과학원 노벨 물리학위원회 E. 훌텐

위상차 현미경의 발명

1953

프리츠 제르니케 | 네덜란드

:: **프리츠 프레데리크 제르니케** Frits Frederik Zernike **(1888~1966)**

네덜란드의 과학자. 암스테르담 대학교에서 공부한 후, 1913년 그로닝겐 대학교의 천문학 연구소에서 J. C. 캅테인의 조교가 되었다. 1915년 그로닝겐 대학교에서 이론 물리학을 강의하기 시작하여 1920년에 정교수로 임용되어 1958년까지 재직하였다. 1938년에 위상차 현미경을 발명함으로써 투명한 물체의 관찰을 가능하게 하였을 뿐만 아니라, 작은 불규칙한 부분의 위치와 크기 등을 관찰할 수 있게 함으로써 물질의 원자 구조를 해석하는 데에도 기여하였다. 1952년에는 런던 왕립학회의 럼퍼드 메달을 받았다.

전하, 그리고 신사 숙녀 여러분.

스웨덴 왕립과학회는 그로닝겐의 프리츠 제르니케 교수가 고안한 위상차 기법 특히 위상차 현미경을 발명한 공로를 인정해 그에게 올해의 노벨 물리학상을 수여하기로 결정했습니다.

제르니케 교수의 발견은 광학의 한 분야로, 광학은 빛의 파동 성질을 이용한 학문입니다. 빛이 파동이라는 것은 다른 빛과 간섭해 소멸되거나 회절되기도 하고 마이크로미터 크기의 작은 입자에 의해 산란되는 성질이 있다는 것입니다. 이런 파동의 모든 성질은 고전물리학으로 취급되며 이미 교과서에도 수록되어 있습니다.

올해의 노벨 물리학상은 고전물리학 분야의 기여에 대해 수여되는 것인데 고전물리학에 노벨상이 수여된 과거의 예를 찾으려면 놀랍게도 노벨상의 아주 초기까지 거슬러 올라가야 합니다. 아주 초기를 제외하고 모든 노벨상은 몇 개의 예외 즉 기술적인 측면을 강조해 수여된 경우를 빼면 20세기 물리학인 원자와 핵물리학에서의 발견에 대해 수여되었습니다.

현미경은 과학 연구에서 가장 중요한 장비라고 해도 과언이 아닐 것입니다. 겉보기에는 위대할 것 같지 않은 현미경의 눈을 약간만 예리하게 하는 개선으로도 자연과학과 의학, 그리고 기술과학에서 위대한 진보를 이루어 낼 수 있었습니다.

아마도 현미경처럼 기술적이고도 이론적인 연구가 많이 된 장비는 없을 것입니다. 현미경에 대한 완전한 이론적인 기초는 지난 세기 말 광학과 조명 시스템을 거의 완벽하게 구현한 현미경을 개발한 유명한 차이스 재벌의 천재인 에른스트 아베에 의해 마련되었습니다.

그러나 아베의 이론에도 결함이 있었습니다. 현미경으로 물체를 관찰할 때 물체는 배경과 비교해 색깔과 명암에서 콘트라스트가 달라야만 배경과 구분되어 관찰할 수 있습니다. 많은 현미경적 물체는 박테리아와 세포와 같은 작은 유기체로서 색깔이 없고 투명합니다. 이와 같은 이유로 유기체 주위의 배경과 구별하기가 매우 어렵습니다. 이런 어려운 점을 극복하기 위해 여러 가지 착색기법 또는 이른바 암시야 조명과 같은 특별한 조명 기법들이 시도되었습니다. 그러나 착색 기법이 항상 적절한 것은 아니었습니다. 예를 들면 살아있는 물체를 다룰 때는 적절하지 않습니다. 그리고 암시야 조명은 구조적인 측면에서 미세한 세부 구조를 잘못 해석하기 쉽습니다.

1930년대 제르니케 교수가 빛의 굴절에 대한 연구를 다시 시작한 이유는 이와 같은 아베 이론의 결함 때문이었습니다. 빛이 투명한 물체를 통과할 때 눈으로 식별할 수는 없지만 빛에 변화가 일어납니다. 물체를 통과하지 않은 빛에 대해 1/4의 위상차가 나타나는 것입니다. 눈으로 구분할 수 없는 미세한 빛의 위상차를 눈으로 관찰 가능한 명도의 콘트라스트로 변화시키는 방법이 제르니케 교수가 수행한 연구입니다. 제르니케 교수는 현미경을 지나는 빛은 이미지를 만들기 위해 재조합되기 전 현미경의 렌즈에서 다른 경로를 지난다는 사실을 이용해 위상차를 눈으로 관찰 가능하게 만들었습니다. 이른바 위상판이라는 것을 광선이 지나가는 경로에 끼움으로서 위상차를 빛의 파장의 반까지 증가시키거나 완전히 부드럽게 만들 수 있었습니다. 이와 같은 방식을 통해 제르니케 교수는 원하는 효과를 얻을 수 있었습니다. 위상차 현미경을 사용하면 두 빛은 서로 소멸간섭을 일으키거나 보강간섭을 일으켜 이전에는 관찰할 수 없었던 어두운 배경에 있는 입자 또는 주변에 대한 빛의 콘트라스트를 관찰할 수 있었습니다.

저는 제르니케 교수의 방법으로 만든 위상차 현미경의 높은 가치를 특별히 강조하고자 합니다. 광학 분야에서 위상차 기법의 중요성은 점점 증가하며 응용 분야 또한 넓어지고 있습니다. 여기에 더해 위상차 기법은 색깔이 없고 투명한 물체도 관찰이 가능하다는 것을 보여 주었습니다. 이것은 거울, 망원경 그리고 연구에 필수 불가결한 장비에 있는 작은 흠도 검출할 수 있습니다. 제르니케 교수의 위상판은 표면의 작은 불규칙한 부분의 위치와 크기를 빛의 파장의 분율로써 알아낼 수 있습니다. 이러한 예리한 기법은 물질의 원자구조를 해석하는 데에도 적용이 가능합니다.

제르니케 교수님.

스웨덴 왕립과학원은 교수님에게 위상 콘트라스트 기법에 대한 공로와 특히 위상차 현미경을 발견한 공로로 노벨 물리학상을 수여하기로 결정하였습니다.

스웨덴 왕립과학원 노벨 물리학위원회 E. 홀텐

양자역학 기초연구 특히 파동함수의 통계적 해석 | 보른
동시계수법과 이를 통한 발견 | 보테

1954

막스 보른 | 영국

발터 보테 | 독일

:: 막스 보른 Max Born (1882~1970)

독일 태생 영국의 물리학자. 브레슬라우, 하이델베르크, 취리히 대학교 등에서 공부하였으며, 1906년 괴팅겐 대학교에서 박사학위를 취득하였다. 베를린 대학교, 프랑크푸르트 대학교를 거쳐 1921년 괴팅겐 대학교의 이론물리학 교수로 임용되었다. 나치에 의해 추방당하여 1936년에 영국 에든버러 대학교 교수가 되었다. 양자역학 법칙의 통계적 특성을 주장하여 현대 물리학의 발전에 기여하였다.

:: 발터 빌헬름 게오르크 보테 Walther Wilhelm Georg Bothe (1891~1957)

독일의 물리학자. 베를린 대학교에서 막스 플랑크의 지도 아래 공부하였으며, 1913년에 박사학위를 취득하였다. 1920년부터 1931년까지 베를린 대학교에서 강의하였으며, 1931년 기센 대학교 교수로 임용되었으며, 1934년에 하이델베르크 대학교 교수가 되어 1957년까지 재직하였다. 제2차 세계대전 중에는 나치 정부 밑에서 핵분열을 연구하였다. 동시계수법을 통하여 핵반응과 우주선의 연구에 기여하였다.

전하, 그리고 신사 숙녀 여러분.

원자의 중심인 핵 주위에서의 전자운동법칙은 금세기 물리학의 중심 연구 과제였습니다. 1913년 닐스 보어는 처음으로 이 문제의 해답을 제시했습니다. 그러나 그의 이론은 임시 방편에 불과했습니다. 괴팅겐의 막스 보른 교수는 그의 주위에 모여 든 사람들과 함께 그 이론을 발전시키는 데 핵심적인 역할을 했습니다. 금세기 1920년대에 괴팅겐은 코펜하겐, 그리고 뮌헨과 더불어 원자론 분야 연구자들의 순례지였습니다. 뮌헨의 조머펠트와 코펜하겐의 보어의 학생이었던 젊은 하이젠베르크는 보른 교수의 조수 시절인 1925년 원자현상의 법칙에 관해 신기원을 이룬 초기 연구 논문을 발표했습니다. 하이젠베르크의 연구는 보른 교수의 연구로 발전되어 논리적인 수학의 형태를 갖추게 되었습니다. 이런 진전을 바탕으로 보른 교수는 그의 학생인 조던과 훗날 하이젠베르크가 참여한 공동 연구를 통해 하이젠베르크의 결과를 원자현상에 관한 심오한 이론으로 발전시켰습니다. 이 이론이 바로 양자역학입니다.

그 다음해에 보른 교수는 매우 중요한 새로운 결과를 얻게 됩니다. 당시 슈뢰딩거는 양자역학의 새로운 수학적 기술 방법을 발표했습니다. 슈뢰딩거의 결과는 원자현상이 파동과 관련이 있음을 암시하는 드 브로이의 아이디어를 확장한 것입니다만, 입자의 파동식으로부터 입자들의 위치와 속도에 관해 기술하는 방법을 해결하지는 못하고 있었습니다.

이 문제에 해답을 제시한 사람이 바로 보른 교수였습니다. 그는 파동식이 어떤 측정치가 나타날 확률을 결정한다는 것을 알아냈습니다. 즉 양자역학에서는 단지 통계적인 기술만이 가능하다는 것입니다. 간단히 예를 들어 보겠습니다. 고전역학에서는 목표를 향해 총을 쏠 때 원칙적으로 처음부터 겨냥을 잘 해서 하나의 총알이 목표의 중앙을 맞히도록

할 수 있습니다. 그러나 양자역학에서는 그 반대의 얘기를 합니다. 원칙적으로 우리는 하나의 총알이 목표의 중앙을 맞출지는 예측할 수가 없습니다. 그러나 매우 많은 숫자의 총알을 쏘면 그 평균이 목표의 중앙을 맞히게 될 것임은 예측할 수 있습니다. 결정론적인 고전역학에 반해 양자역학은 통계적인 특성의 법칙이어서 단지 일어날 수 있는 것 중 어떤 하나가 일어날 확률을 결정할 뿐입니다. 일상의 크기 영역에서는 이런 불확정성이 실제로 의미가 없습니다만 원자 수준의 현상에서는 본질적인 불확실성이 있습니다. 이런 과격한 개념 변화는 언제나 심한 반대에 직면했습니다. 그러나 지금은 몇 개의 예외를 제외하곤 보른 교수의 개념은 물리학자들 사이에서 일반적으로 받아들여지고 있습니다.

노벨상을 수상하게 된 이런 성과 외에도 보른 교수는 물리학의 많은 분야에서 핵심적인 기여를 했습니다. 무엇보다도 결정물질의 이론에 관심을 가지고 연구해 왔으며, 보른 교수는 그 분야의 뛰어난 개척자 중 한 명입니다. 보른 교수는 1933년 괴팅겐을 떠난 뒤 영국의 에든버러 대학교에서 이 연구들을 계속하고 있습니다.

오늘 보른 교수와 노벨상을 공동수상하는 발터 보테 교수는 이론물리학으로 연구를 시작했습니다. 그러나 오늘 노벨상을 수상하게 된 연구는 베를린 대학교에서 실험물리학자로 있을 때 수행한 것으로 계수기튜브에 관한 것입니다. 계수기튜브는 전자처럼 대전된 입자가 통과하면 전류가 흐르는 특징이 있습니다. 또한 특별한 장치를 하면 빛이 충돌할 때 전류가 흐르게 할 수도 있습니다. 보테 교수의 아이디어는 두 개의 계수기튜브를 사용하여 입자의 충돌이 두 튜브에 동시에 일어날 때만 전류가 흐르도록 만드는 것입니다. 이런 동시성은 두 개의 입자가 동일한 원소 반응으로부터 생성될 때 혹은 하나의 입자가 매우 빠른 속도로 두 개의 튜브를 통과하기 때문에 하나의 튜브에서 다른 튜브로 이동하는 시간이 무시될 수 있을 때에만 가능해집니다.

1925년부터 보테 교수는 이 동시계수법을 사용하기 시작했고 10년 뒤에는 기능이 월등히 개선된 장비를 사용하여 연구를 했습니다. 그는 광양자와 전자가 충돌할 때마다 에너지법칙과 그 상보 개념인 이른바 충격법칙이 만족한다는 아인슈타인과 콤프턴의 가정이 맞는지, 아니면 이들 법칙은 여러 충돌 현상의 평균에 대해서만 만족한다는 보어 그룹의 주장이 맞는지를 실험했습니다. 동시계수법을 이용해 광양자와 전자를 연구한 결과 보테 교수와 그의 동료들은 이 법칙이 모든 개개의 충돌에 대해 만족한다는 것을 증명했습니다. 이것은 대단히 중요한 결과입니다. 동시계수법은 우주선의 연구에도 널리 사용되었으며, 이제는 우주선의 연구에서 가장 중요한 실험 도구 중 하나가 되었습니다. 이 방법은 보테 교수가 우주선 연구 분야의 개척자인 콜훼르스터 교수와 함께 일할 때 처음으로 사용했습니다.

그들은 동시계수법을 이용하여 두 개의 계수기 튜브를 통과한 우주선의 입자들을 관측하였습니다. 여러 재료의 판을 두 개의 튜브 사이에 놓고 동시성 입자의 수가 얼마나 감소하는지를 측정하여 다양한 물질에서 우주선의 흡수 정도를 측정한 결과, 이들 입자의 흡수는 우주선 전체의 흡수 정도와 같음을 알아냈습니다. 이 실험을 통해 그들은 해수면에서 우주선은 대부분 투과력이 강한 입자들로 구성되어 있다는 매우 중요한 결과를 얻어냈습니다.

이후 보테 그룹은 동시계수법을 더욱 발전시켜 그 응용 범위를 확대했습니다. 이 방법은 핵반응과 우주선의 연구에 가장 중요한 기법이 되었습니다. 이외의 많은 발견들과 투과에 대한 연구들을 통해 보테 교수는 이 분야에서 우리의 지식을 풍성하게 해주었으며, 다른 과학자들의 연구에 중요한 계기를 만들었습니다.

스웨덴 왕립과학원 노벨 물리학위원회 이바르 발러

수소 스펙트럼 미세구조의 발견 | 램
전자 자기모멘트의 정확한 측정 | 쿠시

1955

윌리스 램 | 미국

폴리카프 쿠시 | 미국

:: 윌리스 유진 램 Willis Eugene Lamb (1913~2008)

미국의 물리학자. 버클리에 있는 캘리포니아 대학교에서 화학을 공부한 뒤 1938년에 이론 물리학으로 박사학위를 취득하였다. 1938년부터 컬럼비아 대학교에서 강의하여 1948년 정교수가 되었다. 이후 스탠포드 대학교, 하버드 대학교, 옥스퍼드 대학교에서 강의한 후 1962년에 예일 대학교의 교수가 되었다. 램의 정밀한 측정은 전자와 전자기 복사의 상호 작용이론의 재평가 및 재구성에 기여하였다.

:: 폴리카프 쿠시 Polykarp Kusch (1911~1993)

독일 태생 미국의 물리학자. 케이스 공과대학에서 공부하였으며, 1936년에 일리노이 대학교에서 물리학으로 박사학위를 취득하였다. 1937년부터 컬럼비아 대학교에서 연구하였으며, 제2차 세계대전 중에는 웨스팅 하우스 전기회사, 벨 전화 연구소 등에서 레이더를 연구하였다. 전 후 1946년 컬럼비아 대학교 물리학 교수가 되어 1972년까지 재직하였으며, 이후 댈러스에 있는 텍사스 대학교의 교수가 되었다.

전하, 그리고 신사 숙녀 여러분.

올해의 노벨 물리학상 수상자들은 모두 제2차 세계대전 직전 뉴욕의 컬럼비아 대학교 물리연구소에서 근무했습니다. 램 교수는 처음에는 이론물리학을 연구했는데 이 분야에서 몇 개의 중요한 결과들을 발표하였습니다. 쿠시 교수는 컬럼비아 대학교에 들어간 지 얼마 안 되어 라비 교수가 개발한 공명기법에 대한 가장 활동적인 공동 연구자 중의 한 명이 되었습니다. 라비 교수는 공명기법을 개발한 공로로 1944년 노벨 물리학상을 받았습니다. 라비 교수가 개발한 방법은 라디오파를 사용해 원자의 스펙트럼을 연구하는 것이었고 이 방법으로 원자 스펙트럼의 미세구조가 훨씬 더 정확하게 연구되었습니다. 쿠시 교수와 램 교수는 제2차 세계대전 기간에 레이더 기술에 대한 광범위한 연구에 참여했으며, 이 기술은 이후 실전에 적용되었습니다. 레이더 기술이 획기적으로 발전하면서 공명기법은 훨씬 더 향상될 수 있었습니다. 1947년 두 사람은 각자 독립된 연구 단체의 리더가 되었으며, 쿠시 교수는 향상된 공명기법을 사용하고 램 교수는 본질적으로 수정된 형태의 공명기법을 사용하여 서로 독립적으로 위대한 발견을 이루어낼 수 있었습니다. 두 발견은 같은 실험실에서 같은 해에 독립적으로 이루어졌을 뿐만 아니라 얼마 지나지 않아 이른바 전자와 전자기 복사의 상호작용이라는 두 개의 현상에 대한 설명도 똑같다는 것이 발견되었습니다.

램 교수의 발견은 수소원자에 관한 것입니다. 수소원자에서 전자는 일련의 궤도들 중 하나를 돌고 있으며 각 궤도는 정해진 에너지를 갖고 있습니다. 이 에너지 준위에는 미세구조가 관찰되는데 이것은 하나의 준위에는 작은 미세구조들이 있으며 각각의 준위들은 큰 에너지 차이를 가지며 분리되어 있습니다. 1928년 영국의 디랙은 양자역학에 상대론적 효과를 포함한 전자에 대한 이론을 제안했는데 이것은 오랫동안 에너지 준위의 미세구조를 설명하는 올바른 이론이라고 여겨졌습니다.

다음 10년 동안 광학적 방법으로 에너지 준위의 미세구조에 대한 디랙의 이론을 검증하기 위한 많은 시도들이 있었지만 결정적인 증거를 얻지는 못했습니다. 어떤 연구는 디랙의 미세구조이론에 오류가 조금 있을지 모른다고 보고했고 이후 램이 발견한 것과 유사한 편차를 보일 것이라고 추측했습니다.

램 교수는 디랙의 이론을 주의 깊게 검증한다는 것이 얼마나 중요한지를 잘 알고 있었습니다. 그는 전쟁 직후 곧바로 미세구조이론에 대한 실험적 검증에 착수했습니다. 그의 기술은 라비의 공명이론을 기초로 하였는데 미세구조이론을 실험적으로 검증하려면 라비의 이론을 많이 고쳐야 했습니다. 램 교수는 실험적인 절차에 대한 철저한 이론적 분석으로 어려운 실험을 성공적으로 수행했습니다.

1947년 드디어 실험은 성공했습니다. 그는 디랙의 이론에서는 일치해야 하는 두 번째로 낮은 에너지 준위에 두 개의 미세구조 준위들이 램 이동이라 불리는 일정한 양만큼 상대적으로 이동되어 있다는 것을 발견했습니다. 램 교수는 이 이동을 정확하게 측정하는 데 성공했고 중수소에 대해서도 유사한 측정을 해냈습니다.

쿠시 교수의 발견은 이른바 자기모멘트라 불리는 전자의 중요한 속성에 대한 것입니다. 오래전부터 전자는 하나의 작은 자석이라고 알려져 있었습니다. 이 자성의 강도는 자기모멘트를 측정하면 알 수 있는데, 자기모멘트의 크기는 앞에서 언급한 디랙의 전자이론에서만 다루고 있습니다.

1947년 초 라비는 동료 연구자들과 함께 가장 낮은 수소에너지 준위(전자의 초미세구조)의 성질이 이론과 완벽하게 일치하지 않는다는 것을 발견하였습니다. 미국 물리학자인 브렛은 이러한 불일치의 원인이 전자의 자기모멘트가 보어마그네톤이라는 그 당시까지 가정되어 왔던 값과 다소 다르기 때문일 것이라고 제안했습니다.

이러한 아이디어에서 출발한 쿠시 교수는 일련의 매우 주의 깊은 연구들을 수행하였고, 1947년 전자의 자기모멘트는 보어마그네톤보다 약 1,000분의 1 정도 더 크다는 것을 발견했습니다.

램 교수와 쿠시 교수의 발견이 가진 효과는 무척 작습니다. 그리고 그 효과는 아주 정교한 기술을 사용해야만 측정이 가능합니다. 그러나 예전에도 그러했듯이 기존 이론들과 약간 다르다는 것을 발견한 것은 상당히 중요합니다. 전자와 이른바 양자전기역학이라 불리는 전자기 복사 사이의 상호작용에 대한 이론은 램 교수와 쿠시 교수의 발견으로 새롭게 수정되어야 했습니다.

램 교수는 1947년 초여름, 뉴욕 근교에서 열린 물리학 회의에서 연구결과를 보고했습니다. 저명한 이론물리학자들이 많이 참석했는데 그중에는 몇 해 전에 유명을 달리한 네덜란드 출신의 크라머 교수도 있었습니다. 토의 과정에서 크라머 교수의 일반적인 아이디어가 램 이동을 설명할 수 있을지 모른다는 결론이 얻어졌습니다. 크라머 교수가 내놓은 아이디어의 목적은 디랙의 이론을 개선하는 것이었습니다.

램 교수의 측정과 상당히 잘 일치하는 근사적인 계산이 곧 이루어졌고 얼마 후에 램 교수 자신과 동료들은 더 정확한 계산을 해냈습니다. 하버드 대학교의 슈윙거 교수는 쿠시 교수가 발견한 전자의 자기모멘트의 차이를 계산할 수 있었습니다. 계산뿐만 아니라 측정 기법 모두 현재까지 상당히 개선되었으며, 이제는 매우 잘 일치하고 있습니다.

윌리스 램 교수님, 폴리카프 쿠시 교수님.

스웨덴 왕립과학원이 오늘의 행사와 관련해 주목하는 두 분은 가장 정밀한 라디오파 분광학을 사용해 전자의 속성을 연구하였습니다. 두 분의 연구는 실험의 아름다움뿐만 아니라 결과의 심오한 중요성이라는 측면에서도 특별합니다. 실험에서 일어나는 발견들이 두 분의 연구만큼 강하고 활력 있게 물리학 전반에 영향력을 행사한 경우는 아주 드문 일입니다. 두 분의 발견으로 우리는 전자와 전자기 복사의 상호작용 이론을 재평가하고 재구성할 수 있었습니다. 이처럼 물리학의 많은 기본적인 개념들이 엄청나게 발전하였는데 아직 그 발전의 끝이 어디인지 모릅니다.

이제 두 분은 전하로부터 노벨상을 수상하기 바랍니다.

스웨덴 왕립과학원 노벨 물리학위원회 이바르 발러

반도체 연구와 트랜지스터 효과의 발견

1956

윌리엄 쇼클리 | 미국

존 바딘 | 미국

월터 브래튼 | 미국

:: 윌리엄 브래드퍼드 쇼클리 William Bradford Shockley (1910~1989)

영국 태생 미국의 공학자이자 교사. 캘리포니아 공과대학에서 공부하였으며 1936년에 하버드 대학교에서 물리학으로 박사학위를 취득하였다. 1936년 벨 전화 연구소의 기술진으로 들어가 트랜지스터에 관하여 연구하였다. 1954년 캘리포니아 공과대학 물리학과의 객원교수가 되었으며, 1963년에는 스탠퍼드 대학교 교수가 되었다.

:: 존 바딘 John Bardeen (1908~1991)

미국의 물리학자. 1972년에도 초전도체 이론의 개발로 리언 N. 쿠퍼와 존 R. 슈리퍼와 함께 노벨 물리학상을 수상하였다. 1936년에 프린스턴 대학교에서 박사학위를 취득한 후, 1938년부터 1941년까지 미네소타 대학교에서 조교수로 재직하였다. 제2차 세계대전 후 벨 전화연구소에서 트랜지스터를 연구하였으며, 1951년에 일리노이 대학교의 교수가 되었다.

:: 월터 하우저 브래튼 Walter Houser Brattain (1902~1987)

미국의 과학자. 휘트먼 대학교와 오리건 대학교에서 공부하였으며, 1929년에 미네소타 대학교에서 박사학위를 취득하였다. 같은 해 벨 전화 연구소의 물리연구원이 되어 반도체 연구에 종사하였다. 1967년부터 1972년까지 휘트먼 대학교의 조교수로 재직하였다. 브래튼이 개발한 트랜지스터는 부피가 큰 진공관을 대체하여 보청기, 계산기, 전화기 등 다양한 분야에 활용되었다.

전하, 그리고 신사 숙녀 여러분.

출판인, 교육자, 정치가이며 또한 전기 분야의 개척자인 벤저민 프랭클린이 태어난 지 올해로 250주년이 되었습니다. 프랭클린은 번개구름과 필라델피아 농촌의 녹색 목초지 사이에 높은 장력의 선을 늘어뜨려 구름에 전기에너지가 있음을 보여 주었습니다. 그는 연을 높이 날려 연이 구름에서 에너지를 모으고, 빗물에 젖은 연줄이 도체가 되어 전하를 연줄 끝의 열쇠로 전달되도록 한 뒤, 그 열쇠들을 아주 가깝게 가져가 스파크가 발생하는 것을 관찰했습니다. 이때 프랭클린은 비단 리본의 한 끝을 열쇠에 연결하고 비단이 젖지 않도록 외양간에 웅크리고 앉아 리본의 다른 끝을 나무막대로 잡고 있었습니다.

이렇게 프랭클린의 실험에는 도체와 부도체가 사용되었습니다. 자연에 도체와 부도체라는 극단적인 두 성격의 물질이 없었다면, 오늘날의 전기공학은 상상도 할 수 없었을 것입니다. 부도체에는 전하를 옮길 수 있는 운반자가 거의 없지만, 도체에는 원자 한 개당 하나 꼴로 대단히 많은 운반자가 있습니다. 이미 100년 전에 최초의 대서양 횡단 케이블을 통해 구세계에서 신세계로 전하가 전달되었습니다. 한 무리의 전하 운반자들이 유럽 쪽 입구로 들어가면, 잠시 후에 미국 쪽 출구에서 전하 운반자들이 방출되었습니다. 그러나 이 둘은 같은 운반자들이 아닙니다.

전체 케이블 속은 전하 운반자들로 꽉 들어 차 있기 때문에 전하 운반자들이 한쪽 끝에서 들어가려면 내부의 전하 운반자들을 밀어 공간을 확보해야 합니다. 이렇게 밀면 일종의 충격파가 만들어지고 빛의 속도로 전하 운반자를 따라 전달되어 미국 쪽 출구 근처에 있는 전하 운반자들을 밀어내는 것입니다. 이렇게 전하 운반자는 아주 짧은 거리를 움직일 뿐이지만 전하 자체는 먼 거리까지 빛의 속도로 전달됩니다. 오랜 옛날에는 서로 반대방향으로 움직이는 양과 음의 전하가 있다고 생각했지만 프랭클린은 한 종류의 전하만 있으면 충분하다고 생각했습니다. 프랭클린의 주장은 1900년도의 위대한 발견들, 즉 금속성 도체 내의 전하는 전자이며 음의 전하만을 띠고 있다는 것을 관찰함으로써 증명되었습니다.

금속 내의 전하를 성베드로 광장의 부활절 순례자들로 표현한다면 부도체는 북극의 고독한 여행자와 비슷합니다. 전하의 숫자 면에서 도체와 부도체 사이에는 큰 간격이 있습니다. 이 커다란 간격을 이제는 반도체가 채우고 있습니다. 반도체는 화물선이 도착한 항구의 항만 노동자 숫자 정도의 전하를 가졌다고 할 수 있습니다. 현재 사용되는 반도체들은 게르마늄이나 실리콘으로 만든 것들입니다. 이들 순수한 원소는 전하가 거의 없지만 여기에 불순물을 조금 첨가하면 전하의 양을 조절할 수 있습니다. 인 원자를 실리콘에 넣어 주면 인은 하나의 전하(음의 전자)를 내놓습니다. 10만분의 1정도를 넣어 전하를 만들면 반도체로서 충분합니다. 더 괄목할 만한 것은 보론(붕소)을 첨가하면 반대 특성의 운반자, 즉 양전하의 운반자를 만든다는 것입니다. 보론은 실리콘으로부터 전자 하나를 훔쳐 가는데, 그러면 전자가 있던 곳에는 홀이 남게 됩니다. 이 홀은 이동이 가능하기 때문에 반도체 내에서 마치 양전하의 운반자처럼 활동하는 것입니다.

전자를 내놓는 원소들과 전자를 훔치는 원소들을 어느 쪽이 지배적이

되도록 집어넣느냐에 따라 반도체는 운반자로서 홀과 전자를 동시에 가질 수 있습니다. 기술적으로 중요한 반도체의 많은 특성 중에는 홀과 전자의 상호작용에 기인하는 것이 많습니다. 두 종류의 전하 운반자라는 개념은 프랭클린의 관점에 반하는 것입니다만, 이 개념은 반도체를 이용한 정류기가 사용되기 시작한 1930년대에 한 발 더 발전하였으며, 전극을 추가하여 진공관의 그리드처럼 이 정류기를 제어하려는 시도가 진행되고 있었습니다. 실패를 거듭한 끝에 1948년에 반도체 동작을 발견함으로써 쇼클리와 바딘, 그리고 브래튼 박사는 반도체 제어의 열쇠를 쥐게 되었고, 반도체 문제를 해결하는 새로운 무기를 갖게 되었습니다.

이제 모험에 관한 책의 내용을 빌려 트랜지스터를 설명하고자 합니다. 음의 전극을 음의 전하를 가진 반도체에 설치하는 것은 흑사병의 경고 깃발을 꽂은 채 동양의 어느 항구에 배를 대는 것과 같습니다. 그러면 항구의 짐꾼들은 모두 도망쳐 사라질 것이고, 하역은 이루어지지 못할 것입니다. 즉 이런 경우에는 전류가 흐르지 못합니다. 그러나 음의 깃발을 양의 깃발로 바꾸면 짐꾼들이 돌아오고 전극에는 전류가 흐르게 됩니다. 이것을 정류라고 합니다. 이 항해의 얘기에서 짐꾼들을 돌아오게 하는 방법으로는 깃발을 바꾸지 않고 항만에 약간의 금화를 던지는 방법, 즉 반도체가 양의 전하를 갖게 하는 방법도 있습니다. 반도체에서도 음의 전하가 모이는 곳 근처에 양전하의 홀을 넣는 비슷한 방법으로 전류의 차단을 막을 수 있는데 이것이 바로 트랜지스터 동작입니다. 몇 개의 홀들을 이용해서 짐꾼들의 파업을 막을 수 있다는 것은 에너지의 소모가 적다는 점에서 매우 중요합니다. 이제 단순히 홀을 넣어 줌으로써 정류기의 전류를 제어할 수 있게 된 것입니다. 트랜지스터의 동작은 진공관과 아주 똑같지만 훨씬 작고 필라멘트를 가열하기 위한 전류의 공급이 필요치 않다는 장점이 있습니다. 앞으로 보청기, 계산기, 전화기 등에 이 기기가 널리 사용될 것입니다.

머레이 힐(벨 전화연구소의 소재지—옮긴이)의 물리학자들은 음의 전극 주위에 운반자가 고갈된 영역을 반도체 표면에 움직이는 탐침을 이용하여 측정하기로 하였습니다. 이것은 스케일은 다르지만 전기적으로 광석을 채굴하는 것과 유사한 일입니다. 바딘 박사와 브래튼 박사는 현미경을 보면서 미소 스크루를 이용해 작은 탐침을 움직였습니다. 그들은 전극 근처에서 탐침에 양의 전압을 걸자 전류의 차단막이 올라가는 것을 관찰했습니다. 탐침이 홀을 주입하는 주사기 역할을 한 것입니다. 쇼클리 박사와 그의 동료들은 서둘러 이 주사기를 실용화하기 위한 일련의 훌륭한 실험들을 수행하였습니다. 이 과정에서 홀의 이동 속도나 수명 등 많은 특성들이 밝혀졌습니다. 이런 새로운 도구들을 통해 오늘날 반도체 물리학의 새로운 연구 분야가 탄생한 것입니다.

오늘날의 머레이 힐은 필라델피아의 옛 목초지에서 그리 먼 거리가 아닙니다만, 프랭클린이 날린 연으로부터 트랜지스터가 발견되기까지는 200년의 세월이 필요했습니다. 프랭클린의 일과 그의 후손들이 이룬 발견을 연결하는 데는 지리적인 거리 이상의 것이 있었나 봅니다.

쇼클리 박사님, 바딘 박사님 그리고 브래튼 박사님.

에베레스트 정상은 몇몇 열정적인 등산가가 정복하였습니다. 그들은 베이스캠프를 떠나 정상에 오르는 데 성공했습니다만, 그 베이스캠프는 이전 한 세대 이상의 산악인들이 만든 것입니다. 여러분들이 반도체 문제에 도전한 것도 많은 과학자들의 연구 결과로 세운 높은 고도의 캠프에서 시작한 것과 같습니다. 여러분들 역시 개인적으로 혹은 팀으로 무한한 노력과 예지, 재능과 인내를 보여 주었습니다. 물론 정상에 펼쳐진

숨막히는 경치를 즐기는 것은 오른 사람의 몫이고 여러분들도 마음껏 즐겼을 것입니다. 이제 그 즐거움을 베이스캠프를 만든 사람들과 나눕시다. 그리고 전인미답의 경계에 도전하는 새로운 과학적 도전으로 이어갑시다. 그리고 또 노벨상 수상자들과 왕립과학원에 경의를 표합시다.

이제 저의 엄숙한 의무이며 소중한 영예를 수행하겠습니다. 전하로부터 노벨상을 수상하도록 여러분을 이곳으로 모시고자 합니다.

스웨덴 왕립과학원 노벨 물리학위원회 E. G. 루드베리

패리티 법칙에 대한 연구

1957

양전닝 | 중국

리정다오 | 중국

:: 양전닝 楊振寧 (1922~)

중국 태생 미국의 물리학자. 1944년 시난 연합대학교에서 석사학위를 취득한 뒤 미국으로 이주하여 1948년에 시카고 대학교에서 에드워드 텔러의 지도 아래 박사학위를 취득하였는데, 이 시기에 엔리코 페르미의 조교로서 활동하였으며, 리정다오와 함께 패리티 법칙에 관한 연구를 시작하였다. 이후 1949년에 뉴저지에 있는 프린스턴 고등연구소의 연구원이 되었으며, 1955년에 교수가 되어 1966년까지 활동하였다. 1964년에 미국 시민권을 획득하였고, 1966년 뉴욕 주립대학교 교수로 임용되었다.

:: 리정다오 李政道 (1926~)

중국 태생 미국의 물리학자. 시난 연합대학에서 물리학을 공부한 후, 1946년에 미국으로 이주하였다. 1950년에 시카고 대학교에서 박사학위를 취득하였으며, 양전닝과 함께 패리티 법칙에 관하여 공동으로 연구하였다. 1953년 컬럼비아 대학교 물리학과 조교수로 임명되었으며, 1960년에는 고등연구소 물리학 교수가 되었고, 1963년 컬럼비아 대학교 페르미 석좌 교수가 되었다. 패리티 비보존의 이론을 통하여 소립자 분야의 발전에 기여하였다.

전하, 그리고 신사 숙녀 여러분.

올해 리정다오 교수와 양전닝 교수에게 수여될 노벨 물리학상은 근본적인 물리적 원칙과 연관이 있습니다. 이것은 이른바 패리티 법칙—왼쪽과 오른쪽에 대한 자연의 대칭성—을 기본입자들과 기본입자들 사이의 반응에 적용한 것입니다.

20세기에 원자에 대한 오랜 꿈이 실현되었을 때 현실은 꿈보다 훨씬 더 복잡할 뿐 아니라 꿈과는 상당히 다르다는 사실도 곧 알게 되었습니다. 셀 수 있고 측정할 수 있게 된 원자는 예전의 원자론자들이 품었던 개별성과 불변성이라는 개념과 결코 일치하지 않았습니다. 대신 모든 원자 과정의 내부, 그리고 결과적으로 모든 보통의 물리적 현상 뒤에는 이제까지 알려지지 않은 눈에 잘 보이지 않는 개별성이라는 특징이 있었고, 그것이 없다면 세상에 존재하는 모든 것은 유동적인 것이 될 것입니다. 양자이론은 이러한 발견의 결과물로서 이 새로운 체계 속에서는 종전의 물리학이 갖고 있던 법칙들이 단순하고 제한적인 경우에만 맞는 근사적인 이론이라고 간주됩니다. 고전물리학과 원자물리학의 법칙 관계는 동일한 풍경을 하늘에서 찍은 사진과 가까이에서 찍은 사진의 관계와 유사합니다.

양자역학으로부터 얻은 교훈은 예전의 철학자들이 가졌던, 문자 그대로 불변하는 것이라는 개념이 원자를 구성하는 입자들인 전자, 양성자 그리고 중성자들 사이에서 더 이상 적용되지 않는다는 것입니다. 그럼에도 불구하고 기본입자라는 말로 요약되는 이 입자들은 불변하는 입자가 존재한다는 경향을 암시하는 것처럼 보입니다. 그렇지만 기본입자들도 변화합니다. 그후 발견된 많은 새로운 입자들에서도 변화는 확인되었으며 기본입자를 변화시키는 것은 원자물리학자들의 중요한 연구 대상이 되었습니다. 기본입자들에 관해 알려진 새로운 사실들을 모두 포괄하는 하나의 이론을 찾기 위한 시도들 중 재치 있고 비현실적이며 상징적인 입자들이 우리의 방정식 속에 나타났습니다. 그리고 이러한 가상적인 입자들은 좋게 생각하면 철학자들이 생각했던 영원히 불변하는 원자들로 간주될 수도 있었습니다. 그러나 옛날 중국의 철학자 노자의 말을 빌리면 "기본입자라고 정의될 수 있는 것들이 영원히 기본적인 입자는 아니다"라고 말할 수 있습니다. 물론 노자는 기본입자에 대해서 말한 것이 아니라 삶의 가장 깊은 원리인 도道에 대해서 말했습니다. 물론, 물리학은 확실히 인간의 삶보다는 훨씬 단순하고 실험과 수학이라는 강력한 조력자가 있습니다.

수학과 기본입자는 우선 두 개의 이론을 만들어 냈으며 각각의 이론은 노벨상 수상자인 디랙과 페르미에 의해서 발전되었습니다. 디랙의 이론은 양자역학 체계의 가장 바깥쪽 날개인 반면, 페르미의 이론은 새로운 체계의 기본입자 법칙 내에서 최초이며 아직 완성되지 않은 방으로 간주될 수 있습니다. 그러나 그 둘은 모두 전자를 다루고 있으며 서로의 경계가 맞닿아 있습니다.

그런데 오른쪽과 왼쪽에 대한 질문은 입자물리학과 무슨 관계가 있을까요? 처음에는 기본입자의 반응이 오른쪽과 왼쪽에 대해 대칭이라는 암묵적인 가정이 있었습니다. 이 가정은 페르미의 이론을 정교화하는 데 중요한 역할을 하였습니다. 왼쪽과 오른쪽이 대칭적이라는 가정은 매우 자연스럽지만 이런 가정이 위에 언급한 디랙의 이론을 따랐기 때문에 그런 것은 결코 아닙니다. 디랙의 이론에서 가장 잘 알려진 기본입자인 전자는 좌우의 구별을 허용하지 않습니다. 사실 우리는 오른쪽과 왼쪽에 관련된 기본입자들의 대칭성이 자연에서 보여 주는 일반적인 좌우대칭성의 필연적인 결과라고 생각하고 싶어합니다. 리 교수와 양 교수, 그리고 그들의 발견 덕분에 이제 우리는 이것이 잘못이라는 것을 알게 되었습니다.

기본입자반응에서 좌우대칭성에 관한 전체적인 문제의 연구는 K메손이라 불리는 새로운 입자에서 관찰된 이상한 현상에서 비롯되었습니다. K메손은 위에서 언급한 좌우대칭의 가정과 마치 반대인 것처럼 보였습니다. 이러한 관찰에 대해 많은 물리학자들은 당황했지만 그 결과를 진지하게 받아들인 사람은 리 교수와 양 교수뿐이었습니다. 리 교수와 양 교수는 모든 기본입자 과정들이 좌우와 관련해서 대칭일 것이라는 가정을 뒷받침하는 어떤 종류의 경험적 결과가 있는가라는 질문을 스스로에게 했습니다. 그들의 연구 결과는 기대와 달랐습니다. 다시 말해 좌우대칭 가정의 타당성은 가장 잘 알려진 과정에서조차 증명되지 않았습니다. 그 이유는 모든 실험들이 같은 결과를 도출하도록 설계되었기 때문입니다. 이것은 마치 오른손뿐만 아니라 왼손도 능숙하게 다루었기 때문에 올라프 트리그베슨(기원전 1000년경 노르웨이의 왕)의 심장이 몸의 중앙에 있다고 생각하는 것과 같습니다. 리 교수와 양 교수는 소극적으로 좌우대칭성을 거부하는 데 그치지 않고 다른 기본입자의 변화에서 좌우대칭성을 검증할 수 있게 하는 많은 실험들을 고안해 냈고 자신의 동료들에게 그것들을 제시했습니다. 중국의 여성 물리학자인 우와 그녀의 동료들이 처음으로 실험한 이들입니다.

아주 도식적으로 설명하자면 다음과 같습니다. 매우 낮은 온도에서 그 자체로 작은 자석인 금속 코발트의 방사성 동위원소의 원자핵들이 자기장에 노출되면, 코발트 원자핵은 나침반 바늘처럼 일정한 방향으로 향하게 됩니다. 다음에는 방사성에 기인한 전자의 방향에 대한 분포를 관찰합니다.

탁자에 놓인 실타래처럼 감긴 코일은 자기장을 형성하고, 전류는 철사 속에서 시계 반대 방향으로 흐르고 있다고 가정해 봅시다. 그러면 코발트핵의 북극점은 위로 향할 것입니다. 북극점이 위쪽인 코발트 원자의 방사성 붕괴 과정에서 전자는 우선적으로 마룻바닥 쪽으로 나오는 것을 선호한다는 결과가 얻어졌습니다. 이 실험 결과 이전에 가정했던 좌우대칭성이 결여되었다는 점이 명백해졌습니다. 우리는 이 실험으로 오른쪽과 왼쪽이 무엇인지 알지 못하는 사람—먼 행성 체계에 사는 생물이라고 가정합시다—에게 설명해 줄 수 있습니다. 사실 그 사람에게 전자가 향하는 지점이 우선적으로 아래가 되도록 실험을 준비하라고만 요청해도 충분할 것입니다. 그러면 전류는 그것이 '좌향좌'라는 명령에 따라 도는 것과 같은 방향을 갖게 될 것입니다.

이것은 새로운 발견들을 물리법칙이라는 큰 체계에 통합시키는 데 엄청나게 중요합니다. 만약 먼 행성에 있는 사람이 전류의 방향으로만 우리가 뜻하는 것을 알 수 있다면 그 사람은 우리의 명령을 따를 수 있을 것입니다. 그리고 이것을 알기 위해서 그 사람은 우리의 원소들과 그의 원소들이 동일한 기본입자들로 구성되었다는 사실을 알아야만 합니다. 그러나 우리는 입자와 반입자의 쌍이 전자뿐만 아니라 양성자와 중성자에도 해당된다는 것을 알고 있습니다. 따라서 그의 원자들은 우리의 원자들과 반대로 양전자와 음원자핵으로 이루어져 있을 수도 있습니다. 만약 그렇다면 그 사람은 우리가 하는 것과 반대로 전류의 방향을 말할 것이며 그 결과 그는 우향좌와 좌향우라고 할 것입니다. 이점을 기술하면서 아직까지는 명확하게 확정되지는 않았지만 실험에 따르면, 반 입자로 이루어진 기본입자들을 사용해 수행된 모든 실험들의 결과는 좌우대칭을 다시 복원시켜야 한다고 암묵적으로 가정했습니다. 다른 말로 하자면 우리는 반입자들을 전기적으로 반대 부호를 가진 입자가 아니라 입자들의 거울이미지로 간주해야 한다는 것을 의미합니다.

리정다오 교수님, 양전닝 교수님.

제가 방금 스웨덴어로 연설한 내용은 시간의 제약으로 말미암아 두 분의 연구를 충분히 설명하지 못했을 뿐만 아니라 두 분이 이론물리학에 공헌한 다른 연구들을 언급하지 못했습니다. 따라서 두 교수님의 새로운 업적이 물리학자들 사이에 얼마나 큰 열정을 불러일으켰는지에 대해 충분한 평가를 내리지 못했습니다. 일관성 있고 편견에 사로잡히지 않은 사고를 통해 두 분은 기본입자 물리학에서 가장 당혹스러운 문제를 해결할 수 있었으며 오늘날 쏟아져 나오는 실험적·이론적 연구 결과들 역시 두 분의 놀라운 연구 덕분입니다.

따라서 스웨덴 왕립과학원이 이 과학 분야에 대한 기본적인 공로를 인정하여 리정다오 교수님과 양전닝 교수님께 올해의 노벨 물리학상을 수여하기로 결정한 것은 매우 만족스러운 일입니다.

협회를 대신하여 우리의 충심어린 축하의 말씀을 전해드립니다. 이제 전하로부터 1957년 노벨 물리학상을 수상하시기 바랍니다.

스웨덴 왕립과학원 노벨 물리학위원회 O. B. 클라인

체렌코프효과의 발견과 해석

1958

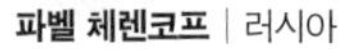

파벨 체렌코프 | 러시아 **일리야 프랑크** | 러시아 **이고르 탐** | 러시아

:: 파벨 알렉세예비치 체렌코프 Pavel Alekseyevich Cherenkov (1904~1990)

소련의 물리학자. 1928년 보로네슈 대학교를 졸업한 후 1930년 과학아카데미의 레베데프 물리학연구소에서 연구하였다. 1940년에는 물리학 및 수학 박사학위를 취득하였다. 러시아 과학 아카데미 물리학 연구소에서 연구학생으로 있던 1934년에 체렌코프 복사효과를 관찰했다. 그는 이 연구소의 연구원으로 있다가 1959년에 정교수가 되었다.

:: 일리야 미하일로비치 프랑크 Ilya Mikhaylovich Frank (1908~1990)

소련의 물리학자. 모스크바 대학교에서 공부한 후, 1931년 레닌그라드 국립광학연구소에 들어갔다. 1935년에 물리학 및 수학 박사학위를 취득한 뒤 1944년에 모스크바 대학교 물리학과 학과장이 되었으며, 1946년에는 과학아카데미 회원이 되었다.

:: 이고르 예브게니예비치 탐 Igor Yevgenyevich Tamm (1895~1971)

소련의 물리학자. 1913년에 에딘버러 대학교에서 공부하였고, 1918년에 모스크바 대학교를 졸업하였다. 이후 박사학위를 취득하여 크림 대학교 및 모스크바 대학교에 교수로 재직하였다. 체렌코프 효과의 발견과 해석을 통하여 원자의 연구를 용이하게 하였다.

전하, 그리고 신사 숙녀 여러분.

오늘 노벨상을 수상하게 된 체렌코프 효과의 발견은 비교적 단순한 관찰이 적절한 연구 방법을 통해 중요한 발견으로 이어지고, 과학 연구에 새로운 길을 여는 것을 보여 주는 매우 좋은 예입니다. 이런 과학자들은 과학적 진보의 계기가 되는 독창적이고 직관적인 실험을 수행하는 능력을 타고 나는 것처럼 보입니다.

1930년대 초반의 파벨 체렌코프는 모스크바 레베데프 연구소의 학생이었습니다. 그의 스승인 바빌로프 교수가 그에게 준 논문의 연구 주제는 라듐에서 나오는 방사선이 여러 액체 속을 통과하면서 흡수될 때 어떤 일이 일어나는지를 연구하는 것이었습니다. 물론 이 문제는 이미 많은 과학자들이 관심을 가졌던 문제였으며, 방사선이 통과할 때 액체로부터 희미하게 비쳐 나오는 푸른빛도 이미 많은 사람들이 관찰했던 것입니다. 프랑스의 루시앙 말레의 관찰이 바로 그런 것에 해당됩니다. 그들은 이것이 잘 알려진 형광현상이 푸른빛으로 발현되는 것이라고 생각했습니다. 형광현상은 이미 50년 전부터 잘 알려져 있었고 이 현상을 응용한 분야도 많았습니다. 예를 들면 엑스선 형광 현미경은 엑스선이 형광판을 때려서 발광하는 것을 눈에 보이도록 만든 것입니다.

그러나 체렌코프 교수는 그가 관찰한 발광이 형광의 특성을 가지고 있지 않다는 점에 주목했습니다. 그런 생각은 첫 번째 실험에서 바로 증명되었습니다. 체렌코프 교수는 발광이 액체의 조성과 무관하게 일어난다는 것을 발견했는데 이것은 형광현상과 확연하게 다른 성질입니다. 두 차례 증류한 물을 이용한 실험에서 액체 내의 불순물에 의한 형광 가능성도 완전히 배제할 수 있었습니다.

체렌코프 교수는 이 새로운 발광현상을 연구 주제로 삼아 체계적인 추가 연구를 진행했습니다. 그는 이 발광이 라듐방사선이 들어오는 방향으로 편광되어 있음을 발견했습니다. 또한 라듐에서 나오는 전자들만 액체 속에 조사되었을 때에도 동일한 발광이 일어나는 것을 관찰함으로써 라듐방사선이 만든 매우 빠른 2차 전자가 이런 가시광선 발광의 주요 원인임을 알아냈습니다.

체렌코프 교수는 1934년부터 1937년 사이에 러시아 학술지에 발표한 연구들에서 이 새로운 발광의 일반적인 특징들을 모두 밝혔지만 여전히 이에 관한 수학적 이론은 없는 상태였습니다. 이 시점에 모스크바에 있는 체렌코프 교수의 동료들이 새로운 그림을 그리기 위해 뛰어들었습니다. 왜 매우 빠른 전자가 유체 속을 지나갈 때 체렌코프 교수가 발견한 특성의 발광이 일어나는 것일까요? 처음에는 이 현상이 대단히 이해하기 힘든 것처럼 보였지만 프랑크 교수와 탐 교수는 간단 명료하게 수학적 엄밀성을 갖추어 설명하였습니다.

그 현상은 파도보다 빠른 속도로 진행하는 배에 뱃머리파가 생기는 것과 비슷합니다. 여기 누구나 할 수 있는 간단한 실험이 있는데, 먼저 물이 담긴 그릇에 어떤 물체를 떨어뜨리고 원형의 파가 진행하는 속도를 관찰합니다. 그런 다음 처음에는 물체를 수면에서 아주 천천히 움직이다가 점점 속도를 빨리합니다. 물체의 속도가 수면파의 속도보다 빨라지면 뱃머리파가 형성되어 뒤로 비스듬하게 퍼져 가는 것을 알 수 있습니다. 이 경우 수면파의 속도는 작기 때문에 뱃머리파를 만드는 것은 쉽습니다. 공기 중에서는 제트기가 이른바 소리장벽을 돌파할 때, 즉 시속 1,000킬로미터인 음속보다 빠르게 날아갈 때 동일한 현상이 일어납니다. 이때 폭발음이 발생하는 것이 바로 그것입니다.

체렌코프 교수의 경우처럼 전자와 같은 대전입자가 매질을 통과할 때

가시광선의 뱃머리파가 만들어지려면 그 입자가 빛의 속도보다 빠른 속도로 매질을 통과해야 합니다. 아인슈타인의 상대성원리를 생각하면 이런 조건을 만드는 것은 불가능해 보입니다. 하지만 아인슈타인의 이론에서 빛의 속도는 진공에서의 속도를 말하며, 액체나 투명한 고체와 같은 매질에서는 빛의 속도가 진공에서보다 느려지고 파장에 따라 그 속도가 달라집니다. 학창시절의 프리즘을 통한 빛의 굴절실험을 상기해 보면 이 사실을 잘 이해할 수 있습니다. 따라서 이런 매질에서는 방사능 물질에서 나오는 고속의 전자가 빛의 속도보다 빠르게 운동하는 것이 가능해집니다. 이 조건에서 체렌코프 교수의 뱃머리파가 형성되어 전자들의 빠른 이동 경로를 따라 액체로부터 마술 같은 푸른빛이 나오는 것입니다.

물속에 우라늄 반응로가 잠겨 있는 수영장 원자로를 내려다보면 아주 아름답습니다. 내부 전체가 푸른색의 체렌코프광으로 빛나는데, 이 빛을 이용해서 반응기의 내부 사진을 찍을 수도 있습니다.

1955년 체렌코프 효과는 음전하를 띠는 수소핵인 반양성자의 발견 같은 새로운 소립자에 관한 최근의 성공에 결정적인 역할을 하였습니다. 이 효과에 기초하여 단일입자들의 거동을 기록할 수 있는 장치가 설계되었습니다. 물론 입자가 충분히 빠른 속도일 때에만 이 장치에 기록이 되며 동시에 속도가 측정됩니다. 속도를 측정하기 위해서는 뱃머리파의 각도가 입자의 속도에 의존한다는 사실을 이용하는데, 상당히 높은 정밀도입니다. 파도를 가르는 배에서 보는 것처럼 입자의 속도가 클수록 뱃머리파 사이의 각도는 작아집니다.

체렌코프 감지기라고 부르는 이런 새로운 방사선 감지기는 소립자를 매우 높은 속도로 가속하는 대형 원자가속기의 가장 중요한 장치 중 하나가 되었습니다. 약 20년 전 체렌코프 교수와 프랑크 교수, 그리고 탐

교수가 발견한 물질의 기본구조와 특성은 현재 대단히 중요한 응용으로 이어졌습니다.

체렌코프 교수님, 프랑크 교수님, 그리고 탐 교수님.

스웨덴 왕립과학원은 체렌코프 효과의 발견과 이론적 설명의 공로로 노벨 물리학상을 여러분께 수여하기로 하였습니다. 이 발견은 잘 알려져 있지 않은 물리현상에 한줄기 빛을 던졌으며, 원자의 연구에 매우 유용한 도구를 제공하였습니다. 과학원을 대신하여 마음속 깊이 축하의 말씀을 드립니다.

이제 나오셔서 전하로부터 노벨상을 수상하시기 바랍니다.

스웨덴 왕립과학원 노벨 물리학위원회 K. 시그반

반양성자의 발견

1959

에밀리오 세그레 | 미국

오언 체임벌린 | 미국

:: 에밀리오 지노 세그레 Emilio Gino Segrè (1905~1989)

이탈리아 태생 미국의 물리학자. 1928년에 로마 대학교에서 E. 페르미의 지도 아래 박사 학위를 취득한 후, 1930년부터 1932년까지 함부르크 대학교와 암스테르담 대학교에서 연구하였다. 이후 로마 대학교 및 팔레르모 대학교에서 교수로 재직한 후 1938년에 미국으로 이주하여 1946년부터 캘리포니아 대학교와 버클리 대학교에서 물리학 교수로도 재직하였다. 제2차 세계대전 중에는 맨해튼 계획에도 참여하였다. 1974년에 로마 대학교 핵물리학과 교수가 되었다.

:: 오언 체임벌린 Owen Chamberlain (1920~2006)

미국의 핵물리학자. 더트머스 대학교와 캘리포니아 대학에서 공부하였으며, 제2차 세계대전 중 맨해튼 계획에 참여하였다. 전쟁이 끝난 후 1949년에 시카고 대학교에서 E. 페르미의 지도 아래 박사학위를 취득하였다. 1948년부터 버클리에 있는 캘리포니아 대학교에서 물리학을 강의하였으며, 1958년에 정교수가 되었다. 반양성자에 대한 세그레와 체임벌린의 발견은 중성자의 반입자를 발견하는 데 영향을 주었을 뿐만 아니라, 새로운 입자를 탐지하고 분석하는 데 기여하였다.

전하, 그리고 신사 숙녀 여러분.

물질이 아주 작고 더 이상 쪼개질 수 없는 원자들로 이루어져 있다는 생각은 고대로부터 내려온 유산입니다. 그러나 오늘날의 실험들은 원자들이 그 자체로 복잡한 구조라는 것을 보여 주고 있으며, 더 이상 분할할 수 없다는 의미에서의 원자라는 개념은 이른바 원자를 구성하는 기본적인 입자들에 적용되어야 하는 것으로 전환되었습니다. 그로부터 물질의 분할에 대한 궁극적인 한계에 도달할 수 있다는 희망이 생겨났습니다.

그러나 기본입자라고 생각되는 입자들의 수는 놀라울 정도로 늘어나고 있습니다. 따라서 물질이 하나 또는 적어도 두 종류의 입자들로 이루어져 있다는 매력적인 생각과는 일치하지 않습니다.

디랙의 입자이론은 가장 성공적이고 주목할 만한 이론인데, 기본입자가 매우 많다는 상황을 해석하려는 시도가 바로 그의 입자와 반입자에 대한 이론입니다. 이 이론에 따르면 입자와 반입자는 서로에 대한 거울상으로 생각할 수 있습니다. 두 종류의 입자들은 쌍을 이루며 형성되고 또한 쌍으로 소멸한다고 간주됩니다. 우리가 존재하는 세계는 우연하게도 한 종류의 입자로 구성되어 있으며 입자계에서 산발적으로 생성되는 반입자들은 매우 빠르게 소멸합니다. 입자와 반입자는 전하의 부호만 다르고 다른 것은 모두 똑같기 때문에 멀리 떨어진 별이나 은하계가 물질로 이루어져 있는지, 아니면 반물질로 이루어져 있는지 지구에서는 판단하기가 매우 어렵습니다.

디랙의 이론이 예측한 반물질에 대해 처음부터 어떤 실제적인 중요성을 부여한 물리학자는 아마도 거의 없었을 것입니다. 그런데 예상치 않게 1931년 우주복사에서 앤더슨이 최초의 반입자인 양전자를 발견하였습니다. 그 이후 계속된 연구들은 새로 발견된 입자가 모든 면에서 디랙의 이론에서 예측된 반물질처럼 행동한다는 것을 보여 주었습니다. 이 입자는 항상 보통의 전자와 함께 나타나며 즉, 전자-반전자쌍처럼 짝을 이뤄 생겨났다가 갑자기 사라진다는 것이 밝혀졌습니다. 오늘날 이러한 쌍 형성과 소멸의 과정보다 더 잘 알려지고 더 명확하게 밝혀진 것은 없습니다.

그럼에도 불구하고 디랙의 놀라운 이론을 수소원자의 핵인 양성자의 반입자를 검출함으로써 한 번 더 검증한다는 것은 바람직해 보입니다. 문제는 가벼운 전자와 달리 양성자는 무겁기 때문에 반양성자를 검출하기 위해서는 2,000배 이상의 에너지가 필요하다는 것입니다. 이러한 에너지를 가진 입자는 우주복사에서 얻을 수 있습니다. 그렇지만 반양성자는 우주복사에서 너무나 불규칙적으로 생성되기 때문에 그 생성과 소멸을 체계적으로 연구하는 유일한 방법은 충분한 성능의 가속기를 이용하여 반양성자의 생성을 제어하는 것입니다.

버클리 캘리포니아 대학교에 있는 훌륭한 가속기 베바트론은 주로 반양성자의 생산을 목적으로 제조되었다고 알려져 있습니다. 이것은 과장일지도 모릅니다만 이 가속기는 양성자와 반양성자의 쌍 형성에 필요한 에너지인 최대 600만 볼트의 가속 전압에 도달했습니다. 베바트론이 버클리 대학교에 세워진 것은 로렌스가 최초로 사이클로트론을 세우고 맥밀런이 상대론적 입자들의 동기화에 대한 원리를 개발한 이후로 만들어진 버클리의 전통 때문이었습니다.

그러나 반양성자 연구가 처음에는 이렇게 기술적으로 매우 우수한 기계를 통해서 가능하게 되었지만 반양성자에 대한 실제 발견과 고찰은 대부분 체임벌린 교수와 세그레 교수가 수행하였습니다. 비슷한 방식으로 중성자의 반입자가 발견되었으며, 이로써 반입자의 개념이 전기적으로 중성인 입자들까지 확장될 수 있었습니다.

에밀리오 세그레 교수님, 그리고 오언 체임벌린 교수님.

반양성자에 대한 두 교수님의 발견은 버클리 대학교의 방사선연구소에 있는 훌륭한 자원들을 통해 가능하였습니다. 그러나 스웨덴 왕립과학원이 주목하는 것은 새로운 입자들을 탐지하고 분석하는 데 대한 교수님들의 뛰어난 방법입니다.

세그레 교수님.

21년 전 교수님의 동료인 엔리코 페르미 교수가 동일한 분야에서 노벨상을 받았을 때를 상기할 필요는 없을 것 같습니다. 두 분은 절친한 동료였고 교수님은 그때까지 매우 성공적으로 페르미 교수와 협력해 왔습니다. 두 분 모두 그 당시 서방 편향적인 뛰어난 이탈리아 과학자 집단에 속해 있었습니다.

체임벌린 교수님.

교수님은 시카고에서 페르미 교수와 함께 보낸 시간들에 대한 친밀한 기억을 갖고 있을 것입니다.

이제 전하께서 두 분 교수님께 직접 노벨상을 수여하시겠습니다.

스웨덴 왕립과학원 노벨 물리학위원회 위원장 E. 훌텐

거품상자의 발명

1960

도널드 글레이저 | 미국

:: 도널드 아서 글레이저 Donald Arthur Glaser (1926~2013)

미국의 물리학자. 1946년 케이스 공과대학을 졸업하고 1950년에 캘리포니아 공과대학에서 물리학과 수학으로 박사학위를 취득하였다. 1949년부터 1959년까지 미시건 대학교에서 교수로 재직한 후, 1957년부터 버클리에 있는 캘리포니아 대학교 물리학 및 분자생물학 교수로 재직 중이다. 1952년에 그가 발명한 거품상자는 새로운 입자의 생성, 전이, 소멸 등의 과정을 직접 관찰할 수 있게 하는 등 핵물리학 분야를 비롯하여 현대 물리학의 발전에 기여하였다.

전하, 그리고 신사 숙녀 여러분.

우리 모두는 높은 하늘을 나는 제트기가 푸른 하늘을 배경으로 남겨 놓은 하얀 선을 감탄스러운 눈길로 바라본 적이 있습니다. 그 하얀 선은 비행기 뒤에 응결한 아주 작은 물방울들로 이루어진 구름의 흔적입니다. 우리는 비행기가 멀리 사라진 뒤에도 이 구름의 흔적으로 비행기의 경로를 정확하게 추적할 수 있습니다. 이런 비슷한 방법이 핵물리에서도 사용되고 있는데 어떤 기체를 통과하는 개개의 원자입자들을 이런 식으로 관찰하는 것입니다. 그것이 바로 핵물리에서 아주 중요한 역할을 해 온 유명한 구름상자입니다.

이 구름상자를 발명한 영국의 윌슨은 지금으로부터 33년 전인 1927년에 노벨상을 수상했습니다. 오늘 시상할 노벨상과 윌슨의 발명은 서로 밀접한 관련이 있기 때문에 구름상자의 기능을 먼저 살펴보는 것이 좋겠습니다. 방사능 물질로부터 방출되는 입자 등 원자입자들은 이온이라고 부르는 하전된 조각들을 남기며 이동합니다. 그 입자가 과포화상태의 물분자가 들어 있는 가스상자를 통과하면 이온들이 물방울의 응결을 도와서 비행기 위의 구름 흔적처럼 입자가 이동한 경로를 따라 작은 물방울이 생깁니다. 적당한 순간에 상자 밑의 피스톤을 움직여서 상자 안의 가스를 급격히 팽창시킴으로써 과포화된 상태의 수증기를 만들 수 있는데, 이때 상자 안의 가스에 플래시를 터뜨려 사진을 찍으면 입자가 통과하면서 형성된 구름의 흔적을 기록할 수 있습니다. 이를 통해 우리는 원자붕괴, 핵융합, 우주선의 경로 등을 추적할 수 있었습니다. 1,000억분의 1밀리미터 정도의 입자를 이렇게 정교하게 가시화할 수 있다니 참으로 놀라운 발명이 아닐 수 없습니다.

핵물리학의 황금시대로 불리는 1930년대에 윌슨상자는 대단히 중요한 역할을 했습니다. 당시 핵물리학의 가장 위대한 발견들이 윌슨상자를 통해 가능했다는 것은 의심의 여지가 없습니다. 윌슨상자는 그 시대에 가장 이상적인 실험 기구이기도 했습니다. 왜냐하면 20~30년 전에 인공적으로 만들 수 있었고, 당시의 주된 관심사였던 핵입자들은 보통 압력의 가스 내에서 수십 센티미터의 흔적을 남기기 때문입니다. 즉 입자들이 수백만 볼트의 에너지를 가지고 있어서 윌슨상자를 사용하는데 전혀 어려움이 없었습니다. 모든 입자들의 전 경로를 추적할 수 있었고, 모든 가능한 핵반응을 윌슨상자 안에서 관찰할 수 있었습니다.

그러나 오늘날의 핵물리학에서는 상황이 완전히 바뀌었습니다. 예를 들어 최근 완성된 제네바의 유럽 핵물리연구센터의 가속기에서 방출되는 입자의 에너지는 250억 볼트에 달합니다. 다시 말해서 옛날에 비해 에너지가 수천 배나 증가한 것입니다. 이런 입자가 날아가는 전 궤적을 추적하기 위해서는 길이가 100미터 이상이나 되는 엄청난 크기의 윌슨상자를 사용해야만 합니다. 당연히 고속의 입자를 정지시킬 수 있도록 기체가 아닌 새로운 매질이 필요해졌습니다. 도널드 글레이저 교수는 이른바 거품상자bubble chamber를 발명하여 이 문제를 해결했습니다. 그의 거품상자는 저에너지 핵물리학에서 윌슨상자가 한 역할을 고에너지 핵물리학에서 수행하는 것입니다. 기억하시다시피 작년에 반입자의 발견에 노벨상이 주어졌습니다. 반입자는 입자의 반대 즉 그 거울상입니다만, 글레이저 교수의 거품상자 역시 반半윌슨상자라고 할 수 있습니다. 글레이저 교수의 거품상자에서는 입자의 궤적이 액체 속에서 발생한 작은 기체 방울들로 남기 때문입니다.

이제 거품상자나 제트기 문제로부터 일상으로 돌아와 소다수 병 뚜껑을 땄을 때 일어나는 현상들을 살펴봅시다. 이를 통해 도널드 글레이저 교수가 최초의 착상으로부터 거품상자의 발명을 이루게 된 전 과정을 그대로 따라가 보겠습니다. 우리가 병 뚜껑을 열어서 병의 압력을 낮추면 소다수에서 거품이 올라오는데, 이때 거품은 그 생성을 도와주는 특정 위치에서 우선적으로 발생합니다. 글레이저 교수의 생각은 소다수 병이 아니라 끓는점 근처까지 가열된 액체가 채워진 상자를 사용하는 것이었습니다.

이 액체에 가해지는 외부 압력을 피스톤을 이용해서 낮추어 주면 액체는 비등하려고 합니다. 그러나 조심스럽게 압력을 낮추면 이 액체를 끓지 않는 불안정한 상태, 즉 과열상태로 유지할 수 있습니다. 이 액체에 아주 작은 교란이라도 생기면 마치 소다수 병의 마개를 딴 것처럼 액체가 끓게 됩니다. 글레이저 교수는 입자들이 액체를 통과하면 그 궤적을 따라 발생하는 이온이 거품 생성의 단서를 제공해서 거품의 생성을 유발할 것이라고 생각했습니다. 따라서 어떤 입자가 통과한 직후 과열된 액체의 순간 사진을 찍으면 생성된 거품의 흔적을 통해 입자의 궤적을 추적할 수 있게 됩니다. 물론 거품 궤적은 곧 격렬하게 끓어오르기 때문에 입자가 통과한 직후에 사진을 찍어야 합니다. 이것이 글레이저 교수의 핵심 아이디어였습니다. 그는 목표에 대해 체계적으로 접근하여 1952년 최초의 거품상자를 구현하는 데 성공했습니다. 글레이저 교수의 거품상자 원리는 대단히 간단하지만 그것을 구현해 내는 것은 수 년의 연구가 필요할 만큼 대단히 어려운 일이었습니다.

글레이저 교수가 그의 아이디어와 첫 번째 실험 결과를 발표하자마자 많은 사람들이 여기서 무언가 중요한 것이 나올 것임을 직감할 수 있었습니다. 많은 과학자들이 여러 형태의 거품상자를 구현하기 위해 뛰어들었습니다만 실제 거품상자에 결정적인 기여를 한 사람은 글레이저 교수 자신이었습니다. 장치를 구동하기 위해서 글레이저 교수는 거품 형성에 관한 이론적·실험적 연구를 해야만 했습니다. 언제나 그런 것처럼 문제에 대한 체계적인 접근만이 해답을 이끌어 냅니다.

최근 몇 년간의 놀라운 변화는 거품상자의 크기가 대단히 커졌다는 것입니다. 최초의 거품상자는 에테르가 채워진 몇 센티미터 정도의 단순한 유리상자였습니다. 그러나 현재는 가장 정교한 기술이 집적된 대단히 커다란 장치로 발전했습니다. 현재 가장 큰 거품상자는 길이가 2미터, 넓이와 깊이가 0.5미터이며 절대온도 0도 근처에서 액화된 액체수소를 채운 것입니다. 주위에는 강력한 전자석을 설치하여 입자의 궤적을 휘게 함으로써 희미한 거품의 궤적도 약간 휘게 만듭니다. 이 방법으로 빛의 속도에 가깝게 거품상자 안을 통과하는 미지의 입자를 찾아낼 수 있습니다. 이 대형 거품상자는 대단히 복잡한 자동기록 장치와 거품상자의 궤적 정보를 대형 컴퓨터로 보내는 장치를 가지고 있습니다. 컴퓨터의 계산을 거치면 핵물리학자들이 갈망하는 뉴스가 원자의 세계로부터 전해지는 것입니다. 이 부분은 '프랑켄슈타인'이라는 재미있는 이름을 가지고 있습니다.

글레이저 교수의 거품상자를 사용함으로써 현대의 핵물리학자들은 미국, 서유럽 그리고 러시아의 핵물리연구센터에 구축된 고에너지 원자가속기를 이용한 연구에 꼭 필요한 장치를 갖추게 되었습니다. 수많은 연구팀에서 거품상자 속의 입자궤적으로 이상하고 새로운 입자가 생성되고 전이되며 사라지는 과정을 연구하고 있습니다. 즉 원자핵이 어떻게 분열하고, 어떻게 분리된 핵으로부터 새로운 입자가 생성되며, 어떠한 전이 과정을 거쳐 결국 소멸되는지를 연구하고 있습니다.

글레이저 박사님,

박사님의 거품상자 발명은 핵물리 분야에 새로운 세계를 열어 놓았습니다. 수십억 볼트 급의 가속기에서 나온 고에너지 빔을 거품상자에 통과시킴으로써, 우리는 고에너지 빔에서 일어나는 모든 특이한 현상들을 눈으로 직접 관찰하게 되었습니다. 이 방법으로 이미 많은 정보가 축적되었으며 조만간 더욱 많은 중요한 발견들이 이루어질 것입니다. 현대 핵물리학의 발전이 이렇게 한 사람에게 크게 의존하는 경우는 매우 드뭅니다.

왕립과학원을 대표해서 진심으로 축하를 드립니다. 이제 전하로부터 노벨상을 수상하시기 바랍니다.

스웨덴 왕립과학원 K. 시그반

전자의 산란에 대한 연구와 핵자의 구조 발견 | 호프스태터
감마복사의 공명흡수와 뫼스바우어 효과의 발견 | 뫼스바우어

1961

로버트 호프스태터 | 미국

루돌프 뫼스바우어 | 독일

:: 로버트 호프스태터 Robert Hofstadter (1915~1990)

미국의 과학자. 뉴욕 시립대학에서 공부하였으며, 1938년 프린스턴 대학교에서 물리학으로 박사학위를 취득하였다. 제2차 세계대전 중 도량형국에서 근무하였으며, 이후 프린스턴 대학교 조교수를 거쳐 1950년에 스탠퍼드 대학교의 교수로 임용되었다. 원자핵과 단일 핵자들에 대한 그의 선구적 연구로 인하여 원자핵 구조의 특징이 규명되었다.

:: 루돌프 루트비히 뫼스바우어 Rudolf Ludwig Mössbauer (1929~2011)

독일의 물리학자. 1958년에 뮌헨 공과대학에서 박사학위를 취득하였으며, 1961년 패서디나에 있는 캘리포니아 공과대학의 초빙교수로 활동한 후, 1964년에 뮌헨 공과대학의 교수가 되었다. 박사 과정 중 그가 발견한 뫼스바우어 효과는 상대성 이론의 검증을 비롯하여 고체의 특성을 규명하는 데에 기여하였다.

전하, 그리고 신사 숙녀 여러분.

50년 전 러더퍼드가 원자핵을 발견한 이래 물리학에서 가장 근본적인 문제는 원자핵이 어떻게 구성되어 있는가를 연구하는 것이었습니다. 1930년대 초 수소핵, 즉 양성자와 거의 똑같은 질량을 지니는 중성자라고 불리는 전기적으로 중성인 입자가 발견되었을 때 이 질문에 대한 답의 기초가 만들어졌습니다. 원자핵에 대한 이론이 하나 제시되었는데 이 이론에 따르면 원자핵은 합쳐서 핵자라고 불리는 양성자와 중성자로 이루어져 있다는 것입니다. 몇 년 후 유카와 히데키는 핵자들을 묶어 주는 힘에 대한 이론을 제안하였습니다. 이 이론에 따르면 핵자들은 그 자체로 복잡한 내부 구조를 가질 수 있다고 예측되었습니다.

로버트 호프스태터 교수는 양성자와 중성자가 혼합된 원자핵과 단일 핵자의 내부 구조를 고찰하기 위한 새로운 실험 방법을 개발하였습니다. 그 방법은 매우 높은 에너지를 갖는 전자들을 원자핵에 융단 폭격하는 것입니다. 어떤 경우 전자들은 원자핵에 침투할 수 있고 그러면 핵 내부의 강한 전자기력에 의해서 튕겨 나가게 됩니다. 자기분광계상에서 다른 에너지를 갖는 산란된 전자들을 분리하고 각각의 특정한 방향으로 튕겨 나가는 전자들의 수를 셈으로써 호프스태터 교수는 핵 안의 전하 분포에 대한 상세한 지식을 얻어내는 데 성공하였습니다. 이와 함께 핵자들의 자기모멘트 분포에 관한 중요한 결과들도 발견되었습니다.

호프스태터 교수가 사용한 실험 방법은 일반적인 전자현미경의 원리와 관련 있습니다. 전자를 가속하는 전압을 높이면 더욱 미세한 구조를 관찰할 수 있습니다. 원자핵의 면적은 1센티미터의 100억분의 1정도이기 때문에 호프스태터 교수는 원자핵의 구조를 알아내기 위해 원자핵을 매우 높은 에너지를 가진 전자들로 융단 폭격하였습니다. 사용된 에너지 중 가장 높은 것은 가속 전압이 거의 10억 볼트에 달했습니다. 1950년에 호프스태터 교수가 스탠퍼드 대학교에서 연구를 시작했을 때 거기에는 이미 선형가속기가 제작되어 있었고, 이 가속기는 이후 더 높은 에너지를 가진 전자들을 만들 수 있도록 수정되었습니다. 또한 필요한 만큼의 정확도를 갖고 산란된 전자를 측정할 수 있도록 복잡한 실험 장치를 제작하였습니다. 장비의 큰 크기에도 불구하고 그는 매우 정교한 방식으로 높은 정확도를 얻어내는 데 성공하였습니다.

호프스태터 교수의 연구 결과는 핵자들의 성질을 탐구하는 새로운 장을 열었습니다. 그의 선구적인 연구 결과는 최근 코넬 대학교에서의 유사한 실험을 통해 훌륭하게 뒷받침되었습니다. 이런 종류의 연구들은 다른 연구소에서도 이루어질 것입니다. 앞으로 수 년 안에 작동될 예정인 전자가속기들은 아마도 이 분야에서 우리의 지식을 더 깊게 해줄 것입니다.

루돌프 뫼스바워 교수는 원자핵에 의한 감마복사의 방출과 흡수에 관해 연구를 했습니다. 이 복사는 빛이나 라디오파와 같은 종류입니다. 입사되는 라디오파의 주파수가 수신기의 주파수와 동일하게 조정되어 있을 때만 수신될 수 있다는 사실은 잘 알려져 있습니다. 입사파와 수신기의 주파수가 동일하면 공명이 일어납니다. 핵에서 이와 같은 공명현상이 일어나는지를 관찰하려는 시도가 오랫동안 있었습니다. 이 방법은 공명흡수라고 불리며 한 종류의 핵에서 방출되는 감마선을 동일한 종류의 다른 핵에 조사하여 감마선이 흡수되는지를 관찰하는 것입니다. 그러나 이를 구현하려면 몇 가지 어려움을 극복해야 합니다. 감마복사는 빛의 입자들이 복사된다고 생각할 수 있습니다. 감마입자를 복사할 때 원자는 반작용을 받게 되는데 그러면 만들어지는 감마입자의 에너지와 감마복사의 주파수가 감소합니다. 감마입자가 흡수되는 원자핵에서도 같은 현상이 나타납니다. 이러한 주기의 변화를 보상하지 못한다면 뫼스바워 교수가 수행한 이전의 실험에서 그랬던 것처럼 공명은 완전히 없어집니다.

뫼스바워 교수는 고체 내의 원자들은 공명흡수를 직접 연구할 수 있을 정도로 주파수의 변화가 작기 때문에 상당한 양의 복사가 발생할 수 있다는 사실을 발견했으며 이를 이론적으로 설명할 수 있었습니다. 1958년 뫼스바워 교수는 자신의 발견을 발표했습니다. 감마선의 폭은 매우 좁기 때문에 공명은 매우 예리하게 일어나며, 뫼스바워 교수가 발견한 것처럼 감마선을 방출하는 원천이나 그것을 흡수하는 원자가 움직이면 도플러 효과에 의해서 영향을 받고 종국에는 공명이 없어질 수 있습니다. 이때 필요한 속도는 감마선의 예리함의 정도에 따라 다르며 시간당 수 밀리미터 정도로 작을 수 있습니다.

뫼스바워 교수의 발견은 학계의 상당한 관심을 유발했습니다. 지금까지 뫼스바워 효과에 대한 연구가 많은 곳에서 이루어지고 있습니다. 그 결과 아인슈타인의 상대성이론의 중대한 결과들을 실험실에서 증명할 수 있게 되었습니다. 또다른 중요한 응용의 예로는 고체 내에 있는 원자핵의 에너지 준위와 그 준위가 분리되는 정도는 원자핵의 환경에 따라 달라지는 것을 발견한 것입니다. 원자핵의 에너지 준위와 관련된 현상은 크기가 매우 작지만 뫼스바워 효과를 이용하면 측정이 가능합니다. 이와 같은 방식으로 고체의 성질에 대해 많은 중요한 정보를 얻을 수 있었습니다.

뫼스바워 교수는 뮌헨의 마이어-라이프니츠 교수의 제안으로 공명흡수에 대한 연구를 수행하던 중 이러한 발견을 이루어 냈습니다. 그는 여기서 몇 개의 예상치 못한 결과들을 발견했는데 이들을 체계적으로 연구하여 독자적인 발견으로 나아갈 수 있었습니다.

호프스태터 교수님.

교수님은 원자핵과 단일핵자들에 대한 선구적인 연구로 원자핵 구조의 특징을 밝혀냈으며 이는 거의 감지할 수 없을 정도로 매우 작은 시스템을 이해하는 데 매우 중요한 것이었습니다. 교수님 연구의 가장 큰 특징은 고에너지 물리학 영역에서 이전에 거의 이루어질 수 없었던 정밀함을 성취했다는 점입니다. 교수님은 오랜 기간 자신의 방법과 연구 장비들을 부단히 향상시킴으로써 높은 정밀도를 얻어냈습니다. 이것은 최근에 원자핵에서 작용하는 힘들을 이해하는 데 결정적인 역할을 할 새로운 입자들을 발견하는 계기가 되었습니다.

뫼스바워 교수님.

교수님은 박사학위 논문에 대한 연구를 수행하는 중 자신의 이름으로 불리게 되는 예상하지 못했던 효과를 발견했습니다. 교수님은 이 효과를 실험적 이론적으로 설명하였고, 그 결과 물리학의 수많은 분야에서 대단히 중요하게 사용하는 장치가 만들어졌습니다. 교수님의 장치는 지금도 연구되고 있으며 많은 물리 실험실에서 사용되고 있습니다. 교수님의 발견으로 이전에는 측정의 정밀도가 부족하며 연구할 수 없었던 수많은 중요한 현상들을 정확하게 관찰할 수 있게 되었습니다.

호프스태터 교수님, 그리고 뫼스바워 교수님.

스웨덴 왕립과학원을 대표하여 교수님들의 중요한 성취를 축하드립니다. 이제 전하로부터 노벨 물리학상을 받으시기 바랍니다.

스웨덴 왕립과학원 이바르 발러

물질의 응축상태에 대한 이해에 공헌

1962

레프 란다우 | 러시아

:: 레프 다비도비치 란다우 Lev Davidovich Landau (1908~1968)

러시아의 물리학자. 바쿠 대학교에서 물리학과 화학을 공부하였으며, 1927년 레닌그라드 주립 대학교를 졸업한 후 레닌그라드 물리-공학 연구소에 들어갔다. 1932년부터 우크라이나 물리-기술연구소의 이론분과장으로 활동하였다. 1937년에는 소련 과학 아카데미의 물리학 문제 연구소의 이론분과장이 되었으며, 이후 하르코프 대학교와 모스크바 대학교에서 이론 물리학 교수로 재직하였다. 1961년에는 막스 플랑크 메달과 프릿츠 론돈 상을 받기도 하였다. 액체 헬륨에 관한 이론을 통하여 액체의 특성을 완벽하게 규명하는 연구에 기여하였다.

전하, 그리고 신사 숙녀 여러분.

올해의 노벨 물리학상 수상자인 모스크바 대학교의 레프 다비도비치 란다우 교수는 1908년 바쿠에서 태어났습니다. 아주 어려서부터 탁월한 수학적 능력을 보인 그는 14세 때 레닌그라드 대학교(지금의 상트페테르부르크 대학교—옮긴이)에 입학했습니다. 그곳에서 연구를 마친 뒤 란다우 교수는 해외로 나가 1년 반 동안 유명한 원자물리학자인 닐스 보어 그룹에서 연구했습니다. 당시 그는 뛰어난 머리와 거침없는 언행으로 강한 인상을 남겼습니다.

1930년에 란다우 교수는 자기장 내에서 자유전자의 거동에 관한 양자역학적 이론을 발표함으로써 세계적인 명성을 얻었습니다. 나중에 이 이론은 금속의 특성을 이해하는 핵심적인 개념으로 밝혀졌습니다. 귀국 후 란다우 교수는 풍성한 아이디어를 바탕으로 자성물질의 구조와 초전도체 그리고 상전이와 열역학적 요동에 관한 이론을 학생들과의 공동 연구로 발표했습니다.

문제의 핵심을 간파하는 능력과 독창적인 물리적 직관력은 그가 모스크바의 물리문제연구소에 들어간 1927년부터 시작된 액체헬륨의 연구에서 더 명확히 드러났습니다. 이 연구소의 소장은 액체헬륨에 관한 흥미로운 실험 결과를 발표했던 유명한 물리학자 카피차 교수였습니다. 그는 천연의 헬륨 가스를 절대온도 4도로 냉각하면 액화되고, 절대온도 2도 정도로 더 냉각하면 아주 특이한 특성을 가진 새로운 상으로 전이한다는 것을 알아냈습니다. 카피차는 이것을 초유체라고 불렀는데, 보통의 유체는 전혀 흐를 수 없을 정도로 매우 가는 모세관이나 간극도 아주 쉽게 통과한다는 것을 표현하는 이름입니다.

대부분의 연구자들은 이 현상을 설명하기 위해 개개 원자의 양자화 상태들을 고려했습니다만, 란다우 교수는 전체 유체의 양자화된 운동 상태를 기술했으며 여기에 바로 그의 독창성이 빛나고 있습니다. 란다우 교수는 기저 상태인 절대온도 0도에서의 유체를 기술하는 데서 시작했습니다. 란다우 교수는 유체의 여기상태들을 준입자라 부르는 어떤 가상 입자의 움직임으로 기술했습니다. 그는 실험 결과와 계산 결과를 결합함으로써 이런 준입자의 기계적 특성을 추론해 냈습니다. 유체의 특성을 계산해 낼 수 있었던 이 결과들은 후에 액체헬륨의 중성자 산란실험으로 검증되었는데, 그 첫 번째 실험은 1957년 스톡홀름의 원자력 에너지 회사에서 수행하였습니다. 나아가 란다우 교수는 액체헬륨 내에 보통의 음파 외에 '2차 소리'가 존재한다는 것을 발견함으로써 이 현상을 실험적으로 확인하기 위한 러시아 과학자들의 노력을 촉발했습니다.

천연의 헬륨에는 원자량이 4인 원소 외에 원자량이 3인 동위원소가 100만분의 1 정도 포함되어 있습니다. 1950년 이후에는 이 가벼운 동위원소의 액체상태에 관한 연구가 진행되었습니다. 이 액체헬륨은 원자량의 차이 때문에 무거운 동위원소의 액체상태와 상당히 다른 특성들이 있습니다. 이 가벼운 액체헬륨에 관한 만족할 만한 이론 역시 1956년에서 1958년 사이에 란다우 교수가 발표하였는데 위에서 말씀드린 무거운 액체헬륨과 많은 유사성이 있습니다. 새로운 이론은 절대온도 0.1도 이하의 극저온에서만 적용될 수 있는데, 이 때문에 이 온도 영역이 더욱 흥미로워졌습니다. 이 극저온을 측정하는 것 자체가 매우 어려워서 최근에 와서야 비로소 이 이론의 실험적 검증이 이루어졌습니다. 측정 기술이 정교해질수록 실험 결과들은 이론에 부합되었습니다. 란다우 교수는 이 액체헬륨을 통해 새로운 종류의 파동이 전파된다는 것을 예측하고 그것을 영째소리라고 불렀습니다. 이 역시 실험과학자들로 하여금 영째소리를 측정하기 위해 많은 노력을 기울이는 계기를 만들었습니다.

결정질 고체나 희소 가스의 특성을 완벽하게 설명할 수 있었던 것처럼 액체의 특성을 완벽하게 설명하는 것이 물리 연구의 중요한 목적 중 하나라는 점을 상기해 보면 란다우 교수 연구의 중요성은 자명해집니다. 이러한 목적을 달성하기 위해 노력하는 과정에서 과학자들은 대부분 극복하기 어려운 난관에 부딪칩니다. 그 예외적인 경우가 바로 액체헬륨에 관한 란다우 이론이며 따라서 그의 결과는 매우 중요하고도 위대한 성과라고 할 수 있습니다.

오늘 노벨상을 수상하게 된 응집물질, 즉 고체 혹은 액체에 관한 연구 외에 물리학의 다른 분야에서도 란다우 교수의 역할은 매우 중요합니다. 특히 양자장과 기초입자 이론 분야에서 많은 기여를 했습니다. 란다우 교수는 고유의 아이디어와 뛰어난 연구로 우리 시대의 원자물리학 발전에 지대한 영향을 미쳤습니다.

불행하게도 란다우 교수님은 올해 초에 당한 심각한 사고에서 완전히 회복되지 않아 오늘 시상식에 참석하지 못했습니다. 대신 모스크바에 있는 스웨덴 대사를 통해 노벨상을 전달하였습니다. 스웨덴 왕립과학원을 대신해서 란다우 교수님의 조속한 쾌유를 기원합니다.

스웨덴 왕립과학원 이바르 발러

원자핵과 기본입자의 이론 | 위그너
원자핵의 껍질구조 | 마이어, 옌젠

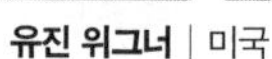

1963

유진 위그너 | 미국　　**마리아 괴페르트마이어** | 미국　　**한스 옌젠** | 독일

:: 유진 파울 위그너 Eugene Paul Wigner (1902~1995)

헝가리 태생 미국의 물리학자. 베를린 공과대학에서 박사학위를 취득하였으며, 1928년부터 같은 학교에서 강의하였다. 1930년에 미국으로 이주하여 위스콘신 대학교와 프린스턴 대학교에서 교수로 재직하였다. 막스플랑크 메달(1961), 앨버트아인슈타인 상(1972) 등을 수상하였다. 그의 연구는 물리학의 기본입자들에 대한 이론 개발에 기여하였다.

:: 마리아 괴페르트마이어 Maria Goeppert-Mayer (1906~1972)

독일의 물리학자. 1930년에 괴팅겐 대학교에서 이론물리학으로 박사학위를 취득한 후, 1931년부터 1939년까지 볼티모어에 있는 존스홉킨스 대학교에서 연구하였다. 1946년에 시카고 대학교 물리학 교수로 임용되었으며, 1960년에는 샌디에이고에 있는 캘리포니아 대학교 교수가 되었다. 옌젠과의 껍질 모델에 대한 연구를 통하여 원자핵의 구조의 규명에 공헌하였다.

:: **요하네스 한스 다니엘 옌젠 Johannes Hans Daniel Jensen (1907~1973)**

독일의 물리학자. 1932년에 함부르크 대학교에서 물리학으로 박사학위를 취득하였다. 1941년에는 하노버 공과대학에서, 1949년에는 하이델베르크 대학교에서 교수로 임용되었다. 마이어와의 껍질 모델에 대한 연구를 통하여 원자핵의 구조의 규명에 공헌하였다.

전하, 그리고 신사 숙녀 여러분.

올해의 노벨 물리학상은 유진 위그너 교수, 마리아 괴페르트 마이어 교수 그리고 한스 옌젠 교수가 발견한 원자핵의 기본입자들에 대한 이론에 수여되겠습니다. 20세기 들어 30년 동안 발전한 이 이론은 원자는 작은 핵과 핵 주위를 회전하는 수많은 전자들로 이루어져 있다는, 다시 말하면 양자역학이라는 매우 성공적인 연구를 기반으로 하고 있습니다. 1930년대 초 원자핵은 양성자와 중성자로 이루어져 있으며 핵자들의 움직임은 양자역학의 지배를 받는다는 것이 발견되면서 원자핵의 탐구를 위한 확고한 토대가 구축되었습니다.

핵자들의 움직임을 계산하기 위해서는 핵자들 사이에 작용하는 힘들에 대한 지식이 필요합니다. 1933년 위그너 교수는 이러한 힘들을 고찰하기 위한 매우 중요한 연구를 수행하였습니다. 위그너 교수는 일련의 실험과 연역적인 사고로, 두 핵자 사이에 작용하는 힘은 매우 약한데 유일하게 예외적인 경우가 핵자 사이의 거리가 매우 가까울 때라는 사실을 발견하였습니다. 핵자 사이의 거리가 매우 가까울 때 핵자들 사이에 작용하는 힘은 전하를 가진 입자들 사이에 작용하는 전기력의 수백만 배가 된다는 것을 알아냈습니다. 또한 위그너 교수는 핵력들의 중요한 속성들을 속속 발견하였습니다.

많은 물리학자들의 노력에도 불구하고 핵력에 대한 지식은 상당히 미흡합니다. 그래서 핵자의 가장 기본적인 성질이 운동법칙에 일반적으로 적용되는 대칭성을 만족한다는 것을 보인 위그너 교수의 연구는 매우 중요합니다. 위그너 교수는 전자의 운동법칙에 존재하는 대칭성을 선구적으로 연구함으로써 전자의 운동법칙은 왼쪽, 오른쪽이 대칭이며 시간상으로 역행하는 것은 시간상으로 선행하는 것과 동일하다는 대칭성을 발견하였습니다. 1930년 대 말 위그너 교수는 이러한 대칭성의 개념을 원자핵으로까지 확장하여 두 개의 핵자 사이에 존재하는 힘은 두 핵자가 양성자이든 중성자이든 동일하다는 것을 발견했습니다. 물리학에서의 대칭원리에 대한 위그너 교수와 그의 동료들의 연구는 핵물리학 이상으로 매우 중요합니다. 그가 개발한 방법과 결과들은 기본입자에 대한 최근의 실험에서 얻은 풍부하고 복잡한 그림들의 해석을 위한 필수불가결한 안내서가 되었습니다. 또한 양전닝 교수와 리정다오 교수가 완성한 패리티 대칭에 관한 초기 개념의 부분적인 수정과 더 깊은 연구를 위한 중요한 예비 지식의 역할을 하였습니다. 그 결과 양 교수와 리 교수는 1957년 노벨상을 수상할 수 있었습니다.

위그너 교수는 핵물리학에도 많은 공헌을 하였습니다. 그는 핵반응에 대한 일반적인 이론을 제시하였고 핵에너지의 실질적이고 실제적인 응용에 결정적인 공헌을 하였습니다. 그는 종종 젊은 과학자들과 함께 물리학의 다른 영역에서 새로운 길을 개척하기도 하였습니다.

초기 핵물리학 연구에서 독립적인 연구 방향 중의 하나는 핵자들의 운동을 가시화할 수 있는 원자핵 모델을 찾는 것이었습니다.

1920년대부터 1930년대까지 특히 양성자와 중성자가 원자핵 속에서 특별히 안정적인 구조를 갖게 되는 것은 두 핵자 중 하나의 수가 이른바 마법의 수라고 불리는 2, 8, 20, 50, 82, 126이 될 때라는 사실이 발견되었습니다. 많은 물리학자들 중 특히 엘자서는 원소의 주기율표를 성공적으로 설명한 닐스 보어의 이론과 비슷한 개념으로 이 마법의 수들을 해석하려고 하였습니다. 엘자서는 핵자들이 공통의 회장 내에서 궤도를 따라 움직이며 이 궤도는 이른바 에너지가 잘 분리된 이른바 핵자 껍질 안에 배열되어 있다고 가정하였습니다. 마법의 수들은 이 껍질들을 채우면서 나타나는 수에 해당됩니다. 이러한 해석은 가벼운 핵에 대해서는 잘 맞았습니다. 그러나 최초의 세 개의 숫자들보다 큰 수들은 설명할 수 없었고 몇 해 동안 다른 모델들이 성행했습니다.

1948년 마이어 교수는 논문을 통해 껍질 모델의 적용에 새로운 시대가 도래했음을 공표하였습니다. 더 큰 마법의 수가 존재한다는 확신할만한 증거가 처음으로 제시되었고 실험은 닫힌 껍질이 존재해야 한다는 것을 강력하게 뒷받침했습니다.

얼마 후 마이어 교수와는 독자적으로 학셀, 옌젠, 그리고 쥐스 교수는 새로운 아이디어를 발표했는데 더 큰 마법의 숫자들을 설명하는 데 필요한 것이었습니다. 즉 하나의 핵자가 핵 주위를 공전할 때 동일하거나 반대방향의 스핀을 가지면 스핀에 따라 에너지가 달라져야 한다는 것이었습니다.

마이어와 옌젠 교수는 나중에 공동 연구로 껍질 모델을 발전시켰습니다. 그들은 공동으로 책을 출간하면서 껍질 모델을 원자핵에 대한 광범위한 실험 결과에 적용하였습니다. 그들은 물질들을 체계적으로 분류하고 핵의 기저상태와 낮은 여기상태에 관한 새로운 현상을 예측하는 데 껍질 모델이 매우 중요하다는 확실한 증거를 제시하였습니다. 위그너 교수가 도입한 일반적인 방법들은 껍질 모델의 응용에 매우 중요했습니다. 그리하여 껍질 모델을 보다 확실하게 검증하는 것이 가능해졌고 껍질 모델의 근본적인 중요성이 확인되었습니다.

위그너 교수님.

1920년대 말 교수님은 양자역학에서 대칭이론의 기초를 정립하였고 나중에 이 새로운 방법들과 개념들을 더욱 깊이 발전시켜 물리학의 가장 근본적인 몇 가지 문제들에 성공적으로 적용하였습니다. 이 연구와 교수님의 다른 공헌들은 우리 시대 물리학의 기본입자들에 대한 이론의 개발에 핵심이 되었습니다.

괴페르트마이어 교수님.

당신이 독자적으로 시작하고 이후 공동 연구로 수행했던 껍질 모델에 대한 연구는 원자핵의 구조에 대한 새로운 빛을 밝혀 주었습니다. 껍질 모델은 핵의 속성들의 상관관계를 이해하는 데 매우 놀라운 진전을 가능케 했습니다. 교수님의 연구는 계속 증가하는 새로운 연구들을 고무시켰으며 원자핵에 대한 이후의 실험과 이론적 연구에 필수불가결한 역할을 하였습니다.

위그너 교수님, 괴페르트마이어 교수님, 그리고 옌젠 교수님.

스웨덴 왕립과학원을 대표하여 저는 교수님들의 공헌에 충심으로 감사의 말씀을 드립니다.

전하로부터 1963년 노벨 물리학상을 수상하시기 바랍니다.

스웨덴 왕립과학원 노벨 물리학위원회 이바르 발러

메이저 레이저 원리를 이용한 진동기와 증폭기의 기초를 구축한 양자 전자론 분야의 업적

1964

찰스 타운스 | 미국

니콜라이 바소프 | 러시아

알렉산드르 프로호로프 | 러시아

:: 찰스 하드 타운스 Charles Hard Townes (1915~2015)

미국의 물리학자. 1939년 캘리포니아 공과대학에서 박사학위를 취득한 후, 벨 전화 연구소 기술진이 되어 1948년까지 활동하였다. 1948년에 컬럼비아 대학교 교수가 되었으며, 3년 후 그는 메이저의 개발의 토대가 되는 착상을 얻었고, 1953년에 메이저를 발명했다. 1959년부터 1961년까지 워싱턴에 있는 방어분석 연구소의 부소장 겸 연구 책임자로 일했다. 1967년에는 버클리에 있는 캘리포니아 대학교의 교수가 되었다. 노벨상 외에도 1969년 미국 항공우주국 수훈장을 받았고, 1976년 국립 발명가 명예의 전당에 지명되었으며, 1979년 닐스 보어 국제 골드 메달을 받았다.

:: 니콜라이 겐나디예비치 바소프 Nikolay Gennadiyevich Basov (1922~2001)

러시아의 물리학자. 1950년 모스크바 물리공과대학을 졸업하였으며, 1953년 레벤데프 물리학 연구소에서 박사학위를 취득하였다. 1962년 이 연구소의 소장이 되었다. 1952년 프로호로프와 함께 메이저 원리를 내놓아 1959년 레닌상을 받았다.

:: **알렉산드르 미하일로비치 프로호로프** **Aleksandr Mikhaylovich Prokhorov (1916~2002)**

러시아의 물리학자. 1939년 레닌그라드 대학교 물리학과를 졸업한 후 레벤데프 물리학 연구소에 들어갔으며 1946년에 수석 조교가 되었다. 1951년 박사학위를 취득하였으며, 이후 모스크바 대학교 교수로 재직하였다. 바소프와 함께 메이저 원리를 제안함으로써 원리의 실질적 적용을 비롯하여 물질과 빛의 상호작용에 대한 규명에 기여하였다.

전하, 그리고 신사 숙녀 여러분.

올해의 노벨 물리학상은 메이저와 레이저의 발명에 대한 업적에 수여하게 되었습니다. 메이저MASER는 '방사의 유도방출에 의한 마이크로파 증폭기' Microwave Amplification by Stimulated Emission of Radiation를 의미하며 레이저 LASER는 메이저의 'Microwave'를 'Light'로 바꾼 것입니다.

이들 발명의 열쇠는 1917년에 아인슈타인이 제안한 자발적 발광, 즉 유도방출이라는 개념이었습니다. 아인슈타인은 플랑크의 복사 공식들을 이론적으로 분석하여 빛의 흡수 과정은 반드시 그에 대응하는 과정을 수반해야 한다는 결론에 도달했습니다. 이것은 흡수된 빛이 원자들을 유도하여 같은 종류의 빛을 방출하게 할 수 있다는 것을 의미합니다. 이 과정은 증폭이 가능하다는 것을 뜻하고 있지만 오랫동안 이러한 유도방출은 실제로 구현되거나 관찰되지 못할 이론적 개념에 불과하다고 생각되었습니다. 왜냐하면 일반적인 조건에서는 방사보다 흡수가 훨씬 지배적이기 때문입니다. 증폭은 유도방출이 흡수보다 커야만 일어날 수 있는데, 이것은 여기상태의 원자가 기저상태의 원자보다 많아야만 가능해집니다. 이런 불안정한 에너지 상태를 반전밀도 상태라고 합니다. 메이저나 레이저 발명의 핵심은 이런 반전밀도 상태를 만들어서 유도방출이 증폭에 사용될 수 있는 조건을 만드는 것입니다.

메이저에 대해 10년 전에 발표된 첫 번째 논문들은 뉴욕 컬럼비아 대학교의 타운스 그룹과 모스크바 레베데프 연구소의 바소프와 프로호로프 박사가 독립적으로 수행한 연구 결과였습니다. 그 이후 다양한 형태의 메이저들이 설계되었으며, 많은 사람들의 연구로 개발되었습니다. 현재 메이저에서 가장 널리 사용되는 방법은 금속이온을 함유한 수정을 사용하는 것입니다. 이러한 메이저들을 이용하면 대단히 정교한 단파장 라디오파 수신기를 만들 수 있는데, 이것들은 천체로부터 라디오파 신호를 기록하는 전파천문학에서 매우 중요한 도구로 쓰이고 있습니다.

광학의 메이저, 즉 레이저의 개발은 레베데프 연구소와 타운스 그룹에서 메이저의 원리가 빛에도 적용될 수 있는지에 관해 연구를 시작한 1958년부터 시작되었습니다. 그로부터 2년 뒤 최초의 레이저가 구현되었습니다.

마이크로파에서 가시광선으로 나아간다는 것은 주파수가 10만 배나 증가한다는 것을 의미하는데, 이런 차이 때문에 레이저는 완전히 새로운 발명으로 인식됩니다. 유도방출이 지배적으로 일어날 수 있을 만큼의 높은 방사밀도를 구현하기 위해서는 두 개의 거울을 이용해서 빛을 방사물질 사이에 가두어 그 물질 사이를 여러 차례 오가도록 만듭니다. 그러면 유도방출이 마치 산사태처럼 일어나면서 모든 원자들이 에너지를 일시에 방사하게 됩니다. 유도방출의 상과 주파수가 동일하다는 특징은 바로 이러한 과정을 거쳐 방출이 일어나기 때문입니다. 이러한 공명에 의해 모든 활성 매개체들이 힘을 합쳐 하나의 강한 파를 방출하는 것입니다. 레이저는 상과 주파수가 동일한 결맞음 광선을 방출하는데, 이 점이 바로 레이저와 일반 광원을 구분하는 결정적인 차이입니다. 후자의 경우에는 원자들이 각자 독립적으로 빛을 내기 때문에 상과 주파수가 일치하지 않습니다.

그 이후로 지금까지 수많은 형태의 레이저들이 발명되었습니다. 최초의 레이저는 방사 물질로 루비 막대를 이용하는 루비 레이저인데, 지금도 가장 널리 사용되고 있습니다. 이 레이저는 수 센티미터 길이의 루비 막대 양끝을 연마하고 은으로 도금하여 거울로 사용하는데, 방사된 빛이 막대 밖으로 나갈 수 있도록 한 면은 반투과성의 거울로 만듭니다. 루비는 적은 양의 크롬을 함유한 산화알루미늄 결정입니다. 루비가 붉은색을 띠는 것은 포함된 크롬이온들 때문인데, 이 크롬이온이 레이저를 구현하는 중요한 역할을 합니다. 루비 레이저에서는 반전밀도 상태를 만들기 위해 크세논램프의 빛을 사용합니다. 이 크세논램프의 빛을 크롬이온이 흡수하여 정해진 주파수의 붉은 빛을 방출할 수 있도록 여기되는 것입니다.

보통은 램프에서 섬광이 번쩍일 때 레이저광의 연속적인 펄스가 방출됩니다. 그러나 에너지가 최대에 도달하도록 레이저광의 방출을 억제하면 모든 에너지가 하나의 큰 펄스로 방출됩니다. 이 조건에서 방출되는 레이저는 수억 와트 이상이 되기도 합니다. 또한 방출되는 빛의 다발들이 매우 평행하기 때문에 렌즈를 이용해서 전체 에너지를 작은 면적에 집중시킬 수가 있어서 어마어마한 에너지를 얻을 수 있습니다. 기초과학의 관점에서는 이렇게 만들어지는 수억 volt/cm에 달하는 전기장이 원자들의 전자껍질을 한데 묶어 주는 힘보다 크다는 점에서 특히 관심을 가지고 있습니다. 이런 높은 강도의 빛은 물질과 빛 간의 상호작용에 관한 연구에 새로운 가능성을 열었습니다.

전기방전으로 여기된 가스로부터 방출되는 또 다른 형태의 레이저는 특정 파장의 연속광을 만들어 줍니다. 이런 레이저를 이용하면 전에는 얻을 수 없었던 정확도로 거리와 속도를 측정할 수 있습니다.

레이저는 여러 분야에서 새롭고 강력한 도구로 등장했으며, 그 본격적인 활용은 이제 시작 단계에 불과합니다. 그 기술적 응용 잠재력은 널리 보도되어 대중에게도 잘 알려져 있습니다. 특히 높은 밀도의 강력한 레이저 빛이 매우 짧은 시간에 극히 작은 영역 내에서 구현된다는 점은 레이저의 중요성이 마이크로 영역에서의 활용에 있음을 의미합니다. 마지막으로 저는 먼 거리를 공격하여 파괴하기 위한 목적으로 레이저가 사용된다는 것은 전혀 현실성이 없음을 강조하고 싶습니다. '죽음의 빛'은 신화에 불과하며 앞으로도 신화로 남아 있을 것입니다.

타운스 박사님, 바소프 박사님, 그리고 프로호로프 박사님.

박사님들은 물질과 빛의 상호작용에 대한 탁월한 기초 연구로 매우 새롭고 놀라운 원자들의 작용을 보여 주었습니다. 메이저와 레이저라고 불리는 신기한 장치들을 통해 과학과 기술 분야에 크고 새로운 장이 열렸습니다. 지금 전 세계의 많은 실험실에서 이런 높은 강도의 빛을 이용한 연구 개발이 진행되고 있습니다.

스웨덴 왕립과학원을 대표하여 여러분들께 따뜻한 축하의 말씀을 전합니다. 이제 나오셔서 전하로부터 노벨상을 수상하시기 바랍니다.

노벨 물리학위원회 B. 에들렌

양자전기역학에 대한 연구

1965

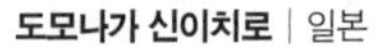

도모나가 신이치로 | 일본

줄리언 슈윙거 | 미국

리처드 파인먼 | 미국

:: 도모나가 신이치로 朝永振一郞 (1906~1979)

일본의 물리학자. 교토 대학교에서 공부하였으며 1932년에 이화학연구소에 들어가 연구하였다. 1937년부터 1939년까지 라이프치히 대학교에서 하이젠베르크 교수의 지도 아래 원자핵이론을 연구하였으며, 이에 관한 논문으로 박사학위를 취득하였다. 1941년 도쿄 문리과 대학교 교수가 되었으며, 1956년부터 1962년까지는 도쿄 교육대학교 총장을 지냈다.

:: 쥴리언 시모어 슈윙거 Julian Seymour Schwinger (1918~1994)

미국의 물리학자. 1939년 21세의 나이로 컬럼비아 대학교에서 박사학위를 취득한 후, 1941년까지 버클리에 있는 캘리포니아 대학교에서 J. 로버트 오펜하이머의 지도 아래 연구하였다. 캘리포니아 대학교, 퍼듀 대학교 등에서 강의한 후 1947년부터 1972년까지 하버드 대학교 교수로 재직하였다. 1972년에는 캘리포니아 대학교 교수가 되었다.

:: 리처드 필립스 파인먼 Richard Phillips Feynman (1918~1988)

미국의 이론물리학자. 매사추세츠 공과대학를 졸업하고 1942년에 프린스턴 대학교에서 박사학위를 취득하였다. 제2차 세계대전 중 원자폭탄 개발에 참여하였다. 1945년부터 1950년까지 코넬 대학교 교수로 있었으며, 1950년부터 1959년까지 캘리포니아 공과대학의 이론물리학 교수로 재직하였다. 양자전기역학으로 현대 물리학의 진보에 기여하였다.

전하, 그리고 신사 숙녀 여러분.

1925년부터 수 년 동안 정립된 양자역학의 법칙에 따라 원자에 있는 전자는 움직입니다. 수소원자는 전자가 단 하나만 있어 이론적으로 고찰하기에 가장 단순한 원자입니다. 그러나 양성자에 의해 만들어진 전기장 내에서 전자의 움직임을 설명하는 이론의 오차를 실험적으로 발견하는 데 20년이 걸렸습니다. 1947년 램과 러더퍼드는 이론적으로 일치해야 하는 수소의 에너지 준위 중의 일부는 서로 상대적으로 이동되어 있다는 것을 발견했습니다.

올해의 노벨상 수상자인 도모나가 신이치로 교수, 줄리언 슈윙거 교수, 그리고 리처드 파인먼 교수의 가장 중요한 연구 결과는 이 램 이동 Lamb shift을 설명하는 것이었습니다. 그러나 이 연구는 단순히 램 이동의 설명뿐 아니라 더욱 심오한 중요성이 있습니다. 그들의 연구는 중요한 몇 개의 현상들을 설명하고 예측하였습니다. 원자, 특히 전자는 스스로 전하를 갖기 때문에 전자기장을 만들어냅니다. 다시 말하면 빛을 방출하고 빛이 만든 전자기장에 의해 다시 그 전자가 영향을 받게 되는데 그들의 연구는 이 영향을 설명할 수 있는 양자역학적 이론을 만드는 것입니다. 이 연구는 1920년대 말부터 수행되었습니다. 그 당시 디랙, 하이젠베르크, 파울리는 종전까지 물질에 대해서만 적용되던 양자역학을 전자기장에 적용함으로써 그 당시 양자전기역학이라고 불리는 이론을 만들 수 있었습니다. 이 이론은 특히 전자와 같이 전기를 띤 입자들과 전자기장 사이의 상호작용을 양자역학적으로 설명합니다. 이 이론은 상대성이론이 요구하는 중요한 조건들을 만족시켰습니다.

그러나 얼마 안 있어서 이 이론에 심각한 결함이 있다는 것이 밝혀졌습니다. 전자기장과 상호작용의 결과로 나타나는 전자의 질량을 계산하려면 무한대의 값이 얻어집니다. 따라서 이 결과는 물리적으로 의미 없는 값이 됩니다. 왜냐하면 우리가 살고 있는 이 세상에서 전자의 질량은 무한대가 아니기 때문입니다. 비슷한 상황이 전자의 전하에 대해서도 발생했습니다.

더 일반적인 양자전기역학을 개발하는 것은 기초적인 관점에서 매우 중요하므로 많은 이론물리학자들이 1930년대에 이러한 어려움들을 극복하고자 많은 노력을 기울였습니다. 그리고 이것을 다루기 위한 몇 가지 아이디어가 나타났습니다만 결정적인 진전은 1940년대에 이루어졌습니다.

도모나가 교수가 최초로 수행한 연구를 통해 양자전기역학의 새로운 시대가 시작되었습니다. 도모나가 교수의 연구는 주로 상대성이론을 만족시키기 위해 부과된 제한 조건들과 관련된 것이었습니다. 1943년에 발표한 논문과 그의 동료와 함께 발표한 추가 연구에서 도모나가 교수는 양자전기역학의 새로운 이론과 그외 다른 이론을 정립하였는데 이것은 양자전기역학의 중요한 진전으로 평가됩니다.

결정적인 진전은 앞서 언급한 램 이동의 발견에서 이루어졌습니다. 이 발견이 학회에서 토의되었을 때 이 이론을 적절히 해석할 수 있어야만 양자전기역학을 통해 새로운 효과를 설명할 수 있다는 점에 의견이 모아졌습니다. 이러한 아이디어의 정당성은 학회가 끝나고 얼마 후 베테 교수가 발표한 논문에서 램 이동의 예비적인 계산을 통해 입증되었습니다.

도모나가 교수는 램의 실험 결과와 베테 교수의 논문을 보자마자 실험에서 얻은 질량을 양자전기역학의 방정식에 넣어야 한다는 것과 전하를 비슷한 방법으로 재규격화하는 것이 필요하다는 것을 깨달았습니다. 방정식에 도입되어야 하는 보정항들은 무한을 없애는 것이어야 했습니다. 도모나가 교수는 위에 언급한 그의 초기 고찰에 기초하여 이 어려운 작업을 수행하였습니다. 더 나아가 그는 램 이동에 대한 정확한 공식을 유도하였는데, 이 공식은 측정치와 잘 일치하였습니다.

램 이동의 발견과 거의 동시에 쿠시와 그의 동료인 폴리는 또 다른 독특한 현상을 발견하였습니다. 그 발견은 전자의 자기모멘트가 이전에 가정된 값보다 다소 크다는 것이었습니다. 슈윙거 교수는 그가 개발한 재규격화 방법을 사용해 작은 비정상적인 기여항이 그때까지 받아들여진 자기모멘트 값에 추가되어야 한다는 것을 증명했습니다. 슈윙거 교수의 계산은 쿠시와 폴리의 측정보다 먼저 발표되었고 이들의 실험을 적절히 해석하는 데 매우 중요한 역할을 했습니다.

슈윙거 교수는 도모나가 교수의 방법과 부분적으로 유사한 방법들을 사용해서 몇 개의 기초적인 논문들을 발표하면서 새로운 양자전기역학의 공식을 개발하였습니다. 그는 또한 이 공식을 실제의 계산에 적용할 수 있도록 수정했습니다.

파인먼 교수는 양자전기역학의 문제들을 해결하기 위해 훨씬 급진적인 방법들을 사용했습니다. 그는 파인먼 다이어그램이라고 불리는 그래픽적인 해석을 도입함으로써 실제 계산에 아주 유용한 새로운 공식을 창조했는데, 이것은 현대 물리학의 중요한 도구가 되었습니다. 파인먼 교수의 설명에서 전자기장은 더 이상 명시적으로 나타나지 않습니다. 파인먼 교수가 사용한 방법은 입자물리학에서도 매우 큰 가치가 있는데 입자

물리학에서는 전자기 효과 외에 다른 상호작용들을 고려해야 합니다.

새로운 형태의 양자전기역학의 정확성에 대해서는 먼저 놀랄 만할 정도로 실험과 일치한다는 것을 말씀드리고 싶습니다. 램 이동과 전자의 자기모멘트의 비정상적인 부분들에 대해 실험과 일치하는 정도는 1,000억분의 1이내이며 아직까지 일치하지 않는 결과는 보고되지 않았습니다. 양자전기역학은 물리학의 모든 이론들 가운데서 가장 정확한 이론 중의 하나입니다. 양전자로 이루어진 원자와 뮤입자에 양자전기역학을 적용해 그 정확성을 또다시 입증하였습니다. 새로운 공식은 또한 다른 물리학의 영역들, 특히 입자물리학뿐만 아니라 고체물리학, 핵물리학, 그리고 통계역학 등의 분야에서도 매우 중요한 역할을 하였습니다.

도모나가 교수님은 불행한 사고로 여기 스톡홀름에서 상을 받지 못하게 되었습니다. 상은 도쿄 주재 스웨덴 대사를 통해서 왕립과학원의 축하와 함께 전달될 것입니다.

슈윙거 교수님, 그리고 파인먼 교수님.

교수님들은 옛 이론에 새로운 생각과 방법들을 도입해 도모나가 교수님과 함께 새롭고 가장 성공적인 양자전기역학을 확립하였습니다. 교수님들의 양자전기역학은 물리학의 중심입니다. 이 이론은 현대 물리학에 대한 연구를 매우 독특한 방식으로 자극했습니다. 여러분은 물리학의 다른 분야들에 자신들의 방법을 확장하였으며 그것은 최초에 물리학이 이룬 발전에 필수적이었습니다.

스웨덴 왕립과학원을 대표하여 업적을 축하드립니다. 이제 국왕 전하로부터 직접 노벨상을 수상하시기 바랍니다.

스웨덴 왕립과학원 노벨 물리학위원회 이바르 발러

원자에서 헤르츠파공명 연구의 광학적 방법 발견

1966

알프레드 카스틀레 | 프랑스

:: 알프레드 카스틀레 Alfred Kastler (1902~1984)

프랑스의 물리학자. 1926년에 파리고등사범학교를 졸업하였다. 클레르몽페랑 대학교의 조교수를 거쳐, 1938년에는 보르도 대학교의 교수가 되었고, 1941년에는 파리고등사범학교의 교수가 되어 1968년까지 재직하였다. 1968년부터 1972년까지 국립 과학연구소 소장을 지냈으며, 평화운동 및 핵확산 반대운동에도 참여하였다. 헬츠파 공명을 연구할 수 있는 광학적 방법을 최초로 제안함으로써 메이저, 레이저, 양자 일렉트로닉스 등 광학을 비롯하여 현대 물리학의 다양한 기초 연구의 발전에 기여하였다.

전하, 그리고 신사 숙녀 여러분.

1930년대 초반 알프레드 카스틀러 교수가 과학자의 길을 걷기 시작하면서 그는 빛의 산란에 관한 문제에 빠져들었습니다. 그는 이 현상을 해석하기 위해 완전히 새로운 방법들을 사용했습니다. 카스틀러 교수 이전에는 어떤 원자로부터 방출된 빛을 그와 동일한 원자들이 들어 있는 반응기에 조사하는 방법으로 산란에 대한 연구가 진행되어 왔습니다. 빛을 받은 원자들은 더 높은 에너지 준위로 여기되는 공명이 일어나는데, 그러면 여기상태의 원자가 안정한 상태로 돌아오면서 강한 형광을 발생시킵니다.

카스틀러 교수의 연구가 진행되기 직전에 이 현상은 많은 관심을 끌고 있었는데, 광원과 공명이 일어나는 반응기 사이에 편광양자를 놓으면 형광이 강한 편광특성을 갖는다는 것이 발견되면서, 그리고 이러한 편광현상이 형광을 내놓는 원자들에 자장을 가함에 따라 크게 달라진다는 것이 발견되면서 더욱 큰 관심의 대상이 되었습니다.

카스틀러 교수는 이러한 현상들에 대한 지식의 발전에 크게 기여했습니다. 그는 원자의 방향과 방사형광의 편광특성과의 관계를 연구해 오늘 노벨상의 영예를 가져온 연구의 기반을 구축할 수 있었습니다.

시작은 헤르츠파공명에 관한 연구였습니다. 헤르츠파공명은 원자들이 라디오파나 마이크로파와 반응할 때, 즉 가시광선보다 1,000분의 1 이하의 주파수를 가진 전자기파와 반응할 때 발생하는 현상입니다. 이런 주파수의 파동을 이용하면 매우 미세한 스펙트럼들을 상세하게 연구할 수 있습니다. 이러한 스펙트럼들은 광학분광기로도 관찰할 수는 있지만 충분히 높은 정밀도로 측정할 수는 없는 것들이었습니다. 헤르츠파공명은 원래 이런 목적으로 연구되었으며, 1938년 라비 교수가 자기장 속에서 원자들의 방위에 따라 에너지 준위가 여러 개의 에너지 준위들로 갈라지는 것을 정밀하게 측정하는 데 성공했습니다. 이러한 스펙트럼의 미세한 구조는 형태만 다를 뿐 핵의 전자기모멘트에 의해 에너지 준위가 갈라져 준준위들이 생기기 때문에 나타나는 현상입니다. 라비 교수는 이 엄밀한 측정에 기초하여 핵의 전자기모멘트를 매우 정확히 계산할 수 있었습니다.

카스틀러 교수는, 그의 학생이었으며 나중에 아주 절친한 공동연구자가 된 장 브로셀의 도움으로 헤르츠파공명을 연구할 수 있는 광학적 방법을 처음으로 제안했습니다. 그들은 공명주파수를 갖는 편광을 이용하면 여기된 상태의 자기적 준준위들을 선택적으로 여기시킬 수 있음을 보여 주었습니다. 높은 주파수로 진동하는 자기장이 인가되면, 이 주기와 일정한 자기장과의 비율에 따라 헤르츠파공명이 일어나게 됩니다. 헤르츠파공명은 자기장에 의해 분리된 에너지 준준위들의 전자 개수를 같게 만들며 따라서 관찰되는 형광에도 영향을 줍니다. 실제로 앞에서 설명한 프로세스의 공명장치 주위에는 라디오파나 마이크로파의 전류를 흘려주는 코일이 감겨 있습니다.

몇 년뒤 브로셀은 미국 물리학자인 비터와 공동으로 그 실험을 실시했습니다. 비터는 구체적인 방법을 제안하지는 않았지만, 헤르츠공명을 여기상태까지 확대하기 위해 광학공명과 헤르츠공명을 결합하자는 제안을 하였습니다. 그는 브로셀-카스틀러의 방법을 이중광학 공명이라고 불렀습니다.

1950년, 공명복사 산란과 관련된 원자레벨의 반응에 대한 깊이 있는 분석을 통해 카스틀러 교수는 광학펌핑이라는 새로운 방법을 제안했습니다. 카스틀러 교수는 원자에 원형편광된 공명복사선을 비추면, 기저상태로 돌아간 원자들은 어떤 준준위에 농축되며 적당한 실험 조건에서 특정 방향으로 방향성을 갖는다는 것을 보여 주었습니다. 그는 이 방법으로 원자들과 원자핵들의 방향성을 결정할 수 있다고 제안했습니다. 2년뒤 브로셀 교수, 카스틀러 교수, 그리고 윈터 교수는 실제로 이 실험에 착수했습니다.

이중공명과 광학펌핑은 용이하게 관찰이 가능한 광학적 효과들을 일으키기 때문에 매우 민감하게 헤르츠공명현상을 감지할 수 있도록 해줍니다. 이 방법은 전자스핀공명이나 핵자기공명과는 전혀 다른 원리에 기초하며 매우 밀도가 낮은 물질의 분석에 사용될 수 있습니다. 또한 이 방법들은 카스틀러 교수와 브로셀 교수, 그리고 그외의 젊고 훌륭한 과학자들의 체계적인 협력으로 개발되었습니다. 이를 통해 대단한 성과를 거두었으며 많은 응용가능성이 밝혀졌습니다.

카스틀러 교수의 이중공명을 이용하여 연구된, 여기상태가 관련된 현상의 중요한 예로는 공명챔버 내의 압력 증가에 따라 스펙트럼선이 좁아지는 현상을 들 수 있습니다.

광학펌핑에 관한 실험은 원자선들을 이용해서 최초로 이루어졌습니다. 카스틀러 교수와 연구진들은 진동하는 자기장의 여러 양자들과 원자들과의 동시다발적인 반응에 관해 깊이 있는 이론적이고 실험적인 연구를 수행했습니다. 공명챔버 내의 증기를 이용한 이 실험이 성공을 거두면서 광학펌핑 기술에도 큰 발전을 이루었습니다. 펌핑 후 원자들이 불규칙 상태로 돌아간다는 아주 흥미로운 사실도 밝혀졌습니다. 이 사실은 원자간 충돌과 원자들과 챔버 벽 사이의 충돌 현상을 이해할 수 있는 핵심 정보를 제공했습니다.

최근 몇 년 동안 카스틀러 연구실의 코앙타누지 교수는 매우 중요한 연구를 진행해 오고 있습니다. 그들은 광학펌핑된 원자들이 전자기장과 반응하면 에너지 준위들이 달라지고 확대된다는 사실을 발견했습니다.

카스틀러 교수의 광학펌핑 아이디어는 핵모멘트를 매우 정확히 측정하는 데에도 사용되었으며 레이저의 개발에도 대단히 중요한 역할을 했습니다. 광학펌핑을 이용해서 원자시계뿐 아니라 사용이 쉽고 매우 민감한 자기력 측정 장치도 만들 수 있었습니다.

알프레드 카스틀러 교수님.

교수님의 옛 제자인 장 브로셀 등과 함께 이룬 발견들로 교수님은 광학 분야에서 프랑스의 위대한 전통을 완성하였습니다. 교수님의 방법은 교수님 자신과 실험실의 빛나는 명성에 이끌린 뛰어난 젊은 과학자 그룹에 의해 완성되었고, 수많은 기초 연구들에 적용되어 왔습니다. 교수님은 특유의 아량과 따뜻함으로 동료들의 연구를 꾸준히 독려해 오고 계십니다.

교수님, 이제 전하로부터 노벨 물리학상을 수상하시기 바랍니다.

스웨덴 왕립과학원 노벨 물리학위원회 이바르 발러 교수

항성의 에너지 생산이론

1967

한스 베테 | 미국

:: 한스 알브레히트 베테 Hans Albrecht Bethe (1906~2005)

독일 태생 미국의 이론물리학자. 프랑크푸르트 대학교에서 물리학을 공부하였으며, 1928년에 뮌헨 대학교에서 이론물리학으로 박사학위를 취득하였다. 1928년부터 1933년까지 프랑크푸르트암마인 대학교, 뮌헨 대학교, 튀빙겐 대학교 등에서 강의하였다. 1934년에 미국으로 이주하여 코넬 대학교의 강사를 거쳐 1937년에 교수가 되어 1975년까지 재직하였다. 제2차 세계대전 중에는 로스앨러모스에서 원자폭탄 연구진의 이론물리 부장을 담당하였다. 항성의 에너지의 생산이론에 대한 그의 연구는 천체물리학을 비롯하여 화학 원소의 근원에 대한 규명에도 기여하였다.

전하, 그리고 신사 숙녀 여러분.

올해의 노벨 물리학상 수상자는 한스 베테 교수입니다. 올해의 노벨상이 수여되는 연구는 오래된 수수께끼와 관련된 것입니다. 인류가 존재한 시간은 물론 태양을 이용해 영양분을 생산하던 생명체가 지구에서 발전하고 번성해 온 매우 오랜 시간 동안 태양이 어떻게 계속 빛과 열을 방출할 수 있었는가? 지구의 나이를 좀 더 정확하게 알게 되면서 이런 의

문을 해소할 가망은 더욱 없어 보였습니다. 이제까지 알려진 어떠한 에너지의 원천으로도 그 오랜 시간의 에너지 방출을 설명할 수 없었습니다. 무언가 알려지지 않은 과정이 태양의 내부에서 작용하고 있음에 틀림없었습니다. 지금까지 알려진 어떠한 연료로도 설명할 수 없는 태양에너지는 방사능이 발견되고 나서 그 수수께끼를 해결할 수 있는 것처럼 보였습니다. 이후 태양에는 방사능을 방출하는 방사성 물질의 양이 충분하지 않아 방사능이 태양 에너지의 근원이 아니라는 것이 밝혀졌지만, 방사능에 대한 자세한 연구를 통해 새로운 연구 분야를 만들어 내고 태양 에너지의 근원이 어디에 있는지 밝힐 수 있었습니다.

보통 물리학과 화학은 원자의 외곽을 구성하는 전자의 거동을 연구하는 반면 새로운 물리 연구는 원자의 내부구조를 연구합니다. 원자핵의 발견자인 러더퍼드는 이것을 일컬어 새로운 연금술이라고 말했습니다. 왜냐하면 화학반응과는 달리 핵반응은 화학원소가 다른 원소로 변환되기 때문입니다. 이것은 예전의 연금술사들이 그토록 만들고 싶었지만 그들의 도구로는 성공할 수 없었던 방법입니다. 왜냐하면 핵반응이 일어나기 위해서는 화학반응보다 수백만 배 더 큰 에너지가 필요하기 때문입니다.

수소원자의 핵인 양성자가 모든 원자핵의 공통적인 구성입자라는 것은 명백해졌습니다. 그리고 양성자는 전하를 가지고 있습니다. 또 다른 원자핵을 이루는 구성입자인 중성자는 이름처럼 전기적으로 중성이며 원자핵이 발견된 지 21년이 지난 1932년에 발견되었습니다. 중성자가 발견되기까지도 원자핵에 대해 상당 기간 연구가 진행되었지만 진정한 의미의 핵물리학은 중성자의 발견에서부터 시작되었다고 말할 수 있습니다. 그 당시 베테 교수는 빠르게 발전하는 실험 분야의 발견에 관련된 많은 물리적인 문제들을 능숙하게 해결할 수 있는, 능력있는 젊은 이론

물리학자 가운데 한 명이었습니다. 당시 물리적인 문제의 핵심 중 하나는 원자핵 내에서 양성자와 중성자를 붙들어 매는 힘의 성질을 찾는 것이었습니다. 이것은 핵과 전자를 붙드는 힘인 전기적 힘의 원자핵 버전이라고 생각할 수 있습니다. 베테 교수는 이 문제들의 해법을 찾는 데 많은 기여를 했으며 그 기여는 지금도 진행중입니다. 베테 교수는 다른 연구 분야에서처럼 이 연구에서도 선도적인 위치에 있었습니다. 게다가 그가 1930년대 중반에 단독으로 혹은 다른 공동 연구자들과 함께 발표한 총설은 원자핵에 대해 알려진 모든 것, 즉 이론과 실험을 모두 포괄한 것으로서 그 당시 핵물리학자들에게는 '베테의 성경' 으로 불렸습니다.

베테 교수는 원자핵에 대한 방대하고 심오한 지식과 함께 물리적인 문제의 핵심을 빠르게 파악하고 문제의 해결 방법을 찾는 흔치 않는 재능이 있었기 때문에 올해의 노벨상을 수상하게 된 연구를 매우 빨리 수행할 수 있었습니다. 그는 1938년 3월 워싱턴에서 개최된 학회가 끝난 후 자신의 연구를 시작했는데 같은 해 9월 초 완전한 설명을 포함하는 논문을 제출했습니다. 베테 교수는 학회 기간과 그 후 6개월 동안 설명에 필요한 천체물리학 지식을 습득했습니다. 필요한 천체물리학 지식의 주된 부분은 1926년에 에딩턴이 수행한 연구입니다.

에딩턴의 연구에 따르면 태양의 가장 안쪽 내부는 매우 뜨거운 가스로서 주로 수소와 헬륨으로 구성되어 있습니다. 섭씨 2천만 도라는 높은 온도로 인해 이 원자들은 밀도가 물보다 80배나 높음에도 불구하고 전자와 원자핵이 서로 분리된 채 섞여 있으며 실제 가스처럼 반응합니다. 이 상태를 유지하기 위해 필요한 에너지의 양은 지구에 도달하는 복사에너지를 측정하면 알 수 있습니다. 전체로 보면 그 에너지는 매우 크지만 엄청난 태양의 크기를 생각하면 핵반응의 속도는 매우 느립니다. 이것은 태양을 이루고 있는 물질이 평균 300톤당 60와트의 전력을 방출하는 것과 같습니다. 느린 연소와 높은 에너지가 적은 질량에서 방출되기 때문에 오랜 시간을 지구 생명체에 에너지를 전해 주었고, 그 결과 지구의 생명체는 존재할 수 있었습니다.

베테 교수가, 태양과 유사한 항성에서 에너지가 만들어지는 근원은 원자핵 반응이라고 확실히 증명하기 전, 연관 관계가 있는 연구 분야에서 자연스럽게 제기되는 두 가지 질문에 대해 잠깐 언급하고 넘어가고자 합니다. 원자폭탄은 말할 것도 없이 원자로에서도 그렇게 빠른 핵반응이 왜 태양에서는 그렇게 느린가? 그리고 왜 보통의 조건에서는 존재하지 않는가? 그 이유는 원자핵들이 모두 같은 전하를 가져 전기적 척력을 받고 있으며, 핵들을 한데 모을 수 있는 핵력의 작용범위가 매우 짧기 때문입니다. 핵력은 난쟁이가 태양만 하다고 할 때 난쟁이 정도의 거리에서만 작용합니다. 핵반응이 일어나기 위해서는 양성자가 다른 원자핵에 가깝게 접근할 수 있어야 하는데 이렇게 되기 위해서는 양성자의 속도가 엄청나게 커야 합니다.

가모프는 핵물리학을 천문학에 적용한 선구자로서 원자핵반응에 미치는 양자역학적 터널효과에 대해 연구했습니다. 양성자가 양자역학적으로 터널링을 하지 않는다면 태양의 중심과 같은 높은 온도도 핵반응을 일으키기에는 충분하지 않습니다. 터널링 효과로 비교적 낮은 온도에서 느린 핵반응이 가능합니다. 그러나 원자로에서의 반응은 다릅니다. 왜냐하면 핵반응은 중성자에 의해 일어나고 중성자는 전하가 없어 핵의 전하에 의한 전기적 척력이 없기 때문에 멈추지 않습니다. 그러나 중성자는 수명이 짧고 따라서 보통의 상황에서도 매우 드물게 관찰되며 심지어 태양에서도 드물게 존재합니다.

베테 교수가 항성에서의 에너지 발생에 대한 연구를 시작할 때에도 핵에 관한 지식에는 커다란 틈이 있어 이 문제를 해결하는 것이 매우 어려웠습니다. 그러나 자신의 이론과 천문학 결과를 계속 비교하면서 미성숙한 이론과 불완전한 실험 결과를 놀랍게 조합하여 태양과 비슷한 항성에서 일어나는 에너지 생성 메커니즘을 설명하는 데 성공했습니다. 베테 교수의 이론은 상당한 시간이 흐른 후 많은 양의 실험 결과가 축적되고 컴퓨터로 수치를 계산했음에도 단지 약간의 수정만이 이루어졌을 정도로 정확한 것이었습니다.

그의 중요한 업적은 태양의 중심에서 일어난다고 생각되는 많은 수의 핵반응 과정이 제거되었다는 점입니다. 베테 교수 이후에는 단 두 개의 가능한 과정만이 남았습니다. 두 과정 중 간단한 것은 두 개의 양성자가 충돌해 양성자와 중성자로 이루어진 중수소의 핵을 형성하는 것입니다. 이 과정에서 양전하는 양전자의 형태로 방출됩니다. 이후 몇 개의 양성자를 포획하는 과정을 거쳐 네 개의 양성자에서 헬륨의 핵을 형성합니다. 주어진 수소 질량에서 방출되는 에너지는 동일한 질량의 탄소를 연소시켜 이산화탄소를 만들 때 얻어지는 에너지 양의 2,000만 배에 달합니다. 두 번째 과정은 조금 더 복잡합니다. 두 번째 과정에서는 탄소가 필요한데 탄소는 촉매와 같이 실질적으로는 소모되지 않습니다. 그리고 그 결과는 이전의 과정과 동일합니다. 첫 번째 과정은 베테 교수보다 수년 전 애트킨슨이 제안하였으며 이후 폰 바이츠제커에 의해 논의되었다는 점을 말씀드립니다. 같은 시간에 폰 바이츠제커 역시 두 번째 과정을 베테 교수와 독립적으로 연구했습니다. 그러나 애트킨슨과 폰 바이츠제커는 이 두 과정과 다른 예상 가능한 과정을 모두 분석해 이들 두 과정만이 태양과 같은 항성에서 일어나는 에너지 발생기전을 설명할 것이라고는 생각하지 않았습니다.

베테 교수의 연구는 수년 동안 발전한 태양과 항성의 내부에서 일어나는 현상을 이해하는 데 가장 근간이 되었습니다. 최근 일군의 천체물리학자들이 수소를 모두 소진한 항성에서는 어떤 일이 일어날 것인지를 밝히려는 시도를 하고 있습니다. 이 연구를 통해 다른 오래된 질문, 즉 화학원소가 어떻게 만들어졌는지에 대한 새로운 지식을 얻을 수 있을 것입니다.

베테 교수님.

교수님은 많은 업적을 남기셨고 그중 몇몇은 노벨상 후보에 오르기도 했습니다. 그런데 많은 업적 중 상대적으로 덜 중요하게 생각되는 업적에 노벨상을 수여하는 것에 교수님은 놀라셨을지도 모릅니다. 그렇지만 별의 생성과 진화에 대한 교수님의 연구 또한 노벨상 수여 기준과 잘 일치합니다. 그러나 이것이 물리학의 커다란 발전에 기여한 교수님의 40년에 걸친 연구에 우리가 깊은 인상을 받지 않았음을 의미하는 것은 아니라는 사실을 말씀드리고 싶습니다. 오히려 그와는 반대로 항성 에너지의 근원에 대한 교수님의 해법은 우리 시대 기초물리학의 가장 중요한 응용 가운데 하나로써 우리를 둘러싼 우주에 대한 이해를 더욱 깊게 해주었습니다.

스웨덴 왕립과학원을 대신하여 교수님께 따뜻한 축하의 말씀을 드립니다.

이제 전하로부터 노벨 물리학상을 받으시기 바랍니다.

스웨덴 왕립과학원 O. 클라인

수소 거품상자 기술의 개발 및 공명상태의 발견을 통한 소립자 물리에 기여

1968

루이스 앨버레즈 | 미국

:: **루이스 월터 앨버레즈Luis Walter Alvarez (1911~1988)**

미국의 실험물리학자. 시카고 대학교를 졸업하고 1936년에 박사학위를 취득한 뒤 버클리에 있는 캘리포니아 대학교에서 강의하였다. 1940년부터 1943년까지 매사추세츠 공과대학에서 레이더를 연구하였고, 제2차 세계대전 중에는 로스앨러모스에서 원자폭탄을 연구하였다. 1945년에 캘리포니아 대학교 교수로 임용되었으며, 1978년에 명예교수가 되었다. 1960년에 물리학상 수상자인 그레이저의 거품상자를 발전시켜 수소 거품상자를 개발함으로써 고에너지 물리학 영역의 발전에 기여하였다.

전하, 그리고 신사 숙녀 여러분.

물리학이란 한마디로 모든 형태의 에너지를 연구하는 학문입니다. 아인슈타인이 알아낸 것도 물질과 질량 또한 실은 에너지의 한 형태라는 것입니다. 이 이론은 35년 전 고에너지 전자기파가 양전하와 음전하의 전자쌍을 만들 수 있다는 것을 보임으로써 실험적으로 확인되었습니다.

그 이후 양성자와 반양성자 같은 이와 유사한 입자들의 쌍도 발견되었습니다. 이들 새로운 입자들은 매우 안정해서 의도적으로 소멸시키지 않는 한 영원히 존재할 수 있습니다. 이와 반면에 불안정한 입자들도 존재한다는 것이 확인되었습니다. 이런 입자들은 매우 빠른 속도로 다른 입자들로 붕괴되어 안정한 형태의 입자로 전이되거나 또 다른 에너지의 형태로 바뀌게 됩니다. 지난 20년간 이러한 입자들이 많이 발견되어 연구가 활발하게 진행중입니다. 이들 입자들은 너무나도 작아서 직접 볼 수 없고 단지 움직이고 난 흔적들을 관찰할 뿐입니다. 이런 점에서 과학자들은 눈 속에 남겨진 발자국을 보고 사냥감의 종류와 움직임을 알아내는 사냥꾼과 같습니다.

보통 새로운 입자들의 존재는 입자들을 매우 빠른 속도로 가속시키는 거대한 가속기의 도움이 있어야만 확인할 수 있습니다. 이렇게 가속되어야만, 수명이 100만 분의 1초의 1만분의 1에 불과하더라도 그 입자들이 수 센티미터의 흔적을 남기기 때문입니다.

그러나 수명이 대단히 짧아서 그 흔적의 길이가 측정할 수 없을 정도로 작은 입자는 그것이 존재한다고 믿기가 아주 어렵습니다. 이런 경우에는 붕괴되고 난 물질들의 흔적이나 다른 입자들과 충돌하여 만들어진 반응들의 흔적을 연구할 수밖에 없는데, 그 흔적이 대단히 복잡한 형태여서 실제로 일어난 일들을 제대로 해석하려면 뛰어난 분별력과 첨단 실험기법이 필요합니다. 오늘의 노벨상 수상자는 바로 이 분야에서 많은 기여를 한 루이스 앨버레즈 교수입니다.

뛰어난 통찰력과 결단력을 가진 앨버레즈 교수는 노벨 물리학상 수상자인 도널드 글레이저 교수의 거품상자를 이런 입자들의 연구를 위한 도구로 발전시켰습니다. 앨버레즈 교수는 영하 250도의 액체수소가 수백

리터 채워진 거품상자를 이용했습니다. 소립자가 이 액체수소를 지나면 그 트랙은 기화온도 이상으로 온도가 상승하는데, 그 자국을 따라 형성된 아주 미세한 방울들의 사진을 찍으면 소립자가 움직인 흔적을 아주 정확하게 재현할 수 있었습니다. 한편 상자에는 수소만이 들어 있기 때문에 수소의 핵인 양성자와의 반응만 일어나게 됩니다. 바로 이 점 때문에 현상의 해석을 아주 단순화시킬 수 있었습니다. 연간 약 100만 장의 사진을 얻을 수 있었던 이 장치의 가격은 200만 달러였습니다.

사진 분석에는 매우 정확한 측정이 필요합니다. 이 일을 해 내기 위해 앨버레즈 교수와 조수들은 더욱더 정교한 스캐닝 장비와 측정장비들을 만들어 사진필름의 정보를 컴퓨터로 처리하기에 좋은 형태로 전환시켰습니다. 이 분야에서도 알바레즈 교수는 선도적인 기여를 해왔습니다.

수소 거품상자의 개발은 현재 고에너지 물리학 영역에 완전히 새로운 가능성을 열어 놓았습니다. 이 거품상자를 이용해 새로운 소립자들이 많이 발견됨으로써 그 효과는 명확히 증명되었습니다. 이 장비를 이용하여 매우 수명이 짧은 이른바 공명입자가 1960년에 처음으로 발견되었고, 그 이후에도 버클리의 앨버레즈 그룹과 그 장치나 분석 방법을 채택한 다른 연구진들에 의해 새로운 소립자들의 발견이 이어졌습니다. 실제로 고에너지 물리학 분야에서 이루어진 모든 발견은 앨버레즈 교수의 방법을 통해서만 실현될 수 있었습니다.

앨버레즈 교수님.

교수님은 물리학 분야에 수많은 기여를 하였습니다. 오늘 우리는 고에너지 물리학 분야에서 교수님이 이룬 뛰어난 업적에 주목합니다. 그 업적들은 수소 거품상자를 매우 정밀하고 강력한 장치로 발전시킨 교수님의 깊은 통찰력과 거품상자에서 얻은 많은 유용한 정보를 다루고 해석할 수 있는 수단이 개발되었기에 가능한 것이었습니다.

스웨덴 왕립과학원을 대표해서 따뜻한 축하의 말씀을 전합니다. 이제 전하로부터 노벨상을 수상하시기 바랍니다.

스웨덴 왕립과학원 S. 폰 프리센

기본입자의 분류와 이들의 상호작용에 대한 연구

1969

머리 겔만 | 미국

:: **머리 겔만Murray Gell-Mann (1929~2019)**

미국의 물리학자. 열다섯 살의 나이로 예일 대학교에 입학하여 물리학을 공부하였으며, 1951년에 매사추세츠 공과대학에서 박사학위를 취득하였다. 프린스턴 대학교 고등과학연구소와 시카고 대학교의 핵연구소에서 연구한 후, 1956년에 패서디나에 있는 캘리포니아 공과대학의 교수로 임용되어 1967년에 밀리컨좌 이론물리학 교수가 되었다. 메존과 바리온, 양자의 상호 작용을 규명하였으며, 새로운 대수학을 개발하여 입자들에 대한 광범위한 분류를 연구함으로써 입자물리학 연구의 발전에 공헌하였다.

전하, 그리고 신사 숙녀 여러분.

입자물리학은 오늘날 연구가 매우 활발하게 진행되는 분야이지만, 머리 겔만 교수가 오늘 노벨상 수상의 이유가 되는 이 분야의 첫 번째 논문을 발표하던 1953년 당시에는 아직 태동기였습니다.

그렇지만 이미 그 당시 물리학자들도 분할할 수 없는 상당히 많은 수의 입자들이 있다는 사실을 알고 있었고, 따라서 이러한 기본입자들이 모든 물질을 구성하는 건축재라는 것을 인지하고 있었습니다. 가장 먼저 알려진 기본입자는 전자입니다.

원자핵에 대한 연구가 진행되면서 새로운 입자들이 추가되었습니다. 원자핵은 양전하를 띤 양성자와 전기적으로 중성인 중성자로 구성되었다는 것이 발견되었습니다. 원자핵을 구성하는 입자들은 원자핵 내에서 양성자와 중성자를 구별하지 않는 매우 강력한 힘인 핵력에 속박되어 있습니다. 핵력이 원자핵 내의 입자를 구별하지 않는다는 대칭성은 핵력이 전하와는 무관하다는 것을 뜻합니다. 또한 양성자와 중성자의 질량은 매우 비슷합니다. 그 결과 이들 두 입자는 원자핵 내에서는 핵자라는 공통의 이름으로 불리게 되었습니다.

1940년대 후반, 그 존재가 예측되었던 파이 중간자라는 입자가 발견되어 기본입자의 가족에 추가되었습니다. 이 입자에는 메손이라는 이름을 붙였는데 그 이유는 이 입자의 질량이 전자보다 크고 핵자보다는 작기 때문입니다. 파이 메손은 일본의 물리학자인 유카와 히데키 교수가 그 존재를 예측하였습니다. 메손에는 세 종류가 있는데, 단지 전하만이 양성자의 전하단위로 +1, 0, -1로 다르고 질량은 거의 같습니다. 메손과 핵자들 사이의 상호작용은 매우 강하지만 전하와는 무관합니다. 메손의 가장 중요한 역할은 핵자 사이의 강한 상호작용을 매개하는 것입니다.

거의 비슷한 시기에 영국의 물리학자 로체스터와 버틀러는 입자물리학의 새로운 장을 여는 매우 놀라운 발견을 하였습니다. 이들은 불안정한 새로운 입자를 발견했는데, 이 입자들은 그때까지 개발된 이론에 맞지 않았습니다. 새로운 입자들 중 어떤 것들은 핵자보다 무거웠는데 이 입자들을 모두 바리온이라고 불렀습니다. 다른 입자들은 핵자보다는 가볍지만 전자보다는 무거우며 K메손이라고 불렀습니다. 이 새로운 입자들은 높은 에너지의 파이 메손이 핵자와 충돌할 때 많은 양이 생성되기 때문에 다른 입자들과 강하게 상호작용을 할 것이라고 추측되었습니다. 이 입자들은 수명이 상당히 길었는데 이는 이 입자들이 다른 입자로 분해될 때 작용하는 강력을 막는 법칙이 존재해야 한다는 것을 의미했습니다. 파이스가 몇몇 예비적인 결과를 발표한 후 겔만 교수는 강력을 막는 법칙을 발견했습니다.

초기에는 핵자와 같은 이중항(양성자, 중성자)에서 바리온이 만들어지고 파이 메손과 같은 삼중항(+1, 0, 1의 전하를 가지는 메손)에서 K메손이 만들어진다고 가정하였습니다. 겔만 교수는 가장 기초적인 새로운 가정을 추가했는데 그것은 단일항, 삼중항과 이중항(이때 이중항은 핵자의 이중항과는 다르게 정의됨)을 형성하는 새로운 바리온과 두 종류의 이중항을 형성하는 새로운 메손을 가정하고 하나는 다른 것의 반입자로 구성되어 있다는 것이었습니다. 겔만 교수는 또한 전하 독립성의 원리는 강한 상호작용에 대해 만족한다고 가정했습니다. 이러한 가정에서 겔만 교수는 새로운 입자들의 신비한 성질을 설명할 수 있었습니다. 그는 초전하라 불리는 다중항의 기본적인 특성을 새롭게 도입했습니다. 이것은 다중항에서 전하 평균값의 두 배로 정의되는 값입니다. 겔만 교수는 또한 새로운 규칙을 제안했습니다. 기본입자는 전체 초전하가 보존될 때에만 강력과 전자기 상호작용으로 다른 입자로 변환될 수 있다는 것입니다. 이 규칙은 전하의 보존법칙을 떠올리게 합니다. 겔만 교수는 자신의 이론을 만들기 시작할 무렵에는 초전하를 사용하지 않고 기묘도라 불리는 초전하와 매우 밀접한 관계를 가지고 있는 수를 사용했다는 점을 지적하고 싶습니다.

겔만 교수의 연구 결과는 실험적으로 알려진 입자의 수가 매우 적었음에도 불구하고 일반적인 이론을 만들어 냈다는 점에서 놀랍습니다. 예측된 바리온 다중항에서 빈 자리들이 나타났습니다. 겔만 교수는 자신의 이론에 기초해 두 개의 새로운 바리온을 예측하였습니다. 그중 하나는 얼마 지나지 않아 발견되었고 다른 하나는 6년이 지난 지금도 발견되지 않고 있습니다.

겔만 교수가 발견한 기본입자의 분류와 이들의 상호작용은 모든 강한 상호작용 입자에 적용될 수 있음이 나중에 밝혀졌습니다. 그리고 이들은 1953년 이후 발견된 모든 입자에 실질적으로 적용되었습니다. 따라서 그의 이론은 입자물리학 연구에 기본이 됩니다.

겔만 교수보다 몇 달 늦게 비슷한 이론을 제안한 두 명의 일본인 물리학자 나카노와 니시지마를 언급해야 할 것 같습니다.

많은 이론물리학자들은 입자의 다중항들을 연결하는 새로운 대칭성을 발견하기 위해 수년 동안 노력했습니다. 사카다를 필두로 한 일련의 논문들을 일본인 물리학자들이 발표하였습니다. 그들은 어떤 특정한 종류의 대칭성을 지적하였습니다. 겔만 교수는 1961년에 중요한 논문을 새로 발표했는데 여기에서 겔만 교수는 순수 수학에서 오랫동안 연구되어 온 대칭성이 모든 강한 상호작용을 하는 입자들을 분류하는 데 사용될 수 있음을 밝혔습니다. 전하 독립성에 해당되는 대칭성을 포함하는 새로운 대칭성이 맞다고 가정한 겔만 교수는 자신의 초기의 다중항이 초다중항이라 불리는 더 큰 그룹으로 합쳐질 수 있음을 발견했습니다. 초다중항의 각각은 동일한 스핀과 패러티를 가지는 모든 바리온 또는 메손을 포함하고 있습니다. 여기에서 스핀은 자신들의 축을 따라 회전하는 것의 척도이고 패러티는 반사에 의해 변환되는 척도를 의미합니다.

겔만 교수는 이러한 분류를 '팔정도'라고 불렀습니다. 핵자들은 여덟

개 입자 즉 팔중항의 초다중항에 속합니다. 메손의 경우 팔중항이 제안되었는데 파이 메손과 K메손은 일곱 자리만을 채웠습니다. 한 자리가 남았기 때문에 새로운 메손이 예측되었습니다. 위에 언급한 일본인 물리학자들은 이 입자의 존재를 의심했지만 곧 발견되었고 이것은 겔만 교수의 이론이 맞다는 것을 강력히 지지하는 것이었습니다. 이 입자는 1962년 겔만 교수가 예측한 오메가 마이너스라는 새로운 바리온입니다. 비슷한 분류가 겔만 교수 이후에 네에만에 의해 제안되었습니다.

또한 겔만 교수는 서로 강한 상호작용을 하는 모든 입자들은 쿼크라 이름 붙인 단지 세 종류의 입자와 그것의 반입자를 사용해 기술하는 것이 가능하다는 것을 발견하였습니다. 겔만 교수의 이론에 따르면 쿼크는 양성자의 전하에 비해 분수전하를 가지게 되는데 양성자의 전하는 분해가 불가능하다는 현재까지의 모든 알려진 지식과 다르다는 점에서 매우 독특합니다. 개별 쿼크는 그것을 찾으려는 엄청난 노력에도 불구하고 아직까지 발견되지 않았습니다. 그렇지만 겔만 교수의 생각 자체는 여전히 새로운 발견을 이끌 만한 가치가 있습니다.

팔정도의 흥미있는 응용은 겔만 교수에 의해 개발된 이른바 흐름 대수학입니다. 흐름 대수학을 통해 기본입자들의 상호작용들 사이에도 중요한 상관관계가 있다는 것이 명백해졌습니다.

겔만 교수는 여기서 언급된 업적 외에도 기본입자의 이론에 기초적인 공헌을 많이 하였습니다. 그는 10년 이상 입자물리학 영역을 선도하는 과학자로 알려져 왔습니다.

겔만 교수님.

교수님은 메손과 바리온 그리고 그들 사이의 상호작용에 대한 지식에 근본적인 공헌을 했습니다. 또한 새로운 대수학을 개발해 입자들의 대칭성에 따른 광범위한 분류 연구를 이끌었습니다. 교수님이 도입한 방법들은 입자물리학 연구에서 가장 강력한 도구 중 하나가 되었습니다.

스웨덴 왕립과학원을 대신하여 교수님의 성공적인 연구를 축하드립니다. 국왕 전하로부터 노벨상을 수상하시기바랍니다.

스웨덴 왕립과학원 노벨 물리학위원회 위원 이바르 발러

자성유체역학 및 반강자성과 강자성 분야의 업적

1970

한네스 알벤 | 스웨덴

루이 넬 | 프랑스

:: 한네스 올로프 괴스타 알벤 Hannes Olof Gösta Alfven (1908~1995)

스웨덴의 천체물리학자. 1934년 웁살라 대학에서 철학 박사학위를 취득한 후, 동 대학에서 물리학을 강의하였다. 1940년부터 1945년까지 스톡홀름 왕립공과대학에서 전기이론 교수로 있었으며, 그 뒤 전자공학 교수를 거쳐 1963년부터는 플라즈마 물리학 교수로 재직하였다. 1967년에는 객원교수로서 미국 샌디에이고의 캘리포니아 대학교에서 강의하기도 하였다. 플라즈마의 물리적 특성을 명확하게 밝히는 등 자장-유체역학을 창안함으로써 전 우주에 대한 물리학적 연구에 기여하였다.

:: 루이 외젠 펠릭스 넬 Louis-Eugene-Felix Neel (1904~2000)

프랑스의 물리학자. 1928년에 에콜 노르말을 졸업한 후, 1932년에 스트라스부르 대학교에서 박사학위를 취득하였다. 1937년에 교수가 되어 1945년까지 강의한 후, 그르노블 대학교 교수로 임용되어 1976년까지 재직하였다. 자성의 다양한 측면에 대해 200편이 넘는 논문을 발표하였으며, 새로운 합성 자성물질의 거동을 정확히 기술하고 설명함으로써 자기 현상의 연구에 기여하였다.

전하, 그리고 신사 숙녀 여러분.

태양으로부터 아주 뜨거운 바람이 붑니다. 너무나 뜨거워서 그속의 원자들이 전기전도성을 띤 입자인 전자와 이온들로 쪼개질 정도입니다. 그것들이 지구 자장의 영향을 받아 끌려오면서 전자들이 북해 상공의 자력선상에 오로라를 만들어 냅니다. 이 태양풍은 전기전도성을 가진 가스인 플라스마의 한 종류입니다. 지난 50년간의 연구를 통해 이 독특한 특성의 전도성 가스는 흔히 알려진 물질상태인 고체, 액체, 기체가 아닌 제4의 상태로 밝혀졌습니다. 플라스마는 우주에 존재하는 물질의 가장 일반적인 상태로서 태양과 행성들의 탄생 초기에 가장 중요한 물질상태였으며, 지금도 우주공간과 핵융합로, 그리고 용접장치 속에 존재합니다.

알벤 교수는 플라스마가 우주공간에서도 자기장을 수반한다는 근본적인 아이디어를 오로라의 설명에 도입했습니다. 이 과정에서 알벤 교수는 플라스마의 움직임이 자기장에 따라 변하는 현상을 연구하기 시작했습니다. 자기장은 양전하와 음전하를 반대 방향으로 움직이게 하며 전류를 발생시킵니다. 이들 전류들의 상호작용으로 기계적 힘이 발생하는데, 이것이 플라스마의 방향과 속도를 완전히 변화시킬 수 있다는 것입니다. 특히 알벤 교수는 지금까지는 의심의 여지가 없는 자장-유체역학의 파동, 이른바 알벤파동의 존재를 발견하였습니다.

천체물리학에서 알벤 교수는 자기력장의 도입과 자장-유체역학을 응용하여 지대한 기여를 했습니다. 그의 연구 이전에는 이러한 힘들을 고려하지 않았습니다. 그러나 그의 연구 결과 이런 힘들이 천체물리학의 문제들에 광범위하게 적용되기 시작했는데, 특히 행성과 위성의 생성을 포함하는 태양계의 발전 단계를 연구하는 데 널리 적용되었습니다. 그는 태양으로부터의 유체-자장파동이 자기력선을 따라 흐르며 그 파동이 태양계 생성 초기에 회전에너지를 행성들에게 전달했다는 아이디어로 태양의 회전과 행성 궤도의 규칙적인 패턴을 잘 설명할 수 있었습니다.

또한 자장-유체역학은, 태양과 행성계의 생성 과정을 논의하는 데 플라스마 구름의 중심체가 매우 중요하며, 우주장과 반응하며 상대적으로 움직이는 전자와 이온으로 구성된 플라스마의 안정조건을 이해하는 데에도 중요합니다. 이것은 초신성 폭발과 최근 은하의 중심에서 관찰된 강력한 폭발과도 연계되어 있어 지대한 관심을 끌고 있습니다.

플라스마의 물리적 특성을 명확하게 밝힌 알벤 교수의 기여는 매우 컸습니다. 특히 중요한 것은 핵융합 연구에 기초가 된 연구들이었습니다. 이 연구들은 어떻게 핵융합반응기를 만들 수 있는지를 보여 주었습니다. 수백만 도의 플라스마를 자기장 안에 가두어 둔다는 것은 자기력의 고정선에 관한 알벤 교수의 개념과 관련되어 있습니다. 병 속을 흐르는 플라스마는 결코 파동이 깨지듯 붕괴하지 못합니다. 알벤 파동의 특성을 이해함으로써 안정성을 가진 전류를 찾아내는 데 큰 도움이 되었습니다.

알벤 교수님.

교수님은 자장-유체역학을 창안하였습니다. 교수님이 중요한 역할을 한 이 분야의 발전은 여기 지구상에서뿐 아니라 우주 전체의 규모에서 이 새로운 물리 분야의 중요성을 보여 주었습니다. 왕립과학원을 대표하여 교수님의 노벨상 수상을 축하하게 되어 대단히 기쁩니다.

약 2000년 전 중국에서 철 조각을 자철광으로 문질러 최초의 자석 나침반을 만들었습니다. 나침반은 언제나 많은 사람들을 놀라게 합니다. 어린아이들은 남북의 축으로 바늘을 정렬하는 보이지 않는 힘이 무얼까

궁금해 합니다. 한편 과학자들은 자성과 관련하여 물리학의 매우 어려운 문제 중 하나에 직면하게 됩니다. 자성이 세 종류의 상태로 존재한다는 것은 오랫동안 알려져 있었는데, 그 각각을 반자성, 상자성, 그리고 강자성이라고 합니다. 앞의 두 가지는 원자의 단위자석이 자기장에서 각기 독립적으로 행동하는 경우의 자성상태입니다. 그러나 이보다 수 배 강한 강자성에서는 단위자석들이 무리지어 정렬하는데 그 물리현상을 이해하는 것이 대단히 어려운 과제였습니다.

자성현상을 처음으로 설명하려 했던 과학자는 암페어였습니다. 그는 단위전류 가설을 이용하여 자성을 설명하고자 했습니다. 1907년 피에르 바이스는 무언지는 모르지만 단위자석들을 정렬하는 힘이 존재해야 한다는 것을 발견했습니다. 1911년의 박사학위 논문에서 닐스 보어는 자성이 전하의 고전적인 운동에 기인하는 전류 때문에 생길 수 없으며, 완전히 새로운 어떤 것이 필요하다고 제안했고, 1928년 하이젠베르크에 이르러 원자에 관한 새로운 개념을 이용하여 강자성을 일으키는 정렬구동력을 정성적으로 설명할 수 있게 되었습니다. 1932년 이들 세 종류의 자성에 4번째의 새로운 자성인 반강자성을 추가한 사람이 넬 교수입니다. 그는 어떤 결정체에서는 인접하는 단위자석들이 서로 반대 방향으로 정렬한다는 것을 발견했습니다. 이것은 단위자석들이 모두 같은 방향으로 정렬하는 강자성 물질과는 정반대의 상태입니다. 넬 교수는 바이스가 가정했던 힘의 변형된 상태가 존재한다는 것을 추론하였으며, 동일한 자장이 반대로 작용하는 두 개의 결정이 얽혀 있는 반강자성 물질의 모델을 제시했습니다. 그는 반강자성이 고유의 특징들을 가진 정돈된 상태이며 넬 온도라고 알려진 온도 이상에서 이 상태가 사라진다는 것을 보였습니다. 이런 점에서 넬 온도는 퀴리 온도와 유사합니다. 고체물리학의 다른 중요한 현상들도 넬의 모델로 설명할 수 있었습니다.

1948년 넬 교수는 또 하나의 근본적인 발견으로 마그네타이트처럼 페라이트 재료에서 관찰되는 강자성을 설명해 냈습니다. 그는 그가 사용한 모델을 더욱 일반화하여 결정격자들이 다른 강도의 자성을 가질 수 있으며 외부에 전기장을 형성할 수도 있다는 가정을 했습니다. 그는 3개의 철원자와 4개의 산소원자를 가진 마그네타이트에서 철원자 2개의 효과는 서로 상쇄되지만, 세 번째 원자가 자기장을 만든다는 사실을 발견했습니다. 놀랍게도 중국인이 최초의 나침반을 만들 때 사용했던 물질이 이러한 마그네타이트였는데, 사실은 강자성 물질이 아니라 넬 교수가 붙인 이름인 페리자성 물질이었던 것입니다. 넬 교수는 새로운 합성 자성 물질의 거동을 정확히 기술할 수 있었고, 따라서 이상한 현상들을 설명할 수 있었습니다. 이런 개발은 컴퓨터 기억소자나 고주파 기술에 대단히 중요합니다. 이외에도 넬 교수는 자기도메인 이론과 작은 입자 내의 효과인 초상자성 현상을 발견하는 등 많은 기여를 해왔습니다.

넬 교수님.

지금까지 저는 자기현상의 연구에 위대한 프랑스의 전통을 이어받은 교수님의 주요 연구업적을 말씀드렸습니다. 특히 현대 자성이론의 중요 개념인 반강자성과 페리자성에 관한 교수님의 발견을 강조하고자 합니다.

교수님께 왕립과학원의 축하 말씀을 전하게 되어 대단히 영광스럽고 기쁩니다.

알벤 교수님, 넬 교수님. 이제 나오셔서 전하로부터 노벨상을 받으시기 바랍니다.

스웨덴 왕립과학원 토르센 구스타프손

홀로그래피 방법에 대한 연구

1971

데니스 가보르 | 영국

:: 데니스 가보르 Dennis Gabor (1900~1979)

헝가리 태생 영국의 전기공학자. 부다페스트 공업대학을 졸업하고 1927년부터 베를린에 있는 지멘스운트할스케 사의 연구 기술자로 있다가, 1933년에 나치 치하의 독일을 떠나 영국으로 가서 톰슨휴스턴 사에서 일했으며(나중에 영국 시민이 되었음), 1947년 홀로그래피에 대한 아이디어를 얻고서 필터를 통과하는 재래식 광원을 이용해 그 기본적인 기술을 개발했다. 1949년부터 런던에 있는 과학 기술 임페리얼 칼리지에서 강의하였으며, 1958년 동 대학교응용 전자물리학 교수로 임용되었다. 홀로그래픽 기법의 기초적인 아이디어를 세움으로써 홀로그래피 분야의 발전에 공헌하였다. 이와 함께 고속 오실로스코프, 텔레비전 등에 대해서도 연구하였다.

전하, 그리고 신사 숙녀 여러분.

우리는 오감을 통해 우리를 둘러싼 주위 환경에 대한 지식을 축적할 수 있습니다. 그리고 자연 그 자체에는 사용 가능한 자원들이 많습니다. 가장 명백한 것은 빛으로, 우리에게 볼 수 있는 능력을 주고 색과 형상으로 우리를 기쁘게 해줍니다. 소리는 의사소통을 할 수 있는 말을 전달하고 음악의 세계를 경험할 수 있게 해줍니다.

빛과 소리는 파동운동으로서 파동이 어디에서 오는지에 대한 정보를 줄 뿐 아니라 파동이 어디를 지나가고 어떤 것에 반사되고 굴절되는지에 알 수 있게 합니다. 그러나 빛과 소리는 정보를 전달하는 파동의 단 두 가지 예일 뿐입니다. 빛과 소리는 넓은 범위의 전자기파와 음파 중 우리의 눈과 귀가 느낄 수 있는 작은 부분에 불과합니다.

물리학자들과 기술자들은 우리의 직접적인 인지능력을 넘어 존재하는 파동에 대한 우리의 지식을 넓히기 위한 방법과 장치를 꾸준히 개선하고 확대해 왔습니다. 전자현미경은 가시광선의 파장보다 수천 배나 작은 물체의 구조를 분석합니다. 사진건판은 짧은 순간의 그림을 저장하는데 이것은 장시간에 걸친 측정을 가능하게 해주고, 적외선과 엑스선 또는 전자선과 같은 파동을 눈으로 볼 수 있는 그림으로 바꾸어 줍니다.

그러나 아직까지 사물에 대한 중요한 정보가 사진의 이미지에는 빠져 있습니다. 이것이 데니스 가보르 교수가 정보이론에 대해 수행한 연구의 핵심 문제입니다. 왜냐하면 사진의 이미지는 사진건판에 얼마나 강하게 파동이 입사되었는가를 재현하는 도구이지, 자연 그 실체는 아니기 때문입니다.

가보르 교수는 위상을 가진 파동의 정보를 사진건판에 저장하는 방법을 찾아냈습니다. 물체가 영향을 미치지 않는 파동을 기준파동이라고 하는데, 그는 이 기준파동이 물체에서 나오는 파동과 함께 건판에 입사되도록 하였습니다. 이러한 두 개의 파동은 서로 중첩되고 간섭되어 동일한 위상을 가질 경우 가장 강한 밝기를 나타내고 반대의 위상을 가질 경우에는 상쇄되어 가장 약한 밝기를 나타냅니다. 가보르 교수는 이 건판을 그리스어의 홀로스에서 따와 홀로그램이라고 불렀습니다. 홀로그램은 전체 또는 완전함을 의미하는데 왜냐하면 이 건판에는 전체의 정보가 담겨 있기 때문입니다. 이 정보는 규칙에 따라 건판에 저장되어 있습니다. 홀로그램은 기준파동으로 조사될 때만 홀로그램 구조에서 회절되고 원래 사물의 형상이 재구축됩니다. 이렇게 얻어진 결과는 3차원적인 이미지입니다.

처음에 가보르 교수는 전자현미경의 이미지를 만드는 데 사용된 원리를 두 단계로 생각했습니다. 즉 먼저 전자선을 사용해 물체의 장을 홀로그램에 기록하고 이것을 가시광선으로 재구축해 높은 해상도의 3차원 이미지로 만들고자 하였습니다. 그러나 이러한 목적에 적합한 전자선의 광원을 만들 수 없었고, 또한 다른 기술적인 이유로 이 아이디어는 검증될 수 없었습니다. 그러나 빛을 사용해 수행된 일련의 성공적인 연구를 통해 가보르 교수는 이 원리가 맞다는 것을 증명하였습니다. 1948년에서 1951년 사이에 제출된 세 편의 논문을 통해 이 기법을 정확히 분석할 수 있었고 이때 제안된 그의 방정식은 모든 필요한 항들을 갖고 있기 때문에 오늘날에도 그의 방정식을 수정하지 않고 사용합니다.

홀로그래피는 이러한 과학의 영역을 부르는 말인데 예전에는 없었지만 현재에는 사용 가능한 광원인 레이저를 통해 돌파구를 열 수 있었습니다. 첫 번째 레이저는 1960년에 성공적으로 제작되었고 레이저에 관한 기본적인 아이디어에 대해 1964년 노벨 물리학상이 수여되었습니다. 레이저는 연속적이고 결맞은 파동을 만들어 내 홀로그래픽 이미지에서 상을 재구축하기에 충분한 깊이를 만들어 줍니다. 그러나 동시에 관찰점에서 교란되는 이중 이미지가 나타나는 문제가 발견되었습니다. 에메트 레이스가 지휘하는 미국 미시건 대학교의 연구그룹은 이러한 이중 이미지를 제거하는 연구를 시작하였습니다.

홀로그래픽 이미지에서 3차원 효과를 경험한 관찰자는 놀랍고도 황홀해서 찬사를 늘어놓지만 발명자에게는 충분하지 않습니다. 더욱 중요한 점은 발명자의 아이디어에서 나올 새로운 과학적·기술적 응용에 관련한 것입니다. 공간에서 각 사물의 점들이 가진 위치는 1밀리미터의 수천분의 1의 길이를 가진 빛의 파장의 분수로 결정되는데, 이것은 파동이 갖는 위상이라는 특성에 기인한 것입니다. 이 현상을 사용하면 홀로그램은 광학적 측정 기술을 정교화할 수 있는데, 이는 원래 개발될 당시에는 예측하지 못했던 것입니다. 특히 많은 사물에 대한 간섭측정을 가능하게 했습니다. 다른 시간대에 있는 사물의 형상은 여러 번 빛을 비춤으로써 하나의 동일한 홀로그램에 저장할 수 있습니다. 이들이 동시에 재구축되면 파동들은 서로 간섭하게 되고 물체의 이미지는 빛의 파장의 단위를 가진 간섭선으로 덮이게 됩니다. 이때 얻어진 간섭성은 노출 사이의 형상 변화에 해당됩니다. 형상의 변화에 대한 예로는 얇은 막의 진동 또는 악기의 진동을 들 수 있습니다.

또한 현대의 펄스 레이저에서 얻어진 짧은 순간의 빛을 사용하여 순간의 정보를 홀로그램으로 구성하면 매우 빠른 속도로 진행되는 사건을 연구하는 것이 가능합니다. 이 기술은 플라스마 물리학에서 응용되고 있습니다.

가보르 교수가 홀로그래피의 두 단계에 다른 파동을 사용하겠다는 원래의 생각은 다른 분야와 많은 연관관계를 갖게 되었습니다. 특히 노출의 두 번째에 초음파를 사용하는 것은 매우 흥미롭습니다. 이 경우 소리의 효과는 광학적인 이미지의 형태로 재구축됩니다. 이 연구는 많은 어려움에도 불구하고 상당한 진전이 있었습니다. 이러한 기법은 의학 진단에도 상당한 가치가 있습니다. 왜냐하면 굴절된 음파는 엑스선에서 얻어지는 이미지와는 다른 정보를 주기 때문입니다.

가보르 교수님.

교수님은 홀로그래픽 기법의 기초적인 아이디어를 세우고 그에 따른 명예와 즐거움을 얻었습니다. 교수님께서는 이 분야를 처음으로 만들고 또한 이 분야의 발전에 지속적인 공헌을 하셨습니다. 그 결과 교수님은 명예교수의 지위를 얻게 되셨습니다. 교수님께서 써오신 문화에 대한 글들은 기술의 발전이 인류에게 유용성과 동시에 위험성을 초래할 수 있음을 진지하게 고려하는 물리학자와 기술자 그룹에 교수님이 위치한다는 것을 보여 주었습니다.

스웨덴 왕립과학원은 교수님께 가슴에서 우러난 축하를 드립니다. 이제 국왕 전하로부터 노벨상을 받으시기 바랍니다.

스웨덴 왕립과학원 에리크 잉겔스탐

초전도체 이론의 개발

1972

존 바딘 | 미국 **리언 쿠퍼** | 미국 **존 슈리퍼** | 미국

:: 존 바딘 John Bardeen (1908~1991)

미국의 물리학자. 1956년에는 반도체 연구와 트랜지스터 효과를 발견한 공로로 윌리엄 쇼클리, 월터 브래튼과 함께 노벨 물리학상을 공동 수상하였다. 1936년 프린스턴 대학교에서 박사학위를 취득한 후, 1938년부터 1941년까지 미네소타 대학교에서 조교수로 재직하였다. 제2차 세계대전 후 벨 전화연구소에서 트랜지스터를 연구하였으며, 1951년 일리노이 대학교의 교수가 되었다.

:: 리언 닐 쿠퍼 Leon Nill Cooper (1930~)

미국의 물리학자. 1954년에 컬럼비아 대학교에서 박사학위를 취득하였으며, 1957년에 일리노이 대학에서 연구원 과정을 이수하였다. 오하이오 주립대학교 조교수를 거쳐 1958년에 브라운 대학교 교수로 임용되었으며 거기서 헨리리드야드고다드 대학교 교수(1966년) 및 T. J. 왓슨좌 교수(1974년)가 되었다.

:: 존 로버트 슈리퍼 John Robert Schrieffer (1931~2019)

미국의 물리학자. 매사추세츠 공과대학에서 공부하였으며, 1957년에 일리노이 대학교에서 박사학위를 취득하였다. 1962년에 펜실베이니아 대학교교수가 되었다. 1980년에는 캘리포니아 대학교의 물리학 교수가 되었다. 바딘, 쿠퍼, 슈리퍼는 초전도 현상에 관한 완전한 이론적 설명을 제시함으로써 초전도 분야의 활발한 이론 및 실험적 연구를 촉진시켰다.

전하, 그리고 신사 숙녀 여러분.

1972년의 노벨 물리학상 수상자는 BCS 이론이라고 불리는 초전도체 이론을 개발한 존 바딘 교수, 리언 쿠퍼 교수, 그리고 존 로버트 슈리퍼 교수로 결정되었습니다.

초전도성은 많은 금속에서 일어나는 특이한 현상입니다. 금속은 보통 상태에서는 일정한 전기저항값을 가지고 있습니다. 전기저항은 온도에 따라 변하는데, 온도가 내려가면 그 값이 감소합니다. 그러나 많은 금속 물질에서 저항값이 온도 감소에 따라 단순히 감소하는 것이 아니라 어떤 특정 임계온도 이하에서 갑자기 사라지는 현상이 일어납니다. 이 임계온도는 물질의 고유한 특성 중 하나입니다.

이 현상은 1911년에 네덜란드 물리학자인 카메를링 오네스가 발견했으며, 이 발견의 공로로 1913년 노벨 물리학상을 수상했습니다. 초전도체라는 용어는 전기저항이 완전히 사라진다는 것을 의미하는 말로서 나중에 엄밀하게 검증되었습니다. 낮은 온도에서 초전도성의 납으로 만든 고리가 2년 반 동안 전류의 손실이 전혀 없이 수백 암페어의 전류를 흘리기도 했습니다.

1930년대에 또 하나의 중요한 발견이 있었습니다. 초전도체 내로는 외부의 자기장이 뚫고 들어가지 못한다는 것을 발견한 것입니다. 초전도체로 만든 그릇에 영구자석을 넣으면 자신의 자기력선을 쿠션 삼아 공기 중에 떠버립니다. 이 현상은 마찰없는 베어링을 만들 수 있음을 보여 주는 하나의 예가 될 것입니다.

초전도체가 되면서 금속의 특성들이 많이 달라지며 보통 상태와는 전혀 다른 새로운 효과들이 나타납니다. 많은 실험 결과들은 초전도성이 근본적으로 다른 상태라는 것을 명확히 보여 주고 있습니다.

초전도 상태로의 전이는 보통 절대온도 0도보다 몇 도 정도 높은 매우 낮은 온도에서 일어납니다. 이 때문에 과거에는 초전도성이 실제로 응용된 경우가 거의 없었고, 광범위한 과학적 관심의 대상이었음에도 불구하고 이에 관한 연구는 저온물리학 실험실에만 가능했습니다. 그러나 이런 상황은 빠르게 변화하고 있으며 초전도 기기의 사용도 빠르게 늘어나고 있습니다. 예를 들면 입자가속기에 초전도 자석이 많이 사용되며, 최근에는 측정 기술에 초전도 연구를 응용하여 커다란 진전을 이루었습니다. 컴퓨터 분야에서도 널리 사용될 가능성이 높습니다. 중공업 분야에서 초전도체를 사용하려는 계획도 있는데, 초전도 전선을 이용하여 세계 주요 도시들 사이에 전기에너지를 주고받는 계획이 진행되고 있습니다. 조금 더 미래를 내다본다면 초전도 궤도 위를 달리는 고속 기차도 가능할 것입니다.

초전도에 관한 실험 연구의 역사는 60년이 넘습니다. 그러나 가장 핵심적인 문제인 이 현상의 물리적 기전은 1950년대 말까지 미스터리로 남아 있었습니다. 많은 유명한 물리학자들이 이 문제에 도전했지만 성공하지 못했습니다. 그 이유는 찾으려는 기전이 대단히 독특한 특성을 가지고 있기 때문입니다. 보통 상태에서는 전자들 각각이 임의로 움직입니다. 이것은 마치 가스 내의 원자들과 비슷해서 원리상으로는 그 이론적 설명이 매우 간단합니다. 그러나 초전도 금속 내에서는 전자들의 집합상태가 존재한다는 것이 실험적으로 밝혀져 있었습니다. 즉 전자들이 강하게 짝을 이루고 서로 관련을 가진 채 움직인다는 것입니다. 그래서 수많은 전자들을 포함하는 거시적인 규모에서 대규모 결맞춤 상태가 존재할 수 있는 것입니다. 이러한 짝짓기의 물리적 기전은 오랫동안 알려져 있지 않았습니다. 1950년에 이 문제를 해결할 수 있는 중요한 진전이 이루어졌는데 이론적으로, 그리고 실험적으로 초전도성이 전자의 운동과 금속격자를 이루는 원자의 진동 사이에 일어나는 상호작용과 관련되어 있음이 밝혀진 것입니다. 전자들의 짝짓기에 관한 근본개념으로부터 바딘, 쿠퍼 그리고 슈리퍼 교수는 초전도이론을 개발했으며 1957년 초전도현상을 이론적으로 완전히 설명하는 논문을 발표했습니다.

그 이론에 따르면 전자와 격자 진동이 연결되면서 전자들이 단단한 짝을 형성하게 되는데 바로 이 전자의 짝들이 이론의 핵심입니다. 바딘, 쿠퍼 그리고 슈리퍼 교수는 각각의 전자쌍이 매우 강하게 연관되어 있으며, 이것이 수많은 전자들로 이루어진 거대한 결맞춤 상태를 만든다는 것을 보여 주었습니다. 이로써 초전도성의 기전에 관한 완전한 그림이 만들어졌습니다. 보통 상태에서 일어나는 개별 전자들의 임의적인 움직임과는 다른 바로 이 질서 정연한 전자들의 움직임 때문에 초전도성이라는 특별한 성질이 나타나는 것입니다.

바딘, 쿠퍼 그리고 슈리퍼 교수가 개발한 이론은 1957년 이후 확장과 수정을 거치면서 초전도 특성의 매우 세세한 부분까지도 설명할 수 있게 되었습니다. 또한 이 이론은 새로운 효과를 예측했으며, 이는 새로운 영역을 여는 이론적, 실험적 연구를 촉발했습니다. 후자의 발전은 매우 중요한 발견으로 이어졌으며, 특히 측정 기술에 흥미로운 방법들이 개발되어 사용중입니다.

지난 15년간 초전도 영역에서의 발전은 대부분 초전도이론에서 촉발되었으며, 그것은 바딘과 쿠퍼, 그리고 슈리퍼 교수의 개념과 생각이 얼마나 폭넓으며 타당한가를 보여 주고 있습니다.

바딘 박사님, 쿠퍼 박사님, 그리고 슈리퍼 박사님.

여러분의 연구로 초전도현상에 관한 완전한 이론적 설명이 가능하게 되었습니다. 또한 여러분의 이론은 새로운 효과를 예측했으며 활발한 이론적·실험적 연구를 촉진하였습니다. 그 이후 초전도 분야의 발전은 1957년 여러분이 발표한 논문 속의 개념과 아이디어가 옳다는 것과 그 적용 범위의 확장을 확인해 왔습니다.

왕립과학원을 대표해서 따뜻한 축하의 말씀을 전해드립니다. 이제 나오셔서 전하로부터 노벨 물리학상을 수상하시기 바랍니다.

찰머스 공과대학 스티그 룬드크비스트

반도체와 초전도체의 터널링현상 | 에사키, 예이베르
조지프슨 효과의 예측 | 조지프슨

에사키 레오나 | 일본

이바르 예이베르 | 미국

브라이언 조지프슨 | 영국

:: **에사키 레오나 江崎玲於奈 (1925~)**

일본의 고체물리학자. 도쿄 대학교에서 물리학을 공부하여 1959년에 박사학위를 취득하였다. 1956년에 소니 사에서 수석 물리학자로 근무하면서 터널링 현상에 대한 선구적인 발견을 이루어 공동 수상자인 예이베르의 발견의 기초가 되었다. 1960년부터는 미국 IBM 연구소에서 근무하였다.

:: **이바르 예이베르 Ivar Giaever (1929~)**

노르웨이 태생 미국의 물리학자. 1952년에 노르웨이 공과대학을 졸업한 후 정부의 특허청 기사로 일하였다. 1954년에 캐나다로 이주하여 제너럴 일렉트릭 사에서 일하면서 1956년에 미국으로 이주하였다. 1964년에는 렌슬러 공과대학에서 물리학으로 박사학위를 취득하였다. 에사키 레오나의 연구를 진전시켜서 브라이언 데이비드 조지프슨에게 영향을 주었다.

:: **브라이언 데이비드 조지프슨 Brian David Josephson (1940~)**

영국의 물리학자. 케임브리지 대학교 트리니티 칼리지를 졸업하고 1964년에 박사학위를 취득하였다. 대학원 재학 시절 에사키 레오나와 이바르 예이베르의 연구를 확장하여 조지프슨 효과를 예측해 냈다. 1965년부터 1년간 일리노이 대학교의 연구교수로 활동하였으며, 1967년부터 1974년까지 케임브리지 대학교에서 연구 조감독, 물리학 강사 및 교수로 재직하였다.

전하, 그리고 신사 숙녀 여러분.

1973년의 노벨 물리학상은 고체에서 터널링현상을 발견한 에사키 레오나 교수, 이바르 예이베르 교수, 브라이언 조지프슨 교수에게 수여되었습니다. 터널링현상은 현대 물리학 법칙(양자역학)의 가장 직접적인 결과로서 고전역학에는 이와 유사한 개념이 없습니다. 전자와 같은 기본입자들은 고전적인 입자로 취급할 수 없으며 입자와 파동의 성질을 모두 나타냅니다. 전자의 운동은 수학적으로 파동방정식, 즉 슈뢰딩거방정식의 해를 통해 설명할 수 있습니다. 전자의 운동은 단순한 파동의 중첩으로 기술할 수 있고 이것은 공간적으로는 유한한 크기를 가진 파속을 형성합니다. 이러한 전자의 양자역학적인 파동은 얇은 장벽을 투과할 수 있는데 전자를 고전적으로 취급할 경우에는 일어날 수 없는 현상입니다. 터널링이라는 용어는 물질이 금지된 영역을 뚫고 갈 수 있는 파동적 속성과 관련지어 붙은 이름입니다. 즉 입자는 장벽을 가로질러 투과할 수 있습니다. 이 현상에 대한 개념을 잡기 위해서는 벽을 향해 공을 던지는 상황을 생각해 볼 수 있습니다. 일반적으로 공은 튀어나오지만 가끔 공이 벽을 통해 사라진다는 것입니다. 원리적으로는 이런 현상이 일어날 수 있는데 실생활에서 우리가 이런 현상을 관찰하지 못하는 이유는 일어날 확률이 매우 작기 때문입니다.

반면 원자 수준에서 터널링은 상당히 흔한 현상입니다. 공 대신 전자가 금지된 영역, 예를 들면 얇은 절연막을 향해 금속 내에서 빠른 속도로 움직인다고 생각해 봅시다. 전자 중 일부분은 터널링에 의해 장벽을 투과하고 우리는 장벽 반대쪽에서 약한 터널링 전류를 검출할 수 있습니다. 터널링현상에 대한 관심은 1920년대 후반 양자역학이 막 등장한 시기까지 거슬러 올라갑니다. 터널링에 대한 가장 잘 알려진 초기의 응용은 무거운 원자핵의 알파붕괴에 대한 모델에서 등장합니다. 초기에는 고체에서 일어나는 현상 일부를 터널링으로 설명할 수 있었습니다. 그렇지만 이론과 실험이 종종 일치하지 않는다는 결과가 보고되었으며 더 이상 진전은 이루어지지 않았습니다. 그에 따라 물리학자들은 1930년대 초기에 이미 고체의 터널링현상에 더 이상 흥미를 갖지 않게 되었습니다.

1947년 트랜지스터 효과가 발견되면서 터널링현상에 대한 새로운 관심이 촉발되었습니다. 반도체에서 터널링현상을 관찰하기 위한 많은 시도들이 있었지만 논쟁의 여지가 있는 결과일 뿐 결정적인 증거는 없었습니다.

터널링현상이라는 선구적인 연구 분야를 열었던 사람은 일본의 젊은 물리학자 에사키 레오나 박사입니다. 에사키 박사는 당시 소니 사에 근무하였는데 거기에서 매우 단순한 실험을 하는 과정에서 수십 년간 해결되지 않은 고체 내 전자 터널링에 대한 확실한 실험적 증거를 얻었습니다. 에사키 교수는 반도체에서 터널링현상의 존재를 확인했을 뿐 아니라 반도체 접합에서 예상하지 않았던 터널링현상을 관찰했고 그것을 설명하였습니다. 이러한 새로운 현상의 발견을 통해 터널 다이오드 또는 에사키 다이오드라는 중요한 소자가 개발될 수 있었습니다.

1958년 출판된 에사키 교수의 논문은 반도체 물질에서 터널링 관련

연구의 새로운 분야를 열었으며 이 방법은 곧 고체물리학에서 매우 중요한 기법이 되었습니다. 그 이유는 터널링이 원리적으로 간단할 뿐 아니라 많은 세부적인 현상에 대해 매우 민감하게 변화하였기 때문입니다.

터널링 분야에서 다음으로 큰 진전은 1960년 이바르 예이베르 교수의 연구 주제인 초전도 분야에서 이루어졌습니다. 1957년 바딘 교수, 쿠퍼 교수, 슈리퍼 교수는 초전도이론에 대한 논문을 출판하고 1972년 노벨 물리학상을 수상했습니다. 초전도 이론의 결정적인 부분은 금속이 초전도체가 되면 전자의 스펙트럼에 에너지 갭이 나타난다는 것입니다. 예이베르 교수는 이와 같은 에너지 갭이 터널링 실험에서는 전류-전압 관계를 반영해야만 한다고 예측했습니다. 그는 자연산화물로 절연된 금속의 얇은 샌드위치 구조에서 전자의 터널링을 연구했습니다. 실험은 그의 예측이 맞았다는 것을 보여 주었고 그의 터널링기법은 초전도체의 에너지 갭을 연구하는 대표적인 방법이 되었습니다. 또한 예이베르 교수는 터널링 전류의 파형이 매우 미세한 구조로 되어 있으며 이 구조는 결정격자의 진동과 전자가 서로 짝지어져 있기 때문에 나타나는 현상이라는 것을 밝혔습니다. 이후 예이베르 교수 등의 터널링기법 연구는 초전도체의 자세한 성질을 연구하는 매우 정확하고 새로운 기법으로 자리 잡았습니다. 그리고 실험은 초전도체 이론의 정당성을 놀라운 방법으로 확인시켜 주었습니다.

예이베르 교수의 실험은 해결되지 않은 이론적인 질문을 남겨 놓았는데, 이것은 젊은 브라이언 조지프슨 교수가 두 초전도체 사이의 터널링에 대한 이론적인 해석을 수행하는 데 영감을 주었습니다. 예이베르 전류에 덧붙여 조지프슨 교수는 쿠퍼 쌍이라는 한 쌍의 서로 연결된 전자의 터널링으로 만들어지는 약한 전류를 발견했습니다. 이것은 절연체 장벽을 통해 초전류를 얻을 수 있다는 것을 의미합니다. 또한 그는 놀라운 두 가지 효과를 예측했습니다. 첫 번째 효과는 전압이 인가되지 않더라도 초전류는 흐를 수 있다는 것이었고, 두 번째 효과는 일정한 전압이 인가되면 높은 주파수의 교류가 절연체 장벽을 통과한다는 것입니다.

조지프슨 교수의 이론적인 발견은 전기장과 자기장이 초전류에 어떻게 영향을 미치게 되는지 예측하였으며, 그 결과 거시적인 규모에서 양자역학적 현상을 제어하고 연구하며 이용할 수 있는 방법을 제공했습니다. 그의 발견은 양자간섭계라는 완전히 새로운 기법의 발전을 이끌었습니다. 이 방법은 과학과 기술의 넓은 영역에서 응용되어 뛰어난 민감도와 정확성을 가진 많은 장비들의 개발을 촉진하였습니다.

에사키 교수, 예이베르 교수 그리고 조지프슨 교수는 자신들의 발견을 통해 물리학의 새로운 장을 열었습니다. 이들의 연구는 매우 밀접하게 연관되어 있습니다. 에사키 교수의 선구적인 연구는 예이베르 교수의 발견의 기초가 되었고 직접적인 동력이 되었습니다. 예이베르 교수의 연구는 다시 조지프슨 교수의 이론적인 예측을 이끌어 내는 자극이 되었습니다. 현대 물리학의 추상적인 개념과 정교한 도구 그리고 과학과 기술에서의 실질적인 응용 사이의 긴밀한 관계는 이 발견에서 특히 강조하고 싶은 부분입니다. 고체에서 터널링의 응용은 이미 넓은 범위에 걸쳐 있습니다. 터널링에 기반을 둔 많은 소자들이 전자공학에서 쓰이고 있습니다. 새로운 양자간섭계는 절대온도 0도 근처에서의 온도를 측정하거나 중력파를 검출하거나 채광 유망지를 예측하거나 물 또는 산들을 통해 통신을 하거나 심장 또는 뇌 주위의 전자기장을 연구하는 등, 광범위한 분야에 응용되고 있습니다.

에사키 박사님, 예이베르 박사님 그리고 조지프슨 박사님.

일련의 예리한 실험과 계산으로 여러분은 고체에서 터널링현상의 다른 영역을 탐구했습니다. 여러분의 발견은 연구의 새로운 분야를 열었고 반도체에서 전자와 초전도체에서의 거시적인 양자현상에 대한 새로운 이해를 제공했습니다.

왕립과학원을 대표하여 찬사와 함께 따뜻한 축하를 보냅니다. 이제 스웨덴 국왕 전하로부터 노벨상을 수상하시기 바랍니다.

스웨덴 왕립과학원 스티그 룬드크비스트

전파천문학 분야의 선구적 연구

1974

마틴 라일 | 영국

앤터니 휴이시 | 영국

:: 마틴 라일 Martin Ryle (1918~1984)

영국의 전파천문학자. 브래드필드 칼리지와 옥스퍼드 대학교에서 공부하였으며, 1945년 케임브리지 대학교 캐번디시 연구소의 연구원이 되었다. 1959년에 케임브리지 대학교 전파천문학 교수가 되었으며, 1966년에 기사 작위를 받았고 1972년에 왕립 천문학자가 되었다. 조리개 합성법을 개발하였으며, 지구의 자전을 이용하여 전파망원경의 위치를 옮기는 방법을 개발하는 등 천체 물리학 분야의 초기 발전에 기여하였다.

:: 앤터니 휴이시 Antony Hewish (1924~2021)

영국의 천체물리학자. 1948년에 케임브리지 대학교를 졸업한 후 공동 수상자인 마틴 라일의 캐번디시 연구소에 들어가 연구하였다. 1952년에 박사학위를 취득하였다. 1971년에 케임브리지 대학교의 교수가 되었으며, 1974년에는 제자 J. 벨과 함께 펄서를 발견함으로써 천체 물리학과 물리학 전반의 발전에 기여하였다. 1977년에는 왕립 과학연구소 교수가 되었다.

전하, 그리고 신사 숙녀 여러분.

금년도 노벨 물리학상의 주제는 항성과 은하계의 과학인 천체물리학입니다.

큰 스케일에서 우리 우주에 관한 문제들, 즉 우주의 구조와 생성에 관한 문제는 현대 과학의 중요 쟁점 중 하나입니다. 우리는 우주의 거동에 많은 관심이 있습니다. 우리가 믿을 만한 우주의 모형을 만들기 위해서는 먼저 오래된 우주의 상태에 대한 자세한 정보를 확보해야 합니다.

전파천문학은 수십억 광년 떨어진 아주 먼 곳에서 무슨 일이 일어나는지를 연구하는 학문인데, 실제로는 아주 오래전에 그곳에서 일어난 일을 연구하는 것입니다. 지금 우리에게 도달하는 라디오파는 아주 먼 곳으로부터 수십억 년 동안 빛의 속도로 달려와 지구에 도착한 것들이기 때문입니다.

오늘날 여기서 우리가 포착하는 라디오 신호가 지구상에 어떤 꽃이나 생명체도 존재하지 않았던 시기에, 그리고 물론 물리학자들도 존재하지 않았던 시기에 먼 우주를 떠나 이제 지구에 도착한 것이라는 사실은 정말이지 경이롭습니다.

지난 10년 동안 전파천문학 분야의 신기원이 될 만한 새로운 발견들이 이루어졌습니다. 이 발견들은 현대 물리학에도 매우 중요한 기여를 하게 될 것입니다. 예를 들어 초고밀도 상태 물질의 존재가 전파천문학으로 확인되었는데, 이 초고밀도 물질은 중성자의 밀집체로서 1세제곱센티미터의 무게가 무려 수십억 톤이나 되는 것입니다. 중성자별은 항성의 폭발, 이른바 초신성 현상의 결과입니다. 지름이 10킬로미터의 중성자별은 천문학의 관점에서는 매우 작은 물체로 별들의 진화 단계의 마지막에 해당됩니다.

올해의 노벨 물리학상 수상자인 마틴 라일 경과 앤터니 휴이시 교수는 새로운 전파천문학 기술을 개발하였습니다. 우주전파의 발생원을 관찰한 이분들의 연구 결과는 매우 중요한 의미가 있습니다.

우주 전파의 발생원으로부터 라디오파를 수집하기 위해서는 전파망원경을 사용합니다. 망원경의 감도를 최대한 높이고 수많은 우주 전파로부터 특정 전파를 구별할 수 있는 우수한 위치 해상도를 갖기 위해서는 커다란 면적의 전파망원경을 사용해야 합니다.

그러나 매우 작은 전파 발생원을 관찰할 수 있을 만큼의 커다란 전파망원경을 만드는 것이 더 이상은 불가능해짐에 따라 라일 경과 그의 연구팀은 조리개 합성 방법을 개발하였습니다. 이 방법은 하나의 거대한 안테나를 만드는 대신 여러 개의 작은 안테나들을 만들어서 그 신호들을 조합하여 매우 높은 정밀도의 자료로 만드는 것입니다.

실제로는 수많은 작은 안테나를 사용한 것이 아니라 지상에서 위치를 순차적으로 바꿀 수 있는 몇 개의 안테나를 사용했습니다. 라일 경은 또한 지구의 자전을 이용하여 전파망원경의 위치를 옮기는 대단히 훌륭하고 유용한 방법을 창안해 냈습니다. 이 기술을 이용하여 그는 거대한 크기의 안테나에 해당되는 정밀도를 실현할 수 있었는데, 그의 관측으로부터 우리는 우주의 정상상태 모델이 받아들여질 수 없다는 결론에 도달하게 되었습니다. 이와 반대로 역동적이며 변화해 가는 모델로서 거대한 규모의 우주를 기술해야 한다는 것입니다.

가장 최근에 케임브리지 대학교에 구축한 망원경은 우주 전파 발생원을 찾아내기 위한 위치각의 정밀도가 무려 1초 미만에 이릅니다. 최근에 있었던 천체물리학 분야의 발견들은 마틴 라일 경이 발명하고 개발한 전파천문학 기기에 크게 의존하고 있습니다.

케임브리지 대학의 앤터니 휴이시 연구팀은 1967년 가을 천체물리학에 혁명을 가져온 예상 밖의 획기적인 발견을 했습니다. 그들은 새로운 안테나와 장비들을 설치하고 외계로부터 방출되는 전파에 미치는 태양 코로나의 영향을 조사하려고 했습니다. 이를 위해서 대단히 빠른 반응속도를 갖는 특별한 수신기를 만들었습니다.

그러나 이 빠른 수신기 덕분에 원래 의도와는 전혀 다른 관측 결과를 얻게 되었습니다. 우연히 매초 주기적으로 반복되는 전자파 신호의 짧은 펄스를 포착했는데, 그 펄스는 매우 정밀한 반복 주기를 가지고 있었습니다. 이 주기적인 펄스는 그때까지 전혀 알려져 있지 않은 곳에서 나오는 전파로 판명되었으며, 이 발생원에 펄서라는 이름이 붙여졌습니다.

우리는 펄서의 중심에 중성자별이 있다는 결론에 도달하게 되었습니다. 펄서는 지구상에서 실험적으로 만들어진 가장 강력한 자기장보다도 무려 수백만 배나 더 강한 자기장을 가지고 있습니다. 중앙의 중성자별은 도전성 가스인 플라스마에 둘러싸여 있고, 마치 등대처럼 회전하며 우주로 전파 빔을 내보내고 있습니다. 그 빔이 정확한 주기성을 가지고 지구에 도달하는 것입니다.

펄서들은 노벨상 수상자인 하뤼 마르틴손이 그의 시에서 노래하듯 진정한 의미의 시계입니다. 그 시를 인용해 보겠습니다.

> 세상의 시계가 똑딱거리고 공간은 섬광으로 번쩍거리며,
>
> 모든 것의 자리와 모든 것의 순서가 뒤바뀌는구나.

펄서 연구 초기에는 중성자별의 물질이 초신성의 중심에 있을 것으로 생각되었습니다. 그리하여 많은 전파망원경들이 게 성운을 향해 맞춰졌

습니다. 1054년 초신성의 폭발이 있었다는 중국의 기록이 있는데, 게 성운은 그 초신성 폭발의 잔류 가스들이 찬란하게 빛나고 있는 것입니다. 거기서 사람들은 펄서를 찾아냈습니다. 이름에서 기대하듯이 이 펄서는 라디오파의 펄스만을 방출하는 것이 아니라 빛과 엑스선의 펄스도 방출합니다. 이것은 비교적 젊은 펄서로서 빠른 회전을 하는데 사실 펄서들 중에서는 좀 예외적인 경우입니다.

앤터니 휴이시 교수는 이 펄서의 발견에 결정적인 역할을 했습니다. 이 발견은 극단적인 물리적 조건에서의 물질을 연구하는 새로운 방법을 제시했다는 점에서 과학적으로 대단히 의미가 깊습니다.

라일 경과 휴이시 교수의 기여는 우주에 대한 지식의 진보에 중요한 한 걸음을 내디뎠음을 의미합니다. 그들의 연구 덕분에 천체물리학에 새로운 연구 분야가 생겼습니다. 거대한 우주의 실험실은 미래의 연구에 풍요로운 가능성을 보여 주고 있습니다.

마틴 경.

경의 훌륭한 연구는 물리학의 가장 근본적인 의문들 몇 가지를 밝혔으며, 경의 발견과 관찰은 우주에 관한 우리의 개념을 구축하는 새로운 기준이 되었습니다.

앤터니 휴이시 교수님.

교수님의 결정적인 기여로 이루어진 펄서의 발견은 우주에 관한 우리의 지식이 최근 얼마나 획기적으로 확대되었는지를 보여 주는 가장 뚜렷한 예라고 하겠습니다. 교수님의 연구는 천체물리학과 물리학 전반에 걸쳐 커다란 기여를 했습니다.

왕립과학원을 대표해서 경탄과 따뜻한 축하의 말씀을 전해드립니다. 왕립과학원은 마틴 라일 경이 오늘 이 자리에 함께 하지 못한 것을 아쉽게 생각합니다. 휴이시 교수님, 이제 전하로부터 교수님의 상과 함께 마틴 라일 경의 상도 함께 수상하시기 바랍니다.

스웨덴 왕립과학원 한스 빌헬름손

원자핵의 구조 이론

1975

오게 보어 | 덴마크　　**벤 모텔손** | 덴마크　　**제임스 레인워터** | 미국

:: 오게 닐스 보어 Aage Niels Bohr (1922~2009)

덴마크의 물리학자. 1954년에 코펜하겐 대학교에서 박사학위를 취득하였으며, 1956년에 교수가 되었다. 1946년에 노벨상 수상자(1922년)이자 부친인 닐스 보어가 세운 이론 물리 연구소에서 연구하였으며, 1963년부터 1970년까지는 소장으로 활동하였다. 공동 수상자인 레오 제임스 레인워터의 이론을 연구하였으며, 1952년에는 벤 로이 모텔손과도 공동으로 연구하여 세 편의 논문을 발표하기도 하였다.

:: 벤 로이 모텔슨 Ben Roy Mottelson (1926~2022)

미국 태생 덴마크의 물리학자. 1950년에 하버드 대학교에서 이론물리학으로 박사학위를 취득한 후, 코펜하겐에 있는 닐스 보어 이론물리 연구소에서 연구하였다. 레인워터와의 공동 연구를 통하여 원자핵의 비대칭성을 검증하였다. 1957년에 코펜하겐에 있는 북유럽 이론핵물리학연구소 교수가 되었다. 1959년에는 버클리에 있는 캘리포니아 대학교의 객원교수로 활동하기도 하였다.

:: **레오 제임스 레인워터 Leo James Rainwater (1917~1986)**

미국의 물리학자. 1939년에 패서디나에 있는 캘리포니아 공과대학을 졸업한 후, 맨해튼 계획에 참여하였다. 1946년에 컬럼비아 대학교에서 박사학위를 취득하였으며, 1952년에 물리학과 교수가 되었다. 1982년에는 푸핀석좌 물리학 교수가 되었다. 원자핵이 모두 구형은 아니라는 이론을 세웠으며, 이는 아게 닐스 보어와 벤 로이 모텔슨에 의하여 검증되었다.

전하, 그리고 신사 숙녀 여러분.

1940년대 후반 핵물리학은 원자핵의 보다 자세한 구조를 파악하는 연구를 시작하는 단계였고 원자핵의 성질을 정량적인 방법으로 계산할 수 있는 수준이었습니다. 우리는 원자핵이 핵자라 불리는 양성자와 중성자로 구성되어 있다는 것을 알고 있습니다. 핵자들은 핵력이라는 퍼텐셜 우물을 만드는 힘에 의해 원자핵 내에 속박되어 있으며 그 우물 안에서 운동하고 있습니다. 그러나 더 자세한 원자핵의 구조는 알려져 있지 않았고 사람들은 모델에 의존해 왔습니다. 그러나 이 모델들은 다소 불완전했고 부분적으로는 모순들도 내재해 있었습니다. 가장 오래된 모델은 방울모델로서, 이 모델에 따르면 핵은 액체방울로 간주되고 핵자들은 액체를 구성하는 분자에 해당됩니다. 이 모델을 사용해 핵분열과 같은 핵반응의 메커니즘을 설명하는 데 약간의 성공을 거두었습니다. 그렇지만 방울의 회전 또는 진동에 해당되는 원자핵의 여기상태를 이 모델로는 설명할 수 없었습니다. 또한 핵의 다른 성질, 특히 마법의 수와 같은 성질은 방울모델로 전혀 설명할 수 없었습니다. 마법의 수는 개개의 핵자들이 원자핵의 거동에 결정적인 영향을 미친다는 것을 보여 주었습니다. 껍질모델로 체계화된 이러한 발견에 1963년 노벨 물리학상이 수여되었습니다.

껍질모델로 설명할 수 없는 핵의 성질이 곧 발견되었습니다. 아마도 가장 놀라운 것은 여러 경우에 전하의 분포가 구대칭에서 크게 벗어나 있다는 점일 것입니다. 즉 어떤 핵은 구형이 아니라 타원형으로 변형되어 있다는 것을 의미합니다. 그렇지만 이런 현상에 대해 누구도 합리적인 설명을 할 수 없었습니다.

이 문제를 해결하는 방법은 1950년 5월에 출판된 미국 컬럼비아 대학교의 제임스 레인워터 교수의 짧은 논문에서 처음 제안되었습니다. 이 논문에서 레인워터 교수는 핵자는 내부 코어, 외부 코어, 그리고 원자가 코어로 구성되어 있다고 가정하고 이들 사이의 상호작용에 관한 연구 결과를 발표했습니다. 레인워터 교수는 원자가 핵자는 코어의 형상에 영향을 미칠 수 있다고 지적했습니다. 원자가 핵자들은 내부핵자의 분포에 의해 만들어지는 마당 안에서 움직이므로 이러한 영향은 상호적입니다. 만약 여러 개의 원자가 핵자들이 비슷한 궤도를 움직인다면 분극이 나타나게 되고 이 분극이 코어에 미치는 영향은 매우 크게 되어 결국 원자핵은 영구적으로 변형된 형태로 존재하게 됩니다. 아주 단순하게 표현하면 핵자들의 운동 결과 원자핵의 '벽'이 매우 큰 원심압력에 노출되고, 그 결과 변형이 일어난다는 것입니다. 레인워터 교수는 이 효과를 계산하려고 하였고 전하의 분포에 대한 실험적인 데이터와 일치하는 결과를 얻었습니다.

코펜하겐에서 일하는 오게 보어 교수는 이때 컬럼비아 대학교에 방문연구원으로 있었으며 레인워터 교수와 독립적으로 연구를 진행하고 있었습니다. 레인워터 교수의 논문보다 한 달 늦게 제출된 논문에서 보어 교수는 일반적인 방법으로 코어와 원자가 핵자의 상호작용의 문제를 수식화하였습니다.

오게 보어 교수의 다소 모호한 초기 아이디어는 1951년의 유명한 작업을 통해 계속 발전하였습니다. 여기에서 보어 교수는 원자핵의 표면진동과 개개 핵자의 운동을 결합하는 포괄적인 연구를 수행하였습니다. 원자핵의 운동에너지에 대한 이론적인 식을 분석해 집합적 여기상태의 다른 유형들을 예측할 수 있었습니다. 보어 교수의 이론에서 진동은 특정한 평균값을 중심으로 원자핵 형상의 주기적인 변화로 정의되고 대칭축에 수직인 축을 중심으로 전체 원자핵이 회전한다고 생각하였습니다. 회전의 경우 원자핵은 딱딱한 물체와 같이 회전하는 것이 아니라 핵을 중심으로 표면파가 전파되는 방식으로 회전운동이 일어납니다.

여기까지 진전된 연구는 순수하게 이론적인 것이었고 새로운 아이디어에 대한 실험적인 지원은 크게 부족했습니다. 매우 중요한 실험 데이터와의 비교는 오게 보어와 벤 모텔손 교수가 공동 작성하여 1952년에서 1953년에 출판된 세 편의 논문으로 발표되었습니다. 그들의 가장 놀라운 발견은 특정한 원자핵의 에너지 준위의 위치는 에너지 준위들이 회전 스펙트럼을 형성한다고 가정할 때에만 설명될 수 있다는 것입니다. 이론과 실험의 일치는 너무나 완벽해 이론이 올바르다는 것에 의심을 품을 여지가 없었습니다. 이것은 새로운 이론적인 연구의 자극제가 되었고 많은 실험들이 이론적인 예측을 입증하기 위해 수행되었습니다.

이러한 역동적인 연구는 곧 원자핵의 구조에 대한 깊이 있는 이해를 이끌어 냈습니다. 더욱 다듬어진 이론을 개발한 보어와 모텔손 교수의 결정적인 영향을 받았습니다. 한 예로 이들은 파인스와 함께 핵자들이 쌍을 형성하는 경향이 있다는 것을 밝혔습니다. 이 연구 결과는 원자핵은 초전도체가 될 수 있다는 것을 의미합니다.

보어 박사님, 모텔손 박사님 그리고 레인워터 박사님.

여러분들의 선구적인 업적을 통해 원자핵의 집합적인 성질에 대한 이론의 기초가 확립되었습니다. 이것은 원자핵구조 물리학에 집중적인 연구활동이 이루어지는 데 필요한 영감을 제공했습니다. 이 분야의 계속적인 발전을 통해 교수님들의 기초적인 연구의 정당성과 중요성을 놀라운 방법으로 확인할 수 있었습니다.

스웨덴 왕립과학원을 대신하여 따뜻한 축하를 여러분께 보냅니다.이제 국왕 전하로부터 올해의 노벨 물리학상을 수상하시기 바랍니다.

스웨덴 왕립과학원 스벤 요한손

새로운 소립자 발견

1976

버튼 리히터 | 미국　　**새뮤얼 차오충팅** | 미국

:: 버튼 리히터 Burton Richter (1931~2018)

미국의 물리학자. 1956년에 케임브리지에 있는 매사추세츠 공과대학에서 박사학위를 취득한 후, 캘리포니아에 있는 스탠퍼드 대학교에서 연구원으로 활동하고 1967년에 교수로 임용되었다. 1984년부터 1999년까지 스텐포드 선형가속기센터 소장으로 재직하였다. 대형 장비 및 대형 입자가속기를 통하여 전자들과 양전자들을 정면으로 충돌시켜 새로운 소립자를 발견함으로써 소립자 물리학 분야의 발전에 기여하였다.

:: 새뮤얼 차오충팅 Samuel Chao Chung Ting (1936~)

미국의 물리학자. 1962년에 미시건 대학교에서 박사학위를 취득하였으며, 1963년에 유럽원자핵공동연구소(CERN)에서 일하였다. 1965년부터 1969년년까지 컬럼비아 대학교에서 강의하였으며, 1969년에 매사추세츠 공과대학의 교수가 되었다. 국립 과학아카데미 및 아메리카물리학회 회원으로도 활동하였다. 버튼 리히터와는 별도로 브루크헤이븐 국립연구소의 대형 가속기를 이용하여 리히터 측과 동일한 입자를 발견하였다.

전하, 그리고 신사 숙녀 여러분.

스웨덴 왕립과학원은 올해의 노벨 물리학상 수상자로 선구적인 연구로 무거운 소립자를 새로 발견한 버튼 릭터 교수와 새뮤얼 팅 교수를 선정했습니다.

이 발견은 새로운 지평을 열었으며, 같은 실험이 가능한 전 세계 모든 연구실에서 대단한 반향을 일으켰습니다. 이 발견으로 모든 물질과 근본적인 여러 상호 작용력에 관한 더 깊은 이해가 가능해질 것입니다.

소립자는 우리 인간의 기준에서 보면 대단히 작습니다. 바이러스나 분자, 혹은 원자들보다 작으며, 거의 모든 원자의 핵보다도 작습니다. 소립자는 물질계의 기본 구조나 기본적인 상호작용을 이해하기 위해서 대단히 중요합니다. 또한 어떤 경우에는 사회를 이해하는 데에도 중요합니다. 특정 수준에서 물질의 특성은 그보다 한 단계 아래 수준의 구성 블록을 통해 이해될 수 있다는 것이 우리의 기본 철학이기 때문입니다.

70년 전, 처음으로 소립자가 노벨상에 나타나기 시작했습니다. 당시는 원자에 대한 그럴 듯한 그림이 전혀 없던 시절이었습니다. 톰슨 경은 1906년의 노벨상 강연에서 전자의 발견을 원자를 구축하는 하나의 블록으로 묘사하였습니다. 오늘날 우리는 많은 과학기술 분야에서 전자의 핵심적인 역할을 잘 알고 있습니다. 우리 삶의 많은 부분이 전자가 있기에 가능해졌습니다. 전자는 우리 몸의 분자를 붙들어 놓으며, 전등을 밝히는 전기를 실어 나르고 텔레비전 브라운관에 그림을 그립니다.

40년 전, 칼 데이비드 앤더슨은 전자의 반입자인 양전자의 발견으로 노벨상을 수상했습니다. 1936년 시상 연설에서 전자와 양전자 쌍둥이는 복사선의 에너지로부터 생겨난다는 설명을 하고 있습니다만, 사실은 그 반대도 마찬가지로 일어나야만 합니다. 즉 서로 반대되는 두 입자가 부딪치면 입자들은 사라지고 결코 파괴할 수 없는 에너지만이 복사선의 형태로 나타나야 합니다. 최근에야 이러한 이론을 뒷받침하는 고에너지 입자의 실험 결과들이 보고되었으며 그 실험에 기여한 많은 연구자들 중에 리히터와 팅 교수도 포함되어 있습니다.

노벨상 수상자인 팅 교수와 릭터 교수는 전자와 양전자를 가지고 가장 성공적인 실험 결과를 얻었습니다. 팅 교수는 매우 높은 에너지에서 전자와 양전자 한 쌍이 어떻게 생성되는지를 연구하는 과정에서 새로운 입자를 발견했습니다. 릭터 교수는 전자들와 양전자들을 정면 충돌시키는 실험을 수행했으며, 조건이 정확히 맞으면 새로운 입자가 발생한다는 것을 발견했습니다. 이 두 사람은 모두 물질의 가장 작은 구조를 연구할 때 현미경처럼 사용되는 대형 입자가속기와 대형 장비로 연구했습니다. MIT의 팅 연구팀은 정교하게 설계된 장비를 롱아일랜드에 있는 브룩헤븐 국립연구소의 가속기에 설치했습니다. 스탠퍼드 가속기센터와 로렌스 버클리 국립연구소의 리히터 연구팀은 복잡한 기기들을 캘리포니아의 스탠퍼드 선형가속기센터에 설치했습니다. 매우 다른 방법을 사용하는 이들 두 연구소에서 거의 동시에 새롭고 무거운 입자가 존재한다는 신호를 감지했습니다. 강력한 충돌로 발생해서 곧 사라지는 이 입자에 브룩헤븐에서는 J라는 이름을 붙여 주었고, 스탠퍼드에서는 프사이(ψ)라는 그리스 이름을 붙였습니다.

수많은 소립자들은 명확하게 구별되는 입자군으로 나눌 수 있습니다. 많은 경우 그룹의 멤버들이 확인되었지만 아직도 발견되지 않은 채 남아 있는 경우도 더러 있습니다. 모든 입자들은 쿼크라고 부르는 단지 몇 개의 구성블록만이 필요한 아주 작은 분할체 수준에서 그 특성이 설명될 수 있는 것처럼 보입니다.

J-ψ 입자가 특이한 점은 이것이 1974년 이전에 알려졌던 어느 입자 군에도 속하지 않는다는 것입니다. 그 후 J-ψ 입자와 비슷한 입자들이 속속 발견되었으며 이제는 입자군의 구조 개편이 불가피해졌습니다. 다른 상황에서 이미 제안된 네 번째 쿼크의 개념에 부합되도록 새로운 차원에서의 구조 개편이 시작되어야 합니다.

최근 발견된 일반적인 소립자의 대부분은 물리학자들의 에너지 지도에서 높이와 폭이 조금씩 다른 언덕들로 표현될 수 있습니다. 이것은 고고학자들이 관심을 가지고 있는 무덤이나 패총 혹은 피라미드와 크게 다르지 않습니다. 그러나 소립자 지도상에서 이 새로운 J-ψ 입자는 다른 입자들에 비해 2배 높은 높이와 1,000배나 좁은 폭을 가지고 있었으며 이 사실에 물리학자들은 크게 놀랐습니다. 그 놀라움은 정글의 탐험가가 갑자기 마야 유적지 티칼의 가장 큰 피라미드보다 2배나 크지만 폭은 수천분의 1밖에 안 되는, 즉 엄청나게 높은 피라미드를 발견했다고 상상해 보면 잘 이해가 될 것입니다. 그는 환상을 본 것이 아닌지를 확인하고 또 확인한 후, 이 훌륭한 무덤이 숨겨진 문명의 존재를 암시하고 있다고 주장할 것입니다.

릭터 교수님, 그리고 팅 교수님.

저는 여러분을 거의 알려지지 않은 새로운 영역을 탐험하는 탐험가에 비교했습니다. 여러분은 그 영역에서 깜짝 놀랄 새로운 구조를 발견했습니다. 많은 위대한 탐험가들이 그렇듯, 여러분도 훌륭한 재능을 가진 사람들로 구성된 팀이 있었습니다. 저는 교수님께서 그분들께 놀라운 성과에 대한 우리의 축하를 전해 주시기 바랍니다. 전자-양전자 연구 영역에서 여러분 스스로가 보여 준 오랜 기간에 걸친 노력과 비전은 아주 중요한 것이었으며, J-ψ 입자의 발견으로 그 정점에 다다랐습니다. 여러분은 소립자 연구 영역에 커다란 영향을 미치는 풍요로운 성과를 거두었습니다. 이로써 1974년 11월 이후의 소립자 물리는 그 이전의 것과 완전히 다른 모습을 갖게 되었습니다.

스웨덴 왕립과학원을 대표하여 여러분께 따뜻한 축하의 말씀을 전하게 되어 기쁘고 영광스럽습니다. 이제 나오셔서 전하로부터 노벨상을 수상하시기 바랍니다.

스웨덴 왕립과학원 괴스타 엑스퐁

자기 시스템과 불규칙 시스템의 전자구조

1977

필립 앤더슨 | 미국

네빌 모트 | 영국

존 밴블렉 | 미국

:: 필립 워런 앤더슨 Philip Warren Anderson (1923~2020)

미국의 물리학자. 1949년에 하버드 대학교에서 박사학위를 취득한 후 뉴저지 머리힐에 있는 벨 전화 연구소 물리 분과에서 일하였다. 1967년부터 1975년까지 케임브리지 대학교 이론물리학 교수로 있어고, 1975년부터는 프린스턴 대학교 물리학 교수로 재직하고 있다.

:: 네빌 프랜시스 모트 Nevill Francis Mott (1905~1996)

영국의 물리학자. 케임브리지 대학교 브리스틀 및 세인트 존스 칼리지 등에서 수학과 이론물리학을 공부하였다. 1929년부터 맨체스터 대학교에서 강의하였으며, 1933년에 브리스틀 대학교의 이론물리학 교수로 임용되었다. 1948년에 같은 학교의 물리연구소 소장이 되었으며, 1954년부터 1971년까지는 케임브리지 대학교 케번디시좌 실험물리학 교수로 재직하였다. 1962년에 기사작위를 받았다.

:: 존 해즈브룩 밴블렉 John Hasbrouck van Vleck (1899~1980)

미국의 물리학자이자 수학자. 위스콘신 대학교에서 공부하였으며, 1922년에 하버드 대학교에서 박사학위를 취득하였다. 미네소타 대학교와 위스콘신 대학교 등에서 강의한 후

1945년에 하버드 대학교의 교수로 임용되어 1969년까지 수학, 물리학, 자연철학 교수로 재직하였다. 그들이 수행한 국소적인 범위에서의 물질의 자기적 성질에 관한 연구는 현대 물리학 분야는 물론이고 기술적인 발전에도 기여하였다.

전하, 그리고 신사 숙녀 여러분.

올해의 노벨 물리학상은 자기계와 무질서계의 전자구조 이론에 근본적인 기여를 한 공로로 필립 앤더슨 박사, 네빌 모트 경, 존 밴블렉 교수에게 수여됩니다.

모든 물질은 양과 음의 전기로 구성되어 있습니다. 양의 전기는 원자핵에 모여 있는 무거운 입자들에 의해 나타나고 음의 전기는 핵 주위를 놀라운 패턴으로 움직이는 전자에 의해 나타납니다. 전자들은 항상 양성자에 끌리는 힘을 받지만 전자 자신의 움직임으로 인해 붙들기 힘듭니다. 전자들의 춤은 기본적으로 물질의 전기적, 자기적, 그리고 화학적 특성을 나타내는 원인이 됩니다.

1937년 노벨 생리의학상 수상자인 알베르트 센트죄르지는 살아 있는 세포에서 일어나는 화학적인 과정을 생체분자라는 무대에서 배우로 활동하는 전자의 거대한 드라마에 비유하곤 했습니다. 여기에서 차이점은 무대와 연기자가 우리에게 익숙한 로열오페라보다 수조 배나 작다는 점입니다. 생명이 만들어 내는 뮤지컬의 악보는 아직 어떤 과학자도 보지 못했습니다. 그리고 어느 누구도 생명을 전체적으로 관찰할 수 없었습니다. 단지 적은 수의 사람들만이 한 명의 주인공 또는 한 명의 발레리나의 고립된 춤을 볼 수 있는 특권을 누렸을 뿐이었습니다.

밴블렉 교수가 개발한 결정장 이론과 리간드장 이론에서 금속원자는 드라마에서 주인공의 역할을 합니다. 우리 신체의 생명에 기초적인 효소들 중 많은 수는 금속원자가 활성화 센터의 역할을 하여 화학작용이 일어나게 합니다. 적혈구 세포에 있는 헤모글로빈에 있는 철은 산소분자를 신체의 필요한 곳으로 옮깁니다. 이것은 주인공이 발레리나를 자신의 강한 팔로 옮기는 것과 비슷합니다. 이러한 과정에 대한 이론을 개발한 사람이 밴 블렉 교수입니다. 이 과정은 복잡한 화합물, 지질학, 그리고 레이저 기술의 화학에서 중요한 역할을 합니다.

전자의 춤은 우리를 둘러싼 딱딱한 물체, 숙녀들의 다이아몬드, 매일 매일의 소금 또는 비결정질인 유리 등에서 모두 중요한 역할을 합니다. 이 물질들은 전자가 어떤 춤을 추느냐에 따라 전기적·자기적 특징이 다르게 나타납니다. 보통의 왈츠에서 뒤로 가는 스텝보다 앞으로 가는 스텝이 더 쉬운 것처럼 전자들의 춤에서는 전자들의 회전과 병진 운동 사이에 일정한 스핀-궤도 결합이 있는데 이것이 물질의 자기적 성질을 나타내는 데 중요한 역할을 합니다. 발레에서 일정하게 위치를 바꾸는 무용수와 같이 전자들 역시 자신들만의 교환과 초교환 현상을 가지고 있습니다. 밴 블렉과 앤더슨 두 교수는 국소적인 범위에서 물질의 자기적 성질을 연구했습니다. 여기에서 주인공의 역할은 환경에 따라 성질들이 크게 변화하는 강력한 자성을 띠는 금속원자입니다. 이것이 희석 자성 합금을 만들 때 사용되는 기초적인 이론입니다. 이제 우리는 감히 성공적인 국소화 정책에 관해 얘기할 수 있을 것 같습니다.

현재 인류의 가장 큰 문제 중의 하나는 에너지입니다. 현대 사회는 너무나 많은 에너지를 사용하고 있습니다. 그러나 물리학의 법칙에 따르면 이 말은 불합리합니다. 왜냐하면 에너지는 창조되지도 붕괴되지도 않기 때문입니다. 물리학의 관점에서 에너지의 문제는 기본입자들의 질서에 관한 문제입니다. 높은 질서를 가진 에너지가 낮은 질서를 가진 에너지로 전환될 때, 예를 들면 기계적 또는 전기적 에너지가 열로 전환될 때 어떤 일이 일어날 것인가? 이것은 에너지의 전환 과정에 참여하는 기본 입자의 운동이 보다 더 무질서해질 때 어떤 일이 일어날 것인가와 같은 의미입니다. 앤더슨은 그 역의 과정도 가끔 일어나는 것을 보였습니다. 예를 들면 유리처럼 기하학적으로 무질서한 물질은 자신들만의 법칙이 있고 이 물질 내의 전자들의 춤은 높은 질서도를 가진 국소화된 상태를 만들어 낼 수 있습니다. 이러한 국소화 과정은 재료의 성질에 영향을 미칩니다. 완벽한 질서를 가진 시스템은 전자공학에서 매우 중요하지만 이러한 시스템을 만드는 데 드는 비용이 매우 크기 때문에 유사한 질서도를 가진 무질서한 시스템은 매우 중요합니다.

네빌 모트 경은 재료의 전기적인 성질과 전도체, 반도체, 그리고 절연체 사이의 전이를 설명하기 위해 이와 비슷한 아이디어를 냈습니다. 같은 선상에서 모트 경은 전자들 사이의 상호작용의 중요성에 대해서도 연구했습니다. 어떤 경우 전자들은 정말로 쌍으로 춤을 추기도 하고 어떤 경우에는 서로 밀어내 전자들이 서로 손을 잡을 수 없고 전자를 내놓은 원자로 다시 돌아가기도 합니다. 전자들이 함께 춤을 추거나 밀어내는 현상은 재료의 전기 전도도와 밀접한 관계가 있습니다. 모트 전이와 모트-앤더슨 전이에 대한 이론은 오늘날 어떤 물질을 이해하거나 새로운 물질을 만들어 내는 데 매우 중요합니다. 앤더슨 교수와 모트 경은 적절히 제어된 무질서도는 완전한 질서만큼 기술적으로 중요할 수 있다는 것을 밝혔습니다.

올해의 노벨 물리학상 수상자는 이러한 고체이론을 연구한 세명의 거인들입니다. 올해 노벨상의 업적은 이들이 수행한 모든 연구에 비하면 매우 작습니다. 이들의 발견은 이미 기술적으로 응용되고 있습니다. 그렇지만 더 중요한 것은 고체의 전자구조 해석이라는 기초연구에 대해 기여한 것으로써 미래에는 고체의 전자구조를 더욱 실제적인 경우에 대해서도 이해할 수 있고 더 많은 노벨상을 이끌어 낼 수 있다는 것입니다. 앤더스 교수, 모트 경, 밴블렉 교수가 수행한 전자의 춤에 대한 안무를 이해하는 연구는 과학의 관점에서 놀랄 만큼 아름다울 뿐 아니라 기술 발전에 필수적인 중요성의 관점에서도 아름답습니다.

저는 기쁘고 영예롭게 왕립과학원을 대표하여 따뜻한 감사의 말씀을 전합니다. 이제 국왕 전하께서 노벨상을 수여하시겠습니다.

스웨덴 왕립과학원 페르 올로브 뢰브딘

헬륨 액화장치의 발명과 응용 | 카피차
우주 초단파 배경복사 발견과 대폭발 이론 연구 | 펜지어스, 윌슨

1978

표트르 카피차 | 러시아

아노 펜지어스 | 미국

로버트 윌슨 | 미국

:: 표트르 레오니도비치 카피차 Pyotr Leonidovich Kapitsa (1894~1984)

러시아의 물리학자. 상트페테르부르크 공과대학에서 공부하였으며 1919년부터 1921년까지 강의를 하였다. 1921년에 영국으로 망명하여 1924년부터 1932년까지 캐번디시 연구소에서 연구하였다. 1932년에는 그의 연구를 위한 왕립학회 몬드 연구소가 설립되기도 하였다. 1934년에 소련에 억류되어 1935년부터 모스크바에 있는 러시아 과학 아카데미 물리문제연구소 소장으로 활동하였다.

:: 아노 앨런 펜지어스 Arno Allan Penzias (1933~)

독일 태생 미국의 천체물리학자. 1940년에 도미하여 뉴욕 시립대학에서 공부하였으며, 1962년에 컬럼비아 대학교에서 박사학위를 취득한 후, 벨 연구소 연구원(1961년~1976년) 및 연구소 부소장(1976년~1979년)을 지내면서 공동 수상자인 로버트 W. 윌슨과 함께 우주의 배경 복사 및 우주의 기원에 관하여 연구하였다.

:: **로버트 우드로 윌슨 Robert Woodrow Wilson (1936~)**

미국의 전파천문학자. 휴스턴에 있는 라이스 대학교에서 공부하였으며, 1962년에 패서디나에 있는 캘리포니아 대학교에서 박사학위를 취득하였다. 1963년부터 벨 연구소에서 펜지어스와 함께 연구하였으며, 1976년부터는 전파물리학 연구부 부장으로 활동하였다. 1979년에는 과학 아카데미 회원이 되었다.

전하, 그리고 신사 숙녀 여러분.

올해의 노벨 물리학상은 '저온 물리학 분야에서 기초적인 발견과 발명의 공로'로 모스크바의 표트르 레오니도비치 카피차 박사와 '우주 마이크로파의 배경복사를 발견한 공로'로 미국 뉴저지주 홈델의 아노 펜지어스 박사와 로버트 윌슨 박사가 공동으로 수상하겠습니다.

여기서 말하는 저온이란 모든 열운동이 정지되며 어떤 원소도 가스 상태로 존재하지 못하는 절대온도 0도, 즉 섭씨 -273도를 말합니다. 온도를 절대온도 0도를 기준으로 표시하는 것은 영국 물리학자인 켈빈 경의 이름을 따서 K라고 씁니다. 즉 3K는 -270°C를 의미합니다.

70년 전 네덜란드 물리학자인 카메를링 오네스가 헬륨을 액화시키는데 성공하면서 예상치 못한 새로운 현상들을 발견하였습니다. 1911년 오네스는 수은의 전기저항이 4K에서 완전히 사라지는 초전도현상을 발견했습니다. 이 발견으로 카메를링 오네스는 1913년 노벨 물리학상을 받았으며, 라이덴 대학의 그의 연구실은 여러 해 동안 저온물리학의 메카가 되었습니다. 많은 스웨덴의 과학자들도 그곳으로 순례의 길을 떠났습니다.

1920년대 말에 라이덴 대학교의 연구자들은 만만치 않은 경쟁자를 발견하게 되는데 그가 바로 영국 케임브리지 대학교에서 러더퍼드와 함께 일하고 있던 젊은 러시아 물리학자인 카피차 박사였습니다. 그의 연구 업적이 워낙 뛰어나서 영국에서는 왕립학회 몬드연구소(기부자인 몬드의 이름을 붙임)라는 그를 위한 특별 연구소가 만들어질 정도였습니다. 카피차 교수는 이 연구소에서 1934년까지 머물면서 그의 가장 뛰어난 업적인 헬륨을 대량으로 액화하는 훌륭한 장비를 개발한 것입니다. 액화헬륨은 지난 4반세기 동안 지속된 저온물리학 연구의 밑받침이 되었습니다.

이후 고국으로 돌아간 카피차 박사는 새로운 연구소 설립을 완전히 처음부터 시작해야 했습니다. 그런 여건에도 불구하고 그는 1938년 헬륨에서 초유체 특성, 즉 2.2K(헬륨의 람다 온도) 이하에서 내부저항(점도)이 완전히 없어지는 현상을 발견하여 전 세계 물리학계를 깜짝 놀라게 했는데, 이 현상은 몬드 연구소의 알렌과 미스너에 의해서도 독립적으로 발견되었습니다. 카피차 박사는 탁월한 방법으로 저온물리학 연구를 추진해 왔으며, 동시에 젊은 과학자들을 지도하고 독려했습니다. 그중에는 1962년 응집물질 특히 액체헬륨에 대한 선구적 이론의 개발 공로로 노벨상을 수상한 레프 란다우도 있었습니다. 카피차의 업적을 언급하면서 매우 강력한 자기장을 만드는 방법의 개발도 빼놓을 수 없습니다.

카피차 박사는 우리 시대의 가장 위대한 실험 연구자이며, 저온물리 분야의 독보적인 선구자이고 지도자입니다.

이제 모스크바의 물리문제연구소에서 미국 뉴저지주 홈델의 벨 전화연구소로 자리를 옮겨 보겠습니다. 이곳에서는 1930년대 초반 칼 잰스키가 커다란 이동 안테나를 만들어 전파 잡음의 원인을 찾는 과정에서 잡음의 일부는 은하수에서 오는 라디오파 때문이라는 것을 발견했습니다. 이것이 전파천문학의 시초였으며 제2차 세계대전 이후 전파천문학은 놀랄 만한 발전을 하게 됩니다. 1974년 노벨 물리학상의 영예를 차지한 펄서의 발견은 그 한 예가 될 것입니다.

1960년대 초반 에코 및 텔스타 위성과의 교신을 위한 통신소가 홈델에 세워졌습니다. 그곳에는 조정 가능한 혼 안테나가 설치되어 있어서 수 센티미터의 파장을 갖는 마이크로파를 민감하게 감지할 수 있었습니다. 전파천문학자인 아노 펜지어스와 로버트 윌슨 박사는 이 장치를 이용해서 은하수 같은 우주로부터 도착하는 전파 잡음을 관측하는 행운을 잡게 됩니다. 그들은 우주로부터의 간섭이 거의 없을 것으로 생각되는 파장인 7센티미터 영역을 택해 잡음을 제거하는 방법을 찾고 있었지만, 목표 달성이 너무 어려워서 시간 낭비만 하고 있는 듯이 보였습니다. 그러나 그들은 모든 방향에서 동일한 강도를 갖고 하루나 일 년의 주기적 변화에 무관한 배경복사를 발견했습니다. 따라서 이 복사는 태양이나 우리 은하로부터 오는 것이 아니었습니다. 복사 강도는 통신기술자들이 사용하는 용어인 안테나 온도, 3K에 해당하는 것이었습니다.

계속된 연구를 통해 파장에 따라 변하는 이 배경복사는 3K로 유지되는 우주에 관한 유명한 법칙을 따른다는 것이 확인되었습니다. 우리의 이탈리아 동료는 그것을 '라 루체 프레다', 즉 차가운 빛이라고 불렀습니다.

도대체 이 차가운 빛의 기원은 어디일까요? 이 질문에 대한 대답은 프린스턴 대학교의 물리학자인 다이크와 피블스, 롤, 그리고 윌킨슨이 논문으로 발표하였으며, 그 논문은 펜지어스와 윌슨 박사의 논문과 나란히 실렸습니다. 그것은 러시아 태생의 물리학자인 조지 가모프와 동료인 알퍼와 허먼에 의해 30년 전에 발표된 우주론과 연관되어 있습니다. 우주가 지금도 일정하게 팽창하고 있다는 사실로부터 그들은 150억 년 전에는 우주가 대단히 밀집되어 있었으며, 거대한 폭발인 이른바 '대폭발'(빅뱅)에 의해 우주가 태어났다는 과감한 이론을 내놓았습니다. 그때 우주의 온도는 실로 엄청나서 100억 도나 그 이상이었을 것으로 추정하고 있습니다. 이 온도에서는 가벼운 화학원소들이 기존의 소립자들로부터 형성될 수 있고, 모든 파장의 복사선이 엄청난 규모로 방출됩니다. 그러나 우주의 팽창이 계속됨에 따라 복사선의 온도가 빠르게 떨어집니다. 알퍼와 허먼은 현재 우주에 5K의 온도로 냉각된 방사선이 여전히 남아 있을 것이라는 예측을 했습니다. 그러나 당시에는 어느 누구도 그 방사선을 관측할 수 있으리라고 생각지 못했습니다. 이런저런 이유로 이 예측은 잊혀져 버렸습니다.

펜지어스와 윌슨 교수는 우주의 탄생 이후 냉각된 복사선을 발견한 것일까요? 그럴지도 모릅니다. 다만 가장 확실한 것은 그들의 인내심과 비범한 실험 기술이 있었기에 이 발견이 가능했다는 점입니다. 그 이후로 우주천문학이 실험과 관찰로 규명되는 과학의 영역이 되었습니다.

표트르 카피차 박사님, 아노 펜지어스 박사님, 로버트 윌슨 박사님.

우리의 전통에 따라 여러분이 공동 수상할 올해 노벨 물리학상의 업적을 간단히 스웨덴어로 설명드렸습니다. 스웨덴 왕립과학원을 대표해서 여러분에게 축하의 말씀을 전하게 되어 대단히 기쁘고 영광스럽습니다. 이제 전하께서 여러분께 노벨상을 시상하시겠습니다.

스웨덴 왕립과학원 라메크 훌텐

약력과 전자기력의 통합 이론

셸던 글래쇼 | 미국

압두스 살람 | 파키스탄

스티븐 와인버그 | 미국

:: 셸던 리 글래쇼 Sheldon Lee Glashow (1932~)

미국의 이론물리학자. 스티븐 와인버그와 브롱스 과학고등학교 및 코넬 대학교에서 공부하였다. 1959년에 하버드 대학교의 J. S. 슈윙거 교수의 지도 아래 박사학위를 취득한 후, 스탠퍼드 대학교에서 조교수로 지내다가 1961년에 버클리에 있는 캘리포니아 대학교의 교수가 되었다. 1967년부터는 하버드 대학교 교수로 재직하였다.

:: 압두스 살람 Abdus Salam (1926~1996)

파키스탄의 핵물리학자. 1946년에 라호르에 있는 정부대학에서 수학으로 석사학위를 취득한 후, 영국으로 유학하여 케임브리지 대학교에서 수학과 물리학을 공부하였으며 1952년에 박사학위를 취득하였다. 1957년에 런던 대학교의 이론 물리학 교수가 되었다. 이후 파키스탄 원자력위원회 위원(1959년~1974년), 국제 순수 및 응용물리학 연합(IUPAP) 부회장(1973년) 등 다양한 활동을 하였다.

:: 스티븐 와인버그 Steven Weinberg (1933~2021)

미국의 핵물리학자. 공동 수상자 셸던 리 글래쇼와 함께 브롱스 과학 고등학교 및 코넬 대학교에서 공부하였다. 1957년에 프린스턴 대학교에서 박사학위를 취득하였으며, 1959년에 버클리에 있는 캘리포니아 대학교의 교수로 임용되었다. 이후 매사추세츠 공과대학과 하버드 대학교를 거쳐 1983년에 오스틴에 있는 텍사스 대학교의 교수가 되었다. 그들의 연구는 통일장 이론의 영역에서 전자기력과 소립자간의 약한 상호작용과의 통일장이론 형성에 공헌하였다.

전하, 그리고 신사 숙녀 여러분.

올해의 노벨 물리학상은 기본입자 사이의 약력과 전자기 상호작용의 통합 이론에 대한 기여, 그중에서도 특히 약한 중성 흐름의 예측을 포함하여 셸던 글래쇼 교수, 압두스 살람 교수, 그리고 스티븐 와인버그 교수가 동등한 기여도로 수상하게 되었습니다.

종종 물리학에서 중요한 진전은 겉으로 보기에는 연결되지 않은 듯이 보이는 현상들이 동일한 원인으로 나타난 결과라는 것을 증명하면서 이루어집니다. 뉴턴이 중력을 도입해 사과의 낙하와 지구를 둘러싼 달의 운동을 설명한 것이 이러한 통합의 고전적인 예입니다. 전기와 자기는 동일한 힘의 다른 두 가지 측면이라는, 즉 전자기력에서 비롯된 것임이 19세기에 발견되었습니다. 전자기력은 전자가 주연을 맡고 빛의 양자인 광양자가 빠른 전령 역할을 해 기술로써 우리의 일상생활을 지배하고 있습니다. 즉 전자기술과 전자공학뿐만 아니라 원자 및 분자 물리학 그리고 화학과 생물학의 모든 과정이 전자기력에 의해 지배됩니다.

사람들이 20세기 초 10년 동안 원자핵에 대해 연구를 시작했을 때 두 가지 새로운 힘이 발견되었습니다. 강한 핵력과 약한 핵력이 바로 그것입니다. 중력과 전자기력과 달리 이 힘들은 원자핵의 직경 또는 그 이하의 거리에서만 작용합니다. 강한 핵력은 원자핵이 뭉쳐 있게 유지하는 힘인 반면 약한 핵력은 원자핵의 베타붕괴를 일으키는 힘입니다. 의학과 공학에서 대부분 베타 방사선 물질을 사용합니다. 약한 상호작용에 전자가 참여하긴 하지만 주요 역할은 뉴트리노가 수행합니다. 뉴트리노는 미국 작가 존 업다이크의 시에서 다음과 같이 묘사되었습니다.

'우주의 흠집'

뉴트리노, 이들은 매우 작다.

이들은 전하도 질량도 없다.

그리고 전혀 상호작용도 하지 않는다.

지구는 뉴트리노에게는 단지 단순한 공이어서

뉴트리노는 그냥 지나갈 뿐이다.

바람 많은 홀에 있는 쓰레기 청소부처럼

또는 유리판을 통과하는 광양자처럼.

……

밤에 이들은 네팔로 들어간다.

그리고 침대의 아래에서부터

사랑에 빠진 남자와 그의 연인을 뚫고 지나간다.

당신은 그것이 놀랍다고 한다. 나는 그것을 성글다고 한다.

이와 같은 묘사는 '전혀 상호작용을 하지 않는다'는 점을 제외하고는 정확합니다. 뉴트리노는 약력으로 상호작용을 합니다. 시에 묘사된 뉴트리노는 태양의 중심부에서 만들어져 지구에 도달하는데 밤에 네팔로 들어가 미국을 빠져 나옵니다. 지구의 생명체에 필요한 태양에너지는 태양의 중심부에서 수소를 태워 헬륨을 만드는 일련의 연쇄 핵반응으로 만들어집니다. 태양에 있는 핵융합 반응기는 잘 보호되어 있고 사람들이 많이 사는 지역에서 충분히 멀리 떨어져 있어 위험하지 않습니다. 또한 청정에너지의 옹호자들 또한 그 청정에너지의 근원을 따져 보면 그들이 그토록 싫어하는 핵반응에서 나왔다는 것을 인정해야 할 것입니다. 수소를 태워 중수소를 만드는 연쇄반응을 점화하고 조절하는 것은 약력에 기초하고 있으며, 따라서 약력은 태양점화기 또는 태양조련사라 부를 수 있습니다.

올해 노벨 물리학상을 수상하게 된 이론은 1960년대에 오늘의 수상자들이 독립적으로 연구하여 발전시킨 것으로, 약력과 전자기력 사이의 밀접한 관계를 보여 줌으로써 약력에 대한 우리의 이해를 확장하고 더욱 깊이 있게 해주었습니다. 이 두 가지 힘은 통일된 전자기 약력의 다른 두 측면입니다. 또한 이 이론은 전자와 뉴트리노는 동일한 입자족에 소속되어 있다는 것을 보여 주었습니다. 즉 뉴트리노는 전자의 동생뻘이라 할 수 있습니다. 통합이론의 다른 결과는 새로운 종류의 약한 상호작용이 있어야 합니다.

이전부터 약한 상호작용은 전자가 뉴트리노 혹은 그 반대로 개별 입자의 성질이 변화할 때에만 일어난다고 생각되었습니다. 이런 과정은 전하의 흐름에 따라 일어난다고 보고 있는데 그 이유는 입자의 전하가 변하기 때문입니다. 이 이론은 중성의 흐름 즉 뉴트리노 또는 전자가 자신의 정체성을 변화시키지 않으면서 일어나는 현상도 있어야 한다는 사실을 내포하고 있습니다. 1970년대의 실험은 이론의 예측을 완전히 확인해 주었습니다.

새로운 이론의 중요성은 무엇보다도 과학 그 자체에 있습니다. 이 이론은 강한 핵력을 기술하는 데 새로운 유형을 만들었고 기본입자 사이의 상호작용을 추가적으로 통합하려는 연구를 시작하게 했습니다.

자연과학의 다른 분야를 사이에 존재하는 복잡한 연결의 예를 들면서 오늘의 연설을 끝내고자 합니다. 우리의 신체는 대부분 별의 먼지로 만들어진 것입니다. 우리의 세포를 구성하는 원소들 중 수소를 제외하고는 태양에서 일어나는 것과 같은 연속적인 핵반응 과정을 통해 모두 별의 내부에서 형성된 물질들입니다. 천체물리학자들에 따르면 생명에 중요한 효소나 호르몬에서 발견되는 무거운 원소들, 예를 들면 요오드나 셀레늄 같은 원소들은 거대한 별의 격렬한 폭발, 즉 초신성 폭발에서만 만들어질 수 있습니다.

초신성 폭발은 우리 은하계에서 100년 또는 200년에 한 번씩 일어납니다. 중성 흐름을 통해 상호작용하는 뉴트리노는 별을 구성하는 대부분의 물질을 우주공간으로 흩뿌리는 거대한 폭발에 중요한 역할을 합니다. 그 결과 생물학적 존재로서 우리가 기능하기 위해서는 수백만 년 전 일어난 초신성 폭발이 필요합니다. 따라서 이 이론에 의해 예측된 새로운 종류의 약력은 중요한 방식으로 우리 몸에 기여하고 있습니다. 생물학, 천체물리학, 그리고 입자물리학 사이의 놀랄 만한 연결이라 아니할 수 없습니다.

셸던 글래쇼 교수님, 압두스 살람 교수님 그리고 스티븐 와인버그 교수님.

지금까지 물질의 가장 내부에 있는 구조를 연구하면서 생소하지만 알려진 성질과 아마도 거의 모르는 분야 사이의 경계에 있는 여러분의 위대한 발견의 배경을 설명하였습니다. 지난 10년 동안 우리가 물질의 구조를 바라보는 방법은 크게 변화했습니다. 전자기력의 상호작용은 우리의 관점을 변화시키는 데 가장 중요한 힘이 되었습니다.

스웨덴 왕립과학원을 대신하여 따뜻한 축하의 말씀을 전할 수 있게 된 것을 감사하고 또 기쁘게 생각합니다. 여러분을 올해의 노벨상 수상자로 국왕 전하 앞에 초대하게 된 것을 영광스럽게 생각합니다.

스웨덴 왕립과학원 벵트 나겔

중성 K메손의 분열 연구를 통한 대칭원리의 위배 발견

제임스 크로닌 | 미국

밸 피치 | 미국

:: 제임스 왓슨 크로닌 James Watson Cronin (1931~2016)

미국의 핵물리학자. 메서디스트 대학교에서 공부하였으며, 1955년에 시카고 대학교에서 박사학위를 취득한 후, 1958년까지 뉴욕에 있는 브룩헤이먼 국립 연구소에서 근무하였다. 1958년부터 1971년까지 프린스턴 대학교의 교수로 재직하였으며, 1971년에 시카고 대학교 교수가 되었다. 국립 과학 아카데미 회원이다.

:: 밸 로그즈던 피치 Val Logsdon Fitch (1923~2015)

미국의 핵물리학자. 제2차 세계대전 중 육군으로서 맨해튼 계획에 참여하면서 물리학에 관심을 가졌다. 1954년에 컬럼비아 대학에서 물리학 박사학위를 취득하였고, 1960년에 프린스턴 대학교의 교수가 되었다. 공동 수상자인 제임스 W. 크로닌과의 실험을 통하여 대칭원리의 위배를 발견함으로써 오랜 시간동안 과학에서 받아들인 전제들 중 하나를 제거하는 데에 공헌하였다.

전하, 그리고 신사 숙녀 여러분.

스웨덴 왕립과학원은 대칭원리의 위배를 발견한 실험의 공동 연구자인 제임스 크로닌 교수와 밸 피치 교수께 올해의 노벨 물리학상을 수여하기로 결정하였습니다. 이 실험은 1964년 미국의 브룩헤븐 국립연구소에서 수행한 것으로 소립자 중 하나인 중성 K메손의 붕괴에 관한 것입니다.

어느 날 저녁 갑자기 외계인들이 곧 지구에 착륙할 예정이고, 그들이 지구의 구성 물질에 대한 정보를 급히 필요로 한다는 텔레비전 뉴스가 방송된다고 상상해 봅시다. 외계인들이 알고 싶어 하는 것은 지구가 물질로 되어 있는지, 혹은 반물질로 되어 있는지 하는 것입니다. 이 두 종류의 물질은 서로를 완전히 상쇄시키는데, 그 외계 여행자들은 여행을 떠나기 전에 그들 자신의 것에 대한 조사를 마쳤다는 것입니다. 이 질문에 대한 대답은 그들의 삶과 죽음을 결정하는 대단히 중요한 문제입니다. 그 여행자들이 알고 싶은 것은 결국 지구상에서도 같은 조사를 했었는지 하는 것입니다. 크로닌과 피치 교수의 발견 덕분에 우리는 그들에게 명쾌한 답을 줄 수 있게 되었으며, 그들은 비참한 최후를 피할 수 있게 되었습니다. 이제 공상 과학 소설 속에서 현실로 돌아오겠습니다만, 다행히도 1964년 이전까지는 어떤 외계인도 방문하지 않았습니다.

대칭성은 과학의 대지침이며 대칭원리는 우리가 자연의 수학적 원리를 발견하는 데 도움을 주는 가이드 역할을 해왔습니다. 오늘 노벨상이 수여될 발견의 업적은 세 개의 거울대칭과 관련된 것입니다. 그중 하나는 보통의 거울 반사로서 오른쪽과 왼쪽을 맞바꾸는 것입니다. 다른 두 종류의 대칭은 시간과 전하의 반사로, 각각 전진과 후진을 맞바꾸는 것과 물질과 반물질을 맞바꾸는 것을 의미합니다. 전하의 경우는 양전하와 음전하를 바꾸는 것입니다.

공간에서 대칭성의 아름다움은 옛 알함브라 궁전의 화려한 장식에서부터 최근의 에스헤르의 정교한 목각 작품에 이르기까지, 베니스의 도게스 궁에서 스톡홀름 시의 청사에 이르기까지 예술과 건축의 영역에서 잘 드러납니다. 요한 세바스찬 바흐는 주제의 공간적 대비와 주제가 반대로 연주되는 시간적 대비를 모두 사용하는 절묘한 대칭을 통해 음악을 만들었습니다. 물리법칙들은 바흐의 곡 「캐논」을 닮았습니다. 그들은 공간적으로 그리고 시간적으로 대칭입니다. 즉 좌우를 구별할 수 없으며 전진과 후진을 구별할 수도 없습니다. 오랫동안 모든 사람들은 그래야만 한다고 생각해 왔습니다. 그러나 놀랍게도 그 예외가 밝혀졌습니다. 방사능 붕괴의 법칙은 좌우 대칭성이 지켜지지 않았습니다. 리정다오 교수와 양전닝 교수는 이 혁명적인 발견으로 1957년 노벨 물리학상을 받았습니다.

세 번째 거울대칭은 예술에는 존재하지 않습니다. 전기와 자기 현상을 기술하는 법칙은 양과 음, 두 종류의 전하에 대해 완벽한 대칭성입니다. 서로 상반된 역할을 하는 양과 음의 전하를 가진 반물질들의 발견은 지난 반세기 동안 이룩한 가장 심오한 발전들 중 하나입니다. 오늘날에는 상당한 양의 반물질을 미국의 브룩헤븐연구소나 유럽입자물리연구소(CERN) 같은 특수한 연구소에서 비교적 쉽게 만들 수 있습니다.

크로닌과 피치 교수는 대칭성에 위배되는 K메손의 붕괴가 실제로 일어나는지를 실험하였습니다. 그들 연구팀은, 1000개의 K메손 중 2개는 대칭성을 위배하면서 붕괴하는 것을 발견했습니다. 이 발견은 자연의 법칙이 수정되거나 아니면 새로운 법칙이 나와야 한다는 것을 의미합니다. 이미 1955년 겔만과 파이스는 중성 K메손을 분석하면서 이상한 점을 발견했습니다. 특이하게도 K메손은 물질과 반물질 모두에 대해 양면성을 가지고 있었습니다. 만약 완벽한 대칭성이 유지된다면, K메손의 정확히 반은 반물질로, 나머지 반은 물질로 붕괴가 일어나야 합니다. 리와 양에 의한 혁명의 결론이 뒤집어지지는 않았지만 적어도 새로운 논의가 필요해졌습니다. 코로닌과 피치 교수는 그들의 결과가 미미하지만 명확히 대칭성이 깨진 것을 보여 주고 있다는 결론을 내렸습니다. 이후 그들의 결론은 계속된 일련의 실험에서 확인되었습니다. 이런 대칭성의 위배를 포함시켜야만 비로소 외계로부터 지구를 방문한 손님들에게 정확한 대답을 해주었다고 할 수 있을 것입니다.

그 발견은 시간의 반사를 암시하는 것이기도 합니다. 자연에서 적어도 하나의 테마는 앞으로 진행될 때보다 뒤로 진행될 때 더 서서히 일어나고 있습니다.

예술가들은 거의 대부분 그들의 작품에 대칭성이 깨지는 요소를 넣습니다. 아마도 자연의 법칙 역시 가장 심오하다는 점에서 예술작품이라고 하겠습니다. 완벽한 대칭성의 위배는 새로운 통찰의 길을 열었습니다. 이런 시구처럼 말씀입니다.

아라베스크에 있는 매듭을
나 외에는 어느 누구도 보지 못했다네

피치 교수님, 크로닌 교수님.

과학계는 여러분의 발견이 발표되었을 때 큰 충격에 휩싸였습니다. 진정 어느 누구도 이러한 일이 일어나리라고 예상하지 못했습니다. 여러분은 노련함과 결단력을 가지고 연구를 추진하여 불가능에서 가능함을 발견했습니다.

스웨덴 왕립과학원을 대표해서 깊은 축하의 말씀을 전하게 되어 기쁘고 영광스럽습니다. 이제 나오셔서 전하로부터 노벨상을 수상하시기 바랍니다.

스웨덴 왕립과학원 괴스타 엑스퐁

레이저 분광학의 개발 | 블룸베르헨, 숄로
고해상도 전자분광법의 개발 | 시그반

1981

니콜라스 블룸베르헨 | 미국

아서 숄로 | 미국

카이 시그반 | 스웨덴

:: 니콜라스 블룸베르헨 Nicolaas Bloembergen (1920~2017)

네덜란드 태생 미국의 응용물리학자. 1948년에 레이덴 대학교에서 박사학위를 취득한 후, 도미하여 1951년에 하버드 대학교 부교수가 되었으며, 1957년에 응용물리학과 교수가 되었다. 레이저 분광법의 개발에 공헌함으로써 원자, 분자, 고체의 내부 구조 등에 대한 정확한 탐구가 가능하게 되었다.

:: 아서 레너드 숄로 Arthur Leonard Schawlow (1921~1999)

미국의 물리학자. 1949년에 토론토 대학교에서 박사학위를 취득한 후, 컬럼비아 대학교에서 박사후과정을 이수하였으며 1964년에 노벨 물리학상 수상자이기도한 찰스 타운스와 함께 메이저-레이저 연구에 참여하였다. 1951년부터 1961년까지 벨 전화 연구소 연구원으로 지냈으며, 1961년에 스탠퍼드 대학교의 물리학 교수가 되었다.

:: 카이 마네 보르예 시그반 Kai Manne Borje Siegbahn (1918~2007)

스웨덴의 물리학자. 1924년에 엑스선 분광학에 대한 연구로 노벨 물리학상을 받은 카를 시그반의 아들이기도 하다. 1944년에 스톡홀름 대학교에서 물리학 박사학위를 취득하였으며, 1951년에 왕립 기술 연구소 교수가 되었다. 1954년에 웁살라 대학교의 교수가 되었다. 그가 공식화한 ESCA는 입자 및 물질 분석 등에 활발히 이용되었다.

전하, 그리고 신사 숙녀 여러분.

올해의 노벨 물리학상은 미국의 니콜라스 블룸베르헨 박사와 아서 숄로 박사, 그리고 스웨덴의 카이 시그반 박사 등 세 명의 과학자들이 레이저분광기와 전자분광기, 두 종류의 중요한 분광기법의 개발에 대한 공로로 공동으로 수상하게 되었습니다.

두 종류의 분광기는 알베르트 아인슈타인 초기의 발견인 광전효과에 기초해 개발되었습니다. 20세기 물리학자들에게 중요한 문제 중의 하나는 짧은 파장의 빛이 금속표면에 조사될 때 전자가 방출되는 현상인 이른바 광전효과는 고전적인 개념으로는 설명할 수 없다는 것이었습니다. 1905년 아인슈타인은 광전효과를 막스 플랑크의 양자가설을 사용해 단순하고 우아한 방식으로 설명할 수 있었습니다. 아인슈타인의 모델에 따르면 빛은 파동운동을 하지만 양자화되어 있습니다. 즉 입자처럼 행동하는 빛의 양자 또는 광양자라는 작은 조각으로 빛이 방출된다는 것입니다. 이 발견은 양자역학이라는 새로운 물리학 건설에 초석이 되었습니다. 그 후 양자역학은 20세기 초 수십 년 동안 매우 빠르게 발전하였습니다.

카이 시그반 교수는 웁살라 대학교에서 공동 연구자들과 함께 광전효과에 대한 아인슈타인의 이론을 바탕으로 분광기를 개발하였습니다. 엑스선 튜브에서 얻어지는 높은 에너지를 가진 광양자가 원자에 충돌하면 원자 속으로 깊이 침투하여 전자를 방출하게 할 수 있습니다. 이렇게 방출된 전자를 자세히 분석하면 원자의 내부구조에 대한 값진 정보를 얻을 수 있습니다. 초기 실험은 1910년대에 수행되었지만 1950년대까지는 검출기의 성능이 충분하지 않았습니다. 그 당시 카이 시그반 교수는 수 년 동안 특정한 방사성 원자핵의 붕괴, 이른바 베타붕괴에서 방출되는 전자를 분석할 수 있는 장비를 개발하고 있었습니다. 그와 동료들이 이 방법을 광전효과로 방출되는 전자를 분석하는 데 응용하면서 전자분광법의 새로운 시대가 도래했습니다.

이 분광법을 사용하면 이전에 가능했던 어떤 방법보다 정확하게 원자 안에 있는 전자의 결합에너지를 결정할 수 있었습니다. 이 방법은 같은 시기 급속하게 발전한 컴퓨터 기술의 도움으로 시작된 새로운 원자모델과 전산모사기법을 테스트하는 데 매우 중요한 역할을 했습니다. 또한 전자의 결합에너지는 원자의 화학적 환경에 따라 어느 정도 변화한다는 사실을 발견했고 그 결과 새로운 화학분석 기법을 이끌어 냈습니다. 이렇게 개발된 방법은 에스카라는 방법으로 불리며 '화학적 분석을 위한 전자분광법'을 의미합니다. 오늘날 이 기법은 전 세계의 수백 곳이 넘는 실험실에서 사용하고 있습니다. 특히 이 방법을 많이 응용되는 분야로는 부식과 촉매와 같은 표면반응에 대한 연구를 들 수 있습니다. 촉매반응이라는 것은 어떤 물질이 화학반응에는 참여하지 않으면서 반응을 시작하고 자극하는 물질인 촉매가 만들어 내는 화학반응입니다. 촉매반응은 공정산업에서 매우 중요하며 시그반 교수와 그의 동료들이 개발한 분광법은 촉매반응의 과정을 이해하는 데 큰 도움을 주고 있습니다.

올해 노벨상이 수여된 두 번째 형태의 분광법인 레이저분광법은 아인슈타인의 다른 초기 발견에 기초합니다. 오랫동안 원자와 분자는 빛을 흡수할 뿐만 아니라 자발적으로 특정한 파장의 빛을 방출할 수 있다고 알려져 왔습니다. 1917년에 아인슈타인은 빛이 원자 또는 분자를 자극하여 동일한 종류의 빛을 방출할 수 있다는 것을 발견했습니다. 이것이 레이저의 핵심 과정입니다. 이러한 과정을 통해 방출된 광양자는 동일한 파장을 가질 뿐만 아니라 서로 동일한 위상을 가지며 진동합니다. 우리는 이런 종류의 빛을 결맞은 빛이라고 부릅니다.

결맞은 빛은 군인들의 행진에 비유할 수 있습니다. 여기에서 행진하는 군인들은 광양자에 해당됩니다. 반면 결맞지 않은 빛은 토요일 아침 혼잡한 쇼핑가에 있는 사람들에 비유할 수 있습니다. 군복무를 해 본 사람들은 행진하는 군인들이 보조를 맞추어야 한다는 것을 알고 있습니다. 그렇지만 군인들이 작은 다리를 건너야 하는 상황을 생각해 봅시다. 이 경우 군인들은 행진할 때 맞춰왔던 보조를 깨야 합니다. 그렇지 않으면 군인들의 행진에 따른 강력하고 결맞은 진동은 다리를 붕괴시킬 수도 있기 때문입니다. 광양자들이 위상을 맞추어 진동한다는 사실 때문에 결맞은 빛은 물질에 복사될 때 결맞지 않는 빛에 비해 더욱 강력한 효과를 줄 수 있고 이것은 레이저에서 나오는 빛이 매우 특별한 성질을 가진다는 것을 의미합니다.

결맞은 빛의 복사는 마이크로파 영역에서 우리가 메이저(유도복사에 의한 마이크로파의 증폭)라 부르는 장비를 통해 처음 만들어졌습니다. 메이저의 개념은 1950년대 중반 미국인 찰스 타운스와 소련의 바소프와 프로호로프가 제안하였고 그 공로로 그들은 1964년 노벨 물리학상을 공동으로 수상했습니다. 타운스와 아서 숄로 교수는 메이저의 개념을 가시광선의 영역으로 확장했고, 이것은 두 해 뒤 레이저의 제작으로 이어졌습니다. 레이저는 유도복사에 의한 빛의 증폭을 의미합니다. 스탠퍼드 대학교에서 숄로 교수는 자신의 연구진을 이끌고 많은 방법들을 개선했습니다. 레이저는 엄청난 정확도로 원자와 분자의 성질 연구에 사용되었습니다. 이 연구는 새로운 이론 모델을 개발하는 데 자극을 주었고 물질의 구성 성분을 더욱 자세히 알게 하였습니다.

니콜라스 블룸베르헨 교수는 다른 방식으로 레이저분광법의 개발에 공헌했습니다. 레이저의 빛은 때로 매우 강해서 물질에 조사하면 현존하는 이론으로 설명할 수 없는 반응을 보입니다. 블룸베르헨 교수와 동료들은 이 효과들을 설명하기 위한 더욱 일반적인 이론을 만들고 우리가 현재 비선형광학이라고 부르는 분야의 기초를 닦았습니다. 여러 레이저분광기법은 비선형광학 현상, 특히 두 개 이상의 레이저 빔이 혼합되어 만들어진 다른 파장을 가진 레이저에 기초를 두고 있습니다. 이 방법은 여러 분야에 응용되고 있습니다. 예를 들면 연소현상을 연구할 때에도 레이저를 사용합니다. 또한 이 방법을 사용하면 더 짧은 파장과 더 긴 파장을 가진 레이저 빛을 만들 수 있고 이것으로 레이저분광법의 응용 분야를 상당히 넓힐 수 있었습니다.

블룸베르헨 교수님, 숄로 교수님, 그리고 시그반 교수님.

여러분들은 모두 레이저분광법과 전자분광법이라는 두 가지 분광법의 발전에 지대한 공헌을 했습니다. 두 종류의 분광법은 원자, 분자, 그리고 고체의 내부구조를 이전에 가능했던 어떤 방법보다 훨씬 정확한 방법으로 탐구할 수 있게 해주었습니다. 그 결과 물질 구성에 대한 우리의 지식에 심대한 영향을 주었습니다.

스웨덴 왕립과학원을 대신하여 저는 마음속 깊이 축하 드립니다. 이제 국왕 전하로부터 노벨상을 수상하시기 바랍니다.

스웨덴 왕립과학원 잉바르 린드그렌

상전이와 관련된 임계현상 이론

케네스 윌슨 | 미국

:: **케네스 게디스 윌슨Kenneth Geddes Wilson (1936~2013)**

미국의 물리학자. 하버드 대학교에서 공부하였으며, 1961년 캘리포니아 공과대학에서 박사학위를 취득하였다. 1962년에는 유럽원자핵공동연구소에 근무하였으며, 1963년에 코넬 대학교 조교수를 거쳐 1971년에 물리학 교수로 임용되었다. 1988년에는 오하이오 주립대학교의 교수가 되었다. 상전이의 임계현상에 대해 규명하였으며, 그가 제시한 독창적인 아이디어는 현대 물리학의 다른 문제를 해결하는 데에 도움을 주었다.

전하, 그리고 신사 숙녀 여러분.

물리학의 발전은 전적으로 실험과 이론이 밀접하게 상호 교류하면서 이루어져 왔습니다. 새로운 실험적 발견은 종종 이론적 아이디어의 발전으로 이어졌으며, 새로운 현상을 예측하는 방법의 개발은 좀 더 중요한 실험적 진보를 이루었습니다. 이론과 실험의 이러한 긴밀한 상호 교류로 물리학은 매우 빠르게 발전하고 있습니다.

그러나 몇 개의 예외적인 경우도 있습니다. 즉 실험적 사실은 오랫동안 잘 알려져 있었지만, 기초적인 이론적 이해가 부족하고 이론적 모델이 불완전하거나 심지어는 심각한 오류가 있는 경우가 있었습니다. 초전도성, 임계현상, 그리고 교란운동이 20세기에 잘 알려진 세 가지 사례입니다. 초전도성은 금세기 초에 발견되었습니다만 많은 물리학자들의 이론적 연구 노력에도 불구하고 만족할 만한 이론이 개발되기까지 50년이 걸렸습니다.

이 초전도성 이론은 지금으로부터 정확히 10년 전에 노벨 물리학상을 수상했습니다. 임계현상은 상전이에서, 예를 들어 액체-기체 전이에서 일어납니다. 이 현상은 이미 19세기부터 알려져 있었고, 발견 직후에 이미 불완전하긴 하지만 간단한 이론적 모델이 개발되었습니다. 그 후 수십 년에 걸친 노력이 있었지만 1970년대 초가 되어서야 비로소 완전한 이해가 가능해졌습니다. 올해의 노벨 물리학상은 매우 우아하고 심오한 방법으로 이 문제를 해결한 케네스 윌슨 교수께 수여되겠습니다. 세 번째 예로 언급된 교란운동의 문제는 아직 풀리지 않았으며 이론물리학자들의 도전 과제로 남아 있습니다.

일상의 경험으로부터 우리는 물질이 여러 상태로 존재할 수 있으며, 온도를 변화시키면 한 상태에서 다른 상태로 전이된다는 것을 잘 알고 있습니다. 상전이의 구체적인 예로는 액체를 충분히 가열하면 기체로 변하고, 고온에서 금속이 녹으며, 영구자석이 특정 임계온도에서 자성을 잃어버리는 것 등이 있습니다. 여기서 액체와 기체의 전이를 생각해 봅시다. 임계점에 가까워지면 액체의 밀도에 모든 가능한 규모에서 심한 요동이 일어납니다. 이런 요동은 액체 방울들이 기체 거품과 섞여 있는 형태를 띠며, 하나의 분자 크기에서 전체 시스템의 크기까지 모든 크기의 방울과 거품이 존재합니다. 임계점에서는 가장 큰 요동의 스케일이 무한대가 됩니다만, 이보다 작은 요동의 역할도 결코 무시할 수 없습니다. 따라서 어떤 이론이 임계현상을 제대로 기술하기 위해서는 전체 길이 스케일의 현상을 모두 다룰 수 있어야 합니다. 대부분의 물리학 문제는 보통 하나의 길이 스케일만을 다루면 되지만 임계현상은 모든 가능한 길이 규모, 예를 들어 1센티미터에서 100만분의 1센티미터 스케일의 현상을 기술할 수 있는 새로운 형태의 이론 개발을 필요로 합니다.

윌슨 교수는 이 문제를 해결할 독창적인 방법을 개발했으며 1971년에 두 편의 논문을 발표했습니다. 이 문제에 정면으로 도전하는 것은 불가능하지만, 그는 이 문제를 해결이 가능한 간단한 문제들로 나누는 방법을 찾아냈습니다. 윌슨 교수의 이론은 이론물리학에서 재분배그룹이론이라고 불리는 방법의 수정으로 만들어졌습니다.

윌슨 교수의 이론은 임계점 근처에서의 거동을 완벽하게 이론적으로 기술할 수 있었으며, 중요한 물리량을 수치해석적으로 계산할 수 있는 방법을 제시하였습니다. 그의 첫 번째 논문이 출판된 후 10년 동안 우리는 그의 아이디어와 방법이 완벽한 돌파구라는 것을 확인했습니다. 지금은 윌슨 교수의 이론이 물리학의 다른 영역에서도 성공적으로 적용되고 있습니다.

윌슨 교수님.

교수님은 광범위한 길이 스케일이 동시에 나타나는 현상을 해석하는, 일반적이고 손쉬운 방법을 개발한 최초의 이론물리학자입니다. 교수님의 이론은 상전이의 임계현상이라는 고전적인 문제에 대한 완벽한 해답을 제시했습니다. 또한 교수님의 아이디어와 방법은 아직 풀리지 않은 다른 중요한 물리학의 문제들을 해결할 수 있는 커다란 잠재력을 가지고 있습니다.

교수님께 스웨덴 왕립과학원의 축하 말씀을 전하게 되어 대단히 기쁩니다. 이제 전하로부터 노벨상을 수상하시기 바랍니다.

스웨덴 왕립과학원 스티그 룬드크비스트

별의 구조와 진화의 물리과정 | 찬드라세카르
우주에서 화학적 원소의 형성 | 파울러

1983

수브라마니안 찬드라세카르 | 미국 **윌리엄 파울러** | 미국

:: 수브라마니안 찬드라세카르 Subrahmanyan Chandrasekhar (1910~1995)

인도 태생 미국의 천체물리학자. 1930년에 노벨 물리학상을 수상한 찬드라세카르 벤카라 라만 경의 조카이기도 하다. 마드라스 대학교 프레지던시 칼리지에서 공부한 후 1933년에 케임브리지 대학교에서 박사학위를 취득하였다. 1936년에 미국으로 이주하여 하버드 천문대와 여키스 천문대에서 근무하였으며, 1944년에 시카고 대학교의 교수가 되었다. 찬드라세카르 한계를 증명함으로써 천문학 연구에 기여하였다.

:: 윌리엄 알프레드 파울러 William Alfred Fowler (1911~1995)

미국의 물리학자. 오하이오 주립대학교에서 공부하였으며, 1936년에 캘리포니아 공과대학에서 박사학위를 취득한 뒤 1939년에 교수가 되었다. 미국항공우주국(NASA)의 아폴로 계획에 참여하여 1969년에 공로장을 받기도 하였다. 별의 진화에서 일어나는 핵반응에 대한 그의 선구적 연구는 핵물리학 및 우주 연구의 발전에 기여하였다.

전하, 그리고 신사 숙녀 여러분.

천문학은 최근 빠르게 발전하는 물리학의 한 분야입니다. 이제 인공위성으로 별과 다른 천체들에서 일어나는 물리 현상을 연구하는 것이 가능해졌습니다. 우주공간은 이제 물리학자들에게 새롭고 흥분을 일으키는 실험실이 되었습니다. 물론 문자 그대로 우주공간에서 실험이 수행되는 것은 아닙니다. 지상의 실험실에서는 결코 관찰할 수 없는 현상을 관찰할 수 있다는 의미입니다. 우주공간에서는 극단적인 형태의 물질을 발견할 수 있습니다. 즉 엄청나게 높은 온도와 밀도를 가진 별, 그리고 우리가 가진 가장 강력한 가속기를 사용해서도 결코 얻을 수 없는 입자들과 복사들이 그런 예가 될 수 있습니다.

올해 노벨 물리학상의 공통 주제는 별들의 진화에 관한 것입니다. 별들은 성간물질에서 탄생하는 순간부터 최후를 맞이하는 순간까지 매우 흥미로운 물리적인 과정을 보여 줍니다. 올해의 노벨 물리학상이 어떤 것인지 알기 위해서는 별의 진화에 대해 짧게 설명할 필요가 있습니다.

별은 은하에 있는 가스와 먼지 구름에서 만들어집니다. 중력의 영향을 받아 이 성간물질은 응축되고 압축되어 별을 형성합니다. 압축 과정에서 에너지가 만들어져 새롭게 형성된 별의 온도가 올라갑니다. 이 온도는 계속 높아져 별 내부에서 핵반응이 일어날 정도까지 가열됩니다. 별을 이루는 주요 구성 요소인 수소가 소모되면서 헬륨이 만들어집니다. 헬륨을 만드는 과정에서 방출된 에너지는 별의 온도를 높이고 그 결과 별 내부의 압력이 높아져 중력에 의한 추가적인 압축이 일어나지 않고 별은 안정화되어 수백만 년에서 수억 년 동안 존재하게 됩니다. 별 내부에서 수소를 모두 소모해 더 이상 공급이 이루어지지 않으면 다른 형태의 핵반응이 시작됩니다. 새로운 핵반응은 질량이 더욱 큰 별들에서 일어나는데 그 결과 헬륨보다 더 무거운 물질들이 만들어집니다. 특히 효율적인 유형의 핵반응은 중성자를 계속해서 추가하는 반응입니다. 최종적으로 별은 대부분이 철 또는 주기율표상에서 철과 인접한 무거운 원소를 만들어 내고 핵반응에 필요한 연료는 고갈됩니다. 별이 이 단계까지 진화하면 별 자신의 중력을 이겨낼 압력이 존재하지 않아 붕괴됩니다. 별이 붕괴 후 형성되는 것들은 질량에 따라 달라집니다.

질량이 태양과 거의 비슷한 가벼운 별들이 붕괴하면 백색왜성이 됩니다. 이런 이름이 붙게 된 이유는 크기가 줄어들었기 때문이고 밀도는 1세제곱센티미터당 10톤 정도입니다. 이 붕괴의 결과 원자에 있는 전자의 껍질구조가 뭉개지고 그 결과 별을 구성하는 원자핵들은 전자 구름에 둘러싸인 형태가 됩니다.

좀 더 무거운 별들은 붕괴하면서 폭발합니다. 눈으로 보이는 결과는 초신성입니다. 초신성 폭발 후에는 수명은 짧지만 맹렬한 중성자의 흐름을 만들어 가장 무거운 원소들을 형성하도록 해줍니다. 이런 무거운 별들에서는 이후 또다른 현상이 일어납니다. 원자핵과 전자가 결합해 중성자를 형성하는 중성자별이 만들어지는데, 중성자별의 밀도는 1세제곱센티미터당 1억 톤입니다. 태양의 질량과 같거나 2배 무거운 별이 중성자별이 될 경우 반경이 겨우 10킬로미터밖에 되지 않습니다. 중성자별은 강철보다 훨씬 더 단단한 고체 지각에 둘러싸인 유체와 같은 중성자의 구입니다.

더욱 무거운 별이 붕괴되면 더욱더 기이한 천체인 블랙홀이 만들어집니다. 이 별에서는 중력이 매우 강해 모든 물질은 블랙홀로 빨려 들어가 물질의 특성을 잃어버리고 수학에서 이야기하는 점과 같은 무한히 작은 부피로 압축이 됩니다. 심지어 블랙홀에서는 방출된 빛조차도 블랙홀 바

같으로 탈출할 수 없습니다. 블랙홀이라는 이름은 이런 현상을 따서 붙여졌습니다. 블랙홀의 존재는 블랙홀로 빨려 들어가는 물질이 블랙홀에 의해 사라지기 전에 온도가 크게 올라가는데 온도가 올라가면서 복사된 빛을 통해 발견할 수 있습니다. 퀘이서라고 불리는 이상한 천체는 은하계 중심에 있는 블랙홀일지도 모릅니다.

별들이 진화 과정에서 중요하고 많은 물리학적 과정을 거친다는 것은 이제 명백합니다. 많은 과학자들은 별의 진화 과정에서 나타난 물리학적 문제들을 연구했습니다. 그중에서도 특히 수브라마니안 찬드라세카르 교수와 윌리엄 파울러 교수는 별의 진화에 많은 공헌을 했습니다.

찬드라세카르 교수의 연구는 특히 별의 진화에 관한 여러 측면을 포함합니다. 그의 연구에서 중요한 부분은 진화의 각 단계에서 별의 안정성 문제에 대한 연구입니다. 최근에는 상대론적 효과를 연구하고 있는데 이것은 별의 발달단계에서 후기에 나타나는 극단적인 조건에서 중요한 역할을 하는 효과입니다. 찬드라세카르 교수의 가장 잘 알려진 공헌은 백색왜성의 구조에 대한 연구입니다. 비록 이 연구의 일부는 그의 초기 연구에서 얻어진 것이지만 천문학과 우주에 대한 연구가 발전하면서 중요성이 다시 부각되고 있는 분야입니다.

파울러 교수는 별의 진화에서 일어나는 핵반응을 다루었습니다. 핵반응에서 방출되는 에너지 말고도 핵반응을 통해 가장 가벼운 원소인 수소에서 여러 종류의 화학원소가 만들어진다는 점에서 핵반응은 매우 중요합니다. 파울러 교수는 천체물리학적 관점에서 핵반응에 대한 많은 흥미로운 실험 연구와 함께 이론적인 관점에서 깊이있는 연구를 수행했습니다. 1950년대에 많은 공동 연구자들과 함께 파울러 교수는 우주에서 화학적 원소의 형성에 대한 완전한 이론을 개발했습니다. 이 이론은 원소의 형성에 대한 지식의 기초가 되고 있으며 핵물리학과 우주 연구에 대한 최근의 발전은 파울러 교수의 이론이 맞다는 것을 보여 주었습니다.

찬드라세카르 교수님, 그리고 파울러 교수님.

교수님의 선구적인 연구는 천체물리학의 중요한 발전의 기초가 되었으며 이 분야에서 연구하는 다른 많은 과학자들에게 영감의 원천이 되었습니다. 최근 천문학과 우주 연구에 대한 놀라운 성공은 교수님들의 아이디어가 맞다는 것을 증명하고 그 연구의 중요성을 입증해 주었습니다. 저는 두 분께 스웨덴 왕립과학원의 따뜻한 축하를 보낼 수 있어 매우 기쁩니다. 이제 국왕전하로부터 노벨상을 수상하시기 바랍니다.

스웨덴 왕립과학회 스벤 요한손

약력을 매개하는 W입자와 Z입자의 발견

1984

카를로 루비아 | 이탈리아

시몬 반 데르 메르 | 네덜란드

:: 카를로 루비아 Carlo Rubbia (1934~)

이탈리아의 물리학자. 피사 사범학교 및 피사 대학교에서 공부하여 1957년에 박사학위를 취득하였으며, 이후 컬럼비아 대학교에서 연구하였다. 1960년에 로마 대학교 교수로 임용되었으며, 1962년에는 유럽공동원자핵연구소의 수석 물리학자로 임명되었다. 1970년에 하버드 대학교의 물리학 교수로 임명되었다. W 입자와 Z 입자의 존재를 입증함으로써 와인버그-살람 이론의 타당성을 증명하였다.

:: 시몬 반 데르 메르 Simon van der Meer (1925~2011)

네덜란드의 물리학자. 1952년에 델프트 공과대학을 졸업하여 1956년까지 필립스 사에서 근무하였다. 1956년에 유럽공동원자핵연구소의 선임기술자가 되어 1990년까지 근무하였다. 초대형가속기를 이용하여 양성자와 반양성자를 정면충돌시키는 원리를 발견함으로써 W 입자와 Z 입자의 발견에 결정적으로 공헌하였다.

전하, 그리고 신사 숙녀 여러분.

올해의 노벨 물리학상 수상자는 카를로 루비아 교수와 시몬 반 데르 메르 박사입니다. 스웨덴 왕립과학원이 발표한 이들의 업적은 약력을 매개하는 W입자와 Z입자를 발견한 대형 프로젝트에 결정적인 기여를 한 것입니다.

시상 업적에서 언급한 대형 프로젝트란 유럽입자물리연구소(CERN)의 반양성자 프로젝트를 말합니다. CERN은 유럽 13개국을 회원으로 하는 입자물리 연구를 위한 국제 연구기관으로서 독특하게도 스위스와 프랑스 두 나라의 국경에 자리잡고 있습니다. 이 연구소는 지난 30년의 역사를 거치면서 그 중요성이 날로 커지고 있습니다. CERN의 국제적인 성격은 카를로 루비아 박사가 이탈리아 사람이고, 시몬 반 데르 메르 교수가 네덜란드 사람이라는 사실과 이 프로젝트가 진행되면서 다양한 국적의 과학자, 엔지니어, 그리고 기술자들이 참여해 왔다는 점에서도 잘 드러나 있습니다. 또한 참여자 중에는 CERN에서 일하는 사람들도 있었고, 실험에 관련된 많은 대학교나 연구소의 사람들도 있었습니다. 이러한 인적 협력과 재정 및 과학적 기술의 공동 투자가 있었기에 이 프로젝트가 가능했습니다. 8년 전 반양성자 프로젝트가 제안되었을 때, CERN이라는 배에는 벨기에의 레온 반 호베 교수와 영국의 존 애덤스 경 두 사람의 선장이 있었습니다. 루비아 교수는 확신에 찬 열정으로 높은 파도를 뚫고 나아갔으며, 키를 잡은 반 데르 메르 교수는 더 어려운 파도 속에서도 길을 찾았습니다. 이렇게 이들은 그 배를 새롭고 도전적인 선구자의 길로 이끌었습니다. 고故 존 애덤스 경은 두 개의 훌륭한 양성자 가속기를 구축하였는데, 이 가속기들이 새로운 프로젝트에서 훌륭한 역할을 해냈습니다.

한 노벨상 수상자는 CERN 프로젝트에 대해 이렇게 말했습니다. 루비아 교수는 그 프로젝트가 있게 했으며, 반 데르 메르 교수는 그것을 가능하게 만들었다고.

조금 자세히 들여다보면 입자충돌 실험에서 W입자와 Z입자가 생성되기 위해서는 두 가지 조건이 만족되어야 함을 알 수 있습니다. 첫 번째는 입자들이 충분히 높은 에너지를 가지고 충돌해서 에너지-질량 전환에 의해 무거운 W입자와 Z입자를 만들 수 있어야 합니다. 두 번째 조건은 충돌이 충분히 많이 일어나서 아주 드물게 일어나는 입자의 탄생을 관측할 수 있는 기회가 많아져야 한다는 것입니다. 첫 번째 조건은 루비아 교수와 관련되어 있고, 두 번째 조건은 반 데르 메르 교수와 관련되어 있습니다. 루비아 교수의 제안은 CERN에서 제일 큰 가속기인 SPS(Super Proton Synchrotron)를 서로 반대 방향으로 도는 양성자와 반양성자의 저장링으로 사용하자는 것입니다. 두 빔의 입자들은 프랑스와 스위스 국경을 초당 10만 번 이상 넘어 다니면서 수 개월간 이런 일을 반복하게 됩니다. 반양성자는 자연에 존재하지 않는 입자입니다. 적어도 지구상에서는 그렇습니다. 그러나 충분한 에너지를 얻을 수 있는 또 다른 CERN의 가속기인 PS(Proton Synchrotron)에서 반양성자를 만들 수 있었습니다. 이 반양성자들은 반 데르 메르 교수가 이끄는 팀이 건설하는 특별한 저장링에 축적되었습니다.

바로 이 저장링에서 확률 냉각이라는 그의 독창적인 방법으로 높은 강도의 반양성자 빔이 만들어졌습니다. 생성된 입자들의 신호는 SPS 저장링의 두 충돌 포인트를 감싸며 설치된 거대한 측정시스템에 의해 기록되었습니다. 이들 측정시스템 중 가장 큰 것은 루비아 교수가 이끄는 팀이 설계·제작·운영하였습니다. 다른 팀에서 구축한 두 번째로 큰 측정시스템은 첫 번째 것과 함께 운영되면서 매우 중요한 결과들을 멋지게 확인해 주었습니다.

약력반응을 이해하려는 오랜 꿈은 작년에 CERN에서 W입자와 Z입자가 발견됨으로써 이루어졌으며, 약력반응이 약한 이유는 바로 W입자와 Z입자가 너무 무겁기 때문이라는 것이 밝혀졌습니다. 약력반응은 입자의 성질을 바꿀 수 있다는 점에서 특이합니다. 예를 들면 중성자에서 양성자로의 전이, 혹은 그 반대의 전이를 유발할 수 있는데 이런 전이들은 태양의 반응에서 대단히 중요합니다. 태양 핵의 연료가 서서히 타도록 만들어서 지구상에 생명이 존재할 수 있는 조건을 만들어 주는 것이 바로 이 약한 반응 때문입니다.

과거에는 방사능 붕괴가 연구에 사용할 수 있는 유일한 약력반응이었습니다. 그러나 이제는 가속기와 저장링의 도움으로 이 분야의 연구가 대단히 활발해졌습니다. 약력반응과 전자기반응에 대한 우리의 이해를 결합하여 이에 관한 지식을 크게 확대한 이론은 셸던 글래쇼, 압두스 살람, 그리고 스티븐 와인버그 교수에게 1979년 노벨 물리학상 수상의 영예를 가져다 주었습니다. 그들은 이 이론의 일관성을 위해 도입한 Z입자와 관련된 새로운 현상을 예측하기도 했습니다. 예측된 현상들은 약 10년 전 CERN의 실험에서 최초로 관찰되었습니다.

과학사에서 이와 비슷한 일이 120년 전에도 있었습니다. 맥스웰이 전기와 자기 현상의 이론을 만들었을 때 이 이론의 일관성을 위해서 새로운 무언가가 필요했습니다. 그것이 라디오파를 예측하는 단초를 제공했으며 약 100년 전에 하인리히 헤르츠에 의해 라디오파가 실제로 발견되었습니다. 현대의 전기약력 이론에서는 전자기적 광양자뿐 아니라 일종의 충격흡수장치같이 작용하는 W와 Z입자도 힘의 매개체로 기술됩니다. 그 역할은 우주 생성의 초기단계인 빅뱅의 시기에 자주 일어났을 강한 충돌에서 특히 두드러지는데, CERN의 충돌장치에서 일어난 충돌도 충분히 강해서 잠깐 동안 힘의 매개체이며 충격흡수체인 이 입자들을 드러낼 수 있었습니다. 새로 만들어진 입자들의 불꽃놀이가 관측기를 이용하여 관찰되었으며, 그 기록은 W입자와 Z입자의 존재를 드러냈습니다. 그들의 특성을 측정하기 위한 연구도 이미 시작되었습니다.

루비아 교수님, 그리고 반 데르 메르 박사님.

CERN의 양성자-반양성자 충돌장치를 이용하여 성공적 연구를 이끈 최근 여러분의 성과는 전 세계를 경탄시켰습니다. W와 Z입자의 발견은 물리학의 역사에서 라디오파나 전자기 매개체인 광양자의 발견에 버금가는 것입니다. 여러분은 CERN과 참여 대학의 많은 공동 연구자들과 함께 이 기쁨을 나누었습니다. 그리고 잘 알려진 바와 같이 그들이 에너지나 충돌 빈도의 새로운 기록을 세우고, 충돌에 의해 생성된 새롭고 흥미로운 현상들을 발견함으로써 여러분의 성과를 더욱 빛내고 있습니다. W와 Z입자의 발견은 끝이 아니라 바로 시작입니다.

스웨덴 왕립과학원을 대표해서 여러분께 깊은 축하의 말씀을 전하게 되어 기쁘고 영광스럽습니다. 이제 나오셔서 전하로부터 노벨상을 수상하시기 바랍니다.

스웨덴 왕립과학원 괴스타 엑스퐁

양자화된 홀효과의 발견

1985

클라우스 폰 클리칭 | 독일

:: **클라우스 폰 클리칭 Klaus von Klitzing (1943~)**

독일의 물리학자. 브라운슈바이크 공과대학에서 공부하였으며, 1972년 뷔르츠부르크 대학교에서 G. 란트베르의 지도 아래 박사학위를 취득하였다. 옥스퍼드 대학교와 프랑스의 그레노블 연구소에서 연구하였으며, 1980년부터 1984년까지 뮌헨 공과대학의 교수로 재직하였다. 1985년에 막스 플랑크 고체물리연구소 소장이 되었다. 양자화된 홀 효과를 발견함으로써 전기 저항의 국제적인 표준을 정의하는 등의 도량형학적 문제의 해결을 비롯하여 2차원 전자계에 대한 연구를 전개함으로써 현대 물리학의 발전에 기여하였다.

전하, 그리고 신사 숙녀 여러분.

올해의 노벨 물리학상은 양자화된 홀효과를 발견한 클라우스 폰 클리칭 교수에게 수여되겠습니다.

양자화된 홀효과와 같은 종류의 발견은 예측하지 못한 놀라운 발견으로서 과학 연구가 참으로 흥분되는 일이라는 것을 보여 준 예라고 할 수 있습니다. 노벨상은 종종 거대한 프로젝트에 수여되었는데, 그 경우 연구자가 보여 준 놀라운 지도력을 인정하였기 때문이며, 동시에 거대한 장비와 지원을 결합한 정교한 실험을 설계해 이론적인 모델과 그것이 예측하는 결과의 정확성을 입증한 공로로 수여되었습니다. 또는 새로운 이론적인 개념과 이론을 개발할 도구를 만들어, 오랫동안 이론적인 시도가 실패로 돌아갔던 중요하고 근본적인 문제를 해결한 사람에게 수여되기도 하였습니다. 그러나 물리학에서는 가끔 아무도 예상할 수 없었던 일이 일어나기도 합니다. 어떤 사람은 새로운 현상을 발견하고 어떤 사람은 예상할 수 없었던 물리학의 기본적인 관계를 발견하기도 했습니다.

아무도 발견하지 못했던 현상을 발견한 사건은 정확히 1980년 2월 그레노블의 호흐펠트 마그넷 실험실에서 홀효과에 대해 연구를 수행하던 클라우스 폰 클리칭 교수에게 일어났습니다. 그는 단지 근사적으로 일어날 것이라고 가정된 관계를 놀라울 정도로 정밀하게 측정했고, 이를 통해 양자화된 홀효과가 일어난다는 것을 발견했습니다.

폰 클리칭 교수가 발견한 현상은 전기와 자기 현상 사이의 관계와 관련되어 있는데 전기와 자기 현상의 연구는 역사가 오래되었습니다. 자 1820년대로 돌아가 봅시다. 이 시기 덴마크 물리학자인 외르스테드는 전선에 흐르는 전류는 나침반의 바늘에 영향을 주어 나침반의 방향이 바뀌는 것을 발견했습니다. 그는 이 현상을 학생들과 교실에서 발견했는데 그 이전에는 아무도 전기와 자기가 관련있다는 것을 관찰하지 못했습니다. 50년 후 미국의 젊은 물리학자인 홀은 자기력이 자기장에 놓인 금속선의 전하 전달자에 영향을 미쳐 전선의 단면 방향으로 전압을 만들어 낼 것이라고 예측했습니다. 그는 금박을 사용해 전류를 보낼 때 전류의 방향과 자기장의 방향에 수직으로 전선을 가로질러 작은 전압차가 나타나는 것을 발견했는데 이것이 바로 홀효과입니다.

홀효과는 이제 기술적으로 중요한 반도체 물질 연구에 자주 사용되는 표준이 되었으며 홀효과는 모든 고체물리학 교재에 수록되어 있습니다. 원리적으로 실험은 매우 간단하여 자기장과 전류와 전압을 측정하는 장치만 있으면 됩니다. 자기장을 변화시키면 전류와 전압이 완전히 예측 가능하게 변화되었기 때문에 여기에서 더 이상 놀라운 현상이 일어날 것이라고 생각할 수 없었습니다.

폰 클리칭 교수는 상당히 극단적인 조건에서 홀효과를 연구했습니다. 그는 극단적으로 높은 자기장을 사용했고 자신의 샘플을 절대온도 0도보다 몇 도 높은 온도까지 냉각시켰습니다. 그 결과 보통 사람들이 예상하듯 전도도가 규칙적으로 일정하게 변화하지 않고 편평한 부분으로 이루어진 매우 특징적인 계단 형태가 나타나는 것을 발견했습니다. 또한 폰 클리칭 교수는 이 편평한 부분의 값들이 엄청나게 높은 정확도로 단순한 수식의 정수배로 표현된다는 것을 알아냈습니다. 이때 사용된 수식은 양자물리학의 모든 곳에서 나타나는 단지 두 개의 기본 상수인 전자의 전하와 플랑크상수의 함수입니다.

이 결과는 홀효과가 양자화되어 일어나는 것을 보여 주는 것으로서 전혀 예상치 못했던 결과입니다. 그 결과의 정확도는 천만 분의 1로서 스톡홀름과 폰 클리칭 교수의 고향인 슈투트가르트 역 사이의 거리를 수 센티미터의 정확도로 측정하는 것과 같습니다. 양자화된 홀효과의 발견은 반도체 기술의 발전과 물리학의 기초 연구 사이의 밀접한 관계를 보여 주는 바람직한 예입니다. 폰 클리칭 교수가 사용한 샘플은 일반적인 라디오에 있는 트랜지스터와 구조는 같지만 새롭게 제작한 것입니다. 그의 샘플은 완전성이라는 높은 표준을 만족하였고 발전된 기법과 개선된 기술을 사용해 높은 정밀도를 얻을 수 있었습니다.

양자화된 홀효과는 2차원 전자시스템에서만 발견될 수 있습니다. 2차원 전자시스템은 자연계에서는 얻어지지 않는 구조입니다. 그렇지만 반도체 기술의 발전으로 2차원 전자시스템을 구현할 수 있었습니다. 폰 클리칭 교수가 사용한 것과 같은 유형의 트랜지스터에서 어떤 전자들은 트랜지스터의 두 부분 사이의 경계면에서만 존재할 수 있습니다. 충분히 낮은 온도에서 전자들은 계면을 따라서만 이동할 수 있고 그 결과 사실상 2차원 전자시스템을 만들 수 있었습니다.

폰 클리칭 교수의 양자화된 홀효과의 발견은 즉각적으로 큰 관심을 불러일으켰습니다. 엄청나게 높은 정확도로 인해 이 효과는 전기저항의 국제적인 표준을 정의하는 데 사용될 수 있습니다. 표준을 결정하는 도량형학적인 가능성은 매우 중요하며 전 세계의 많은 연구실에서 자세한 연구를 수행하고 있습니다.

양자화된 홀효과는 보통 거시 규모의 측정에 양자효과가 적용될 수 있는 몇 안 되는 예 중의 하나입니다. 양자화된 홀효과에 있는 자세한 물리적인 메커니즘은 아직 완전히 이해되지 않았습니다. 그렇지만 이후의 실험에서는 완전히 새롭고 예측되지 않은 성질을 밝혀내고 있습니다. 또한 2차원 전자계에 대한 연구는 물리학 연구에서 가장 도전적인 분야 중의 하나가 되었습니다.

폰 클리칭 교수님.

스웨덴 왕립과학원을 대표하여 따뜻한 축하의 말씀을 드립니다. 이제 국왕 전하로부터 노벨상을 수상하시기 바랍니다.

스웨덴 왕립과학원 스티그 룬드크비스트

전자광학에 관한 기초 연구와 최초의 전자현미경 설계 | 루스카
주사 터널링 망원경의 설계 | 비니히, 로러

에른스트 루스카 | 독일

게르트 비니히 | 독일

하인리히 로러 | 스위스

:: 에른스트 아우구스트 프리드리히 루스카 Ernst August Friedrich Ruska (1906~1988)

독일의 전기공학자. 뮌헨 공과대학에서 공부하였으며, 1933년에 베를린 공과대학에서 박사학위를 취득하였다. 1938년부터 1955년까지 지멘스에서 근무하였다. 1955년부터 막스플랑크 연구소 산하 프리츠하버 연구소에서 전자현미경 연구소장 및 연구교수로 활동하였다. 그가 발명한 전자현미경은 물리학을 비롯 생물학, 의학 전반에 기여하였다.

:: 게르트 비니히 Gerd Binnig (1947~)

독일 태생의 물리학자. 1978년에 프랑크푸르트 대학교에서 박사학위를 취득하였으며, 취리히에 있는 IBM 연구소의 연구원이 되어 공동 수상자인 하인리히 로러와 함께 주사 터널링 현미경을 설계하였다. 주사 터널링 현미경의 설계를 통하여 미세한 원자구조를 관찰하는 데에 기여하였다.

:: 하인리히 로러 Heinrich Rohrer (1933~2013)

독일 태생 스위스의 물리학자. 1960년에 취리히에 있는 스위스 연방공과대학에서 박사학위를 취득하였으며, 1963년에 취리히에 있는 IBM 연구소의 연구원이 되어 공동 수상자인 게르트 비니히와 함께 주사 터널링 현미경을 설계하였다. 원자 수준에서 물질의 표면을 관찰할 수 있게 함으로써 합금 및 촉매 분야의 발전에 기여하였다.

전하, 그리고 신사 숙녀 여러분.

물질의 기본구조에 관한 문제는 인류의 오랜 관심이었습니다만, 고대 그리스에서 비로소 과학적 탐구의 대상이 되었습니다. 이런 생각은 물질의 기본 구성 단위로서 원자 가설을 내세운 데모크리토스에서 정점을 맞게 되는데, 이 모든 것은 단지 생각일 뿐이었습니다. 그 후의 서구 과학기술은 이 문제를 실험적으로 연구할 수 있는 방법을 찾는 과정이었습니다.

첫 번째 돌파구는 현미경의 발명이었습니다. 생물학이나 의학에서 현미경의 중요성은 이론의 여지가 없지만 현미경이 물질의 본질적 특성을 연구할 수 있는 수단이 되지는 못했습니다. 그것은 현미경으로 볼 수 있는 미세구조의 크기에 한계가 있기 때문입니다. 대양의 파도가 작은 물체에는 전혀 영향을 받지 않고 방파제처럼 커다란 물체에만 영향을 받는 것처럼 빛으로는 극히 작은 물체의 상을 만들지 못합니다. 그 한계는 빛의 파장에 의해 결정되며 약 0.0005밀리미터가 그 한계입니다. 원자는 이보다 1000배 정도 더 작기 때문에 원자를 보기 위해서는 무언가 본질적으로 다른 새로운 것이 필요했습니다.

그 새로운 것이 바로 전자현미경이었습니다. 전자현미경은 적당히 만든 짧은 코일에 전류를 흘리면 렌즈가 빛을 굴절시키듯 전자를 굴절시키는 원리를 이용한 것입니다. 이 코일을 이용하면 전자들이 조사照射된 물체의 확대된 상을 만들 수 있으며, 이 상을 형광판이나 사진필름에 기록할 수 있습니다. 현미경에서 여러 개의 렌즈가 사용되듯이 전자현미경에서는 여러 개의 코일들이 사용됩니다. 빛보다 훨씬 짧은 파장을 가진 전자들을 사용하는 전자현미경은 따라서 훨씬 미세한 크기까지 관찰할 수 있습니다. 한스 부슈, 막스 놀, 그리고 보도 폰 보리스 같은 과학자들이 전자현미경의 개발에 큰 기여를 했습니다만, 그 정점에 있는 사람은 에른스트 루스카 교수였습니다. 그는 1933년 통상의 광학현미경보다 월등히 뛰어난 성능을 가진 최초의 전자현미경을 만들었습니다. 그 이후로 점점 더 성능이 뛰어난 장비가 개발되었으며, 이제는 많은 연구 분야에서 전자현미경의 중요성이 널리 알려져 있습니다.

현미경은 인간의 눈을 확장한 것이라고 할 수 있습니다. 그러나 시각만이 우리가 주변을 인식하는 유일한 감각은 아닙니다. 또 다른 감각으로는 촉감을 들 수 있습니다. 현대 기술로 촉감의 원리를 이용한 장비를 만들 수 있었습니다. 말하자면 일종의 기계 손가락 같은 것입니다. 그 손가락은 매우 미세한 바늘로 탐색하고자 하는 표면을 더듬습니다. 표면을 더듬어 지나가면서 바늘의 수직 방향 움직임을 기록하면, 일종의 표면형상을 얻을 수 있는데, 이것은 전자현미경에서 얻는 상과 원리상 동일합니다. 물론 이 방법은 현미경을 이용하는 것보다 더 거친 방법이고, 어느 누구도 이 분야에서 혁명적인 발전이 있으리라고 기대하지 못했습니다. 그러나 두 가지의 본질적인 개선으로 돌파구가 마련되었습니다.

이 중 가장 중요한 것은 바늘의 끝을 표면으로부터 매우 가깝지만 똑같은 거리를 유지해서 바늘과 표면의 기계적인 접촉을 막는 방법의 개발이었습니다. 여기에는 터널링효과를 사용합니다. 바늘 끝과 표면 간에 전압을 걸어 바늘과 표면 사이에 기계적 접촉은 없지만 거리가 충분히 가까우면 전류가 흐르게 만드는 것입니다. 이 전류의 크기는 거리에 매우 민감하기 때문에 서보시스템을 이용해서 바늘을 표면으로부터 매우 작지만 일정한 거리(보통 2~3원자 지름)만큼 떨어뜨려 유지시킬 수 있습니다. 또 다른 결정적인 개선은 바늘 끝에 몇 개의 원자만이 존재하는 극히 미세한 바늘을 만드는 것입니다. 이런 미세한 바늘 끝이 표면을 몇 개의 원자 지름만큼 거리를 두고 탐색하므로 표면의 미세한 원자구조를 기록할 수 있는 것입니다. 이것은 마치 우리가 극히 미세한 손가락으로 표면을 느끼는 것과 같습니다. 현미경에서 완전히 평탄한 것처럼 보이는 결정의 표면을 이 도구로 측정하면 원자들이 규칙적인 패턴을 가지고 구릉들을 만들어 놓은 넓은 들판처럼 보입니다.

러셀 영과 동료들이 이 아이디어를 구현하고자 시도했습니다만 실험적으로 많은 어려움에 봉착해 있었습니다. 이러한 어려움들을 해결해 낸 과학자가 게르트 비니히 박사와 하인리히 로러 박사였습니다. 문제는 어떻게 진동의 영향을 극복하며 시편의 표면 위로 매우 정밀하게 바늘을 움직이면서 수직방향의 거리를 기록하느냐 하는 것이었습니다. 얻어진 데이터는 컴퓨터를 이용해서 마치 표면 형상 이미지처럼 출력합니다. 이 방법은 전자공학 분야에서 대단히 중요한 결정체의 표면을 조사하는 데 적용되었으며, 표면에서 원자의 흡착에 관한 연구에도 활용되었습니다. 또한 DNA나 바이러스 같은 유기물의 연구에도 사용될 수 있었습니다. 이런 현미경의 발전 덕에 물질의 원자구조를 가시화하려는 고대로부터의 오랜 꿈을 실현할 수 있는 것처럼 보이기 시작했습니다.

루스카 교수님, 비니히 박사님, 그리고 로러 박사님.

여러분의 선구적인 연구 결과는 현대 현미경의 기초가 되었습니다. 이제는 물질의 가장 작은 특성도 가시화할 수 있게 되었습니다. 이것은 물리학뿐 아니라 다른 과학 분야에서도 대단히 중요한 성과입니다. 스웨덴 왕립과학원의 따뜻한 축하의 말씀을 전하게 되어 기쁘고 영광스럽습니다. 이제 나오셔서 전하로부터 노벨상을 수상하시기 바랍니다.

스웨덴 왕립과학원 스벤 요한손

세라믹 물질에서 초전도의 발견

1987

게오르크 베드노르츠 | 독일 **알렉산더 뮐러** | 스위스

:: 요하네스 게오르크 베드노르츠 Johannes Georg Bednorz (1950~)

독일의 물리학자. 뮌스터 대학교에서 공부하였으며, 1982년에 취리히에 있는 스위스 연방공과대학에서 박사학위를 취득 하였다. 취리히에 있는 IBM 연구소 연구원이 되어 공동 수상자인 K. 알렉산더 뮐러와 함께 초전도 연구를 하였다. 산화물 재료인 세라믹 물질에서 초전도를 발견함으로써 금속에서만 초전도현상이 일어난다고 하는 기존의 견해를 뒤집었다.

:: 카를 알렉산더 뮐러 Karl Alexander Müller (1927~2023)

스위스의 물리학자. 1958년에 취리히에 있는 스위스 연방공과대학에서 박사학위를 취득하였으며, 1963년에 취리히에 있는 IBM 연구소의 연구원이 되었다. 이후 공동 수상자인 게오르크 베드노르츠와 함께 초전도 연구를 하였다. 1982년에는 IBM 연구소 특별연구원이 되었다. 초전도 현상의 연구와 개발에 새롭고 성공적인 방법을 제시함으로써 물리학 분야뿐만 아니라 초전도체를 이용하는 전기 산업 등의 분야의 발전에도 기여하였다.

전하, 그리고 신사 숙녀 여러분.

올해의 노벨 물리학상은 게오르크 베드노르츠 박사와 알렉산더 뮐러 교수에게 세라믹 물질에서의 초전도성에 대한 중요한 돌파구를 연 공로로 수여되겠습니다. 이 발견은 채 2년이 되지 않은, 최근에 이루어진 발견이지만 전례없이 전 세계적인 연구와 개발의 자극제가 되었습니다. 올해의 노벨 물리학상 수상의 연구 주제는 저항에 의한 손실없이 전기를 전달할 수 있으며 자신으로부터 자기력선을 밀어내는 초전도체에 관한 발견입니다.

상식적으로 생각하면 움직이는 물체는 마찰의 형태로 저항을 느끼게 됩니다. 저항은 유용할 때도 있지만 종종 원치 않는 경우도 있습니다. 만약 마찰이 없어 속도가 줄어드는 효과가 없다면, 연료를 아끼면서도 먼 거리를 이동하려면 자동차가 원하는 속도에 도달했을 때 엔진을 꺼도 됩니다. 마찰이 없는 자동차는 관성으로 무한한 거리를 일정한 속도로 움직일 수 있습니다. 전류는 전도체에 많은 수의 전자가 통행하는 것이라고 생각할 수 있습니다. 전자는 원자들 사이에서 서로 떠밀고 떠밀리는 상황에 있습니다. 이 상황에서 전자는 저항을 느끼지 않으면서 이동할 수 없습니다. 그 결과 에너지의 일부분은 열로 전환됩니다. 때로는 열판 또는 토스트기처럼 열이 필요한 경우도 있지만 전력이 만들어지고 분배되어 전자석이나 컴퓨터 또는 다른 많은 기기에 사용될 경우 에너지가 열로 전환되는 것은 좋지 않습니다.

네덜란드 과학자인 하이케 카메를링 오네스는 1913년 노벨상을 수상했는데, 1911년에 그는 고체 수은에서 전기저항이 완전히 사라지는 놀라운 현상을 발견했습니다. 초전도현상이라 불리는 이 현상은 다른 금속과 합금에서도 관찰되었습니다.

왜 초전도성과 같이 에너지를 아낄 수 있는 성질이 광범위하게 응용되지 않았을까요? 그것은 초전도현상이 매우 낮은 온도에서만 관찰되었기 때문입니다. 초전도현상은 수은의 경우 절대온도 0도보다 겨우 4도 높은 영하 269도에서 발견되었습니다. 다소 더 높은 온도에서의 초전도성은 다른 합금들에서 계속 관찰되었습니다. 그러나 1970년대에는 이런 온도의 상승도 절대온도 23도에서 정지하는 것처럼 보였습니다. 절대온도 23도와 같은 낮은 온도에 도달하기 위해서는 많은 노력과 비용이 필요합니다. 에너지 손실없이 전기를 수송할 수 있을 것이라는 꿈은 단지 특별한 경우에서만 실현되는 것처럼 보였습니다.

또 다른 놀라운 현상이 초전도현상의 임계온도 근처까지 물질을 냉각시킬 때 발견되었습니다. 인접한 자석에 의한 자기장은 초전도체로부터 밀려나왔고, 그 결과 자석은 공중에 떠 있을 수 있었습니다. 그러나 부양된 자석에 의한 마찰이 없는 기차라는 꿈은 큰 규모에서는 실현될 수 없었는데 그 이유는 공중 부양에 필요한 온도가 너무 낮았기 때문입니다.

베드노르츠 교수와 뮐러 교수는 수 년 전 초전도성을 나타내는 합금이 아닌 다른 물질을 탐색하는 연구를 시작했습니다. 그들의 새로운 접근법은 지난해 초 성공을 거두었습니다. 란타늄-바륨-구리 산화물로 이루어진 세라믹 물질에서 저항이 0으로 갑자기 떨어지는 현상을 발견했습니다. 놀랍게도 경계온도는 이전에 존재하던 어떤 물질보다 50퍼센트 이상 높았습니다. 초전도성의 확실한 표지라 할 수 있는 자기력선을 밀어내는 현상도 그 다음 논문에 수록되었습니다.

많은 전문가들이 훈련받은 내용을 통해 자신들이 제어하는 기존의 연구 주제를 고수할 때 다른 많은 수의 과학자들이 새로운 연구 분야에 뛰어들었습니다. 높은 온도에서 초전도성을 나타내는 새로운 세라믹 물질들이 합성되었으며, 초전도성을 얻기 위해 온도를 낮추는 것은 이제 아주 간단한 일이 되었습니다. 전 세계에서 새로운 결과들이 국제적인 학술지에 쏟아져 이제는 이 상황을 따라가기도 힘들 정도가 되었습니다. 초전도체의 많은 가능성들에 대한 기대를 가지고 연구위원회, 산업체 그리고 정치인들이 개발이 쉽지 않은 초전도체에 대한 연구를 장려하기 시작했습니다.

과학자들은 전자의 흐름에 대한 저항이 없는 상태가 어떻게 가능한지, 그리고 어떤 자연의 법칙에 따라 전자가 흐르는지를 찾기 위해 노력하고 있습니다. 존 바딘, 리언 쿠퍼, 그리고 로버트 슈리퍼 삼총사는 30년 전 오래된 유형의 초전도체를 설명할 수 있는 해법을 발견하여 1972년 노벨 물리학상을 수상했습니다. 새로운 물질에서의 초전도성은 이 분야에서의 과학적인 논쟁을 다시 시작하게 하였습니다.

베드노르츠 박사님, 그리고 뮐러 교수님.

여러분은 획기적인 업적으로 초전도현상의 연구와 개발에 새롭고 성공적인 방법을 제시하였습니다. 또한 두 분이 개척한 이 분야에 많은 과학자들이 현재 활동하고 있습니다.

스웨덴 왕립과학원을 대표해 심심한 축하의 말씀을 드립니다. 이제 국왕 전하로부터 노벨상을 수상하시기 바랍니다.

스웨덴 왕립과학원 괴스타 엑스퐁

중성미자 빔 방법과 뮤온 중성미자의 발견을 통한 경입자의 이중구조 규명

1988

리언 레더만 | 미국

멜빈 슈워츠 | 미국

잭 슈타인버거 | 미국

:: 리언 맥스 레더만 Leon Max Lederman (1922~2018)

미국의 물리학자. 1951년에 컬럼비아 대학교에서 물리학으로 박사학위를 취득한 후, 강의를 시작하였으며, 1958년에 정교수가 되어 1979년까지 재직하였다. 1960년부터 1962년까지 공동 수상자들과 함께 브룩헤이븐 국립연구소에서 중성미자에 대하여 연구하였다. 1979년부터 1989년까지는 국립 페르미 가속기연구소 소장으로도 활동하였다.

:: 멜빈 슈워츠 Melvin Schwartz (1932~2006)

미국의 물리학자. 1958년에 컬럼비아 대학교에서 박사학위를 취득한 뒤 강의를 시작하였다. 1963년에 정교수가 되어 1966년까지 재직하였다. 1960년부터 1962년까지 공동 수상자들과 함께 브룩헤이븐 국립연구소에서 중성미자에 대하여 연구하였다. 1966년부터 1983년까지 스탠퍼드 대학교의 교수로 재직하였다. 1970년에 자신이 세운 디지털회로 사 사장이 되었다.

:: **잭 슈타인버거 Jack Steinberger (1921~)**

독일 태생 미국의 물리학자. 1934년에 미국으로 건너가 시카고 대학교에서 공부하였으며, 1948년에 박사학위를 취득하였다. 1950년부터 1971년까지 컬럼비아 대학교에서 물리학 교수로 재직하였으며, 1960년부터 1962년까지 공동 수상자들과 함께 브룩헤이번 국립연구소에서 중성미자에 대하여 연구하였다. 1968년부터 유럽 원자핵공동연구소의 물리학 연구원으로 활동하였다.

전하, 그리고 신사 숙녀 여러분.

스웨덴 왕립과학원은 리온 레더만 박사와 멜빈 슈워츠 박사, 그리고 잭 슈타인버거 박사께 올해의 노벨 물리학상을 수여하기로 결정하였습니다. 수상의 업적은 '중성미자 빔 방법과 뮤온 중성미자의 발견을 통한 경입자의 이중구조 규명' 입니다.

중성미자는 1940년대에 출간된 조지 가모프의 재미있는 책 『톰킨스 씨, 원자를 탐험하다』에 잘 그려져 있습니다. 이 책에는 톰킨스 씨가 한 목공예가의 작업실에 들른 얘기와 작업실 궤짝에 들어 있는 원소의 구성 요소들인 양성자, 중성자, 그리고 전자들에 대한 얘기가 실려 있습니다. 그의 작업실에는 이상한 물건들이 많이 있었는데, 톰킨스 씨는 그중에는 잘 닫혀 있지만 속이 비어 있는 것 같은 궤짝을 발견합니다. 그 궤짝에는 '중성미자, 도망가지 않게 조심하시오' 라는 주의 표지가 붙어 있었습니다. 그러나 공예가는 그속에 무엇이 들어있는지 조차도 모르는 듯합니다. 그 궤짝을 선물한 사람은 아마도 1945년 노벨 물리학상 수상자인 볼프강 파울리였을 것입니다. 그는 1930년대 초반에 중성미자의 존재를 예측했습니다.

중성미자는 그 이름에서도 알 수 있듯이 전기적으로 중성이며 질량이 전혀 없는 입자입니다. 그것들은 보이지도 않으며, 원자들과 아주 미약한 반응만을 합니다. 빛의 속도나 그에 버금가는 속도로 달리는 중성미자의 빔을 완전히 차단하는 것은 불가능합니다. 그러기 위해서는 여기서 태양까지 거리의 두께를 가진 강철 블록 수십만 개를 차곡차곡 쌓아야만 합니다.

태양의 뜨거운 중심은 중성미자를 대량으로 만들어 내는 중성미자의 공급처 중 하나입니다. 중성미자는 아주 쉽게 태양을 뚫고 나와 1초에 지표면 1제곱센티미터당 수십억 개씩 지구표면에 도달합니다. 그러고는 어떤 흔적도 남기지 않고 지구를 통과해 지나갑니다. 말하자면 중성미자는 아주 게으르다고 할 수 있습니다. 하는 일이 거의 없이 에너지만 가져가니까요.

올해 수상자들이 거둔 성과의 위대한 점은 바로 이 게으른 중성미자로 하여금 일을 하게 만들었다는 점입니다. 레더만, 슈워츠, 그리고 슈타인버거 교수는 소립자와 관련한 중요한 발견들로 유명한 분들입니다. 중성미자 실험은 이들이 뉴욕의 컬럼비아 대학에 재직하고 있을 때 수행한 것으로, 공동 연구자들과 함께 브룩헤븐 국립연구소의 대형 양성자가속기를 이용하여 세계 최초로 중성미자 빔을 설계해 완성했습니다. 그들의 중성미자는 빠르게 날아가는 중간자들이 붕괴되면서 만들어지기 때문에 통상의 것들보다 훨씬 큰 에너지를 가지고 있었습니다. 높은 에너지의 중성미자는 물질과 반응을 훨씬 더 잘 할 수 있어서 중성미자와 원자의 충돌에 대한 기대가 고조되었습니다. 중성미자의 충돌은 아주 드물게 일어나는 현상이지만, 높은 에너지에서 일어나는 충돌은 멋진 장관을 연출하면서 아주 많은 정보를 가져다 줄 것으로 기대되었습니다.

이 선구적인 실험에서 수상자들은 총 10^{14}개, 즉 10억의 10만 배에 달하는 숫자의 중성미자를 다루었습니다. 이 중에서 단지 수십 개의 충돌을 감지하기 위해서 연구팀은 무려 10톤의 무게를 가진 거대하고 정교한 검출기를 설치했습니다. 또한 중성미자 외의 원치 않는 입자들이 검출기로 들어가는 것을 막기 위해서 13미터 두께의 강철 벽을 세워야 했습니다. 시간과 돈을 절약하기 위해 강철 벽은 폐전투함에서 잘라다 썼습니다. 우주선에서 뮤온 형태로 들어오는 입자도 막아야 했습니다. 이 뮤온의 작용을 중성미자의 것과 혼동하지 않도록 여러 수단이 동원되었습니다. 이 최초의 중성미자 빔 실험은 매우 과감한 시도였지만 결국 성공적으로 완결되었습니다. 그 이래로 이 방법은 약력과 물질의 쿼크 구조를 연구하는 도구로 사용되고 있으며, 중성미자를 연구하는 데에도 사용되고 있습니다.

수상자들이 이 실험을 할 당시에는 이론적으로 예측된 뮤온의 또 다른 분열이 실험적으로 관찰되지 않아서 물리학자들을 적잖게 곤혹스럽게 만들었습니다. 이 분열이 일어나지 않는다는 법칙은 어디에도 없었습니다. 물리학에서는 특정 현상이 일어나지 않는다는 명백한 법칙이 없는 한 그 현상은 일어나야 한다는 것이 일반적입니다. 이 미스터리는 수상자들의 연구팀이 이론적으로 제안했던 완전히 다른 두 종류의 중성미자를 발견함으로써 해결되었습니다. 이미 알려져 있던 중성미자는 서로 짝을 이루면서 전자로 전환되지만 새로 발견된 중성미자는 뮤온과 짝을 이루었습니다. 이 두 종류의 짝은 완전히 다른 경입자군을 형성하는 것이 밝혀졌습니다. 이로써 자연의 새로운 법칙이 발견된 것입니다.

천문학자와 물리학자들은 공통적으로 다른 경입자군이 얼마나 많이 존재하는지, 즉 얼마나 많은 중성미자가 자연에 존재하는지 알고 싶어 합니다. 우리의 우주 생성에 대한 현재의 생각으로는 중성미자의 종류가

4개 미만으로 생각됩니다. 그 3분의 1은 이미 교과서에 나와 있습니다. 내년 여름에 가동을 시작할 CERN의 대형 LEP 가속링 실험의 목적은 중성미자의 종류에 대한 명확한 해답을 얻기 위한 것으로, 결국 우주에 존재하는 경입자군의 개수를 정확히 알고자 하는 것입니다.

레더만 교수님, 슈워츠 교수님, 그리고 슈타인버거 교수님.

여러분은 과감히 새로운 연구 분야를 개척하였으며, 곧 바로 두 번째 중성미자의 존재를 밝힘으로써 풍성한 결실을 거두었습니다. 더구나 실험 당시에는 드러나지도 않았던 문제들이 여러분의 방법을 이용한 후속 연구에서 속속 설명되고 있습니다. 여러분이 발견한 짝을 이룬 경입자들은 당시의 예상보다 훨씬 더 광범위하게 응용될 수 있었으며, 이제는 쿼크와 경입자의 표준 모델에서 없어서는 안 될 개념이 되었습니다.

스웨덴 왕립과학원을 대표해서 깊은 축하의 말씀을 전하게 되어 개인적으로 무한한 영광입니다. 이제 전하께서 1988년 노벨 물리학상을 시상하시겠습니다.

스웨덴 왕립과학원 괴스타 엑스퐁

분리 진동장 방법과 수소메이저 | 램지
이온포획기법의 개발 | 데멜트, 파울

1989

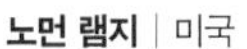
노먼 램지 | 미국 **한스 데멜트** | 미국 **볼프강 파울** | 독일

:: 노먼 포스터 램지 Norman F. Ramsey (1915~2011)

미국의 물리학자. 컬럼비아 대학에서 물리학을 공부하여 1940년에 박사학위를 취득하였으며, 1946년까지 강의하였다. 1947년 하버드 대학교 물리학 교수가 되었다. 원자의 초미세구조를 측정할 수 있는 '램지법'을 통하여 초정밀도의 원자력 시계의 제작을 가능하게 하였다.

:: 한스 게오르크 데멜트 Hans Georg Dehmelt (1922~2017)

독일 태생 미국의 물리학자. 베를린 브레슬라우 대학교및 괴팅겐 대학에서 공부하였으며 1950년 물리학 박사학위를 취득하였다. 1952년에 도미하여 1955년에 워싱턴 대학교 조교수로 임용 되었으며, 1961년 정교수가 되었다. 공동 수상자 볼프강 파울의 기술을 발전시켜 이온 포획 분광법을 개발하였다.

:: 볼프강 파울 Wolfgang Paul (1913~1993)

독일의 물리학자. 뮌헨 공과 대학에서 공부하였으며, 베를린 공과 대학에서 1940년에 박사학위를 취득하였다. 1952년에 본 대학교 실험물리학 교수가 되었다. 1965년부터 1967년까지 유럽 원자핵공동연구소(CERN)의 핵물리학 분과 소장으로 활동하였다. 이온 포획 기술을 창안함으로써 원자의 초미세구조를 규명하는 데에 기여하였다.

전하, 그리고 신사 숙녀 여러분.

올해의 노벨 물리학상은 원자 규모의 정밀도를 가진 분광법의 개발에 중요한 기여를 한 공로로 하버드 대학교의 노먼 램지 교수, 시애틀에 있는 워싱턴 대학교의 한스 데멜트 교수, 그리고 본 대학교의 볼프강 파울 교수, 이 세 분의 과학자들에게 수여되겠습니다. 이 세 분의 연구 결과는 정밀분광법에서 극적인 발전이 가능해졌습니다. 이들이 개발한 기법을 사용해 우리는 현대적인 의미에서 시간을 정의할 수 있었으며 이 기법은 완전히 다른 분야처럼 보이는 아인슈타인의 일반상대성이론을 테스트하고 지각의 움직임을 측정하는 방법 등에 응용할 수 있었습니다.

원자는 원자 자체의 특정한 고정된 에너지 준위가 있습니다. 그리고 이 준위 사이의 천이는 빛과 같은 전자기 복사의 흡수 또는 방출에 의해 일어납니다. 아주 가까이 위치한 준위 사이의 에너지 천이는 라디오파 복사를 통해 유도될 수 있는데 이것은 이른바 공명기법이라는 분야의 기초가 됩니다. 이런 기법은 1937년 라비 박사가 처음 도입하였습니다. 그리고 핵자기공명, 전자-스핀공명, 그리고 광학적 펌핑과 같은 나중에 개발된 공명기법은 동일한 아이디어에 기반을 두고 있습니다.

라비의 방법에서 원자들의 빔이 진동하는 자기장을 통과할 때 만약 자기장의 진동수가 원자 준위들 사이의 에너지 차이와 일치한다면 원자 준위 사이에 천이가 일어날 수 있습니다. 1949년, 올해 수상자 중의 한 명인 노먼 램지 교수는 두 개의 분리된, 진동하는 자기장을 도입해 라비의 방법을 수정했습니다. 두 자기장의 상호작용 결과 매우 예리한 간섭무늬가 나타납니다. 이 방법을 사용하면서 실험의 정확도는 수백 배에서 수천 배로 개선되었고, 고정밀분광법의 개발을 향한 발전이 시작되었습니다.

램지 방법의 중요한 응용 중의 하나는 세슘원자 시계로서 1967년 이래 시간을 정의하는 표준이 되었습니다. 이제 더 이상 1초는 지구의 자전 또는 공전으로 결정되지 않으며 세슘 원자가 특정한 수의 진동을 하는 시간 간격으로 정의됩니다. 세슘 시계에서 제공하는 시간의 정확도는 300년 동안 1000분의 1초만이 틀릴 정도입니다. 이 시계와 비교하면 지구는 뒤뚱거리는 오리처럼 움직입니다.

분광학자들의 꿈은 단일 원자 또는 이온을 오랜 시간 일정한 조건에 놓고 연구하는 것입니다. 최근 이 꿈이 실현되었습니다. 여기서 사용된 도구는 이온포획입니다. 이 방법은 1950년대, 올해의 노벨 수상자 중 한 사람인 본 대학교의 볼프강 파울 교수에 의해 도입되었습니다. 그의 기술은 또다른 수상자인 한스 데멜트 교수와 시애틀에 있는 공동 연구자들에 의해 더욱 발전되어 오늘날 이온포획분광법이라 불리는 방법으로 발전했습니다.

데멜트와 공동 연구자들은 처음에 이 분광기를 전자 연구에 사용했습니다. 이후 1973년, 그들은 이온포획기를 사용해 수 주 또는 여러 달에 걸쳐 전자를 가둬 놓은 후 가장 처음으로 단일 전자를 관찰하는 데 성공했습니다. 이 방법을 사용해 전자 자체가 가진 성질 중의 하나인 자기모멘트를 12자리 숫자의 정확도로 측정했습니다. 이중 11자리는 이론으로 입증되었습니다. 실험과 이론의 놀랄 만한 일치를 통해 양자전기역학으로 알려진 원자이론의 정확성을 가장 설득력 있게 검증할 수 있었습니다.

비슷한 방법으로 데멜트 교수와 공동연구자들은 단일 이온을 포획하고 연구할 수 있었습니다. 이것은 분광법 역사상 진정으로 획기적인 사건입니다. 이 기법은 이제 원자시계의 정확도를 개선하기 위한 연구에 사용하고 있고 특히 콜로라도 볼더에 있는 미국 표준과학원에서 사용하고 있습니다.

오랜 시간 원자를 저장하고 관찰하는 다른 방법은 하버드 대학교의 램지 교수와 공동 연구자들이 개발하였습니다. 그 결과 개발된 방법이 수소메이저입니다. 수소메이저 장치는 세슘원자 시계보다는 시간과 진동수의 정확성이 덜하지만 안정되어 있기 때문에 시간에 대한 이차적인 표준으로 사용됩니다. 이를 응용한 예로서 대륙간의 움직임을 측정할 수 있는 초장기선 간섭계(VLBI)를 들 수 있습니다. 두 대륙에 설치된 라디오파 망원경에서 수신된 라디오파 별의 신호와 그 신호를 받는 순간의 시각을 수소메이저를 통해 기록하고 두 수소메이저의 시각을 비교하면 대륙의 상대적인 이동을 측정할 수 있습니다.

다른 응용 분야는 아인슈타인의 일반상대성이론을 테스트하는 것입니다. 일반상대성이론에 따르면 산꼭대기의 시간은 계곡에서의 시간보다 빠르게 갑니다. 이 예측을 테스트하기 위해 한 수소메이저를 로켓에 장착하여 1만 킬로미터 높이에 위치시키고 이 수소메이저의 진동수를 지상에 있는 다른 수소메이저와 비교하였습니다. 예측된 주파수의 변화가 1만분의 1의 정확도로 입증되었습니다.

빠른 속도로 원자시계가 개발되어 가까운 미래에 더 훌륭한 시계가 완성되리라 예상합니다. 이 시계는 100경 분의 1의 정확도를 실현할 수 있을 것입니다. 이것은 150억 년 전 우주가 생성된 이래 1초 이하의 오차에 해당됩니다.

우리에게 그런 정확도가 필요할까요? 우주공간에서 항해하고 통신하는 것은 훨씬 높은 정확도가 필요합니다. 현존하는 원자시계는 이미 자신의 능력의 한계에 가까이 사용되고 있습니다. 새로운 기술은 아마 매우 기초적인 물리학의 원리를 테스트하는 데 사용될 것입니다. 양자역학과 상대성이론에 대한 계속된 테스트는 시간과 공간 또는 물질의 가장 작은 구성단위에 관한 우리의 모델을 더욱 정교하게 해줄 것입니다.

스웨덴 왕립과학원을 대표해 축하의 말씀을 드립니다. 이제 국왕 전하로부터 노벨상을 수상하시기 바랍니다.

스웨덴 왕립과학원 잉바르 린드그렌

쿼크의 발견

1990

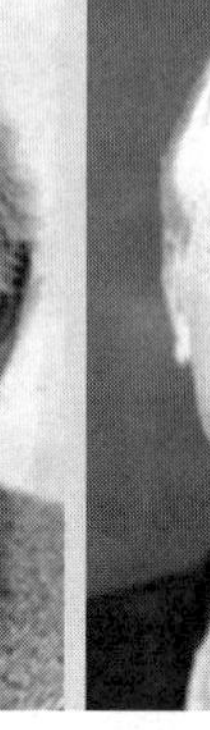

제롬 프리드먼 | 미국 **헨리 켄들** | 미국 **리처드 테일러** | 캐나다

:: 제롬 아이작 프리드먼 Jerome Isaac Friedman (1930~)

미국의 물리학자. 1956년 시카고 대학교에서 E. 페르미의 지도 아래 물리학으로 박사학위를 취득한 후, 동 대학에서 박사 후 연구 과정을 이수하였다. 1960년부터 매사추세츠 공과대학에서 강의하였다. 1968년에 공동 수상자들과 함께 전자 가속기를 사용한 'SLAC-MIT 실험'을 통하여 '쿼크'의 존재를 입증하였다. 1980년 MIT 핵 과학 실험실 소장이 되었다.

:: 헨리 웨이 켄들 Henry Way Kendall (1926~1999)

미국의 물리학자. 암헤스트 칼리지에서 수학을 공부하였으며, 1951년 매사추세츠 공과대학에서 박사학위를 취득한 후, 박사후과정을 이수하였다. 1968~9년 공동 수상자들과 함께 전자 가속기를 사용한 'SLAC-MIT 실험'을 통하여 '쿼크'의 존재를 입증함으로써 물리학의 새로운 분야를 열었다.

:: 리처드 에드워드 테일러 Richard Edward Taylor (1929~2018)

캐나다의 물리학자. 앨버타 대학에서 학사(1950년) 및 석사(1952년) 학위를, 스탠퍼드 대학교에서 박사학위(1962년)를 취득하였다. 1962~8년 스탠퍼드선형가속기센터(SLAC) 연구원으로 활동 하였다. 1968~9년 공동 수상자들과 함께 전자 가속기를 사용한 'SLAC-MIT 실험'을 통하여 '쿼크'의 존재를 입증하였다. 1968년 동 대학교부교수로 임용 되었으며, 1970년 정교수가 되었다.

전하, 그리고 신사 숙녀 여러분.

물리학의 가장 중요한 과제 중 하나는 우리가 살고 있는 세상에 대해 더 명확한 그림을 보여 주는 것입니다. 우리는 관찰 가능한 우주가 우리가 상상할 수 있었던 것보다도 훨씬 더 크다는 것을 알고 있으며, 그것마저도 우주의 대양에서 하나의 섬에 불과하다는 것을 알고 있습니다. 그러나 천지 만물은 그 깊이를 가늠할 수 없는 또 하나의 영역, 즉 분자와 원자, 그리고 소립자로 이어지는 점점 더 작은 구성 단위 쪽으로의 영역도 있습니다.

가장 먼 은하에서 소립자까지 우주 만물의 모든 수준에서 사실들을 수집하고 그들 간의 관계를 해독해 내는 것이 과학이 해야 할 일입니다. 연구를 통해 축적된 정보의 양은 급증하였고, 그만큼 이해하지 못하는 부분들도 늘어 갔습니다. 이런 혼란스런 상황이 1950년대 말을 지배했습니다. 미시세계의 가장 깊은 영역에는 전자, 양성자와 중성자가 있으며, 오랫동안 이 입자들은 물질의 가장 근본적인 구성 성분으로 받아들여졌습니다. 그러나 그것들만이 아니었습니다. 많은 새로운 입자들이 발견되어 근본입자의 대열에 합류했습니다. 질량의 99퍼센트 이상을 차지하는 양성자와 중성자의 역할은 명확합니다만, 도대체 다른 입자들의 역할은 무엇일까요? 질서 있는 자연의 우아함과 아름다움은 어디로 사라져 버렸을까요? 아직 우리가 발견하지 못한 숨겨진 질서가 있었던 것일까요?

단지 몇 개의 구성 요소만으로 이루어진 자연의 더 깊은 영역, 아마도 궁극적인 레벨에 도달해서야 비로소 그 질서를 찾을 수 있었습니다. 이 모델의 구성 요소는 쿼크라는 이름을 가지고 있는데, 이 이름은 1969년 노벨 물리학상 수상자인 머리 겔만이 아일랜드의 소설가 제임스 조이스의 명작 『피네건의 경야』에서 따온 것입니다. 그러나 쿼크 모델만 있었던 것은 아닙니다. '핵민주주의' 라고 부르던 모델도 있었는데, 이 모델에서는 어떤 입자도 기본입자가 될 수 없으며, 모든 입자가 궁극적이며 동등하게 서로를 구성한다는 것입니다.

올해의 수상자들은 이런 어둠에 불을 밝혔습니다. 그들은 볼프강 파노프스키에 의해 캘리포니아 스탠퍼드에 지어진 3킬로미터 길이의 전자가속기라는 어마어마한 현미경을 이용해서 양성자와 중성자를 연구했습니다. 그들은 본질적으로 새로운 것을 발견하리라고는 기대하지 않았습니다. 더 낮은 에너지를 사용한 비슷한 실험에서 양성자가 마치 부드러운 젤라틴 공처럼 행동한다는 것이 이미 밝혀져 있었으며, 원자나 핵의 여기상태와 비슷한 많은 여기상태에 있다는 것도 확인되어 있었습니다. 그러나 그들은 한 걸음 더 나아가 양성자를 극단적인 조건에서 시험해 보기로 했습니다. 그들은 충돌 후 심하게 편향되는 전자를 찾아내어 커다란 충돌에너지를 흡수한 양성자가 본래의 모습을 유지하지 못하고 부서지면서 새로운 입자들을 쏟아내는 현상을 관찰했습니다. '깊은 비탄성 산란' 이라고 불리는 이 현상은 너무 드물어서 연구할 가치가 없다고 여겨져 왔습니다. 그러나 실험은 그렇지 않다는 것을 보여 주었습니다. 완전히 새로운 양성자의 면모를 보여 주는 깊은 비탄성 산란은 기대보다 훨씬 더 빈번하게 일어났습니다. 처음에는 이 결과가 운동하는 전자들이 방출한 빛일 것이라며 회의적으로 받아들여졌습니다. 그러나 올해 수상자들의 실험은 대단히 면밀한 것이었으며, 나중에 다른 실험들로 그들의 발견이 확인되었습니다.

이 실험 결과는 이론물리학자인 제임스 뵤르켄과 고 리처드 파인먼이 해석하였습니다. 파인먼은 25년 전 이 홀에서 또 다른 위대한 기여로 노벨상을 수상한 바 있습니다. 그들의 해석은 전자들이 양성자 내부의 단단한 점 같은 물체에서 물수제비 뜨는 돌멩이처럼 튕겨 나가는 것입니다. 바로 이 단단한 점들이 쿼크로 밝혀짐으로써 물리학자들은 그림을 단순화시킬 수 있었습니다. 그러나 쿼크만으로는 완전한 설명이 불가능하였습니다. 실험 결과들은 전기적으로 중성인 입자가 양성자 속에 포함되어 있음을 보여 주었는데, 이것이 글루온입자들로 쿼크들을 양성자나 다른 입자들 속에 묶어 주는 역할을 한다는 것이 밝혀졌습니다. 이로써 만물의 이해를 위한 새로운 계단이 모습을 드러냈으며, 물리학의 역사에 새 시대가 열렸습니다.

친애하는 프리드먼 교수님, 켄들 교수님, 그리고 테일러 교수님.

여러분은 화려한 쿼크와 글루온이 처음으로 그 모습을 드러낸 깊은 비탄성 산란의 세계로 우리를 이끌었습니다.

스웨덴 왕립과학원을 대표하여 여러분들께 따뜻한 축하의 말씀을 전합니다. 이제 전하로부터 노벨상을 받으시겠습니다.

스웨덴 왕립과학원 세실리아 야를스코그

액정과 폴리머의 규칙

1991

피에르질 드 젠 | 프랑스

:: **피에르질 드 젠** Pierre-Gilles de Gennes **(1932~2007)**

프랑스의 물리학자. 1957년 파리의 에콜 노르말에서 물리학 박사학위를 취득 하였으며, 1955~61년 프랑스 원자 에너지 위원회에서 일하였다. 1959년 버클리에 있는 캘리포니아 대학교에서 박사후과정을 이수하였다. 1961~71년 파리 대학교 교수로 재직하였으며, 1971~6년 콜레쥬 드 프랑스 교수로 재직하였다. 1976년 파리의 물리 화학학교 교장이 되어 2002년까지 재직하였다. 액정과 폴리머의 특징을 규명함으로써 물리학 분야를 비롯하여 액정을 이용한 산업 기술 분야의 발전에도 기여하였다.

전하, 그리고 신사 숙녀 여러분.

올해의 노벨 물리학상은 액정과 폴리머에 대한 연구로 콜레주 드 프랑스의 피에르질 드 젠 교수에게 수여되겠습니다. 드 젠 교수는 단순한 시스템을 위해 개발된 수학적 모델이 매우 복잡한 시스템에 적용될 수 있음을 보였습니다. 드 젠 교수는 또한 겉보기에는 누구도 관련이 있을 것이라고 예상하지 않았던 물리학의 분야들이 서로 밀접하게 연관되어 있음을 밝혔습니다.

액정과 폴리머는 질서와 무질서한 상태 사이의, 즉 중간에 위치하는 상태라고 할 수 있습니다. 소금과 같은 단순한 결정은 거의 완전한 질서의 예입니다. 소금 속의 원자 또는 이온은 서로에 대해 정확한 위치에 자리 잡고 있습니다. 보통의 액체는 그 반대인 완전한 무질서의 예라고 할 수 있습니다. 액체 내의 원자와 이온은 완전히 무질서한 양상으로 움직이는 것처럼 보입니다. 위의 두 예들은 질서와 무질서 개념의 극단입니다. 자연에서는 더욱 미묘한 형태의 질서가 있는데 액정이 그 예라 할 수 있습니다. 액정은 한 측면에서는 규칙적으로 잘 배열되어 있는 것처럼 보이지만 다른 측면에서는 완전히 무질서한 구조입니다. 드젠 교수는 이런 물질의 질서를 기술하는 방식을 일반화했으며, 자성 물질 또는 초전도 물질에서 유사한 현상이 있는 것을 발견하였습니다.

우리가 현재 액정이라고 부르는 놀라운 물질은 100여 년 전 오스트리아의 식물학자인 프리드리히 라이니처가 발견했습니다. 식물을 연구한 그는 콜레스테롤과 관련된 물질이 두 개의 다른 녹는점을 가진다는 것을 발견했습니다. 이 물질은 낮은 녹는점에서 액체이며, 불투명하고 높은 녹는점에서는 완전히 투명했습니다. 비슷한 성질이 스테아린에서도 발견되었습니다. 독일의 물리학자 오토 레만은 두 녹는점 사이에서 이 물질의 성질은 액체와 결정의 성질을 모두 보이며 완전히 균일하게 존재한다는 것을 발견하고 이후 이 물질을 액정liquid crystal이라고 불렀습니다.

우리 모두는 디지털 시계나 계산기의 화면에 있는 액정을 이미 보았습니다. 머지않아 우리는 액정으로 만들어진 텔레비전을 볼 수 있을 것입니다. 이런 응용이 가능한 이유는 액정의 독특한 광학적 성질과 이러한 광학적 성질이 전기장에 의해 쉽게 변화될 수 있기 때문입니다.

오랫동안 액정이 빛을 예외적인 방식으로 산란시킨다는 것은 알려져 있었습니다. 그러나 초기에 이런 현상을 설명하는 이론은 모두 실패했습니다. 드젠 교수는 액정의 분자들이 규칙적으로 배열되어 있다는 것을 특별한 방법으로 설명할 수 있음을 발견했습니다. 액정은 한 쌍의 네마틱 상으로서 강자성 물질에 비유할 수 있습니다. 강자성 물질 내의 원자들은 그 자체가 작은 자석들인데, 약간의 편차를 가지지만 거의 모두 동일한 방향으로 배열되어 있습니다. 이때 편차는 자석이 더이상 자성을 띠지 않은 것과 유사한 이른바 임계온도 근처에서 매우 특별한 패턴으로 엄격한 수학적 규칙을 따릅니다. 임계온도에서 더 이상 자성을 띠지 않는 자석은 매우 특별한 형태를 가집니다. 액정에서는 비슷한 방식으로 분자들이 정렬되어 있는데 이에 따라 액정은 놀라운 광학적 성질을 보여줍니다.

드젠 교수가 활발하게 연구를 진행하고 있는 다른 중요한 연구 분야는 고분자 물리학입니다. 고분자는 많은 수의 단량체라는 작은 조각들이 서로 결합해 긴 사슬 또는 다른 구조를 만든 것입니다. 이 분자들은 수많은 방법으로 만들어질 수 있기 때문에 매우 다양한 물리적·화학적 성질을 가진 고분자를 만들 수 있습니다. 우리는 비닐백에서 자동차와 비행기의 부품까지 다양한 분야의 고분자 응용 제품을 만날 수 있습니다.

고분자 물질에서도 드젠 교수는 자석과 초전도 물질에서 나타나는 임계현상과 유사한 현상을 발견했습니다. 예를 들면 용액 내의 고분자의 크기는 단량체 수의 특정한 거듭제곱으로 증가하는데, 이것은 자석의 임계온도 근처에서의 거동과 수학적으로 유사합니다. 이러한 유사성을 통해 다른 성질을 가진 폴리머 사이의 단순한 관계로부터 규모법칙을 유도하는 것이 가능해졌습니다. 또한 이런 방식으로 알려지지 않은 특성을 예측할 수 있습니다. 이렇게 예측된 결과는 이후 많은 경우 실험으로 확인되었습니다.

과학에서의 발전은 한 분야에서의 지식이 다른 분야로 전달되면서 얻어지는 경우가 많습니다. 단지 소수의 사람들만이 충분히 깊은 통찰력과 전체의 발전에 대한 그림을 가지고 있는데 드 젠 교수는 확실히 그런 사람들 가운데 한 명입니다.

드 젠 교수님.

교수님은 액정과 폴리머를 이해하는 데 탁월한 공로로 1991년 노벨상을 수상하시게 되었습니다. 스웨덴 왕립과학원을 대신하여 제가 가슴에서 우러난 축하를 보내게 된 것을 영광으로 생각합니다. 이제 국왕 전하로부터 노벨상을 수상하시기 바랍니다.

스웨덴 왕립과학원 잉바르 린드그렌

아원자 입자추적검출기 고안

1992

조르주 샤르파크 | 프랑스

:: 조르주 샤르파크 Georges Charpak (1924~2010)

프랑스의 물리학자. 제2차 세계대전 중 레지스탕스로 활약하기도 하였다. 1955년 파리의 콜레쥬 드 프랑스에서 박사학위를 취득하였다. 1959년 제네바에 있는 유럽 원자핵공동연구소에 들어갔다. 1984년 파리 물리 화학 고등연구소 교수로 임용되었다. 1985년 과학 아카데미 회원이 되었다. 1968년 아원자 입자 추적 검출기 특히 다선식 비례검출기를 고안함으로써 입자 물리학 분야의 진전에 기여하였을 뿐만 아니라, 의학 등의 분야의 발전에도 기여하였다. 또한 1974년 리히터와 팅의 소립자 발견과, 1983년 루비아의 W입자와 Z입자의 발견에도 공헌하였다.

전하, 그리고 신사 숙녀 여러분.

올해의 노벨 물리학상은 아원자 입자검출기, 특히 다선식 비례검출기를 발명하고 개발한 공로로 프랑스의 조르주 샤르파크 교수에게 수여합니다. 노벨상의 역사에서 발명이라는 단어가 수상 이유에 사용된 것은 이로써 10번째입니다.

우리들 어느 누구도 오늘의 노벨상과 관련있는 감지장치를 몸에 가지고 있지 않습니다만, 이미 우리 모두는 여러 형태의 감지장치들을 사용하고 있습니다. 눈은 빛의 감지장치이고, 귀와 코는 각각 소리와 냄새를 감지합니다. 이 감지기관의 신호들은 컴퓨터인 두뇌로 보내져 우리의 인식과 교신하면서 재가공되어 우리가 살고 있는 세상을 지각하고 행동을 결정하는 바탕이 되는 것입니다.

그러나 우리는 이것만으로 만족할 수 없습니다. 세상에 대한 우리의 호기심은 단순 지각의 범위를 훌쩍 넘어서 있습니다. 발명가들은 우리의 지각을 강화하거나 혹은 원리상 가능하다면 완전히 대체할 수도 있는 다양한 종류의 장치를 만들어 왔습니다. 갈릴레오 갈릴레이는 망원경을 만들었으며 자카리아스 얀센은 현미경을 만들었습니다.

오늘날 입자물리학자들은 가속기를 현미경처럼 사용하여 물질의 깊은 곳을 들여다보고 있습니다. 가속기에서는 적당한 투사체로 선택된 입자(예를 들어 전자)들을 높은 에너지로 가속하여 서로 충돌시킵니다. 그러면 불꽃놀이에서 스파크가 튀듯이 새로운 입자가 생성됩니다. 초당 수십만 번 정도 일어나는 이런 보이지 않는 스파크들 속에 물질의 가장 근본적인 구성 입자와 그들 간의 상호작용에 대한 정보가 들어 있습니다.

이러한 정보를 얻기 위해서는 다양한 종류의 검출기가 설치된 거대한 실험 장치를 지어야 합니다. 샤르파크 교수가 발명한 검출기는 지난 수십 년 간 입자물리학 분야에서 가장 큰 진전을 보였습니다.

소립자검출기가 갖춰야 할 조건은 매우 다양합니다. 우선 빠르게 반응해야 하며 수백 제곱미터의 넓은 면적을 망라할 수 있어야 합니다. 그리고 감지된 신호를 바로 컴퓨터로 보낼 수 있어야 합니다. 특히 위치를 감지할 수 있는 능력이 있어야 합니다. 즉 무언가가 일어났다는 것뿐 아니라 그것이 일어난 위치와 입자들의 움직임을 수 미터에 걸쳐 모두 추적할 수 있어야 합니다. 그리고 이런 검출을 강한 자기장 안에서도 해낼 수 있어야 합니다.

이런 모든 요구 조건을 만족시키는 검출기가 조르주 샤르파크 교수가 1968년에 발명한 다선식 비례검출기입니다. 발명한 이후에도 샤르파크 교수는 이 검출기를 꾸준히 개량해 왔으며, 오늘날 소립자 물리학의 거의 모든 실험에서 다양하게 사용하고 있습니다.

샤르파크 교수의 연구는 기초과학을 위해 첨단기술이 개발된 경우입니다. 그 원래의 목적은 세상에 대한 우리의 이해에 새로운 단면을 추가할 핵물리학이나 소립자물리학의 발전에 기여한다는 것이었으며 그 목적은 훌륭하게 달성되었습니다. 그러나 샤르파크 교수의 검출기는 소립자물리학 이외의 분야, 예를 들어 의학에서도 응용되고 있습니다. 여기에서도 샤르파크 교수는 핵심적인 역할을 했습니다.

샤르파크 교수님.

교수님은 입자검출기 특히 다선식 비례검출기의 발명과 개발의 공로로 1992년 노벨 물리학상을 수상하게 되었습니다. 스웨덴 왕립과학원을 대표하여 축하의 말씀을 전해 드리게 되어 영광입니다. 이제 나오셔서 전하로부터 노벨상을 수상하시기 바랍니다.

스웨덴 왕립과학원 칼 노르들링

이중펄서의 발견과 중력파의 연구

1993

러셀 헐스 | 미국　　**조지프 테일러** | 미국

:: 러셀 앨런 헐스 Russell Allen Hulse (1950~)

미국의 물리학자. 1975년에 매사추세츠 공과대학에서 공동 수상자 조셉 H. 테일러 교수의 지도로 물리학 박사학위를 취득하였다. 1974년에 조지프 H. 테일러와 함께 새로운 펄서를 발견하고 중력파를 간접적으로 확인하였다. 웨스트버지니아에 있는 국립전파천문대에서 박사후과정을 이수하였다. 이후 플라즈마 물리학으로 연구 분야를 변경하여 1977년에는 프린스턴 플라즈마 물리학 연구소에서 연구하였다.

:: 조지프 후튼 테일러 Joseph Hooton Taylor (1941~)

미국의 천문학자. 1968년에 하버드 대학교에서 천문학 박사학위를 취득한 후, 같은 해에 매사추세츠 대학교 교수로 임용되었다. 1974년 러셀 헐스와 함께 새로운 펄서를 발견하고 중력파를 간접적으로 확인함으로써 중력 물리학에 영향을 주었다. 1977년부터 1981년까지 5개 대학교 연합의 전파천문대 부대장으로 활동하였으며, 1980년 프린스턴 대학교 교수가 되어 2006년까지 재직하였다.

전하, 그리고 신사 숙녀 여러분.

올해의 노벨 물리학상은 중력물리학에 큰 영향을 준 새로운 유형의 펄서(맥동성)를 발견한 공로로 러셀 헐스 교수와 조지프 테일러 교수에게 수여되겠습니다.

별이 죽어가면서 별의 빛이 점점 희미해질 때, 별은 펄서로 전환될 수 있습니다. 그리고 그 희미해진 별은 종국에는 가시광선 영역에서 사라지게 됩니다. 우리는 그 별을 가시광선 영역에서는 더 이상 관찰할 수 없지만 그 별은 여전히 그 자리에 존재하며, 가시광선이 아닌 라디오파를 방출합니다. 새로운 모습을 갖춘 별은 놀라운 성질을 갖고 있습니다.

천문학적인 대상으로서 이제 그 별은 단지 직경이 10킬로미터인 작은 별입니다. 이 별은 전적으로 핵물질, 주로 중성자로 이루어져 있습니다. 이 별의 밀도는 엄청나게 높습니다. 펄서에서는 바늘구멍 정도의 부피도 수십만 톤의 무게가 나갑니다. 또한 이 별은 엄청난 속도로 자전하고 있는데 아마도 초당 수천 번에 달할 것으로 생각됩니다. 이 별은 마치 등대에서 빛을 비추는 것처럼 우주공간을 휩쓰는 두 개의 라디오 신호를 연속적으로 방출합니다.

지상에 있는 라디오파 수신 안테나는 가시광선 영역에서 사라진 별이 회전하면서 동일한 주파수를 가지고 맥동하며 방출되는 라디오파를 검출하기 위해 제작된 것입니다. 이 별의 주파수는 매우 안정적이어서 지상의 원자시계에서 방출하는 일정한 주파수에 필적할 정도입니다. 이 별은 맥동하는 라디오파 신호를 방출한다고 해서 펄서라는 이름이 붙여졌습니다. 정교한 기법을 도입하여 수행된 일련의 실험에서 펄서의 발생을 연구한 조지프 테일러 교수와 그의 박사과정 학생이었던 러셀 헐스 교수는 새로운 펄서의 발견 공로로 올해의 노벨 물리학상을 수상하게 되었습니다. 천상 좌표 1913+16의 하늘에서 그들은 새로운 펄서를 발견했습니다. 이것 자체로는 그리 놀라운 발견이 아닙니다. 왜냐하면 많은 새로운 펄서들이 자신들의 연구 과정에서 확인되었기 때문입니다.

그러나 새롭게 발견된 펄서는 이전에 발견된 펄서와는 다르게 행동했습니다. 라디오파가 맥동하는 시간 간격은 59밀리초였는데 일정하지 않았으며 주기적으로 변화했습니다. 이런 독특한 형태의 펄서는 당시까지 알려진 펄서 이론을 뒤흔드는 대혼란을 초래했습니다. 다행히 헐스 교수와 테일러 교수는 이런 비정상적인 현상을 설명할 수 있었습니다. 그 설명은 단순했지만 상상을 뛰어넘는 것이었습니다. 즉 그들이 발견한 펄서에는 보이지 않는 동반성이 있다는 것이었습니다.

동반성을 형성하는 두 개의 천체는 서로에 대해 공전하고 있습니다. 어떤 때는 펄서가 지구와 라디오파 검출기와 가까워지는 방향으로 움직이고 어떤 때는 멀어지는 방향으로 움직입니다. 펄서가 지구를 향해 움직일 때는 검출기에는 더 높은 주파수의 신호가 검출됩니다. 펄서가 지구로부터 멀어지는 경우에는 검출기는 더 낮은 주파수의 신호를 검출합니다. 이 현상은 도플러 효과라는 것으로써 우리 주변에서 흔히 관찰할 수 있습니다. 앰뷸런스의 사이렌이 우리를 향해 접근할 때는 높은 주파수를 가지고 멀어질 때는 낮은 주파수를 가지는 것이 예가 될 것입니다.

도플러 효과를 통해 가시광선 영역과 300미터 직경을 가진 라디오파 검출기의 직경으로도 보이지 않던 동반성의 존재를 밝힐 수 있었습니다. 이 동반성 역시 아마도 중성자별일 것입니다. 아마 이것도 역시 펄서로서 우주공간에 두 개의 라디오파를 방출하겠지만 우리 지구를 향하지 않고 다른 방향을 향하는 펄서일 것입니다. 아마도 이들은 멀리 떨어진 다른 행성을 쓸고 지나갈 것입니다. 멀리 떨어진 문명에 있는 라디오파 천문학자들은 지금 앉아서 이 별의 맥동파를 기록하고 왜 '그들의' 펄서가 방출하는 라디오파가 불규칙한지를 입증하고 있을지 모릅니다.

헐스 교수와 테일러 교수는 이 펄서가 자신의 동반성 주위를 초당 300킬로미터라는 엄청난 속도로 움직인다는 사실을 발견했습니다. 이것은 지구가 태양을 공전하는 속도보다 10배나 빠른 속도입니다. 헐스 교수와 테일러 교수는 그들이 새롭게 발견한 이중펄서를 사용하면 아인슈타인이 60~70년 전에 예측한 상대성이론의 효과를 관찰할 수 있는 유일한 기회가 될 것임을 깨달았습니다. 세계의 상대성 이론가들에게 새로운 희망이 부풀어 올랐습니다. 상대성 이론가들에게는 일반상대성이론과 경쟁하는 다른 이론을 비교하고 상대성이론을 검증했던 고전적인 천체인 수성보다 수만 배 더 좋은 천체를 얻게 되었습니다.

상대성이론에서 예측하는 것 중 가장 매혹적인 것 중의 하나는 격렬한 운동을 하는 무거운 천체는 중력복사로 알려진 새로운 형태의 복사를 방출한다는 것입니다. 이 현상은 파동운동으로 기술되는데 시공간상에서 주름이라는 파동운동으로 나타낼 수 있습니다. 오늘날 우리는 이러한 파동을 중력파라고 부릅니다.

아직 어느 누구도 지상 또는 지구 바깥의 수신기에서 중력파를 기록하는 데 성공하지 못했습니다. 그러나 헐스-테일러 펄서는 이러한 유형의 복사가 실제로 존재한다는 것을 확신하게 해주었습니다. 그 이유는 자신의 동반성을 공전하는 펄서의 공전주기는 시간에 따라 극도로 작지만 점점 감소하는데 이 감소하는 정도가 상대성이론에서 예측하는 중력파를 복사함으로써 감소되는 에너지의 양과 정확히 같기 때문입니다. 이에 따라 헐스-테일러 펄서를 중력파 물리학의 실험실로 자리 잡게 해주었습니다.

헐스 교수님, 그리고 테일러 교수님.

여러분은 처음으로 이중펄서 PSR 1913+16을 발견하고 중력물리학에 큰 영향을 준 중력파 발견의 공로로 1993년 노벨 물리학상을 수상하게 되었습니다. 스웨덴 왕립과학원을 대신하여 저는 진심에서 우러난 축하를 보냅니다. 이제 한 걸음 앞으로 나와 국왕 전하로부터 노벨상을 수상하시기 바랍니다.

스웨덴 왕립과학원 칼 노르들링

중성자 분광기 개발 | 브록하우스
중성자 산란기술 개발 | 셜

1994

버트럼 브록하우스 | 캐나다

클리퍼드 셜 | 미국

:: 버트럼 네빌 브록하우스 Bertram Neville Brockhouse (1918~2003)

캐나다의 물리학자. 브리티시 컬럼비아 대학교에서 공부하였으며, 1950년 토론토 대학교에서 박사학위를 취득하였다. 1950년부터 1962년까지 척리버 핵연구소의 원자에너지 분과에서 연구하였으며, 1962년에 해밀턴에 있는 맥매스터 대학교의 교수가 되어 1984년까지 재직하였다. 산란된 중성자의 에너지 스펙트럼을 기록하는 장치를 설계함으로써 화합물의 구조를 밝히는 데에 기여하였다.

:: 클리퍼드 글렌우드 셜 Clifford Glenwood Shull (1915~2001)

미국의 물리학자. 1941년에 뉴욕 대학교에서 박사학위를 취득하였다. 1946년부터 1955년까지 클린턴 연구소(현재 오크 리지 국립연구소)에서 연구하였으며, 1955년에 매사추세츠 공과대학 물리학 교수로 임용되었다. 엑스선 회절로 불가능한 분석도 중성자를 이용하면 가능하다는 점을 입증함으로써 응축물질의 연구에 있어 중성자 산란의 개발에 기여하였다.

전하, 그리고 신사 숙녀 여러분.

올해의 노벨 물리학상은 액체나 고체의 연구를 위한 중성자 산란기술의 개발에 기여한 공로로 버트럼 브록하우스 교수와 클리퍼드 셜 교수에게 시상하게 되었습니다. 간단히 말씀드린다면, 셜 교수의 연구는 원자가 어디에 있는지에 대해 그리고 브록하우스 교수의 연구는 원자들이 무엇을 하는지에 대한 해답을 제공하였습니다.

제2차 세계대전이 끝나자 미국에서는 연구 환경에 커다란 변화가 일어났습니다. 전쟁 막바지 몇 해 동안은 가속기에서 만들어지거나 방사능 물질에서 방출되는 중성자들 모두가 원자폭탄을 만드는 한 가지 목적으로만 사용되었습니다. 그러나 전쟁이 끝나자 이 새로운 주요 자원은 평화 목적의 연구에 사용되었습니다. 즉 중성자가 원자핵을 쪼개는 일 외에 다른 일도 할 수 있게 된 것입니다. 더 이상은 모든 연구 보고서에 자동으로 '극비' 라는 단어가 붙지 않아도 되었습니다.

수십 년간 과학자들에게 원자핵의 구성 요소인 중성자는 잘 알려져 있었습니다. 또한 과학자들은 원자핵으로부터 분리된 자유입자로서 중성자의 특성을 조사하기 위한 실험을 구상하고 수행해 왔습니다. 예를 들면 중성자가 미시세계의 특징인 파동과 입자의 이중성을 가지고 있으며, 파동으로서의 중성자는 엑스선처럼 결정체의 원자면에서 반사된다는 것이 밝혀져 있었습니다.

이 결과들은 중성자가 언젠가는 물질의 미세구조를 원자 수준에서 연구하기 위한 도구가 될 것이라는 단서였습니다. 그 문이 약간은 열린 셈이었지만 아직 활짝 열린 것은 아니었습니다.

브록하우스 교수와 셜 교수는 각자의 방식대로 연구하고 있었습니다. 그러나 액체나 고체 즉 응축물질에 관한 새로운 지식을 얻고자 하는 목적은 동일했습니다.

셜 교수의 연구는 원자로에서 나오는 중성자의 파장이 고체나 액체 내의 원자 간 거리와 거의 비슷하다는 점을 활용하는 것이었습니다. 원자핵에 부딪친 중성자는 에너지의 손실없이 원자배열 구조에 따라 결정되는 특정 방향으로 산란이 일어납니다. 셜 교수는 얼음결정 속의 수소 원자 위치를 분석하는 것처럼 엑스선 회절로는 불가능한 분석도 중성자를 이용하면 가능하다는 것을 보여 주었습니다.

또 다른 돌파구는 자기구조의 해석과 관련된 것입니다. 중성자는 그 자체가 작은 자석이고 자성 물질 내의 원자와 매우 효과적으로 반응할 수 있습니다. 셜 교수는 어떻게 중성자들이 금속이나 합금의 자기적 특성을 밝혀낼 수 있는지 보여 주었습니다. 이런 분석 역시 엑스선은 전혀 힘을 쓰지 못하는 분야입니다.

중성자의 탄성산란, 즉 에너지 손실없이 일어나는 산란을 연구하던 셜 교수와는 달리 브록하우스 교수는 비탄성 산란에 집중하였습니다. 비탄성 산란은 산란이 일어나면서 물질로부터 에너지를 얻거나 잃는 것을 말합니다.

브록하우스 교수는 산란된 중성자의 에너지 스펙트럼을 기록할 수 있는 독창적인 장치를 설계했습니다. 이 장치를 이용해서 그는 결정 내의 원자 진동이나 확산운동, 그리고 자성 재료의 요동 같은 현상에 관한 새로운 정보를 얻을 수 있었습니다. 이들 현상에 관한 연구가 새로운 르네상스를 맞게 된 것입니다.

브록하우스 교수와 셜 교수가 개발한 중성자 산란 기술은 이후 매우 광범위하게 응용되어 왔습니다. 수많은 과학자들이 이 기술을 이용하여 새로운 세라믹 초전도체의 구조와 역학을 연구하고, 촉매 고갈을 제어하기 위한 표면에서의 분자운동을 조사하며, 바이러스의 유전물질과 단백질의 반응, 폴리머의 구조와 탄성 특성과의 관계, 액체금속에서 원자구조가 급격히 사라지는 현상 같은 연구를 진행하고 있습니다. 올해의 노벨 물리학상 수상자는 이 광범위한 연구 분야의 개척자입니다.

브록하우스 교수님, 셜 교수님.

여러분은 응축물질의 연구에서 중성자 산란 기술의 개발에 기여한 공로로 노벨상을 수상하게 되었습니다. 스웨덴 왕립과학원을 대표하여 진심으로 축하의 말씀을 드리게 되어 더없는 영광입니다. 이제 나오셔서 전하로부터 노벨상을 수상하시기 바랍니다.

스웨덴 왕립과학원 칼 노르들링

타우 렙톤입자의 발견 | 펄
뉴트리노의 검출 | 라인스

1995

마틴 펄 | 미국

프레데릭 라인스 | 미국

:: 마틴 루이스 펄 Martin Lewis Perl (1927~2014)

미국의 물리학자. 1955년에 컬럼비아 대학교에서 박사학위를 취득하였으며, 1955년부터 1963년까지 미시건 대학교에서 강사 및 부교수로 지냈으며, 1963년에 스탠퍼드 대학교 교수가 되었다. 1974년부터 1977년까지 동료들과 함께 스탠퍼드 선형가속기센터(SLAC)에서 타우 경입자를 발견함으로써, 기본입자는 오직 2족만이 존재한다고 하는 기존의 견해를 뒤집었다.

:: 프레데릭 라인스 Frederik Reines (1918~1998)

미국의 물리학자. 1944년에 뉴욕 대학교에서 박사학위를 취득한 후, 1959년까지 뉴멕시코에 있는 로스앨러모스국립 연구소에서 연구하였다. 1959년에 중성미자의 존재를 입증하는 데 성공하였으며, 중성미자와 양성자가 결합하여 중성자가 된다는 사실도 밝혔다. 1966년에 어바인에 있는 캘리포니아 대학교의 교수가 되어 1988년까지 재직하였다. 1980년에는 국립 과학아카데미 회원으로 선출되었다.

전하, 그리고 신사 숙녀 여러분.

물리학자들은 모든 물질, 예를 들어 우리 신체를 구성하는 모든 물질들은 쿼크와 렙톤으로 이루어져 있다고 믿고 있습니다. 쿼크는 무거운 입자들이며 렙톤은 가벼운 입자들입니다. 원자핵을 구성하는 기본입자인 쿼크에는 두 종류가 있습니다. 원자핵 외부에 존재하는 렙톤도 역시 두 종류가 있습니다. 첫 번째 렙톤인 전자는 전기적인 전하와 측정 가능한 질량을 가지고 있습니다. 그리고 두 번째 렙톤인 뉴트리노는 전하와 질량이 없습니다. 네 개의 구성원이 있는 하나의 쿼크-렙톤족은 오늘날 우주에 있는 모든 물질을 설명하기에 충분합니다.

우주는 매우 오래된 역사를 가지고 있습니다. 초기 우주는 오늘날과는 완전히 다른 환경이었습니다. 그 당시 우주의 온도는 매우 높았으며 매우 많은 에너지가 집중되어 있었습니다. 이런 환경에서는 다른 쿼크-렙톤족들이 많이 존재했습니다. 물리학자들은 가속기를 사용해 짧은 순간이나마 높은 온도와 압력이라는 극단적인 조건을 재현해 두 번째와 세 번째의 쿼크-렙톤족을 만들었습니다. 그러나 그것이 전부였습니다. 물리학자들은 현존하는 입자물리학의 패러다임에서 네 번째 쿼크-렙톤족이 없다는 것을 보였습니다.

오랜 기간 이루어진 발견은 쿼크-렙톤은 세 종류가 있다는 것을 증명하고 있습니다. 세 종류 중 두 종류를 발견한 업적에 대해 올해의 노벨 물리학상이 수여됩니다. 두 업적 모두 렙톤의 발견에 해당됩니다. 하나는 첫 번째 쿼크-렙톤족의 발견에 해당하고 다른 것은 세 번째 쿼크-렙톤족에 해당됩니다. 두 발견 모두 물리학에서의 심오하고 기초적인 질문에 대한 해답을 줍니다.

돌아가신 코원 박사와 함께 프레더릭 라인스 박사는 쿼크-렙톤족에 대한 개념이 나타나기 전 이미 첫 번째 쿼크–렙톤족에서 전자의 동생인 뉴트리노를 검출했습니다. 이 발견은 거의 25년 동안 기다려 온 발견이었습니다. 그 존재가 증명될 때까지 뉴트리노는 특정한 유형의 방사선 붕괴에서 에너지보존법칙을 만족하기 위해 도입된 상상의 산물로 취급되었습니다. 또한 뉴트리노가 존재한다 하더라도 뉴트리노의 실질적인 존재를 증명하는 것은 불가능해 보였습니다. 뉴트리노는 빛의 속도로 모든 관측자들에게 검출되지 않고 지나갔습니다.

라인스 교수 이전에는 아무도 알아차리지 못했지만 핵반응기는 매우 많은 수의 뉴트리노를 방출해야만 한다는 것을 알아냈습니다. 1950년대에 그와 코원 박사는 찾기 어려운 몇 개의 아원자입자를 적어도 몇 개 포착할 수 있는 방법을 개발했습니다.

몇 번의 실패 끝에 그들은 뉴트리노의 존재를 입증할 만한 결과를 낼 수 있는 실험을 고안했습니다. 뉴트리노의 발견은 현대물리학의 획기적인 사건이 되었습니다. 이 실험은 뉴트리노물리학이라는 새로운 연구 분야를 열었습니다. 라인스 교수는 이 연구에서 핵심적인 역할을 수행했습니다.

현재까지 알려진 렙톤은 세 종류입니다. 첫 번째는 전자로서 1897년에 발견되었습니다. 두 번째는 새롭게 발견된 뉴트리노입니다. 세 번째는 뮤온으로서 전자의 더 무거운 버전으로 기본입자 중 기이한 입자입니다. 이 그림에는 아직까지 쿼크가 포함되지 않았습니다.

전자보다 훨씬 무거운 세 번째 입자가 있을지도 모른다는 생각은 1960년대에 처음 등장하였습니다. 그러나 이러한 입자는 일반적으로 기존의 이론으로는 설명할 수 없었습니다. 그와 같은 무거운 렙톤의 존재를 실험적으로 입증하기란 거의 불가능해 보였습니다. 그러나 넘기 어려운 벽이라는 것이 도리어 많은 물리학자들을 끌어당기는 힘처럼 작용했습니다.

스탠퍼드 대학교의 마틴 펄 교수는 이 문제를 해결할 수 있는 실험을 계획했습니다. 실험을 위해서는 충분히 강력한 에너지원이 필요했는데 그 당시 스탠퍼드 대학교는 이런 목적에 걸맞은 세계에서 가장 강력한 가속기를 보유하고 있었습니다. 또한 새로운 렙톤이 어떤 방식으로 행동할 것인지를 이해할 수 있는 이론적 방법이 필요했습니다.

그 당시에는 렙톤의 거동에 대해 알려진 것이 별로 없었기 때문에 렙톤의 거동을 실험적으로 관찰하기 위해서는 많은 이론 및 실험적 기법을 스스로 만들어야 했습니다. 펄 교수와 동료들은 1897년에 발견된 전자보다 거의 4,000배 무거운 세 번째 렙톤을 발견해 1975년에 논문으로 제출하면서 매우 중요한 발견을 했다고 선언했습니다. 그들은 세 번째 쿼크-렙톤족의 첫 번째와 최종 쿼크-렙톤족을 확인했습니다.

새롭게 발견된 입자는 전자의 엄청나게 무거운 사촌으로서 타우 또는 타우 렙톤이라고 명명되었으며 기본입자족을 결정적으로 이해할 수 있는 핵심적인 역할을 제공했습니다. 앞으로 언젠가는 타우 뉴트리노와 그것의 자매 렙톤은 우주에서 잃어버린 질량의 상당한 부분을 설명하고 초신성 폭발이론과 우주론에 중요한 역할을 할 수 있을 것입니다. 타우 렙톤 그 자체는 물질이 어떻게 해서 우리가 질량이라고 부르는 성질을 얻게 되었는지에 대한 미래의 이론을 테스트하는 데 결정적인 중요성을 가질 것입니다.

펄 교수님, 그리고 라인스 교수님.

여러분은 렙톤물리학의 이해에 대한 공헌으로 1995년 노벨 물리학상을 수상하게 되었습니다. 스웨덴 왕립과학원을 대신하여 제가 축하를 드릴 수 있어서 영광스럽고 기쁩니다. 이제 국왕 전하로부터 노벨상을 수상하시기 바랍니다.

스웨덴 왕립과학원 칼 노르들링

헬륨-3의 초유동성 발견

데이비드 리 | 미국

더글러스 오셔로프 | 미국

로버트 리처드슨 | 미국

:: 데이비드 모리스 리 David Morris Lee (1931~)

미국의 물리학자. 하버드 대학교에서 공부하였으며, 1959년에 예일 대학교에서 박사학위를 취득하였다. 같은 해 코넬 대학교에서 강의하기 시작하였으며, 1968년에 정교수가 되었다. 1972년 당시 선임연구원 동료인 로버트 C. 리처드슨과 대학원생 더글러스 D. 오셔로프와 함께 헬륨-3의 초유동성을 발견함으로써 저온 물리학 연구 분야의 발전에 기여하였다.

:: 더글러스 딘 오셔로프 Douglas Dean Osheroff (1945~)

미국의 물리학자. 1973년 코넬 대학교에서 박사학위를 취득하였다. 1972년부터 1987년까지 벨 연구소에서 일하였다. 1987년에 스탠퍼드 대학교의 교수로 임용되어 물리학 및 응용물리학과에서 강의하고 있다. 국립 과학아카데미 회원이다. 1972년 당시 선임연구원인 데이비드 M. 리와 로버트 C. 리처드슨과 함께 헬륨-3의 초유동성을 발견함으로써 저온 물리학 분야의 발전에 기여하였다.

:: 로버트 콜먼 리처드슨 Robert Coleman Richardson (1937~2013)

미국의 물리학자. 버지니아 공과대학에서 공부하였으며, 1966년에 듀크 대학교에서 박사학위를 취득하였다. 1968년에 코넬 대학교 조교수로 임용되어 1975년에 정교수가 되었다. 국립 과학아카데미 회원이다. 1972년 당시 선임 연구원 동료인 데이비드 M. 리와 대학원생 더글러스 D. 오셔로프와 함께 헬륨-3의 초유동성을 발견함으로써 저온 물리학 분야의 발전에 기여하였다.

전하, 그리고 신사 숙녀 여러분.

우리가 숨쉬는 공기엔 산소와 질소만 있는 것이 아닙니다. 적은 양의 다른 가스도 포함되어 있는데, 그중에는 지구의 온실 효과와 관련하여 자주 언급되는 이산화탄소가 있습니다. 그 외에 대기의 100만분의 5만 차지할 정도로 적은 양이지만 불활성 가스인 헬륨도 포함되어 있습니다.

이 원소는 두 가지의 동위원소로 존재하는데, 무거운 것은 헬륨-4이고 가벼운 것은 헬륨-3입니다. 무거운 동위원소가 헬륨의 대부분을 차지하고 있고, 가벼운 헬륨-3은 얼마 되지도 않는 전체 헬륨 양의 100만분의 1 정도에 불과합니다. 올해의 노벨 물리학상은 바로 이 헬륨-3에 관한 연구에 주어졌습니다.

데이비드 리 교수, 더글러스 오셔로프 교수, 로버트 리처드슨 교수는 수 세제곱센티미터의 헬륨-3을 사용한 실험으로 오늘 노벨상을 받게 된 발견을 하였습니다. 그들은 압력, 온도와 부피를 변화시키면서 그들 사이의 관계를 주의 깊게 관찰했습니다.

그 결과 그래프에서 그들은 절대온도 1,000분의 1도 정도에 해당되는 두 개의 작은 돌기를 발견했습니다. 대부분의 과학자들은 이런 정도의 변화를 측정 장비의 사소한 문제로 치부한 채 어깨를 으쓱해 버리고 말았을 것입니다

그러나 이 세 명의 과학자는 그렇지 않았습니다. 새로운 자성상태가 이런 식으로 드러난 것은 아닐까? 이 과학자들이 실제로 찾고 있던 것은

고체 헬륨-3의 자성이었습니다. 처음에는 이것이 그들이 찾고 있던 자성이라고 믿었습니다. 그러나 측정 결과는 기대했던 것과 완벽하게 일치하지 않았습니다. 병원에서 사용되는 자기공명영상MRI 시스템과 동일한 방법으로 분석한 결과 리 교수와 오셔로프 교수, 그리고 리처드슨 교수는 이 현상이 고체상태의 헬륨-3가 아닌 액체상태의 헬륨-3에서 일어나는 현상임을 밝힐 수 있었습니다.

말하자면 그들은 두 개의 새로운 초유체 상태로 존재하는 액체헬륨-3를 발견한 것입니다. 이 연구팀은 결국 3개의 초유체상을 발견했는데, 기초 연구에서 흔히 그렇듯 그들도 원래 계획했던 것과는 전혀 다른 어떤 것을 발견한 것입니다.

이전까지 헬륨-4에서만 나타나던 초유체는 대단히 특이한 거동을 보입니다. 초유체는 여러 형태로 발현되는데, 점도가 전혀 없어서 도자기의 미세한 구멍을 통해서도 새어 나옵니다. 때문에 유약을 칠하지 않은 도자기 그릇에는 보관할 수가 없습니다. 빈 비커를 초유체에 반쯤 담그면 초유체는 비커의 벽을 따라 올라가 비커 속으로 넘어 들어갑니다.

초유체 현상을 근본적인 원자 수준에서 기술할 때 우리는 원자들이 보스-아인슈타인 응축을 한다고 말합니다. 그 말은 모든 원자들이 동일한 양자상태를 가진다는 것인데, 이러한 응축은 보손이라고 부르는 입자들에서만 가능합니다. 한편 페르미온이라고 부르는 입자들은 이러한 응축을 일으킬 수 없습니다.

그러나 놀랍게도 헬륨-3 원자는 페르미온입니다. 즉 보스-아인슈타인 응축이 일어나 초유체가 되는 것이 불가능한 원자가 초유체 상태로 존재한다는 것입니다. 그 설명의 실마리는 원자들이 짝을 지어서 궤도를 이루어 돌면서 그 짝이 보손처럼 거동한다는 데 있었습니다. 이런 식으로 헬륨-3도 보스-아인슈타인 응축을 할 수 있으며, 따라서 초유체 상태로 존재할 수 있었던 것입니다.

리, 오셔로프, 리처드슨 교수의 발견은 전 세계 저온 연구실의 연구를 활성화시켰습니다. 액체헬륨 -3에서 일어나는 초유체로의 상전이 현상은 미시세계의 양자법칙이 물질의 거시적 거동을 지배하는 경우가 있음을 보여 주는 것입니다. 이 현상은 극저온에서의 온도를 정의하기 위해서도 사용되고 있으며, 고온 초전도체를 이해하는 데에도 기여하였습니다. 최근에는 '우주끈cosmic string'들이 어떻게 형성되는지를 이해하는 데에도 사용되었습니다.

리 교수님, 오셔로프 교수님, 그리고 리처드슨 교수님.

여러분은 헬륨-3의 초유체상태를 발견한 공로로 1996년 노벨 물리학상을 시상하게 되었습니다. 여러분의 발견은 응축물질의 상태에 관한 지식을 크게 확장시켰습니다.

스웨덴 왕립과학원을 대표해서 축하의 말씀을 드립니다. 이제 나오셔서 전하로부터 노벨상을 수상하시기 바랍니다.

스웨덴 왕립과학원 칼 노르들링

레이저로 원자를 냉각하여 포획하는 방법

1997

스티븐 추 | 미국　　**클로드 코앙타누지** | 프랑스　　**윌리엄 필립스** | 미국

:: 스티븐 추 Steven Chu (1948~)

미국의 물리학자. 로체스터 대학교에서 공부하였으며, 1976년에 버클리에 있는 캘리포니아 대학교에서 박사학위를 취득 한 후, 박사후과정을 이수하였다. 1987년에 스탠퍼드 대학교의 교수로 임용되었고, 2004년에는 로렌스 버클리 국립연구소의 소장이 되었다.

:: 클로드 코앙타누지 Claude Cohen-Tannoudji (1933~)

알제리 태생 프랑스의 물리학자. 콜레주 드 프랑스에서 공부하였으며, 1962년에 파리고등사범학교에서 박사학위를 취득하였다. 1964년부터 1973년까지 파리 6대학에서 강의하였으며, 1973년에 콜레주 드 프랑스의 교수로 임용되었다. 공동 수상자들과 각기 독자적인 방법으로 원자의 냉각 및 포획 방법을 개발함으로써 원자 연구의 새로운 분야를 열었다.

:: 윌리엄 대니얼 필립스 William Daniel Phillips (1948~)

미국의 물리학자. 1976년에 매사추세츠 공과대학의 다니엘 클레프너 교수의 지도 아래 박사학위를 취득하였으며, 박사후과정을 이수하였다. 1978년부터 메릴랜드에 있는 미국 국립표준기술연구소(NIST)에서 활동하고 있다. 1992년부터 2001년까지 메릴랜드 대학교의 부교수로 재직한 후 2001년에 수훈 교수가 되었다.

전하, 그리고 신사 숙녀 여러분.

올해의 노벨 물리학상은 레이저를 사용해 원자를 포획하고 냉각시키는 방법을 개발한 세 명의 물리학자들에게 수여하기로 했습니다.

우리 주위를 둘러싼 공기 속의 분자는 평균 초속 500미터라는 속도로 빠르게 움직이고 있습니다. 공기에는 1세제곱 센티미터당 25조 개의 분자가 평균 속도를 중심으로 종형곡선으로 분포되어 있으며 다른 분자들과 초당 십억 번 정도 충돌하고 있습니다. 공기를 구성하는 분자들의 불규칙적이고 빠른 운동은 공기가 압력, 소리를 전파하는 능력, 그리고 (상당히 나쁘지만) 열을 전달하는 능력 등을 갖게 해줍니다.

만약 우리가 개개의 입자 또는 적은 수의 입자를 연구하고자 한다면 이들 입자들을 천천히 움직이게 해야 합니다. 입자들이 천천히 움직여야만 충분하게 관찰할 수 있기 때문입니다. 우리는 빛을 사용해 입자의 성질과 상태를 관찰하는데 입자의 속도가 달라지면 입자에 충돌하고 튀어나온 빛의 성질이 달라지게 됩니다. 그 이유는 운동하는 입자가 방출하거나 흡수할 수 있는 빛의 진동수는 입자의 운동에 따른 도플러 효과로 인해 변화하기 때문입니다. 이 현상은 우스꽝스러운 오페라 공연에 비유할 수 있습니다. 이 우스꽝스러운 오페라에서 주연은 무대 주위를 매우 빠른 속도로 움직이며 자신의 동료들과 부딪치고 튕기며 노래를 부릅니다. 시각적으로는 놀랄 만한 공연이 될지도 모르지만 음향학적인 관점에서는 재앙에 가깝습니다. 왜냐하면 청중들은 오페라의 주연이 부르는 노래의 음정이 맞지 않다고 생각할 것이기 때문입니다(만약 가수가 매우 빠른 육상선수처럼 달린다면 그때 음정의 최대 변화폭은 반음 정도됩니다).

1997년의 노벨 물리학상은 원자를 절대온도 0도보다 겨우 수백만 분의 1도 높은 온도로 냉각시키는 방법에 관련된 것입니다. 이와 같은 극저온에서 원자의 속도는 초당 수 센티미터로 줄어듭니다. 문제는 이 정도의 저온에 도달하기도 전에 이미 원자 또는 분자는 응축되어 액체로, 그리고 최종적으로는 고체로 변화한다는 것입니다. 고체와 액체와 같은 응축물들에 있는 원자들은 서로 조화롭게 합창을 하지만 이때의 음조는 원자들이 홀로 있을 때 부를 때와는 다른 음조로 노래를 합니다. 그러나 우리가 원하는 것은 원자들의 솔로 공연입니다. 따라서 원자들이 응축되지 않도록 멀리 떨어진 상태에서 운동을 감소시켜야만 합니다.

레이저 빛의 도플러 효과를 이용해 낮은 온도에 도달하려는 생각은 일찍이 1970년대부터 시작했습니다. 그리고 이 생각은 원자가 빛의 입자, 즉 광양자를 흡수할 때 흡수된 광양자로부터 충격을 받는다는 사실에 기초한 것입니다. 만약 원자의 속도가 광양자의 속도와 반대 방향이라면 원자의 속도는 감소합니다. 우리가 레이저 빛의 주파수를 조절해 레이저 빔의 진행 방향과 반대 방향의 원자만이 레이저 빛과 공명하도록 설정할 수 있다면 원자들의 속도를 늦출 수 있습니다. 이와 같은 기본적인 생각에 기초해 원자를 효율적으로 냉각하고 포획하기 위해서는 수년 동안의 이론적·실험적 연구와 개발이 필요했습니다. 여기에서 중요한 장치는 자기광학 포획 장치로써 원자들이 세 쌍의 서로 반대 방향으로 배열된 레이저빔의 '광학적 당밀'에 의해 느려지고 자기장에 의해 포획되는 장치입니다. 최근에 개발된 서브코일 냉각법을 사용하면 절대온도 1,000만분의 1도까지 냉각시킬 수 있습니다.

이와 같이 원자의 운동을 더욱더 잘 제어할 수 있게 됨에 따라 원자와 빛의 복사 사이의 상호작용에 대한 우리의 지식을 넓힐 수 있었습니다. 이러한 직접적인 중요성 외에 이 방법의 실용적인 용도가 궁금할 수도 있을 것입니다. 1850년대 전기의 실용적인 가치에 대해 영국 재무성 장관인 윌리엄 글래드스턴이 마이클 패러데이에게 질문했을 때, "언젠가 장관께서 여기에 세금을 물리겠지요"라고 답변한 것이 가장 고전적인 예가 될 것입니다. 패러데이의 전기와 자기에 대한 연구는 이후 전자공학의 초석이 되었습니다.

올해 노벨 물리학상이 수여된 연구에서 세금을 걷을 수 있는 어떤 것이 만들어질지는 아직 알 수 없습니다만 앞으로 그런 날이 오리라고 믿습니다.

우리는 원자를 문자 그대로 정지시킬 수 있었기 때문에 더욱 정확한 원자시계를 제작할 수 있으며, 인공위성을 통해 지구상의 위치를 결정할 때 훨씬 정확하게 위치를 결정할 수 있습니다. 올해의 노벨상이 수여된 냉각기술과 다른 냉각기술을 함께 보완해서 사용한다면 원자물리학에서 '꿈의 마일' 이라고 부르는 70년 전 아인슈타인이 예측한 기체의 보스-아인슈타인 응축을 만드는 것이 가능합니다. 그것으로부터 결맞은 원자빔인 '원자 레이저' 를 만들 수 있으며 원자 레이저는 매우 작은 전자공학 소자를 만드는 데 사용될 수 있습니다.

스티븐 추 교수님, 클로드 코앙타누지 교수님, 그리고 윌리엄 필립스 박사님.

여러분은 원자와 원자가스를 연구하고 제어할 수 있는 새로운 분야를 열었습니다. 그리고 원자를 냉각하고 포획할 수 있는 방법을 개발하는 데 가장 많은 공헌을 하여 세계적으로 성공한 연구 그룹이자 공동 연구자들을 대표하는 지도자로서 올해의 노벨 물리학상을 수상하게 되었습니다.

스웨덴 왕립과학원의 따뜻한 축하를 보낼 수 있게 된 것을 영광스럽게 생각합니다. 이제 국왕 전하로부터 노벨상을 수상하시기 바랍니다.

스웨덴 왕립과학원 벵트 나겔

극저온 자기장에서의 반도체 내 전자에 대한 연구

1998

로버트 러플린 | 미국　　**호르스트 슈퇴르머** | 독일　　**대니얼 추이** | 미국

:: 로버트 베츠 러플린 Robert Betts Laughlin (1950~)

미국의 물리학자. 버클리에 있는 캘리포니아 대학교에서 공부하였으며 1979년에 매사추세츠 공과대학에서 박사학위를 취득하였다. 1979년부터 1981년까지 벨 연구소에서 박사후 과정을 이수하였다. 1989년에 스탠퍼드 대학교 물리학 교수가 되었으며, 2004년부터 2006년까지 한국과학기술원(KAIST) 총장을 지내기도 하였다.

:: 호르스트 루트비히 슈퇴르머 Horst Ludwig Stormer (1949~)

독일의 물리학자. 1977년에 슈투트가르트 대학교에서 물리학으로 박사학위를 취득한 후, 미국으로 건너가 1978년에 뉴저지에 있는 벨 연구소에 들어갔다. 1992년부터 1998년까지 연구소의 물리연구실험실 소장을 맡았으며, 1998년에 컬럼비아 대학교의 물리학 및 응용물리학 교수로 임용 되었다.

:: 대니얼 지 추이 Daniel Chee Tsui (1939~)

미국의 물리학자. 1967년에 시카고 대학교에서 물리학으로 박사학위를 취득한 후, 뉴저지에 있는 벨 연구소에 들어갔다. 1982년에 연구소에서 공동 수상자 호르스트 L. 슈퇴르머와 함께 새로운 형태의 양자유체를 발견하였다. 1982년 프린스턴 대학교의 교수로 임용되었다. 그들의 연구는 자연을 탐구하는 새로운 관점을 제시하였다.

전하, 그리고 신사 숙녀 여러분.

인류는 오랫동안 전기를 사용해 왔습니다. 처음에는 전류의 실체가 무엇인지도 모른 채 전기를 이용했는데, 그렇다고 해서 전기 모터나 전신 그리고 전화를 발명하는 데 방해가 되지는 않았습니다. 그러나 호기심이라는 훌륭한 자질을 가진 인간은 전류가 무엇으로 구성되어 있는지 알고 싶어 했습니다. 젊은 물리학자인 에드윈 홀은 전류가 자장에 영향을 받는 어떤 입자로 구성되어 있다는 제안을 했습니다. 그는 1879년 홀 효과를 발견함으로써 자신의 생각이 옳았음을 보여 주었습니다.

그러나 1897년에 이르러서야 비로소 톰슨이 전자를 발견하였으며, 전류가 흐른다는 것은 전선 속으로 극히 작은 전하를 띤 입자인 전자가 쏟아져 들어가는 것임을 알게 되었습니다.

마침내 우리는 이들 전자를 잘 제어할 수 있게 되었으며, 이를 통해 음성과 영상을 보낼 수 있게 되었습니다. 1940년대 말 트랜지스터가 발명되자, 전자 기기가 전기 기기를 대체하면서 사회적인 변혁이 일어났습니다. 집적회로, 위성 텔레비전, 휴대전화, 인터넷이 더 작은 세상을 만들어 왔고 우리는 서로에게 더 가까워졌습니다. 이 모든 것이 전자를 잘 다루면서 이루어진 일들입니다.

이를 위해서 물리학자들과 기술자들은 은하수의 별보다도 더 많은 숫자의 전자를 가진 물질을 다루어야 했습니다. 그 많은 전자들이 동일한 전하량을 가지고 서로에게 힘을 미치고 있지만, 이러한 전자 은하의 거동 전체를 인간의 뜻대로 제어할 수 있다는 것이 노벨상 수상자인 레프 란다우에 의해 밝혀졌습니다. 그는 전자들의 거동을 개별적으로 기술하고 그 부분들을 더함으로써 전체를 이해할 수 있다는 것을 보였습니다. 전자물리학에서 1+1=2 법칙이 벗어나는 경우는 거의 없습니다. 여기서 벗어나는 예외적인 현상은 대단히 놀라운 일이어서 그 성과에 노벨상이 주어지곤 합니다. 올해의 상은 바로 이러한 예외적인 경우에 대해 시상하는 것입니다. 여기서는 모든 전자들이 모여서 새로운 종류의 정교한 춤사위를 이루는데, 그것은 분할할 수 없는 전체적인 어떤 것으로 이해되어야 한다는 것입니다.

"핸드폰 좀 보여 주시겠어요?" 이 말은 이 연구가 어디에 쓰일지를 묻는 독일 기자에게 호르스트 슈퇴르머 교수가 한 대답입니다. 슈퇴르머와 대니얼 추이 교수가 개발에 참여했던 새로운 형태의 트랜지스터가 핸드폰에 사용되고 있기 때문입니다. 전자 분야의 지속적인 소형화 추세는 핸드폰의 경우 아주 심해서 믿을 수 없을 만큼 정교한 방법으로 원자 하나씩을 쌓아서 만들어진 트랜지스터가 사용되고 있습니다. 이 트랜지스터는 전자들이 원자의 두 층 사이에 붙잡혀서 옆으로는 움직이지 못하도록 만들어진 것으로 최첨단 기술의 소자이면서 동시에 찬란한 기초 과학의 연구가 진행된 분야입니다. 16년 전 슈퇴르머와 추이 교수가 이 트랜지스터를 절대온도 0도 근처로 냉각시키면서 지구의 자계보다 100만 배 강한 자장 속에 노출시키자 놀라운 현상이 발견되었습니다.

그들이 발견한 것은 무엇이었을까요? 1879년 에드윈 홀이 직선적인 변화를 관찰한 실험과 동일한 실험에서 추이 교수와 슈퇴르머 교수는 계단 모양의 변화가 일어나고 있음을 발견했습니다. 가장 높은 계단은 이전에 관찰된 것보다 3배나 높았습니다. 이 결과에 대해 그들은 전자 전하의 3분의 1을 가진 입자가 감춰져 있다는 용감하면서도 통찰력 있는 제안을 했습니다. 그러나 이러한 혁명적인 개념이 과연 진지하게 받아들여질 수 있었을까요? 어떻게 전자의 전하를 나눌 수 있는 것일까요? 과학자들은 완전히 뜻밖의 발견에 직면해서 어떻게 이 현상을 해석해야 할지 고민하게 되었습니다.

이 실험이 제공한 힌트를 진지하게 숙고한 사람은 로버트 러플린 교수였습니다. 러플린 교수는 이 현상이 레프 란다우의 방법으로는 이해될 수 없다고 전제하고 새로운 설명을 내놓기 위해 몇 년간 생각과 계산을 거듭했습니다. 그는 1,000억 개의 전자들이 어떻게 동시에 작용할 수 있는지를 설명해야만 했습니다. 러플린 교수가 이 문제를 단지 4페이지의 설명과 몇 개의 수식만으로 해결했다는 것은 기적이라고 할 수도 있겠습니다만, 그것이 가능한 것은 그가 전자들 간에 새로운 규칙도를 찾아냈기 때문입니다. 전자들은 새로운 형태의 양자유체를 형성하고 있었던 것입니다.

러플린 교수가 제시한 규칙화된 전자의 춤사위 개념으로 슈퇴르머 교수와 추이 교수의 실험결과를 설명했습니다. 그 개념은 전자의 바다에 자기력이나 전기력으로 만들어진 소용돌이가 마치 전자 전하의 분수에 해당되는 전하를 가진 입자처럼 행동한다는 것입니다. 정말 놀랍습니다. 어쩌면 원자핵 깊이 숨어 있는 분수 전하의 쿼크도 이와 관련이 있지 않을까요? 그럴 수도 있고 아닐 수도 있습니다. 그러나 이러한 질문이 가능하다는 것만으로도 오늘 노벨상이 수여되는 발견의 심오함을 보여 주고 있습니다.

기술과 과학은 서로의 발전을 북돋우면서 나란히 발전해 왔습니다. 그렇다면 올해의 물리학상도 새로운 기술의 발전을 이끌게 될까요? 한 세기 전 전자 발견의 효용성을 예측하지 못했던 것처럼 지금의 우리로서는 그 대답을 할 수가 없습니다. 아마도 첨단의 전자기기를 통해 이 시상식을 보고 있는 젊은이 중 누군가가 앞으로 이 질문의 답을 찾아낼지도 모릅니다.

로버트 러플린 교수님, 호르스트 슈퇴르머 교수님, 그리고 대니얼 추이 교수님.

분수 전하의 여기를 갖는 새로운 양자유체의 발견은 우리로 하여금 새로운 눈으로 자연을 바라보게 하였습니다. 여러분은 용기를 가지고 바라본다면 새로운 비밀이 드러나고 새로운 발견이 가능하다는 것을 증명해 보였습니다. 이런 점에서 여러분은 새로운 세대의 과학자들에게 훌륭한 본보기가 되었습니다.

스웨덴 왕립과학원을 대표해서 심심한 축하의 말씀을 드립니다. 이제 나오셔서 전하로부터 노벨 물리학상을 수상하시기 바랍니다.

스웨덴 왕립과학원 마츠 욘손

전자기력 상호작용의 양자역학적 구조

1999

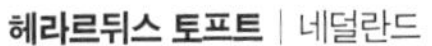

헤라르뒤스 토프트 | 네덜란드 **마르티뉘스 펠트만** | 네덜란드

:: 헤라르뒤스 토프트 Gerardus 'tHooft (1946~)

네덜란드의 물리학자. 1972년에 위트레흐트 대학교에서 물리학 박사학위를 받았다. 박사 과정 중에 공동 수상자인 펠트만 교수의 연구에 합류하여 와인버그 등의 전자기력과 약력의 상호작용이론을 증명하였다. 1974년에 위트레흐트 대학교의 교수가 되었다. 그들의 연구는 W 입자와 Z 입자의 발견하는 토대를 제공하였으며, 탑 쿼크를 발견하는 연구에 적용되기도 하였다.

:: 마르티뉘스 J. G. 펠트만 Martinus J. G. Veltman (1931~2021)

네덜란드의 물리학자. 1963년에 위트레흐트 대학교에서 물리학으로 박사학위를 취득하였으며, 1966년에 교수로 임명되었다. 지도 학생이자 공동 수상자인 헤라스뒤스 토프트와 함께 와인버그 등의 전자기력과 약력의 상호작용이론을 증명하였다. 1981년에 미국으로 이주하여 앤아버에 있는 미시건 대학교 교수가 되었으며, 1997년에 명예교수가 되었다.

전하, 그리고 신사 숙녀 여러분.

탈레스는 2600년 전 "만물은 물로 구성되어 있다"고 이야기했습니다. 그러나 그의 만물론은 기본적으로 철학적인 개념이었고, 우리 시대의 자연과학자들은 대신 이렇게 이야기 합니다. "만물은 기본입자로 구성되어 있다." 이 홀에 있는 꽃들, 알프레드 노벨 박사의 흉상, 우리들 모두, 심지어는 유명한 노벨상 수상자들도 모두 기본입자로 이루어져 있습니다. 기본입자는 자연의 가장 작은 건축재로서 모든 것들의 뿌리입니다.

자연의 건축재를 설명하기 위해 우리는 언어, 즉 이론이 있어야 합니다. 올해의 노벨 물리학상 수상자인 헤라르뒤스 토프트 교수와 마르티뉘스 펠트만 교수는 이 언어의 개발에 결정적인 공헌을 했습니다. 이들의 공헌은 물질의 건축재인 기본입자들의 전자기력과 약한 상호작용에 관한 것입니다.

전자기력은 원자를 존재하게 하는 상호작용입니다. 여기에서 주연은 광양자, 즉 빛입니다. 왜냐하면 빛이 없으면 전자기력도 없기 때문입니다. 약한 상호작용 역시 자신의 힘을 매개하는 세 가지 입자들이 있습니다. 이들 입자들은 불행하게도 아름답고 고귀한 이름을 얻지 못하고 단지 W-플러스, W-마이너스, 그리고 Z라고 불립니다. 이런 무미건조한 이름에도 불구하고 이들 입자는 매우 중요합니다. 예를 들어 W-플러스라는 입자를 생각해 봅시다. 우리는 태양이 오븐과 비슷하다는 것을 알고 있습니다. 그러나 누가 거기에 불을 지폈습니까? 물론 W-플러스입니다. 약한 상호작용이 없다면 태양은 빛나지 않을 것입니다.

광양자와 W와 Z입자는 공통의 기원을 가지고 있음이 밝혀졌습니다. 전자기력과 약한 상호작용은 이제 통합되었고, 이들은 약전자기 상호작용으로 불립니다.

올해의 수상자들에게는 선임자들이 있습니다. 이 선임자들은 약한 상호작용의 기술 방법을 계속 발전시켜 온 탁월한 연구자들입니다. 그러나 약한 상호작용은 마치 이리저리 포탄을 날리는 산만한 대포와 같았습니다. 연구자들의 계산은 우리에게 혼돈된 결과를 주었습니다. 어떤 때는 훌륭한 결과를 주지만 가끔은 완전히 말도 안 되는 결과를 보여 줍니다. 터무니없는 결과는 무한대의 확률 또는 무한대의 양자 보정의 모습으로 계산 결과의 어디에서든 나타났습니다.

약한 상호작용에 대한 이론은 의심할 여지없이 매우 취약했습니다. 때늦은 이야기지만 이러한 취약한 상태의 약한 상호작용 이론에 올바른 방향을 제시했던 사람이 펠트만 교수입니다. 그의 핵심적인 연구지침은 대칭성의 개념이었습니다. 대칭성이라는 마법의 지팡이는 여기저기의 작은 조각을 모아 완전한 그림이 되도록 바꾸어 주었습니다. 펠트만 교수가 본 패턴은 '비-아벨 게이지이론'으로서 '양-밀스이론'이라고도 불립니다. 펠트만 교수는 양-밀스이론의 체계 속에서 약한 상호작용에 대한 연구를 시작하고 고무적인 결과를 얻었습니다. 한 줄기 빛이 약한 상호작용에 비쳤습니다.

1~2년 후 토프트 교수가 박사과정 학생으로서 펠트만 교수의 연구진에 합류했지만 그를 기다리는 것은 쉽지 않은 과제였습니다. 그들 공통의 문제에 대한 해를 찾는 과정에서 토프트 교수의 기여는 눈부셨습니다. 토프트 교수와 펠트만 교수는 어떻게 이 귀찮게 날뛰는 무한대 문제에 고삐를 채우고 그 의미를 해석할 수 있는지를 보여 주었습니다. 먼저 약한 상호작용에 대한 이론은 무한대가 나타나지 않고 계산이 가능하도록 수정되어야 했습니다. 수정된 이론은 많은 수의 유령들, 즉 존재하지 않는 입자를 도입하는 것이었습니다. 이론에 포함된 유령은 착한 유령으

로서 계산의 마지막 단계에서는 '안녕' 하고 사라지는 것들이어야만 했습니다. 토프트와 펠트만 교수의 방법에 도입된 유령들은 정확히 원하는 대로 행동했습니다. 알베르트 아인슈타인이 우리에게 가르쳐 준 것은 우리가 3차원의 공간과 1차원의 시간이 합해진 4차원의 시공간에서 살고 있다는 것입니다만 토프트와 펠트만 교수는 약간 다른 방법을 사용했습니다. 차원의 수가 4보다 약간 적은 것처럼 즉, 4 빼기 엡실론, 즉 3.99999인 것처럼 계산하였습니다. 이 접근 방식은 매우 효과적이었습니다. 이렇게 하니 귀찮은 무한대의 문제는 그렇게 두렵지 않게 되었고, 그 결과 무한대들을 한데 모을 수 있고, 고삐를 채울 수 있었으며, 논리적인 해석이 가능해졌습니다.

비록 토프트 교수와 펠트만 교수가 오늘의 노벨상이 있게 한 연구를 1970년대에 수행했지만, 그들의 선구적인 노력이 얼마나 큰 것이었는지를 이해하기에는 상당히 오랜 시간이 걸렸습니다. 우리는 제네바 외곽에 있는 유럽 입자물리연구소에 있는 대형 전자-양전자 가속기(LEP)에서 얻어지는 결과를 기다려야만 했습니다. 이 가속기는 1989년 특히 국왕 전하가 참석한 가운데 준공되었으며 약전자기 상호작용의 정확한 측정에 있어서는 세계 기록을 보유한 곳입니다. 토프트 교수와 펠트만 교수의 연구는 가속기에서 얻어진 결과를 해석하는 데 필수적인 이론이었습니다. LEP에서 얻어진 결과들은 여섯 번째 쿼크인 탑 쿼크가 존재해야 한다는 것을 보였고 가속기의 에너지가 충분하지 않음에도 불구하고 탑 쿼크의 질량을 결정할 수 있었습니다. 이 예측은 대서양을 가로질러 시카고 근처의 페르미 국립연구소에서 1995년에 다시 확인되었습니다.

약전자기 상호작용 이론은 극히 흥미로운 입자인 힉스입자의 존재를 예측했습니다. 이론에 따르면 힉스입자가 없다면 우리는 모두 질량이 없이 빛의 속도로 영원히 움직이는 운명에 처할 것입니다. 그렇게 되면 우리는 존재하지 않을 것이고 생각할 수도 없을 것입니다. 우리가 힉스입자를 발견할 수 있을까요? 이에 대한 우리의 미래는 한 단어로 요약할 수 있을 것입니다.

"흥미진진한데요!"

토프트 교수님, 그리고 펠트만 교수님.

스웨덴 왕립과학원을 대신하여 여러분의 선구적인 연구를 축하드립니다. 이제 국왕 전하로부터 노벨상을 수상하시기 바랍니다.

스웨덴 왕립과학원 세실리아 야를스코그

정보 및 통신기술에 관한 기초연구 |알페로프
고속 광전소자에 사용되는 반도체 헤테로구조 개발 |크뢰머
직접회로의 발명 |킬비

2000

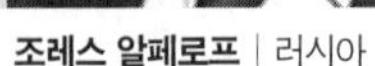

조레스 알페로프 | 러시아

허버트 크뢰머 | 미국

잭 킬비 | 미국

:: 조레스 이바노비치 알페로프 Zhores Ivanovich Alferov (1930~2019)

러시아의 공학자. 1952년에 레닌그라드에 있는 V. I. 울리야노프 레닌 전자공학연구소 전자공학부(지금의 상트페테르부르크 국립 전자공과대학교)를 졸업하였으며, 1953년부터 오페 물리기술 연구소에서 일하였으며, 1987년에 연구소 소장이 되었다. 1970년에 물리학과 수학 박사학위를 취득하였다.

:: 허버트 크뢰머 Herbert Kroemer (1928~)

독일 태생 미국의 공학자. 1952년에 괴팅겐 대학교에서 이론물리학으로 박사학위를 취득하였으며, 미국으로 이주하여 프린스턴에 있는 RCA 연구소에서 연구하였다. 1968년부터 1976년까지 콜로라도 대학교에서 전기공학을 강의하였으며, 1976년에 산타바버라에 있는 캘리포니아 대학교의 교수가 되었다. 합성반도체에 관한 이론 및 장비 개발 분야의 발전에 기여하였다.

:: **잭 클레어 킬비 Jack St. Clair Kilby (1923~2005)**

미국의 전자공학자. 일리노이 대학교에서 공부하였으며 1950년에 위스콘신 대학교에서 전자공학으로 석사학위를 취득하였다. 이후 위스콘신에 있는 글로비유니온 사의 센트럴연구소, 텍사스 인스트러먼츠 사 등에서 일하였다. 1978년부터 1984년까지는 텍사스 대학교에서 전자공학 교수로 재직하였다.

전하, 그리고 신사 숙녀 여러분.

정보기술은 다양한 레벨에서 우리의 삶에 영향을 주고 있습니다. 우리는 정보기술을 사용하여 정보를 모으고 가공하며 전달하고 표현하는 일을 하고 있습니다. 정보기술은 의료 기기나 일상의 전자 제품뿐 아니라 하이테크 공정을 제어하고 있습니다. 이제는 전 세계적인 통신망을 통해 컴퓨터들이 연결되어 있으며, 조만간 그 숫자는 10억 대를 헤아리게 될 것입니다. 전자회로의 성능은 가격의 증가없이 10년마다 100배씩 증가하고 있습니다. 지난 10년간 우리 사회에서 일어난 경제 발전의 주된 구동력은 바로 정보기술이었습니다.

올해의 노벨 물리학상은 마이크로일렉트로닉스와 광전 분야의 초기 발전에 기여한 업적, 특히 레이저나 고속 트랜지스터를 위한 반도체 헤테로구조와 반도체 칩, 집적회로에 관한 연구 성과에 수여하게 되었습니다.

트랜지스터는 1947년 크리스마스 즈음에 발명되었으며, 트랜지스터 발명자는 1956년 노벨 물리학상을 수상하였습니다. 이 발명 이후 10년 만에 거의 모든 진공관이 트랜지스터로 대체되었습니다. 해변은 팝음악으로 넘쳐났으며, 그 소음에 지친 트랜지스터 발명자 중 한 사람은 "내가 트랜지스터를 발명하지만 않았더라도……"라며 후회했다고 합니다.

개개의 트랜지스터는 회로판에 다른 부품과 함께 납땜하여 사용되었습니다. 그러나 컴퓨터 성능이 발전하면서 수만 개의 트랜지스터가 한 개의 회로판에 장착되어야 하는데, 그 작업은 시간이 많이 걸릴 뿐만 아니라 실수할 가능성도 높았습니다.

1958년 여름, 잭 킬비 교수는 신입 엔지니어여서 2주의 여름휴가를 얻을 수는 없었지만, 덕분에 홀로 남은 방에서 아무런 방해도 받지 않고 생각에 몰두할 수 있었습니다. 그는 여러 공정을 거치지만 하나의 반도체 재료만으로 만들 수 있는 부품들로 회로를 설계했습니다. 이런 집적회로의 가능성은 이미 제안되어 있었지만, 가장 경제적인 재료로 부품을 만들어야 하는 실제 산업공정과는 부합되지 않는 면이 있었습니다. 그 해 9월 12일, 그는 집적회로가 실제로 작동한다는 것을 보여 주었습니다. 집적회로의 생일인 이 날은 기술사적으로 가장 중요한 날 가운데 하나일 것입니다. 오늘날의 반도체 칩은 거의 10억 비트의 기억 용량을 가지고 있으며, 컴퓨터의 두뇌인 중앙연산처리장치(CPU)는 10억 개의 논리 게이트를 가지고 있습니다.

정보기술의 발전을 위해서는 더 싸고, 더 작으며, 더 많은 트랜지스터만 필요한 것이 아니었습니다. 더 빠른 트랜지스터도 마찬가지로 필요했습니다. 초기의 트랜지스터는 그리 빠른 편은 아니었습니다. 이보다 우수한 증폭 능력, 더 높은 작동 주파수, 그리고 우수한 출력 특성을 가진 트랜지스터를 만들기 위한 방법으로 반도체 헤테로구조가 제안되었습니다. 헤테로구조란 원자구조는 비슷하지만 전기적 특성이 다른 두 개의 반도체를 접붙인 구조를 말합니다. 1957년 허버트 크뢰머는 주의 깊은 연구를 통해 고속 트랜지스터 구조를 제안했습니다. 오늘날 고속 트랜지스터는 휴대폰이나 중계기, 위성 안테나 등에 들어가 외부나 멀리 떨어진 휴대폰의 미약한 신호를 증폭하여 수신기 자체의 소음에 묻히지 않도록 하는 데 사용하고 있습니다.

반도체 헤테로구조는 레이저나 발광다이오드, 변조기, 태양전지 등 광전소자의 개발에도 중요한 역할을 했습니다. 반도체 레이저는 전자와 홀이 재결합되면서 빛입자, 즉 광양자를 방출하는 현상에 기반을 두고 있습니다. 이러한 광양자의 밀도가 충분히 높아지면 그들은 서로 같은 리듬으로 움직이기 시작하면서 공조된 상태의 빛인 레이저를 방출합니다. 초기의 반도체 레이저는 효율이 매우 낮았으며 짧은 펄스의 형태로만 발광이 가능했습니다.

1963년, 허버트 크뢰머와 조레스 알페로프 교수는 전자, 홀, 그리고 광양자가 두 개의 다른 층(이중 헤테로구조) 사이에 가둬지면 그 농도가 훨씬 커질 수 있다는 것을 제안했습니다. 우수한 장비가 없었음에도 상트페테르부르크의 알페로프 교수를 비롯한 공동 연구자들은 골치 아픈 냉각 문제가 해결된 연속 레이저를 만들어 냈습니다. 이때가 1970년 5월로 미국의 경쟁자들보다 불과 몇 주 앞서 달성한 것이었습니다.

레이저와 발광다이오드는 그 후 여러 단계를 거쳐 발전해 왔습니다. 헤테로구조 레이저가 없었다면 오늘날 고속의 광학통신, CD 플레이어, 레이저 프린터, 바코드 리더, 레이저 포인터, 그리고 수많은 과학 기기들이 존재하지 못했을 것입니다. 발광다이오드는 모든 종류의 디스플레이에 사용되는데 거기에는 교통 신호등도 포함되어 있습니다. 조만간 전구를 사용하는 교통 신호등은 모두 발광다이오드 신호등으로 대체될 것입니다. 최근에는 청색 레이저를 포함하여 전 가시파장 영역의 발광다이오드와 레이저를 만들 수 있게 되었습니다.

단지 더 쉽다는 이유 때문에 저는 이들 발견에 내재된 눈부신 과학적 성취보다 그 기술적 중요성들을 강조해서 말씀드렸습니다. 그러나 도전적인 문제의식과 적합한 연구 수단을 갖게 되면서 대규모의 기초연구가 이어지곤 했습니다. 마이크로일렉트로닉스의 첨단재료와 도구는 나노과학과 양자효과에 관한 연구에 사용되고 있습니다. 과학 계산은 물론 과학 실험도 이제는 고도로 전산화되어 있습니다.

반도체 헤테로구조는 2차원 전자가스의 실험실이라고 할 수도 있습니다. 양자 홀효과에 관한 1985년과 1998년의 노벨 물리학상은 이런 제한된 구조가 있었기에 가능했습니다. 미래에는 그것들이 더 감소해서 1차원 양자채널이나 0차원의 양자점으로 축소될 것입니다.

알페로프, 킬비, 그리고 크뢰머 박사님.

제가 여러분의 발견과 발명이 갖는 중요성 몇 가지를 간단히 설명드렸습니다만, 인류에게 이렇게 많은 혜택을 가져온 경우는 거의 없을 것입니다. 우리는 아직 정보기술 혁명의 한 가운데 있을 뿐이며 앞으로도 이 분야는 계속 발전할 것입니다. 언제 어디서 무엇이 나오리라고 단언할 수는 없지만, 저는 기초연구들을 통해 새로운 현상들이 속속 밝혀질 것을 확신합니다.

스웨덴 왕립과학원을 대표해서 여러분께 진심으로 축하의 말씀을 전합니다. 이제 나오셔서 전하로부터 노벨상을 수상하시기 바랍니다.

스웨덴 왕립과학원 토드 클라에손

보스-아인슈타인 응축

2001

에릭 코넬 | 미국

볼프강 케테를레 | 독일

칼 위먼 | 미국

:: **에릭 얼린 코넬** Eric Allin Cornell (1961~)

미국의 물리학자. 스탠퍼드 대학교에서 공부하였으며, 1990년에 매사추세츠 공과대학에서 박사학위를 취득한 후, 실험천체물리학 합동연구소(JILA)에서 박사후과정을 이수하면서 공동 수상자인 칼 E. 위먼의 연구팀에 합류하여 보스-아인슈타인 응축 상태를 실현하는 데 기여하였다. 1992년부터 콜로라도 대학교에서 교수로 일하고 있으며, 2000년에는 국립과학원 특별회원으로 선출되었다.

:: **볼프강 케테를레** Wolfgang Ketterle (1957~)

독일의 물리학자. 하이델베르크 대학교와 뮌헨 공과대학에서 공부하였으며, 1986년에 막스플랑크 양자광학연구소에서 헤르베르트 발터와 하르트무터 피거의 지도 아래 박사학위를 취득하였다. 이후 막스 플랑스 양자광학연구소와 하이델베르크 대학교에서 박사후과정을 이수한 후, 1993년에 매사추세츠 공과대학 교수로 임용되어 독자적으로 보스-아인슈타인 응축에 관하여 연구하였다. 미국 물리학회 및 독일 물리학회 회원이다.

:: **칼 에드윈 위먼 Carl Edwin Wieman (1951~)**

미국의 물리학자. 매사추세츠 공과대학에서 공부하였으며, 1977년에 스탠퍼드 대학교에서 박사학위를 취득하였다. 1979년에 미시건 대학교의 조교수가 되어 1984년까지 강의하였으며, 1984년에 콜로라도 대학교의 부교수로 임용된 후 1987년에 정교수가 되었다. 실험천체물리학합동연구소(JILA)의 연구교수로도 활동하고 있다. 연구진을 이끌면서 입자의 냉각 · 포획을 위한 레이저 · 자기 광학 병합장치를 직접 고안하는 등 보스-아인슈타인 응축의 실현에 기여하였다.

전하, 그리고 신사 숙녀 여러분.

약 70여 년전 보스와 아인슈타인은 올해의 노벨 물리학상을 가능케 한 물질의 새로운 상태에 대한 이론적인 예측을 했습니다. 올해의 수상자들이 만들어 낸 물질의 새로운 상태는 이른바 보스-아인슈타인 응축 상태입니다. 보통의 물질과 보스-아인슈타인 응축물의 관계는 전구에서 나오는 빛과 레이저 빛 사이의 관계와 유사합니다.

세계는 상호작용하는 입자와 파동으로 구성되어 있습니다. 물리적 실재에 대해 보통 우리는 파동과 입자를 쉽게 구분할 수 있다고 확신합니다. 그러나 실제로는 파동과 입자가 자신의 정체성을 바꾸기도 합니다. 빛의 파동은 광양자라는 질량이 없는 입자의 흐름으로 간주될 수 있고 물질 입자들은 때로는 파동과 같은 성질을 가집니다. 일반적으로 원자에 해당하는 파장은 극히 짧아 파동성을 관찰할 수 없습니다. 그렇지만 원자들이 매우 천천히 움직인다면 우리는 원자의 파동성도 관찰할 수 있습니다. 아인슈타인은 만약 기체가 매우 낮은 온도로 냉각된다면 모든 원자들이 가장 낮은 에너지 상태로 모일 수 있을 것이라고 예측했습니다. 매우 낮은 온도에서 개별 원자의 파동, 즉 물질파는 이제 하나의 파동으로 합쳐집니다. 이렇게 되면 원자들은 말 그대로 같은 음으로 노래를 부른다고 할 수 있습니다. 수천 개의 원자들은 하나의 큰 초원자처럼 행동합니다. 이것이 바로 보스-아인슈타인 응축입니다. 그러나 이 현상은 보손이라 불리는 특별한 유형의 입자에서만 일어날 수 있습니다. 전자는 다른 유형의 대표적인 입자입니다. 전자들은 전혀 사교적이지 않아 절대로 동일한 상태에 놓여 있지 않고 동일한 방식으로 행동하려고 하지 않습니다. 대신 전자들은 원자의 복잡한 전자껍질을 만들어 원소의 주기적인 시스템을 구성합니다.

보스-아인슈타인 응축을 만들기 위해서는 원자기체의 속도가 절대온도 0도보다 수백만 분의 1도 이상 높지 않아야 합니다. 1997년 노벨상 수상자들은 레이저를 사용해 원자기체를 냉각하고 포획할 수 있는 효과적인 방법을 개발했습니다. 그러나 보스-아인슈타인응축을 만들기는 여전히 매우 어려워 많은 연구자들은 실패에 실패를 거듭했지만 칼 위먼 교수는 성공적인 방법을 개발했습니다. 그는 이른바 자기광학 원자포획법으로 알칼리 금속을 레이저로 냉각시켰습니다. 그리고 증발냉각을 통해 원자의 속도를 계속 줄여 나갔습니다. 증발냉각법은 가장 빠른 속도를 가진 원자를 체계적으로 제거하는 방법입니다. 콜로라도 대학교 연구팀의 다방면에 걸친 노력 끝에 에릭 코넬 교수가 응축을 방해하는 마지막 남은 문제를 해결함으로써 루비듐원자를 사용한 성공적인 실험이 1995년에 보고되었습니다.

볼프강 케테를레 교수는 코넬 교수, 위먼 교수와 독립적으로 연구를 진행하여 이들보다 넉 달 늦게 레이저로 냉각된 나트륨 원자의 커다란 보스-아인슈타인 응축물을 보고했습니다. 케테를레 교수는 나트륨원자의 응축물이 보스-아인슈타인 이론에서 예측하는 단일한 결맞은 파로써 거동한다는 것을 입증하였습니다. 그의 실험은 두 개의 돌멩이를 잔잔한 물의 표면에 던졌을 때, 돌멩이가 만든 서로의 파동이 상호작용해 체계적인 방식으로 강화되고 약화되는 현상과 비슷합니다. 즉 물의 파동에서 보이는 간섭무늬와 비슷합니다. 이러한 결맞은 파동의 간섭무늬는 결맞지 않은 파동, 예를 들면 모래 두 움큼을 물에 던졌을 때 일어나는 현상과는 대조적입니다. 케테를레 교수는 응축물로부터 결맞은 물질의 빔을 추출할 수 있었으며 그 결과 최초의 원자레이저를 만들 수 있었습니다. 보통의 레이저가 결맞은 빛의 흐름을 만들어 낸다면 원자 레이저는 결맞은 물질의 흐름을 만들어 내는 것입니다.

결맞지 않은 원자들로 구성된 기체가 보스-아인슈타인 응축물이 되는 것은 마치 다른 음조와 다른 목재로 만들어진 오케스트라의 여러 악기가 개별적으로 워밍업을 한 후 모두 같은 음조로 만나는 것에 비견될 수 있습니다.

올해 수상자들의 선구적인 실험 후, 오늘날 20곳이 넘는 연구팀에서 보스-아인슈타인 응축물을 만들었습니다. 우리는 보스-아인슈타인 응축물을 사용한 많은 환상적인 응용들을 생각해 볼 수 있습니다. 느린 원자를 사용한 측정은 대단히 놀라운 수준의 정확도를 가질 것입니다. 아마도 우리가 오늘날 자연상수라고 생각하는 값이 정말 상수라는 것을 보일 수도 있습니다. 물질을 새로운 상태로 제어하는 보스-아인슈타인 응축물은 지금은 예상하기 힘든 분야에서 실질적인 응용이 이루어질 것입니다. 예를 들면 식각과 나노기술과 같은 분야에 말입니다.

코넬 교수님, 케테를레 교수님, 그리고 위먼 교수님.

여러분들의 보스-아인슈타인응축에 대한 선구적인 업적은 매우 결실이 풍부하고 잠재적으로 응용 가능성이 높은 연구 분야를 새로 열었습니다.

스웨덴 왕립과학원을 대신하여 여러분 위대한 성취를 축하드립니다. 이제 국왕 전하로부터 노벨상을 수상하시기 바랍니다.

스웨덴 왕립과학원 순 스반메리

중성미자의 존재 입증 | 데이비스, 고시바
우주 엑스선원의 발견 | 지아코니

2002

레이먼드 데이비스 | 미국

고시바 마사토시 | 일본

리카르도 지아코니 | 미국

:: 레이먼드 데이비스 Raymond Davis Jr. (1914~2006)

미국의 천체물리학자. 메릴랜드 대학교에서 공부하였으며, 1942년에 예일 대학교에서 물리 화학 박사학위를 취득하였다. 1948년부터 1984년까지 뉴욕 롱아일랜드에 있는 브룩헤이븐 국립 연구소에서 연구하였으며, 1985년에 펜실베이니아 대학교의 천문학 연구교수가 되었다. 약 2,000개의 아르곤 원자를 추출하여 같은 수의 태양 중성미자를 관측함으로써 중성미자의 존재를 입증하였다.

:: 고시바 마사토시 小柴昌俊 (1926~2020)

일본의 천체물리학자. 도쿄 대학교에서 물리학을 공부하였으며, 미국으로 건너가 1955년에 로체스터 대학교에서 물리학 박사학위를 취득하였다. 1960년에 도쿄 대학교의 교수가 되었으며, 1987년에 명예교수가 되었다. 도쿄 대학교 소립자물리 국제연구센터의 소장으로도 활동하였다. 중성미자 천문학을 창시함으로써 우주를 보는 관점을 변화시켰다.

:: **리카르도 지아코니 Riccardo Giacconi (1931~2018)**

이탈리아 태생 미국의 천체물리학자. 1954년에 밀라노 대학교에서 물리학으로 박사학위를 취득한 후, 1956년까지 조교수로 재직하였다. 이후 미국으로 건너가 인디애나 대학교와 프린스턴 대학교에서 박사후과정을 이수하였으며, 1973년에 하버드 대학교의 교수가 되었다. 1981년부터 1999년까지 존스홉킨스 대학교의 교수로 재직하였으며, 1999년부터 연구교수로 활동하며 연구에 전념하고 있다. 엑스선 기술을 발전시켜 엑스선 망원경을 제작함으로써 우주에 대한 혁신적인 연구를 수행하였다.

전하, 그리고 신사 숙녀 여러분.

우리 지구 생명의 근원인 햇빛은 태양이 수축하면서 만들어진 것일까요? 이 질문은 19세기 중반 과학계에 가장 중요한 질문이었습니다. 그러나 1920년이 되어서야 태양의 중심에서 일어나는 핵융합반응, 즉 매우 큰 압력으로 수소가 헬륨으로 변환되면서 많은 양의 에너지가 태양 에너지로 방출된다는 모델이 제안되었습니다.

우주에서 가장 흔히 발견되는 입자인 중성미자는 이러한 핵융합반응 과정에서 매우 많은 양이 발생합니다. 이 경이로운 입자들은 무거운 태양의 질량을 뚫고 나와 우리가 있는 지구까지 거뜬히 도달하는데, 무려 지구표면 1제곱센티미터당 매초 600억 개씩 쏟아져 들어오고 있습니다. 레이먼드 교수는 바로 이 태양 중성미자를 잡기 위한 도전에 나섰습니다. 그보다 조금 늦게 고시바 교수도 이 도전에 합류하였습니다. 그러나 중성미자는 다른 물질과의 반응이 대단히 미약해서 관측하기가 대단히 어렵습니다. 중성미자가 관측될 확률은 지구를 통과하는 중성미자 1조 개 중 단 1개에 불과합니다.

레이먼드 데이비스 교수는 교묘한 관측 방법을 고안하여 사우스 다코다 주의 금광 깊은 곳에서 중성미자를 잡아낼 수 있었습니다. 염소가 다량으로 함유된 액체로 가득 찬 거대한 탱크 속에서 단지 몇 개의 중성미자만이 클로린(염소)과 반응하면서 아르곤을 만듭니다. 1년에 10번 정도 탱크를 비워 아르곤 원자를 헤아리는 방법으로 그는 4반세기 동안 2,000개의 중성미자를 잡아낼 수 있었습니다. 금보다 훨씬 비싼 셈입니다.

고시바 교수 역시 도쿄 서쪽의 카미오카 광산 깊은 곳에서 중성미자를 잡아냈습니다. 그는 자신이 개발한 매우 민감한 측정기를 이용하여 거대한 물탱크 속에서 매우 드물게 중성미자와 물이 반응하면서 발생시키는 빛을 관측했습니다.

태양은 50억 년 후에 백색왜성으로 변하면서 일생을 마칠 것입니다. 그러나 더 무거운 별은 초신성 폭발과 함께 일생을 마칩니다. 핵융합반응이 끝나면 중력으로 별들이 급격히 수축되고, 이에 따라 중성자 별과 블랙홀이 형성됩니다. 그리고 불과 몇 초 만에 100억 년의 수명 동안 태양이 방출했던 총에너지의 100배에 달하는 엄청난 에너지를 방출하는 폭발이 일어납니다. 전체 우주에서 초신성은 흔하지만, 우리 주위에는 매우 드뭅니다. 1987년 2월 23일, 태양까지 거리의 10억 배에 해당되는 17만 광년 떨어진 옆 은하에서 초신성의 폭발이 있었습니다. 그때 불과 수 초 만에 중력에너지가 중성미자로 변환되어 엄청난 양의 중성미자가 지구로 쏟아졌습니다. 그중 1경 개의 중성미자가 고시바의 물탱크에 도달하였으며, 무려 12개가 한꺼번에 포착되었습니다. 초신성 폭발의 이론이 확인된 것입니다.

빌헬름 콘라트 뢴트겐은 엑스선의 발견으로 1901년 첫 번째 노벨 물리학상을 수상하였습니다. 중성미자와 달리 우주엑스선은 지구 대기조차 통과하지 못하지만, 1940년대 말 과학자들은 최초로 태양 표면에서 방출되는 엑스선을 발견했습니다. 리카르도 지아코니 교수는 태양에서 방출된 엑스선이 달에 반사되는 것을 관측할 목적으로 1962년에 6분간 로켓 실험을 실시했습니다. 이 실험에서 그는 대량의 우주엑스선을 발견하였으며, 최초로 태양계의 바깥에서 발생하는 엑스선을 확인했습니다. 지아코니 교수는 계속 엑스선 기술을 발전시켜 엑스선 망원경을 만들었으며 우주엑스선 실험이 잇따라 수행되었습니다.

엑스선 천문학 분야에서 지아코니 교수의 업적은 우주에 관한 우리의 관점을 극적으로 변화시켰습니다. 우주는 천천히 발전해 가는 별과 성운으로만 이루어진 것이 아니라 매우 빠르게 변화하며 어마어마한 양의 에너지를 방출하는 작은 물체들도 포함하고 있음을 보여 준 것입니다. 우주엑스선을 이용하면 블랙홀을 간접적으로 관측할 수 있기 때문에 더욱 특별한 관심을 끌고 있습니다.

데이비스 교수님, 고시바 교수님, 그리고 지아코니 교수님.

여러분의 혁신적인 연구는 우주에 이해의 새로운 장을 열었습니다. 여러분은 잡음을 피해 땅 속 깊은 곳에서, 그리고 대기의 방해를 받지 않기 위해 로켓이나 우주선을 이용한 높은 곳에서 실험을 해왔지만 이제는 모두 지표면 위에 모여 있습니다.

스웨덴 왕립과학원을 대표하여 여러분의 뛰어난 연구 업적에 축하를 드립니다. 이제 나오셔서 전하로부터 노벨 물리학상을 수상하시기 바랍니다.

스웨덴 왕립과학원 페르 칼손

현대 초전도체와 초유체 현상에 대한 이론적 토대 확립

2003

알렉세이 아브리코소프 | 미국

비탈리 긴즈부르크 | 러시아

앤서니 레깃 | 영국

:: **알렉세이 알렉세예비치 아브리코스프** Alexei Alexeyevich Abrikosov **(1928~2017)**

러시아 태생 미국의 물리학자. 모스크바 대학교에서 공부하였으며, 1951년에 러시아 물리학문제연구소에서 박사학위를 받았다. 1965년에 모스크바 대학교의 교수가 되었으며 1987년부터 과학아카데미 회원으로 활동하였다. 1991년부터 미국 일리노이에 있는 아르곤 국립 연구소의 물질과학분과에서 연구를 이어가고 있다.

:: **비탈리 라자레비치 긴즈부르크** Vitaly Lazarevich Ginzburg **(1916~2009)**

러시아의 물리학자. 모스크바 대학교에서 물리학을 공부하였으며, 1942년에 박사학위를 취득하였다. 1940년부터 P. N. 레베데프 물리학연구소에서 연구하고 있다. 1968년부터 모스크바 물리기술 연구소에서 시간제 교수로 강의 중이다. 1962년 물리학 수상자인 레프 란다우와 함께 초전도체에서의 질서도를 결정할 수 있는 수학식인 긴즈버그-란다우 이론을 만들었다.

:: **안토니 제임스 레깃** Anthony James Leggett **(1938~)**

영국과 미국 국적의 물리학자. 1964년에 옥스퍼드 대학교에서 물리학으로 박사학위를 취득한 뒤 미국 일리노이 대학교에서 박사후과정을 이수하였다. 1967년에 서섹스 대학교의 교수가 되어 1982년까지 재직하였으며, 1982년에 일리노이 대학교의 물리학 교수가 되었다. 새로운 초유체의 특성과 복잡한 질서 파라미터를 수용하는 다른 형태의 질서도 사이의 관계를 설명함으로써 초전도와 초유체 이론 형성에 기여하였다.

전하, 그리고 신사 숙녀 여러분.

올해의 노벨 물리학상의 주제는 질서에 관한 것입니다. 우리 일상에서의 질서가 아니라 원자나 전자 등 미시세계에서의 질서입니다. 양자역학의 지배를 받는 미시세계에서는 우리 일상에서 전혀 관찰할 수 없는 현란한 현상들이 일어납니다. 그러나 전자나 원자의 질서가 어떤 특별한 형태일 경우에는 미시세계의 양자현상을 아주 크게 증폭시켜 눈으로도 그 현상을 볼 수 있게 해줍니다. 물리 분야의 올해 노벨상은 미시세계의 질서와 초전도 혹은 초유체라고 불리는 거시현상 간의 관계를 밝히는 데 기여한 세 명의 과학자에게 돌아갔습니다.

1911년 네덜란드의 물리학자 하이케 카메를링 오네스(1913년 노벨 물리학상 수상)는 절대온도 0도 근처의 낮은 온도에서 수은의 전기저항이 사라지는 현상을 발견하고 초전도현상이라는 이름을 붙였습니다. 곧이어 러시아의 물리학자 피요트르 카피차(1978년 노벨 물리학상 수상)는 유사한 이름을 붙인 초유체현상, 즉 액체헬륨이 초전도현상이 일어나는 임계온도보다 더 낮은 온도에서 내부저항 없이 흐르는 현상을 관찰했습니다. 초전도현상이 발견되자마자 과학자들은 이 현상이 현대 산업에서 매우 광범위한 중요성을 갖게 될 것임을 알았습니다. 예를 들면 초전도 전선으로 코일을 만들면 에너지 손실이 없는 매우 강력한 전자석을 만들 수 있습니다. 그러나 불행하게도 대부분의 초전도체는 매우 약한 자기장에 의해서도 보통의 금속으로 돌아가버리고 말았습니다. 곧이어 초전도

성과 자성을 동시에 수용해서 강한 자기장 속에서 초전도성을 유지하는 새로운 형태의 초전도체가 발견되었습니다. 이렇게 만들어진 초전도 자석은 의료 진단기나 입자물리학자들이 사용하는 거대 가속기의 고해상도 자기영상장치에 사용되는 등, 현대 사회에서 대단히 중요한 역할을 하고 있습니다.

올해 수상자 중 비탈리 긴즈부르크 교수와 알렉세이 아브리코소프 교수는 초전도성과 자성이 어떻게 동시에 수용되는지를 이해하는 데 결정적인 기여를 했습니다. 긴즈부르크 교수는 레프 란다우(1962년 노벨 물리학상 수상)와 함께 초전도성이 어떤 임계 전기장이나 자기장에 의해 사라지는 현상을 이전보다 훨씬 자세히 기술할 수 있는 이론을 만들었습니다. 그들은 전자들 간의 질서를 기술할 수 있는 방법을 제안하고 초전도성 질서 파라미터를 제안했습니다. 그들은 깊은 물리적 통찰로 초전도체에서의 질서도를 결정할 수 있는 수학식을 만들어 냈는데, 그 식은 그 당시에 초전도체로 알려진 물질에서 측정된 값들과 잘 일치하는 것이었습니다. 특히 강조하고 싶은 것은 긴즈부르크-란다우 이론의 타당성이 광범위하게 적용될 수 있어서, 현대 물리학의 많은 분야에서 새로운 지식을 얻는 데 널리 활용되고 있다는 점입니다

그러나 곧이어 새로운 초전도 재료에서 예상치 못한 결과들이 관찰되었습니다. 아브리코소프 교수는 이러한 차이를 설명하는 좀 더 복잡한 형태의 질서를 발견했습니다. 그는 깊은 통찰력을 가지고 긴즈부르크-란다우식을 분석하여 질서도의 공간분포에 어떻게 보티스가 형성되는지를 보일 수 있었습니다. 그리고 자기장이 이것을 통해 어떻게 초전도체 내로 침투하는지를 보였습니다. 보티스는 욕조의 물을 비울 때 물에 생기는 소용돌이와 본질적으로 같은 것입니다. 아브리코소프 교수는 2종

초전도체라고 하는 새로운 종류의 물질에서 초전도성과 자성이 동시에 수용되는 이유를 완벽하게 설명하였습니다. 초전도 물질의 연구에 새로운 돌파구가 생긴 것입니다.

더 복잡한 종류의 질서는 1970년대 초에 발견된 헬륨-3의 초유체에서 관찰되었습니다. 이것은 더 무거운 동소체인 헬륨-4가 대부분을 차지하는 자연상태의 헬륨에서 카피차가 처음으로 초유체를 발견한 것보다 훨씬 나중의 일이었습니다. 두 동소체 간에는 근본적인 차이가 있습니다. 헬륨-4는 보스-아인슈타인 응축현상에 의해 초유체로 직접 질서화되는 보손이라고 부르는 입자군의 하나인 반면 헬륨-3는 전자와 똑같은 페르미온입니다. 이런 입자들이 초유체상태로 되기 위해서는 먼저 짝을 이루어야 합니다.

헬륨-3 액체 상태의 원자 짝은 내부에 자유도가 존재한다는 것이 밝혀졌습니다. 이것은 서로의 주위를 돌기 때문이기도 하고 물리학자들이 스핀이라고 부르는 자기적 특징 때문이기도 합니다. 결국 여기서는 긴즈부르크-란다우 질서 파라미터가 초전도체에서처럼 2개가 아니라 18개의 성분을 가지며 초유체의 특성이 방향에 따라 달라지는 이방성을 가집니다. 앤서니 레깃 교수는 새로운 초유체의 특성과 복잡한 질서 파라미터를 수용하는 다른 형태의 질서도 사이의 관계를 설명하는 데 성공하였습니다. 그의 이론은 실험 연구자들이 그들의 측정 결과를 해석할 수 있게 해주었고 체계적인 연구의 틀을 제공했습니다. 레깃 교수의 이론은 액정물리나 천문학과 같은 분야에서도 광범위하게 사용되고 있습니다.

아브리코소프 교수님, 긴즈부르크 교수님, 레깃 교수님.

여러분은 초전도와 초유체 이론에서의 선구적 기여로 2003년 노벨 물리학상을 수상하게 되었습니다.

스웨덴 왕립과학원을 대표하여 축하 말씀을 전하게 되어 대단히 영광스럽습니다. 이제 나오셔서 전하로부터 노벨상을 수상하시기 바랍니다.

스웨덴 왕립과학원 마츠 욘슨

강력이론에서 점근적 자유성의 발견

2004

데이비드 그로스 | 미국　　**휴 데이비드 폴리처** | 미국　　**프랭크 윌첵** | 미국

:: 데이비드 조너선 그로스 David Jonathan Gross (1941~)

미국의 이론물리학자. 이스라엘 헤브루 대학교에서 공부하였으며, 1962년에 버클리에 있는 캘리포니아 대학교에서 박사학위를 취득하였다. 1969년에 프린스턴 대학교의 조교수가 되었으며 1971년에 정교수로 승진하여 1997년까지 이론물리학을 강의하였다. 1973년에는 제자이자 공동 수상자인 프랭크 윌첵과 함께 강력의 작용에 관한 논문을 발표하기도 하였다. 1997년에 산타바바라에 있는 캘리포니아 대학교의 이론물리학 교수가 되었다.

:: 휴 데이비드 폴리처 Hugh David Politzer (1949~)

미국의 이론물리학자. 미시건 대학교에서 공부하였으며, 1974년에 하버드 대학교에서 물리학으로 박사학위를 취득하였다. 1975년부터 캘리포니아 공과대학에서 강의하였으며 1979년에 정교수가 되었다. 공동 수상자인 데이비드 그로스와 프랭크 윌첵과 별도로 쿼크들 사이의 강력에 관하여 연구하였다.

:: 프랭크 윌첵 Frank Wilczek (1951~)

미국의 수학자이자 물리학자. 시카고 대학교에서 과학과 수학을 공부하였으며, 1972년에 프린스턴 대학교에서 수학으로 석사학위를 취득하고, 1974년 물리학으로 박사학위를 취득하였다. 프린스턴 대학교와 산타바버라에 있는 캘리포니아 대학교, 프린스턴 고등 연구소에서 강의하였으며, 2000년에 매사추세츠 공과대학의 교수가 되었다.

전하, 그리고 신사 숙녀 여러분.

아이작 뉴턴은 사과가 떨어지는 것을 보고 중력이 어떻게 작용하는지를 이해하고, 중력의 법칙을 세울 수 있었습니다. 그는 이 법칙을 이용해서 지구 주위를 도는 달의 궤도를 설명하였습니다. 그는 두 물체 사이의 힘이 거리가 멀어짐에 따라 어떻게 감소하는지를 보여 주었습니다. 전하를 띤 두 물체 사이의 전기력도 중력과 비슷하게 거리가 멀어지면 감소한다는 사실이 밝혀졌습니다. 그런데 힘이란 무엇일까요? 힘은 어떻게 생기는 것일까요? 진공처럼 빈 공간에서 어떻게 힘이 작용할 수 있을까요? 정확히 100년 전 알베르트 아인슈타인은 빛이 광양자라고 부르는 덩어리들로 표현될 수 있으며, 이 광양자들이 전하를 띤 물체들 사이를 오가면서 두 물체 사이의 전자기 힘을 매개한다는 것을 알아냈습니다. 그것은 마치 축구공이 골키퍼를 뚫고 들어가거나 폭탄이 요새의 탑을 무너뜨리는 것과 같습니다. 뮌히하우젠 남작이 포탄에 몸을 싣고 담을 넘는 장면을 상기해 볼 수도 있습니다.

왜 힘은 거리가 멀어지면 약해지는 것일까요? 포탄의 경우라면 공기의 저항을 받기 때문이라고 이해할 수 있습니다만, 광양자의 운동이 매개하는 힘은 진공 속에서도 감소합니다. 그 이유는, 양자역학에 의하면, 광양자의 빔은 동시에 하나의 파동이기 때문입니다. 즉 소스로부터 멀어질수록 그 파동의 작은 부분만이 여러분에게 도달되는 것입니다. 1883년의 크라카토아 폭발 때 발생한 파도가 수마트라 해안을 덮쳤을 때는 그 피해가 어마어마했지만, 아프리카 해안에 도달했을 때는 물의 출렁거림 정도에 불과했던 것과 같습니다. 중력도 전자기력과 마찬가지로 이해할 수 있습니다. 아직 중력을 전달하는 입자를 발견하지는 못했지만 우리는 그것이 있을 것이라고 생각합니다.

물리학자들은 자연에 작용하는 근본적인 힘과 함께 자연을 구성하는 근본적인 구성 요소들을 이해하려고 합니다. 우리는 물질을 원자로, 원자를 다시 전자와 핵으로, 핵을 또 중성자와 양성자로 계속 나누어 왔습니다. 그러자 핵 속에 다른 종류의 힘이 동시에 작용하고 있음이 명백해졌습니다. 하나는 방사능 붕괴와 관련된 약력이며, 다른 하나는 양성자들 사이의 강력한 반발력에도 불구하고 이들을 핵 속에 붙들고 있는 '강력' 입니다. 이러한 힘들은 불가사의하게도 핵 크기 정도의 매우 짧은 거리에서만 작용합니다. 이러한 근본적인 힘들과 자연의 근본적인 구성요소들을 이해하는 것이 지난 50년 동안 입자물리학의 큰 숙제였습니다. 올해의 노벨상으로 이전의 노벨상을 수상한 연구들이 그려 오던 그림이 완성되었다고 할 수 있습니다. 이제 우리는 근본적인 자연의 구성 요소들을 알게 되었고, 네 개의 근본적인 힘을 기술할 수 있게 되었습니다.

이러한 것을 가능케 한 선행 발견 중 하나는 양성자와 중성자가 쿼크라고 부르는 좀 더 근본적인 입자들로 형성되어 있다는 것입니다. 쿼크들은 다른 종류의 전하를 가진 다양한 입자들이어서 당연히 전자들처럼 운동할 것이라고 생각되었습니다. 그러나 전자들과는 달리 독립적으로 존재하는 독립쿼크는 전혀 관찰되지 않았습니다. 이상하게도 쿼크들이 서로 멀어질수록 그들 사이의 힘이 증가하는 것처럼 나타났습니다. 반대로 두 쿼크가 매우 가까워지면 전혀 서로를 느끼지 못한다는 증거들이 나타났습니다. 이러한 거동을 '점근적 자유성' 이라고 합니다. 어떤 이론이 이러한 쿼크의 거동을 설명할 수 있을까요? 쿼크 간의 이러한 거동은 전자기력을 성공적으로 기술해 낸 기존의 이론으로는 설명이 불가능함으로써, 1970년대의 입자물리학은 커다란 딜레마에 빠져들었습니다. 어떠한 모델이나 계산 결과도 실험 결과와 상반되는 거동을 예측할 뿐이었습니다. 마침내 문제는 하나의 질문으로 귀착되었습니다. 어떤 이론이 적당한 곳에 음의 기호를 넣을 수 있을까? 시험대에 오른 모든 이론들은 잘못된 양의 값들을 내놓을 뿐이었습니다.

1973년, 데이비드 그로스와 프랭크 윌첵, 그리고 데이비드 폴리처는 새로운 종류의 이론적 접근을 시도하였습니다. 결과는 −11/3이라는 수치를 내놓았는데, 그것은 이 이론이 점근적 자유성을 기술하고 있음을 의미하는 것이었습니다. 전 세계는 물론 그들 자신에게도 놀라운 결과였습니다. 이처럼 네거티브한 결과가 포지티브한 효과를 갖는 경우는 매우 드물 것입니다. 곧이어 쿼크 간의 '강력'에 관한 이론이 완성되었으며 실험과의 상세한 비교가 이루어졌습니다. 지난 15년간 대형가속기에서 수행된 실험들을 통해 그들의 이론이 대단히 정확하다는 것이 검증되었습니다. 그로스, 폴리처, 그리고 윌첵 교수의 이론은 물질을 구성하는 근본 구성 요소인 쿼크의 물리적 거동을 성공적으로 기술하였습니다. 또한 그 이후의 연구를 통해서 그들의 이론이 유일무이하다는 것이 밝혀졌습니다. 어떤 다른 이론도 실험 결과를 제대로 설명하지 못했는데 이렇게 발견된 단 하나의 이론만을 자연이 선택한다는 것은 참으로 놀라운 일입니다.

그로스 교수님, 폴리처 교수님, 그리고 윌첵 교수님.

여러분은 원자핵의 강력 이론에서 점근적 자유성을 발견한 공로로 2004년 노벨 물리학상을 수상하게 되었습니다.

스웨덴 왕립과학원을 대표해 축하의 말씀을 전하게 되어 대단히 영광스럽습니다. 이제 전하로부터 노벨상을 수상하시기 바랍니다.

스웨덴 왕립과학원 라르스 브링크

광학적 결맞음에 대한 양자역학 이론 | 글로버
광학주파수 빗 기법을 포함한, 레이저에 기초한 정밀분광학의 개발 | 홀, 핸슈

2005

로이 글로버 | 미국

존 홀 | 미국

테오도르 핸슈 | 독일

:: 로이 제이 글로버 Roy Jay Glauber (1925~2018)

미국의 물리학자. 하버드 대학교 재학 시절 열여덟 살이라는 최연소의 나이로 맨해튼 계획에 참여하였다. 이후 1946년에 대학교를 졸업하고 1949년에 박사학위를 취득하였다. 1976년에 하버드 대학교의 물리학 교수가 되었다. 양자이론을 사용하여 빛의 성질과 빛이 관찰되는 원리를 설명함으로써 양자 광학이라는 연구 분야를 창시하였다.

:: 존 루이스 홀 John Lewis Hall (1934~)

미국의 물리학자. 1956년에 카네기 공과대학을 졸업하고 1961년에 박사학위를 받았다. 1962년부터 1971년까지 국가표준국(지금의 미국 표준연구소(NIST))에서 연구하였다. 1967년부터 콜로라도 대학교 물리학부 교수로 재직 중이며, 콜로라도 대학교와 NIST의 합동연구소인 JILA에서도 활동 중이다.

:: 테오도르 볼프강 핸슈 Theodor Wolfgang Hänsch (1941~)

독일의 물리학자. 1969년에 하이델베르크 대학교에서 물리학 박사학위를 취득하였으며, 1975년부터 1986년까지 미국 스탠퍼드 대학교에서 교수로 강의하였다. 1986년에 막스 플랑크 양자광학연구소에 들어갔으며, 루드비히막시밀리안 대학교의 물리학 교수로 임용되었다. 1989년에 라이프니츠 상을 수상하기도 하였다.

전하, 그리고 신사 숙녀 여러분.

우리는 빛의 세계에서 살고 있습니다. 눈에 들어오는 빛을 통해 우리는 주변에서 일어나는 일들을 인지할 수 있습니다. 비슷하게 우리는 가장 멀리 떨어진 은하에서 온 빛을 통해 우주에 대한 지식을 얻고 있습니다. 올해의 노벨 물리학상의 주제는 바로 이 빛에 관련된 것입니다.

빛은 입자와 파동이라는 이중적인 특징이 있습니다. 빛은 파동운동인 것처럼 보이기도 하고 불연속적인 입자인 광양자의 흐름처럼 보이기도 합니다. 광양자가 어떤 물질에 입사되면 그 물질은 전자 하나만 방출할 수 있습니다. 빛은 고전적인 광학을 사용해서 설명할 수 있지만 빛을 관찰한다는 것은 광양자 하나를 흡수한다는 것을 의미합니다.

광학은 오랫동안 물리학에서 중요한 분야였습니다. 그리고 우리는 매일 광학 응용 제품과 함께 살고 있습니다. 그러나 물리학자들이 광학에도 양자역학 이론이 필요하다는 사실을 깨닫기까지는 오랜 시간이 걸렸습니다. 우리가 레이저와 같은 특이한 형태의 빛을 만들 수 있게 되면서, 레이저에서 만들어지는 빛과 뜨거운 물체에서 방출되는 무질서한 빛의 방출이 다른 이유를 설명하기 위해서는 고전광학을 넘어서는 새로운 이론이 필요했습니다. 로이 글로버 교수는 양자이론을 사용해 빛의 성질과 어떻게 빛이 관찰될 수 있는 이유를 설명하는 이론을 만들었습니다. 그의 연구는 오늘날 양자광학이라 부르는 연구 분야의 기초가 되었습니다. 또한 그의 이론은 우리가 실재라는 개념을 어떻게 인지하고 있는지를 검토할 수 있는 유용한 방법이 되었습니다.

양자광학의 많은 결과들은 빛의 입자적인 특성을 이용한 것이었습니다. 동시에 빛은 파동운동입니다. 빛의 정확한 색깔은 광파의 마루와 마루 사이의 거리, 즉 파장과 정확히 연계돼 있습니다. 빛의 속도는 일정하기 때문에 두 마루 사이의 거리는 항상 정확한 시간 간격에 해당됩니다. 즉 색깔은 진동수에 정확히 연계되어 있습니다. 물리학자들은 오랫동안 매우 정확하게 시간을 측정하기 위해 노력했습니다. 정확한 시간을 측정하려면 정확한 기준이 필요합니다. 정확한 기준이라는 것은 모든 사람들이 사용 가능해야만 하기 때문에 원자에서 그 기준이 선택되었습니다. 우리는 이것을 원자시계라고 부릅니다. 그렇지만 기준만으로는 충분하지 않습니다. 시간의 두 간격을 비교할 수 있는 잣대가 필요합니다.

존 홀과 테오도어 헨슈 교수는 주파수를 측정하기 위한 표준을 세우는 방법을 계속 개선해 왔습니다. 그들은 주파수 빗 기술fnequency comb technique을 개발하여 미지의 빛의 주기를 비교했습니다. 이 기술은 정확히 분리된 주파수의 순서를 결정하고 미지의 주파수에 대해 이 잣대를 사용해 주파수를 결정하는 기법입니다. 그 결과 우리는 미지의 주기에 대해 매우 정확한 값을 얻을 수 있습니다. 또한 이 방법은 매우 정확하게 분광학적 측정을 가능하게 해줍니다. 오늘날 이 기술은 이러한 목적으로 예전에 개발된 방법만큼 정확할 뿐 아니라 정확도를 몇 배 더 개선할 수 있었습니다.

측정의 정밀도가 높아짐에 따라 새로운 물리학의 연구 분야가 발견되고 탐구되었다는 것은 물리학의 역사가 증명하고 있습니다. 오늘의 영예로운 수상이 있게 한 연구는 물리학에 대한 우리의 기본적인 이론을 쉽게 테스트할 수 있게 해줍니다. 시간과 공간의 특성이 명백해지고 물리학 법칙이 어디까지 적용될 수 있는지를 알게 해줍니다.

올해의 노벨상은 빛의 두 극단적인 행동 양식을 탐구한 데 대해 주어졌습니다. 덩어리로써의 빛, 즉 광양자는 측정에 사용할 수 있는 가장 작은 에너지 단위를 결정합니다. 다른 극단인 파동으로써의 빛은 시간주기의 기준이 됩니다. 글로버 교수는 양자역학적인 생각들이 어떻게 모든 광원에 적용되는지를 보여 주었습니다. 그 결과 글로버 교수는 양자광학이라는 연구 분야를 창시했습니다. 오늘날 양자광학은 과학자들에게는 도전적인 과제를, 미래의 양자공학에는 유망한 기술을 제공합니다. 홀 교수와 헨슈 교수는 분광법을 위한 매우 정확한 기법을 개발해 광학적인 신호를 비교할 수 있는 잣대인 주파수 빗 기술을 발명했습니다. 그 결과 오늘날에는 알려지지 않은 빛의 주파수를 더욱 단순하고 쉬우면서도 정확하게 결정할 수 있게 되었습니다. 현대의 첨단기술 수준도 매우 정확합니다만, 미래에 개발될 기술은 오늘날 도달했던 정확도를 훨씬 넘어설 것입니다.

글로버 교수님, 홀 교수님, 그리고 헨슈 교수님.

여러분은 빛의 성질에 대한 연구를 통해, 빛의 이중성의 극단까지 지식과 기술이 확장될 수 있도록 기여한 공로로 2005년 노벨 물리학상을 수상하게 되었습니다.

스웨덴 왕립과학원을 대신하여 여러분께 충심으로 따뜻한 축하를 보냅니다. 이제 나오셔서 국왕 전하로부터 노벨상을 수상하시기 바랍니다.

스웨덴 왕립과학원 스티그 스텐홀름

흑체형태와 우주 극초단파 배경복사의 방향성에 관한 연구

2006

존 매더 | 미국

조지 스무트 | 미국

:: 존 크롬웰 매더 John Cromwell Mather (1946~)

미국의 물리학자. 스와트모어 칼리지에서 공부하였으며 1974년에 버클리에 있는 캘리포니아 대학교에서 물리학으로 박사학위를 취득하였다. 1974년부터 1976년까지 컬럼비아 대학에서 박사후과정을 이수하였다. 미국 우주항공국 고다드센터의 천체물리학자 및 메릴랜드 대학교의 부교수로 재직 중이다. 코비 위성에 설치된 장치의 책임자로서 흑체 형태의 규명에 기여하였다.

:: 조지 피츠제럴드 스무트 George Fitzgerald Smoot (1945~)

미국의 물리학자. 매사추세츠 공과대학에서 수학 및 물리학을 공부한 뒤 1970년에 소립자 물리학으로 박사학위를 취득하였다. 1971년부터 버클리에 있는 캘리포니아 대학교의 물리학과 교수로 재직하였다. 2003년에는 아인슈타인 메달을 수상하기도 하였다. 코비 위성 책임연구원으로서 배경 복사의 극히 작은 온도 변화를 감지하는 장치를 책임졌다. 우주 배경 복사의 불균일성 발견함으로써 우주의 생성 단계의 이해에 기여하였다.

전하, 그리고 신사 숙녀 여러분.

맑고 별빛이 초롱초롱한 밤하늘을 올려다보며 하늘에 빚어진 우주의 장관을 만끽해 보십시오. 50년 전에는 천문학자들이 지구 표면에 설치된 망원경을 사용해 우주를 탐구했습니다. 당시 사용된 장비들로 우리는 수억 광년 떨어진 별과 은하를 관측할 수 있었습니다. 올해의 노벨 물리학상은 이와 또 다른 형태의 천문학에 수여됩니다. 이 천문학은 코비(COBE) 위성에 설치된 장치를 사용하여 우주 생성의 가장 초기 단계인 130억 년 전에 우리에게 보내진 빛을 관찰하는 것입니다.

그때는 우주의 특성이 변하기 시작한 시점이었습니다. 그 이전의 우주는 매우 밀도가 높고 뜨거운 전자와 양자 그리고 광선이 혼재된 죽과 같은 상태였습니다. 온도가 매우 높고 밀도가 높아서 광선마저도 마치 안개에 빛이 차단된 것처럼 그 죽 속에 갇힌 상태였습니다. 그러나 우주가 팽창하면서 온도와 밀도가 감소하고 동시에 광선의 에너지도 감소했습니다. 즉 광선의 파장이 증가했습니다. 이전에는 죽 속에 갇혀 있던 광선이 안개가 걷히듯 방출되었으며 온도는 3,000도까지 감소하였습니다. 당시의 우주의 나이는 38만 년으로 측정되었습니다. 방출된 광선은 우주를 통한 긴 여행을 계속하고 있습니다.

광선이 130억 년 동안 여행을 하는 동안 우주는 크게 팽창하여 광선의 파장은 1,000배나 길어지고 온도는 3,000도에서 절대온도 3도로 낮아졌습니다. 현재는 이 차가운 배경복사가 우주를 채우고 있습니다. 이 배경복사는 우주 초기의 무대에서 불려진 노래이지만 우리 눈에는 보이지 않습니다. 그 파동은 파장이 수 밀리미터인 마이크로파 영역에서 관찰되는데, 코비 위성에서 관찰한 광선이 바로 이것입니다.

존 매더 교수는 코비 위성에 실린 장치의 책임자로서 배경복사의 온도를 매우 정확하게 결정할 수 있었으며, 이 스펙트럼이 초기 우주의 뜨겁고 균일한 상태를 나타내는 흑체의 형태를 가지고 있음을 확인했습니다.

조지 스무트 교수는 여러 방향에서 배경복사의 극히 작은 온도 변화(1/100000)를 감지할 수 있는 장치를 책임지고 있었습니다. 이런 온도 변화로부터 초기의 뜨겁고 균일한 죽 속에서 현재의 별과 은하의 모습을 간직한 우주구조의 씨앗을 찾을 수 있을 것입니다. 수 년 동안의 자료를 분석한 결과 그런 작은 차이가 실제로 존재한다는 것을 볼 수 있었습니다. 우주의 생성 단계를 이해하는 첫걸음을 내디딘 것입니다.

매더 박사님, 스무트 교수님.

천문학은 이제 정밀과학이 되었으며, 여러분의 연구가 그 기초를 닦았습니다. 매우 조심스럽게 조절된 장치로 여러분은 우주 단파장 배경복사가 흑체형태를 정확히 따른다는 것을 보였습니다. 깊이 있는 복사 측정자료의 분석을 통해 오랫동안 찾고 있던 온도의 비등방성도 확인되었습니다. 여러분의 성공적인 실험은 코비 위성에 실린 장비에서 이루어졌습니다만, 이제 우리는 모두 스톡홀름의 지표면에 모여 있습니다.

스웨덴 왕립과학원을 대표하여 여러분의 뛰어난 성과를 축하드리게 되어 기쁘고도 영광스럽습니다. 이제 나오셔서 전하로부터 노벨상을 수상하시기 바랍니다.

노벨 물리학위원회 위원장 페르 칼손

거대자기저항 현상의 발견

2007

알베르 페르 | 프랑스　　**페테르 그륀베르크** | 독일

:: 알베르 페르Albert Fert (1938~)

프랑스의 물리학자. 파리 11대학에서 박사학위를 받고 1988년 '거대자기저항'을 발견하였다. 1997년 IBM에서 이 기술을 적용하여 최초의 컴퓨터 하드디스크를 제작했고, 기가바이트 용량을 가진 오늘날의 하드디스크도 대부분 이 기술을 이용해 만들어졌다. GMR는 또한 M램 등의 차세대 반도체나 나노 기술에도 응용 분야가 넓은 것으로 평가받고 있다. 현재 파리 11대학 교수로 재직 중이다.

:: 페테르 그륀베르크Peter Grünberg (1939~2018)

독일의 물리학자. 프랑크푸르트 요한볼프강괴테 대학교를 졸업하고 1969년 독일 다름슈타트 공과대학에서 박사학위를 받았다. 독일 율리히 연구센터에서 연구하며 거대자기저항 현상을 나노기술에 접목하여 기존 HDD의 성능을 비약적으로 높이고 소형화를 가능하게 해 컴퓨터 기록장치와 검색에 혁명적인 발전을 가져왔다.

전하, 그리고 신사 숙녀 여러분.

올해의 노벨 물리학상은 자성과 전기에 관한 연구 성과에 수여됩니다. 더 자세히 말씀드리면 금속의 전기 저항이 어떻게 외부 자기장의 변화에 영향을 받는지에 대한 연구입니다.

알프레드 노벨의 유언에 따르면 노벨 물리학상은 인류에 큰 혜택을 준 발견이나 발명에 수여하도록 되어 있습니다. 거대자기저항을 발견한 알베르 페르 박사와 페테르 그륀베르크 박사는 의심할 여지가 없는 중요한 발명품을 인류에게 선사했습니다. 모든 면에서 거대자기저항효과는 현대 정보기술 혁명에서 없어서는 안 될 중요한 발견 중 하나입니다.

물리학의 여러 응용 분야들 중 현대사를 통틀어 가장 확실하게 인류에게 공헌한 분야는 전기라 할 수 있습니다. 18세기 초 영국의 물리학자인 페러데이는 대중 강연에서 전기에 대한 최초의 실험을 보여 준 적이 있습니다. 청중들 중에는 당시 재무성 장관이었던 글래드스톤이 있었는데, 그는 그 실험이 어떤 실질적인 혜택을 주는지 질문했습니다. 페러데이는 지체 없이 "아마도 장관께서 여기에 세금을 물리실 수 있을 겁니다"라고 대답했습니다. 전자의 이동과 관련한 몇 가지 발견들은 몇 세대를 거치면서 재무장관들을 기쁘게 해줄 수 있었습니다.

전통적으로 전기 기기는 전자의 전하를 이용해 왔습니다. 그러나 전자는 전하 말고도 다른 특성이 있는데, 그것은 전자가 회전한다는 것, 다시 말해 스핀을 가지고 있다는 것입니다. 그리고 이 스핀은 물질이 자기적 특성을 나타내는 근본적인 원인입니다. 전자는 북극이 위쪽 또는 아래쪽으로 향해 있는 자석처럼 생각할 수 있습니다. 철과 같은 물질은 강자성 금속이라 부르는데 이 물질 안에는 스핀이 위로 향해 있는 전자의 개수가 아래로 향한 전자보다 많고, 따라서 전체적으로는 특정한 하나의 방향으로 자기적 특성을 나타내게 됩니다.

전류가 금속과 같은 전도체를 통해 전달될 때를 생각해 보겠습니다. 이 물질들은 자성을 가질 수도 있고, 그렇지 않을 수도 있습니다. 이때 물질을 구성하는 원자들이 불규칙하게 배열되어 있기 때문에 전자의 운동은 방해를 받습니다. 원자 규모에서 전자의 이동이 방해받는 현상이 소위 우리가 말하는 전기저항입니다. 그러나 철과 같은 강자성 금속에서는 보다 특별한 현상을 발견할 수 있습니다. 스핀이 위로 향한 전자는 스핀이 아래로 향한 전자와는 다른 저항을 느낍니다. 다시 말하면 물질의 전기저항이 물질의 자기적 특성에 따라 달라질 수 있다는 것입니다.

거대자기저항 현상의 발견 또는 발명은 기초 과학과 기술 발전이 잘 결합된 아주 좋은 예입니다. 새로운 현상을 발견하게 된 배경은 1980년대 등장한 반도체 산업에서 개발된 기술인 초기 단계의 나노기술입니다.

페테르 그륀베르크 박사와 알베르 페르 박사는 단지 수 개의 원자 두께에 불과한 나노미터 크기의 얇은 막을 만드는 기술을 사용해 자성 물질이 어떻게 행동하는지 이해하고자 했습니다. 그들은 거의 동시에 그렇지만 독립적으로, 자성층과 비자성층을 교대로 쌓은 얇은 막에 외부자기장이 인가될 경우 전기저항이 크게 변화한다는 것을 발견했습니다. 거대자기저항은 이렇게 발견된 새로운 현상을 일컫는 용어입니다.

거대자기저항의 가장 중요한 응용 분야 중 하나는 하드디스크로부터 데이터를 검색하는 것입니다. 하드디스크는 그 안에 배열되어 있는 자석의 방향을 변화시켜서 데이터를 저장합니다. 하드디스크에 저장된 정보를 읽기 위해 자기적인 신호를 전기적인 전류로 변환시켜 주는 것이 거대자기저항을 이용한 하드디스크의 읽기헤드read-out head입니다.

그렇지만 이것은 단지 많은 잠재적인 응용 분야 중 하나에 불과합니다. 거대자기저항은 새로운 형태의 전자공학인 스핀전자공학의 시작을 의미합니다. 스핀전자공학에서는 전자의 전하 뿐 만 아니라 스핀까지도 이용하게 될 것입니다.

페르 교수님, 그리고 그륀베르크 교수님. 거대자기저항의 발견은 정보기술계를 변화시켰습니다. 그리고 본 자기저항의 발견은 앞으로 중요하고도 무궁무진한 분야에 활용이 가능할 것입니다.

페르 교수님, 그리고 그륀베르크 교수님. 두 분은 거대자기저항 현상을 발견한 공로로 2007년 노벨 물리학상을 받게 되었습니다. 스웨덴 왕립과학원을 대신해 따뜻한 축하의 말씀을 전하게 되어 영광입니다. 이제 나오셔서 전하로부터 노벨상을 받으시기 바랍니다.

스웨덴 왕립과학원 노벨 물리학위원회 뵈리 요한손

아원자 물리학의 자발적 비대칭성의 기전 연구 | 난부
자연계에 추가의 쿼크 존재를 예측한 비대칭성의 기원에 대한 발견 | 고바야시, 마스카와

2008

요이치로 난부 | 미국

마코토 고바야시 | 일본

도시히데 마스카와 | 일본

:: 요이치로 난부Yoichiro Nambu (1921~2015)

일본의 물리학자. 1952년에 도쿄 제국대학에서 박사학위를 취득하였으며, 미국 프린스턴 고등연구소와 시카고 대학교를 거쳐 1972년 페르미연구소 이론물리학 교수가 되었다. 1960년대 초 소립자 물리학에서 '대칭성 깨짐'이 자발적으로 일어날 수 있음을 수학적으로 설명하는 이론을 처음으로 제시하였다.

:: 마코토 고바야시Makoto Kobayashi (1944~)

일본의 물리학자. 1967년 나고야 대학교에서 박사학위를 취득하였으며, 교토 대학과 일본 고에너지물리학연구소를 거쳐, 2003년 소립자원자핵연구소 소장이 되었다. 1973년 도시히데와 함께 이른바 고바야시 · 마스카와 이론을 정립하였고, 마스카와가 소립자 쿼크가 6종이라는 가설을 세우자 이를 이론적으로 증명했다.

:: 도시히데 마스카와Toshihide Maskawa (1940~2021)

일본의 물리학자. 1962년 나고야 대학교에서 박사학위를 취득하였으며, 도쿄 대학을 거쳐 다시 나고야 대학의 교수이자 기초물리학연구소 소장을 지냈다. 고바야시와 학문적 동반자로서, 그가 독창적 아이디어를 제시하면 고바야시가 수학적으로 증명하여 이론을 정립하는 방식으로 소립자 연구의 길을 함께 걸어왔다.

전하, 그리고 신사 숙녀 여러분.

"지구는 둥글다"라는 이 간단한 문장에는 많은 의미가 내포되어 있습니다. 이 문장은 우리 인간이 주위의 사물들을 얼마나 대칭적인 관점에서 보고 있는지를 보여 주고 있습니다. 우리는 우리가 기억할 수 있는 한 언제나 그래 왔습니다. 아주 옛날 고대 그리스 사람들이 기하학적 분류를 통해 우리가 현재도 사용하고 있는 개념들을 도입해 놓았습니다. 이 문장은 또한 물리 법칙에서 대칭성을 얼마나 중요하게 다루는지를 보여 주고 있습니다. 물리학 법칙에 의하면 지구는 납작하거나 네모날 수가 없습니다. 그 법칙들에 이미 대칭성이 내재되어 있는 것입니다. 그러나 지구가 정확히 둥글지는 않습니다. 적도에서의 지름이 양극에서의 지름보다 약간 큽니다. 산이 있고 계곡이 있습니다. 이런 것을 물리학자들은 약하게 깨진 대칭성이라고 부릅니다. 거울을 볼 때 우리는 거울의 상이 우리를 그대로 반영하고 있다고 생각합니다. 그러나 과연 그럴까요? 우리의 몸을 수직으로 이등분하여 왼쪽과 오른쪽으로 나누면 대칭일까요? 절대 그렇지 않습니다. 사실, 대칭성이 약간 어긋나는 것이 얼굴을 더 매력적으로 만듭니다. 파블로 피카소는 〈도라마르의 초상〉에서 그녀 얼굴의 반을 다른 형태로 표현하는 시도를 했습니다. 물론 실제 인간의 얼굴은 이 그림보다는 더 좌우대칭이긴 합니다만.

우리는 대칭성이 무너지고 마는 상황에 자주 마주치곤 합니다. 스위스의 마테호른 산처럼 완전히 대칭적인 산의 정상에 오른다면, 우리는 매우 불안정한 상태에 놓이게 됩니다. 어느 방향으로 떨어질지는 미리 알 수 없지만, 우리가 무언가를 잡지 않는다면 곧 산 아래로 떨어져 버리고 말 것입니다. 그러면 어느 쪽으로도 떨어질 확률이 같다고 하는 대칭성은 무너져 버리고 맙니다. 법칙 자체는 여전히 대칭성을 가지고 있지만 우리가 산 아래 어딘가(물리학자들은 이곳을 기저상태라고 부릅니다)로 떨어짐으로써 그 대칭성이 깨져 버린 것입니다. 대칭성은 그대로 있지만, 우리는 대칭성을 보지 못합니다.

이런 점이 가장 근접한 거리에서의 물리적 거동을 지배하는 자연법칙에는 어떤 의미를 가질까요? 1950년이 이후 소립자와 그들간의 힘에 대한 실험연구들을 통해 대칭성을 만족하는 모든 것들이 나타날 수 있음이 밝혀졌습니다. 따라서 대칭성은 물리법칙의 타당성을 뒷받침하는 강력한 조건입니다. 이 조건은 네 가지의 근본적인 힘과 다양한 소립자를 가지는 우주에 어떻게 반영되어 있을까요? 결정적인 아이디어는 1960년 요이치로 난부에 의해 제안되었습니다. 앞서 마테호른 정상에서 사람이 떨어지는 경우의 설명처럼 그는 자연법칙이 자발적 비대칭성을 가질 수 있음을 보였습니다. 적어도 오늘날 거대 입자가속기에서 만들어 내는 에너지 영역에서는 대칭성의 조건이 물리실험에서는 직접 관찰되지 않을 수 있습니다. 물리학의 근본 법칙에서의 대칭성은 여전히 존재하지만, 기저상태에 있는 계에서는 대칭성을 만족하지 못할 수 있다는 것입니다. 예를 들면, 이론적으로는 전자기력과 약력 사이의 관계가 존재하지만, 실험적으로는 그 관계를 관찰할 수 없었습니다. 이 경우는 모든 현대 물리학의 근간을 이루고 수많은 실험에 의해 검증된 난부의 아이디어의 한 예를 보여 주고 있습니다.

좌우대칭성은 물리학의 근본법칙에서 여전히 중요한 개념입니다. 1959년 리청다오와 양첸닝이 방사능 붕괴에서는 대칭성이 반드시 지켜지지는 않는다는 이론을 내놓고 곧바로 실험적인 확인이 이루어짐으로써 이 결과는 대단한 반향을 불러일으켰습니다. 그럼에도 불구하고 좌우대칭성은 입자와 반입자간 전이와 관련된 모든 입자 반응에서는 여전히 적용되는 근본 원리로 생각되고 있었습니다. 그러나 1964년 크로닌과 핏치는 어떤 특정 조건에서는 이마저도 미약하게 깨진다는 놀라운 사실을 발견했습니다. 1960년대 후반과 1970년대에 걸쳐 현대 입자물리학의 표준 모델이 부분적으로는 난부의 아이디어에 기초하여 개발되었지만, 이러한 미약한 비대칭성을 설명할 수는 없었습니다. 따라서 어떻게 이 모델을 확장하여 실험 결과를 성공적으로 설명할 수 있을까 하는 문제가 부각되었습니다. 1972년 마코토 고바야시와 도시히데 마스카와는 좀더 근본적인 입자인 쿼크를 도입하여 그 가능성을 조사하였으며, 6개의 다른 쿼크가 있다면 이론은 실제로 비대칭성을 가질 수 있다는 것을 발견했습니다. 그것은 대담무쌍한 가설이었습니다. 당시 3개의 쿼크가 발견되었고 추가로 2개의 쿼크가 더 있을 것으로 생각되고 있었습니다. 그러나 고바야시와 마스카와는 3개가 더 있어야 한다고 주장한 것입니다. 1994년 마침내 마지막 1개가 발견되었습니다. 지난 10년간 소립자 물리학자들이 고바야시와 마스카와의 이론을 실험 결과와 비교한 결과 매우 정확하게 들어맞는다는 것을 발견했습니다. 최소한 지금까지 연구할 수 있는 에너지 영역에서는 자연이 6개의 쿼크로 이루어져 있습니다. 이것은 안드레이 사카로프가 일찍이 예지한 바와 같이 물질과 반물질간의 불균형을 만들며, 그래서 우리가 오늘 여기 존재하는 것입니다. 비평형성에 의해 물질의 세계가 있을 수 있는 것입니다.

고바야시 교수님, 마스카와 교수님,

두 분은 난부 교수님과 함께 현대 소립자 이론의 근간을 이루는 비대칭성에 대한 뛰어난 연구 업적으로 2008년 물리학상을 받으시겠습니다. 저로서는 스웨덴 왕립과학원의 축하 말씀을 전하게 되어 대단히 영광입니다. 이제 앞으로 나오셔서 노벨상을 수상하시기 바랍니다.

스웨덴 왕립과학원 노벨 물리학위원회 라르스 블링크

광섬유 연구를 통해 광통신 발전에 기여 | 가오
영상 반도체 회로인 전하결합소자(CCD) 발명 | 보일, 스미스

2009

찰스 가오 | 영국

윌러드 보일 | 미국

조지 스미스 | 미국

:: 찰스 K. 가오Charles K. Kao (1933~2018)

영국의 중국계 공학기술자. 상하이에서 어린 시절을 보내고 1965년 런던 임페리얼칼리지에서 박사학위를 취득하였다. 홍콩중문대학교 교수직을 거쳐 1974년 미국 국제전신전화회사(ITT)의 최고 기술책임자로 자리를 옮겼다가 1987년 다시 홍콩중문대학교로 돌아와 1996년까지 부총장을 지냈다. 광섬유 연구의 선구자로, '광섬유의 아버지' 로 불린다.

:: 윌러드 S. 보일Willard S. Boyle (1924~2011)

미국의 물리학자. 캐나다 출신으로 왕립캐나다 해군으로 제2차 세계대전 참전 경력이 있다. 1950년 맥길 대학교에서 박사학위를 취득하였고, 이후 벨 연구소와 벨컴 사에서 아폴로우주계획에 참여하였다. 1969년 조지 스미스와 함께 CCD를 세계 최초로 개발하였고, 이후 1975년부터 1979년 벨연구소의 연구 총책임자로 일하였다.

:: 조지 E. 스미스George E. Smith (1930~)

미국의 응용물리학자. 1959년 시카고 대학교에서 박사학위를 취득하였고, 이후 1986년까지 벨 연구소에서 근무하였으며, 1969년 윌러드 보일과 함께 CCD를 세계 최초로 개발하였다.

올해의 노벨 물리학상은 일상생활과 과학의 진보 양쪽에 결정적인 영향을 준 연구에 수여되었습니다. 오늘날 우리는 지구 반대편에 있는 사람에게 전화를 하고, 멀리 있는 사람과 같은 방에 앉아 이야기하듯이 대화할 수 있다는 것을 당연하게 생각하고 있습니다. 또한, 한 대륙에서 사진이나 동영상이 올라가면 그와 동시에 전 세계에서 그것을 볼 수 있습니다. 우리가 갖고 있는 컴퓨터는 대부분 인터넷에 연결되어 있는데, 현대 사회에서 인터넷은 거의 필수불가결한 존재라 할 수 있습니다. 오늘날의 인터넷은 사람들이 소통할 수 있게 하고 필요한 바로 그 순간에 원하는 정보에 접속할 수 있게 해줍니다.

과거에는 장거리 정보 전달을 위해 여러 형태의 광학적 통신 기법을 사용했습니다. 많은 정보들이 잘못 전달되기도 하였지만 광학전신 방법은 보다 복잡한 통신에 사용될 수 있었습니다. 그러나, 이런 형태의 광학적 통신 방법은 전신, 전화 그리고 라디오와 같은 전기적 통신 방법이 개발되면서 쓸모없게 되었습니다.

이후 광학통신은 다시 우수한 통신 방법으로 화려하게 복귀하였습니다. 빛은 구리 전선이나 라디오파에 비해 수천 배 더 많은 정보를 전달합니다. 빛의 용량이 더 큰 이유는 빛의 주파수가 전파보다 훨씬 더 높아 훨씬 더 많은 신호를 보낼 수 있기 때문입니다. 1950년대 연구자들은 이와 같은 빛의 장점을 이용하기 위해 먼 거리까지 빛을 전송하는 데 광섬유를 사용하고자 노력했습니다. 그러나 광섬유를 통해 빛을 전송할 때는, 거리에 따라 빛이 급속하게 약해져 겨우 몇 백 미터만에 빛이 없어져 버리는 것이 가장 큰 문제였습니다. 찰스 가오는 1966년 이와 같은 문제점을 극복하기 위한 돌파구를 마련했습니다. 즉 극단적으로 순수한 유리섬유를 제조하면 장거리 통신을 하더라도 빛이 약화되지 않는다는 것을 보였습니다. 4년 후 가오가 예측했던 광섬유를 제조할 수 있었으며, 오늘날 그가 예측했던 미래의 통신 사회가 현실화되었습니다.

텔레비전과 디지털 카메라 덕분에 비디오 기술과 디지털 사진은 우리 일상생활에 아주 두드러진 역할을 하고 있습니다. 과학과 기술 분야에서 이 기술들은 무엇으로도 바꿀 수 없는 중요한 도구가 되었습니다. 광섬유를 통해 전 세계의 인터넷에 흐르는 정보들에는 디지털 형태의 영상과 비디오도 포함되어 있습니다. 이런 일이 가능할 수 있었던 결정적인 역할을 한 기술이 1969년 윌러드 보일과 조지 스미스에 의해 발명되었습니다. 이들은 전하가 표면에 분포되는 방법에 따라 정보를 저장하거나 읽을 수 있는 전자회로를 설계하였습니다. 이 기술에 의해 전하가 영상으로 변환될 수 있었습니다. 이 소자를 전하결합소자 또는 CCD라고 부릅니다.

이 CCD의 구조는 매우 단순하면서 독창적인데, 이를 통해 영상이 전자소자의 형태로 효율이 높으며 감도가 높은 상태로 저장될 수 있었습니다. 영상 센서로서 CCD는 신기능 디지털 카메라와 텔레비전 카메라의 전자 눈이 되어 주었습니다. 이 소자는 많은 과학 및 의학 장치의 핵심적인 부품이 되었습니다. 천문학에서 사용되는 망원경과 좁은 구멍을 통해 외과 수술을 하는 장치 등이 그 예라 할 수 있습니다.

가오 박사님, 보일 박사님, 스미스 박사님.

여러분들은 광학 통신과 영상 저장 분야에서 기초가 되는 연구를 수행해 2009년 노벨 물리학상을 수상하게 되셨습니다. 스웨덴 왕립학회를 대신하여 여러분들의 걸출한 연구에 따뜻한 축하의 말씀을 드릴 수 있게 되어 영광이며, 또한 즐겁게 생각합니다. 이제 앞으로 나오셔서 전하로부터 노벨상을 수상하시기 바랍니다.

노벨 물리학위원회 위원장 조세프 노르트그렌

2차원 물질 그래핀에 관한 획기적인 실험

2010

안드레 가임 | 네덜란드　　　**콘스탄틴 노보셀로프** | 러시아

:: 안드레 가임 Andre Geim (1958~)

러시아 출신 네덜란드의 물리학자이다. 러시아과학원 산하 고체물리학연구소에서 박사학위를 받은 뒤 러시아과학원 마이크로전자공학 기술연구소 연구원을 거쳐 1990년부터 영국 노팅엄 대학교와 배스 대학교, 덴마크 코펜하겐 대학교에서 박사후연구원으로 연구 활동을 이어갔다. 네덜란드 네이메헌 라드바우드 대학교 교수를 겨처 현재 영국 맨체스터 대학교 교수이자 나노기술센터 소장으로 있다. 중시계 물리학과 초전도 분야의 전문가이다.

:: 콘스탄틴 노보셀로프 Konstantin Novoselov (1974~)

러시아의 물리학자이다. 1997년 모스크바 물리기술연구소에서 석사학위를 받은 뒤 1997년부터 러시아의 체르노골로브카에 있는 마이크로 전자공학기술 및 고순도물질연구소에서 연구원으로 일했고, 1999년부터 네덜란드에 있는 네이메헨 라드보우드대학교에서 연구원으로 재직했다. 안드레 가임이 교수로 있던 네이메헌 라드바우드 대학교에서 2004년에 박사학위를 받았다.

전하, 그리고 신사 숙녀 여러분.

노벨위원회는 2010년 노벨 물리학상을 독특한 성질을 가진 매우 얇은 소재에 관한 연구 업적에 수여하기로 했습니다. 이 소재는 그래핀 graphene이라는 완전히 새로운 종류의 물질입니다. 놀랍게도 이 소재는 흔한 사무용품인 연필과 접착 테이프를 이용해서 만들어 낼 수 있습니다.

아마도 탄소는 자연계에서 가장 중요한 원소일 것입니다. 탄소는 우리가 알고 있는 모든 생명체의 근원입니다. 가장 일반적인 형태의 탄소는 우리가 연필심으로도 사용되는 흑연입니다. 이 흑연이 높은 압력을 받으면 다이아몬드가 되는데, 아마도 이 홀에 계신 많은 분들이 다이아몬드를 보석으로 가지고 계실 겁니다.

흑연은 탄소의 원자층이 차곡차곡 쌓여 있는 형태로 구성되어 있습니다. 그 하나의 층이 오늘 우리가 말하는 그래핀입니다. 하나의 그래핀 층은 닭장에 많이 쓰이는 육각 철망처럼 생겼는데, 우리는 이것을 육각구조 물질이라고 부릅니다. 물론 그래핀의 두께는 원자 하나 정도로 철망보다는 훨씬 얇습니다. 그래핀 층 자체는 매우 강하지만, 흑연은 이 층들이 매우 약하게 결합된 적층 구조를 띠고 있습니다. 이 때문에 각각의 그래핀 층이 무척 쉽게 깨져서 연필로 글씨를 쓸 수 있는 것입니다. 우리가 종이 위에 연필로 글씨를 쓰면 탄소층을 가진 조각들이 떨어져 나와 남겨지게 됩니다. 어떤 조각들은 다른 것보다 더 얇기도 할텐데, 그렇다면 이 조각 중 일부는 실제로 단일 탄소층으로 되어 있을 수도 있습니다. 이 홀에 계신 여러분들도 대부분 연필로 글씨를 쓰면서 이미 그래핀을 만들어 보셨다는 얘기입니다.

그래핀은 대표적인 2차원 결정물질입니다. 2차원 물질이란 원자가 평면상으로 배치되어 있을 뿐 위로 쌓이지는 않은 재료입니다. 이것은 전자가 수직 방향으로는 이동하지 못하고 2차원의 평면에서만 이동할 수 있다는 것을 의미합니다. 이런 구조 때문에 그래핀의 전자는 아주 특이한 방식으로 거동합니다. 예를 들어 전자가 마치 질량이 없는 것처럼 행동하면서 물리학적으로는 소위 양자홀 효과(1985년 노벨 물리학상의 주제입니다)의 특이 형태처럼 매우 흥미로운 현상을 일으킵니다. 또 다른 예로는 소위 클라인 터널링Klein tunnelling을 들 수 있습니다. 이 효과는 1929년 스웨덴의 물리학자 오스카 클라인이 예측하였지만 아직까지 실험적으로 관찰된 적이 없었습니다. 그런데 작년에 그래핀에서 이 효과가 실험적으로 확인되었습니다.

그래핀에는 또 다른 뛰어난 특성도 있습니다. 예를 들면, 그래핀은 철보다 100배나 강합니다. 따라서 1제곱미터 크기의 해먹을 만든다면, 하나의 원자 층으로도 그 위에 아기나 고양이를 올려놓을 수 있습니다. 그런데, 이 해먹의 무게가 겨우 고양이 코털 무게인 1밀리그램에 불과합니다. 그래핀은 매우 우수한 전도체로 은보다 전도성이 열 배나 큽니다. 또 투명하고 잘 구부러지며 쉽게 늘릴 수도 있습니다.

오랫동안 흑연이 육각 탄소층으로 되어 있다는 것이 잘 알려져 있었고, 그래핀에서의 전자 거동은 이미 1947년 필립 월러스가 이론적으로 밝힌 바 있습니다. 그러나 그래핀을 단층으로 분리하여 그 전기적 특성을 측정할 수 있으리라고 믿는 과학자는 거의 없었습니다. 따라서 올해의 노벨상 수상자인 안드레 가임과 콘스탄틴 노보셀로프가 2004년 10월 동료들과 함께 발표한 연구 결과는 놀라움 그 자체였습니다. 그들은 흔한 사무용품인 접착 테이프를 이용한 매우 창조적인 방법으로 단일 탄소층을 분리해 적절한 표면 위에 전이시키는 데 성공했습니다. 그들은 특별한 현미경을 통해 이들이 단원자층으로 되어 있음을 보였으며, 적당한 모양으로 이를 가공하고 전극을 붙여 전기적 특성을 측정하기도 하였습니다. 이후 오늘의 노벨상 수상자뿐 아니라 많은 연구진들이 새로운 탄소물질의 놀라운 특성들을 연구하고 있습니다.

그래핀 연구는 아직 초기 단계이기 때문에 어떤 방식으로 응용할 수 있을지 딱 꼬집어 말할 수는 없습니다. 그러나 그래핀의 뛰어난 특성은 많은 영역에서 활용될 수 있을 것으로 기대됩니다. 터치스크린, 태양전지, 고속 트랜지스터, 가스센서, 초경량의 고강도 재료 등이 그 예입니다.

가임 교수님, 노보셀로프 교수님,

두 분은 2차원 소재인 그래핀과 관련한 놀라운 실험으로 2010년 노벨 물리학상 수상자로 선정되었습니다. 스웨덴 왕립과학원을 대표하여, 두 분의 뛰어난 업적에 진심으로 축하의 말씀을 드리게 되어 영광스럽고 기쁩니다.

이제 나오셔서 노벨상을 받으시기 바랍니다.

스웨덴 왕립과학원 페르 델싱

초신성 관찰을 통한 우주의 가속팽창 발견

2011

솔 펄머터 | 미국 **브라이언 P. 슈밋** | 미국 **애덤 G. 리스** | 미국

:: 솔 펄머터 Saul Perlmutter (1959~)

미국의 천체물리학자. 하버드 대학교를 졸업하고 1986년에 버클리의 캘리포니아 대학교에서 물리학 박사학위를 받았다. 이후 캘리포니아대학교 물리학과 교수이자 미국 에너지부 산하의 로렌스버클리국립연구소 연구원으로 있다. 1988년부터 수십억 광년 떨어진 은하에서 수십 개의 초신성을 관찰하면서 우주의 팽창 속도가 갈수록 빨라진다는 사실을 발견하였다.

:: 브라이언 슈밋 Brian P. Schmidt (1967~)

미국 태생 오스트레일리아의 천문학자. 1989년 애리조나 주립대학교에서 물리학과 천문학을 전공하여 학사학위를 받은 뒤, 1993년 하버드대학교에서 박사학위를 취득하였다. 하버드스미소니언 천체물리학센터 연구원을 거쳐 현재 오스트레일리아 마운트스트롬로 천문대 연구원이자 교수로 있다.

:: 애덤 리스 Adam G. Riess (1969~)

미국의 천체물리학자이다. 1992년 메사추세츠 공과대학을 졸업하였고, 1996년에 하버드 대학교에서 박사학위를 취득하였다. 이후 버클리의 캘리포니아 대학교 박사후과정을 거쳐 1999년네 볼티모어에 있는 우주망원경과학연구소의 천문학 연구원이 되었다. 2006년부터 존스홉킨스 대학교에서 물리학 및 천문학과 교수로 있다.

전하, 그리고 신사 숙녀 여러분.

덴마크 과학자이자 시인이며 디자이너인 피에트 하인Piet Hein의 「아무것도 반드시 필요한 것은 없다–과대망상증에 대한 우주의 경고」라는 짧은 시를 인용하면서 시작하는 것을 양해해 주시기 바랍니다.

우주는 아마도
자기들이 말한 만큼 클지도 모른다.
그러나 … 만약 우주가 존재하지 않는다면
그리워하지 않을지 모른다.

글쎄요 … 만약 우주가 존재하지 않는다면, 우리가 오늘 여기에 앉아 있을 수 없다는 것은 확실할 것입니다.

행성과 항성 그리고 은하처럼 인류도 우주의 일부분입니다. 인체의 모든 세포를 만드는 소재인 탄소, 산소 및 다른 원자들은 태양계가 만들어지기 훨씬 전, 아마도 100억 년 전쯤 은하수에서 폭발한 오래된 별 내부에서 만들어졌습니다. 은하와 항성 그리고 행성은 우리가 느끼는 것과 마찬가지로 중력의 영향을 받습니다. 중력은 행성의 궤도 운동을 결정하고 항성의 일생에 영향을 주며 우리가 지상에 발을 붙이게 해줍니다. 우리 자신을 이해하려면 우주를 이해하려고 노력해야 합니다!

올해 노벨 물리학상은 항성의 폭발에 관한 연구이자 전체 우주의 중력에 대한 연구에 수여하기로 했습니다.

거의 100년 전 과학자들은 망원경을 통해 멀리 떨어진 은하를 관찰해 우리 우주가 점점 커진다는 것을 발견했습니다. 오븐에서 팽창하는 케이크에 박힌 건포도가 서로 점점 멀어지는 것처럼 은하들 간의 거리는 일정하게 증가합니다. 만약 시간을 거슬러 올라간다면 이 팽창은 약 140억 년 전에 시작되었다는 것을 알 수 있습니다. 이것은 영국의 천체물리학자인 프레드 호일이 빅뱅이라 부른 최초의 폭발입니다. 과거 50억 년 동안, 대략 태양계가 형성 될 때보다 우주는 두 배로 커졌고 지금도 계속 커지고 있습니다. 은하들 사이의 거리는 영원히 증가할 수는 없습니다. 이 팽창 과정은 종국에는 느려져야 합니다. 만약 우주에 1제곱미터당 여섯 개의 원자가 있다면 이 팽창은 멈춰야 합니다. 그리고 우주는 다시 줄어들기 시작해 종국에는 빅크런치라는 빅뱅의 정반대 과정으로 끝나야 합니다. 이것이 우주의 운명일까요?

이 질문에 대답하려면 우주의 팽창 속도가 시간에 따라 달라지는지 연구해야 합니다. 운 좋게도 이 분야에 대해 우리에게는 "타임머신"이 있습니다. 멀리 떨어진 항성을 떠나 우리 망원경에 도착하는 빛은 수백만 년, 수십 억 년 동안 광활한 우주 공간을 여행했고 점점 붉어지는데 이것은 우주가 팽창하기 때문입니다. 만약 아인슈타인의 일반상대성이론이 허용하는 한도 내에서 팽창하는 우주에 대한 여러 모델을 사용해 많은 다른 물체에서 나오는 빛의 적색편이를 비교하면, 실제 우주를 설명하는 우주 모델을 발견할 수 있습니다. 적색편이는 거리로 해석할 수 있지만 이 해석은 다른 형태의 에너지 사이의 균형에 대한 모델을 어떻게 설정하느냐에 따라 조금씩 달라질 수 있습니다. 예를 들면 복사와 물질의 양에 따라 달라질 수 있습니다. 만약 우리가 우주 모델에 기반을 둔 거리를 다른 모델과 비교하면 즉 동일한 물체에 대해 다른 거리를 측정하면, 우주의 에너지 균형을 결정할 수 있습니다. 그러나 우리는 광활한 거리에서 눈으로 볼 수 있는 물체, 즉 수십억 광년을 달려온 빛을 방출하는 물체가 필요합니다.

오늘 노벨 물리학상을 받게 된 과학자들은 멀리 떨어진 항성의 폭발인 초신성을 연구했습니다. 초신성이 폭발하면 불과 몇 주 동안 엄청난 양의 에너지를 방출합니다. 폭발하는 초신성 하나는 수조 개의 항성으로 이루어진 은하보다 밝습니다. 항성을 구성하는 물질은 여러 다른 방법으로 벗겨지게 되는데 특별한 경우 초신성 폭발은 항상 동일한 양의 빛을 방출합니다. 이 폭발은 별빛을 조심스럽게 연구해 보면 구별할 수 있습니다. 방출된 빛의 양이 동일하기 때문에 관찰된 별빛의 강도에서 거리를 결정할 수 있습니다. 만약 초신성이 더 멀리 떨어져 있으면 이 폭발은 더 어둡습니다.

그러나 우주는 너무나 크고 원하는 초신성 폭발을 찾는 것은 과학자들이 감당해야 할 큰 도전 중 하나였습니다. 오늘의 수상자들과 연구팀은 디지털 기술을 사용하고 하늘의 일부분을 반복적으로 탐색하는 효율적인 방법을 발명하고, 수천 개의 영상을 비교했습니다. 그 결과 수십 개의 초신성을 발견했고 세계에서 가장 큰 망원경을 사용해 초신성의 유형과 밝기를 결정했으며 적색편이를 조사해 거리를 계산했습니다.

놀랍게도 초신성은 우주의 팽창이 늦어진다고 가정했을 때 예측된 밝기보다 훨씬 더 어두웠습니다. 즉, 우주의 팽창은 점점 더 빨라지고 있습니다.

그러면 무엇이 이처럼 팽창 속도를 빠르게 하는 것일까요? 그 답은 아마도 암흑에너지dark energy라 불리는 우주를 "바깥쪽으로" 밀어내는 특별한 형태의 에너지일 겁니다. 비슷한 형태의 에너지로는 우주상수 cosmological constant가 있는데, 1917년 아인슈타인이 제안했지만 훗날 자신의 일반상대성이론에서 이를 부정했습니다. 암흑에너지는 우주에 있는 모든 에너지의 73%를 차지할 것이라고 생각됩니다. 이 에너지는 지난 수십 년간 먼 거리에 있는 은하의 분포나 우주배경복사에 대한 연구를 통해 확인되어 왔습니다.

멀리 떨어진 초신성을 연구해 우주의 가속 팽창을 발견한 것은 우리가 예상하지 못한 극적인 형태로 우주에 대한 인상을 바꿨습니다. 우리가 살고 있는 우주에는 우리가 알지 못하는 성분이 대다수라는 것을 깨닫게 되었습니다. 암흑에너지를 이해하는 것은 전 세계 과학자들에게 커다란 도전이며 피에트 하인의 모토와 일치합니다.

> 공격할 가치가 있는 문제는
> 그 문제의 가치를 다시 증명해준다.

펄머터 교수님, 슈밋 교수님, 리스 교수님.

여러분은 멀리 떨어진 초신성 폭발을 관찰해 가속 팽창하는 우주를 발견했습니다. 스웨덴 왕립과학원을 대표하여 여러분들에게 따뜻한 축하의 말을 드릴 수 있어 영광입니다. 이제 한 발 앞으로 나오셔서 노벨상을 받으시기 바랍니다.

스웨덴 왕립과학원 올가 보트너

개별 양자 시스템의 측정과 제어를 위한 획기적인 실험 방법 개발

2012

세르주 아로슈 | 프랑스　　**데이비드 J. 와인랜드** | 미국

:: 세르주 아로슈 Serge Haroche (1944~)

프랑스의 물리학자. 1944년 모로코에서 태어나 1967년 고등사범학교를 졸업하고 1971년에 파리6대학교(피에르마리퀴리 대학교)에서 물리학 박사학위를 받았다. 스탠퍼드 대학교의 아서 숄로 연구소에서 박사후과정 연구원을 거친 뒤 1975년에 파리6대학교 교수가 되었으며, 2001년부터 콜레주 드 프랑스 교수로 재직하고 있다. 평생 양자물리학 연구에 몰두하여 양자물리학 실험의 새로운 시대를 열었다고 평가받는다.

:: 데이비드 J. 와인랜드 David J. Wineland (1944~)

미국의 물리학자. 1944년 미국 위스콘신 주에서 태어나 1965년 버클리의 캘리포니아 대학교를 졸업하고 1970년에 하버드 대학교에서 박사학위를 취득하였다. 이후 워싱턴 대학교에서 박사후과정 연구원을 거쳐 1975년부터 미국표준기술연구소 연구원이자 볼더의 콜로라도 대학교 교수로 있다. 이론으로만 존재했던 양자역학의 중첩 현상을 실험으로 밝혀 양자 컴퓨터와 광시계 개발의 첫발을 내딛게 하였다.

전하, 그리고 신사 숙녀 여러분.

1820년 룬드 대학교의 학위 수여식에서 유명한 시인이자 작가인 에사이아스 텡네르Esaias Tegnér는 이렇게 말했습니다.

> 드러난 겉모습으로서가 아니라 그것이 의미하는 바, 즉 현상의 핵심을 잡아낼 수 있다는 것, 이것은 인간의 얼마나 훌륭한 능력인가!
>
> 우리 눈에 보이는 실체란 더 높은 어떤 것의 표상에 불과할 뿐…….

우리가 보는 것은 무엇일까요? 그 실체는 우리 주위의 모든 것, 색깔, 모양, 사물은 모두 빛을 통해 우리 눈에 전달됩니다. 우리 뇌가 이 신호들을 해석해야 비로소 정보가 되는 것입니다. 우리 눈에 보이는 이 모든 것은 고전 물리학의 체계 속에서 설명되고 있을 것입니다. 그러나 물질의 핵심을 설명하기에는 고전 물리학만으로 충분치가 않습니다!

이런 이유로 1920년대 물리학자들은 사물의 핵심을 다룰 수 있는 아주 멋진 이론을 개발해 냈습니다. 바로 양자역학입니다. 양자의 세계에서는 빛, 원자, 핵, 소립자를 모두 입자인 동시에 파동으로 기술할 수 있습니다. 양자역학은 현대 물리학에서 큰 성공을 거두어 왔습니다. 그러나 양자 수준에서 물질을 실제로 관찰하려고 하면 큰 문제에 봉착하게 됩니다. 대부분의 경우 관찰이나 측정을 하려는 어떠한 시도에 의해서도 그 시스템의 양자적 특성이 사라져 버리기 때문입니다. 따라서 개별적인 양자 시스템을 연구한다는 것은 양자역학의 태동기 때부터 품었던 오랜 꿈이었습니다. 그리고 드디어 이 꿈이 실현되었습니다.

올해의 노벨상 수상자들은 동료와 함께 양자적 특성을 해치지 않으면서도 개별적 양자 시스템을 제어하고 측정해 낼 수 있는 독창적인 실험

기법을 고안해 냈습니다. 세르주 아로슈와 데이비드 와인랜드 교수는 근본적인 양자 세계의 관찰로 통하는 문을 연 분들입니다. 그들은 양자역학 법칙에 근거한 묘책이 실험적으로 가능하다는 것을 시연해 냈으며, 양자 시스템을 제어하고 측정할 수 있는 방법을 제시했습니다. 이것은 손을 전혀 대지 않고 알아내야 하는 것인데, 그렇게 하지 않으면 이 멋진 미시의 세계는 사라져 버리기 때문입니다.

두 분의 실험은 공통점이 많습니다. 데이비드 와인랜드 교수는 전하를 띤 개별 원자 혹은 이온을 정전기 안에 가두어 놓고 광자를 이용하여 냉각한 뒤 측정하고 제어하는 방법을 사용하였습니다. 온도가 절대온도 0도에 가까워지면, 이온의 에너지와 파동주파수 모두 어떤 특정 값만을 가지게 됩니다. 이것을 양자화되었다고 합니다. 이들 이온에 레이저를 쪼이면 소위 중첩상태, 즉 두 개의 다른 에너지 준위를 동시에 가지는 상태에 놓이게 됩니다. 그는 에너지의 중첩상태를 다시 레이저를 이용하여 진동의 중첩상태로 전이시킬 수 있었습니다. 하나의 중첩상태가 손상되지 않고 전이되는 것을 보여 준 것입니다.

세르주 아로슈 교수는 이와 반대되는 방법으로 접근했습니다. 그는 두 개의 완벽한 거울 사이에 하나의 광자를 잡아두고 그들을 측정하고 제어할 수 있을 만큼 긴 시간동안 유지하는 방법을 사용했습니다. 그는 매우 활성화된 원자들을 이 트랩에 통과시키면서 광자를 살짝 건드리도록 했습니다. 이 원자들은 마치 안테나처럼 트랩 안에 갇혀 있는 광자의 숫자와 그 상태에 관한 정보를 제공했습니다. 양자 수준에서의 스파이인 셈이지요. 놀랍게도 아로슈 교수는 9와트의 전구에서 10억 분의 1초 동안 쏟아져 나오는 광자의 수가 지구의 인구보다 많다는 것을 보이기도 했습니다.

두 분은 가장 근본적인 수준에서 빛과 물질의 상호작용을 연구하는 양자 광학quantum optics이라는 연구 분야를 대표하고 있습니다. 1980년대 중반 이후 이 분야는 괄목할 만한 성장을 이루어 왔습니다. 그들의 연구는 첨단 실험의 새로운 도구를 제공하였으며, 따라서 지대한 과학적 관심을 이끌어 왔습니다. 그들의 연구는 양자물리학에 기반을 둔 미래의 초고속 컴퓨터를 만들 수 있다는 희망을 주었습니다. 양자 컴퓨터는 20세기 IT 혁명이 세상을 엄청나게 바꾸어 놓은 것처럼 금세기 우리의 삶을 바꾸어 놓을 것입니다. 또한, 그들의 연구는 새로운 시간 표준이 된 매우 정밀한 광학 시계의 개발을 가져왔습니다. 오늘날에는 세슘 시계보다 약 100배 정도 더 정밀한 시계가 개발되어 있습니다. 이 시계의 정밀도는 상상을 초월하는데, 우주의 나이에 해당하는 시간을 측정해도 겨우 수 초의 오차밖에 나지 않을 정도입니다.

아로슈 교수님, 와인랜드 교수님, 왕립과학원을 대신하여 여러분의 뛰어난 업적에 축하의 말씀을 드리게 되어 매우 영광스럽습니다. 이제 앞으로 나오셔서 노벨상을 받으시기 바랍니다.

노벨 물리학상 위원회 의장 뵤른 욘슨

힉스 입자의 존재를 이론적으로 확립한 것에 대한 공헌

2013

피터 힉스 | 영국

프랑수아 앙글레르 | 벨기에

:: 피터 힉스 Peter Higgs (1929~)

영국의 이론물리학자. 1947년 킹스칼리지런던 물리학과에 입학하여 1950년에 수석으로 졸업하였다. 1954년 같은 학교에서 분자 진동 이론에 관한 연구로 박사학위를 받고, 1960년 에든버러 대학교 수리물리학과 교수를 거쳐 1980년부터 이론물리학과 교수로 재직했다. 1964년 다른 입자들에 질량을 부여하고 사라지는 입자의 존재를 이론적으로 확인하였고, 이 입자는 그의 이름을 따서 힉스 입자라고 명명되었다.

:: 프랑수아 앙글레르 Francois Englert (1932~)

벨기에의 이론물리학자. 브뤼셀 리브레 대학교에서 전자기계공학을 전공한 뒤 1959년 물리학 박사학위를 얻었다. 1959년부터 1961년까지 미국 코넬 대학교에서 로베르 브라우의 조교로 시작해 공동 연구에 참여하였다. 1961년 브뤼셀로 돌아와 로베르 브라우와 이론물리학 연구팀을 함께 이끄는 등 평생 학문적 동반자로 연구하였다. 1964년 브라우와 공동으로 소립자에 질량을 부여하는 메커니즘이 존재함을 제시하였는데, 이는 같은 주장이 담긴 힉스의 논문보다 두 달 앞선 것이었다.

전하, 그리고 신사 숙녀 여러분.

"세계는 너무너무 크다.

당신이 상상하는 것 이상으로 크다."

150여 년 전 사카리아스 토펠리우스Zacharias Topelius가 이 이야기를 한 이후, 우리는 세계가 그 당시 사람들이 상상한 것 이상으로 크고 복잡하다는 것을 알고 있습니다. 이제 우리는 수십억 광년 떨어진 곳을 관찰할 수 있고, 가장 큰 현미경인 입자가속기를 사용해 믿을 수 없을 정도로 가까운 거리에서 일어나는 물리 현상을 연구할 수 있습니다. 삼라만상을 포괄하는 법칙을 발견함으로써 세계의 모든 물리 현상을 이해하려고 노력하는 것이 혹시 주제 넘은 행동은 아닐까요? 그렇지 않습니다! 알베르트 아인슈타인은 자연에 가장 환상적인 것은 이해할 수 있다는 것이라고 하기도 했습니다.

에디트 쇠데르그란Edith Södergran은 "하늘로 올라가는 별을 손으로 잡을 수 있는가? 그 별의 비상을 측정할 수 있는가?"라고 쓴 적이 있습니다.

네. 우리는 별의 비상을 측정할 수 있습니다. 아이작 뉴턴은 별의 운동에 작용하는 법칙이 지구에 떨어지는 사과를 지배하는 법칙과 같다고 설명했습니다. 물리학은 완전히 다른 분야에서 기원한 현상들을 하나의 법칙으로 설명할 수 있습니다. 별과 사과에 어떤 공통점이 있습니까? 네. 이들은 질량이 있고, 중력의 힘은 물체의 질량에 의해 결정되지 다른 것은 없습니다. 자연은 합리적입니다.

100여 년 전 새로운 양자물리학이 개발되었을 때 인류는 자연이 양자화되어 있다고 이해했습니다. 물질은 가장 작은 구성성분으로 나눌 수 있습니다. 닐스 보어는 정확히 100년 전 수소 원자는 작은 원자핵 즉 양성자와 양성자 둘레를 회전하는 전자로 구성되어 있다고 설명했습니다. 이제 우리는 세계에 대한 통일된 이론을 미소 우주에서 찾아야 한다는 것을 이해할 수 있습니다.

1950년대부터 개발된 거대한 입자가속기는 미소 우주를 탐색하는 데 사용하는 도구입니다. 이 가속기의 복잡함은 1000년 전에 세워진 거대한 대성당의 그것에 비견될 만합니다. 가속기를 통해 우리는 새로운 입자를 많이 발견했을 뿐만 아니라 미소 우주에서만 명백하게 존재하는 두 개의 힘을 발견했습니다. 원자핵이 유지될 수 있는 강한 핵력과 방사성 붕괴를 지배하는 약한 핵력이 바로 그 두 힘입니다. 어떻게 우리는 이 힘이 매우 작은 거리에서만 작용한다고 설명할 수 있을까요? 게임의 법칙은 매우 한정적입니다.

성공적인 이론의 초기 형태는 양자전기동역학quantum electrodynamics이었습니다. 이 법칙은 장거리에서 작용하는 힘을 설명할 수 있습니다. 두 개의 대전된 공을 생각해 봅시다. 만약 장거리에서 단거리로 단순히 힘을 바꾸면 그 결과는 일치하지 않는데, 그 이유는 이론에서 필요한 중요한 대칭성이 붕괴되기 때문입니다. 그러나 이 힘을 단거리로 만들면서 대칭성을 유지할 수 있는 이론 방정식을 만들려면 대칭성을 붕괴시키는 바닥 상태를 선택하면 됩니다.

이 방법이 사용될 수 있을까요? 이 이론이 성립하려면 질량이 있는 입자와 함께 질량이 없는 새로운 입자가 존재해야 합니다. 질량이 없는 입자는 이제까지 볼 수 없었던 새로운 형태의 복사를 방출합니다. 이론을 변경함으로써 질량이 없는 입자의 존재를 없앨 수 있을까요? 아니면 과학자들이 뭔가 잘못된 길을 가고 있던 것일까요?

이 문제에 대한 해법은 50여 년 전에 발표된 두 편의 논문에서 제시되었습니다. 하나는 프랑수아 앙글러와 로베르 브라우가 쓴 논문이고 또 하나는 피터 힉스가 쓴 논문입니다. 두 논문은 거의 한 쪽 정도의 짧은 논문이었지만 세계를 바꿨습니다.

이들은 방금 언급한 두 개의 입자가 필요한 두 개의 장을 결합해 전자기 방정식과 같은 이론을 만들었으며, 이제까지 관찰되지 않은 복사를 방출해야 하는 불필요한 질량이 없는 입자를 전자기장과 결합해 단거리 힘을 만들어내도록 수정했습니다. 그러나 이 이론에서는 새로운 질량을 가진 입자가 여전히 등장했습니다. 이제 우리는 전자기장 방정식과 유사하지만 단거리이며, 질량을 가진 입자를 예측하는 이론을 만들었습니다. 우리는 전자기력과 약력을 통합하는 이론을 만들었습니다. 이제 입자물리학자는 무엇을 할까요? 이들은 새로운 이론을 무시했습니다. 이 이론이 정말 일관성이 있을까요? 브라우, 앙글러, 힉스는 그렇다고 믿었지만 7년이 지나서야 젊은 네덜란드 학생인 헤라르뒤스 토프트가 이 이론이 성립한다고 증명했으며, 이후 복잡한 이론에 대한 일련의 연구를 통해 1999년에 노벨 물리학상을 수상했습니다.

이제 물리세계는 이해되었고 미소 우주에 작동하는 힘(강한 핵력, 약한 핵력, 전자기력)을 통합하는 이론이 매우 빨리 개발되었습니다. 이것이 소위 "입자물리학의 표준 모형"으로 중력을 포함하지 않는 한도에서 세계를 실질적으로 지배하는 이론입니다. 이 이론에 따르면 쿼크, 렙톤, 힘입자force particle와 같은 새로운 입자들이 있어야 하고, 이 입자들은 빠르게 발견되었습니다. 그러나 브라우, 앙글러, 힉스가 예측한 새로운 입자, 즉 모든 질량을 가진 입자에 질량을 부여하는 역할을 하는 입자는 발견되지 않았습니다. 이 입자를 제외한 모든 입자는 30여 년 전에 이미 발견되었습니다. 정말 이 입자가 존재하기는 할까요?

과학자들은 이 입자를 발견하기 위해서는 매우 큰 가속기가 필요하다는 점을 알아챘습니다. 가속기는 초기 우주에서 등장하는 에너지에 상응하는 에너지를 만들어 내도록 입자들을 충돌시키는 장치입니다. 준비에 30년이 걸렸고 제네바에 있는 유럽원자핵공동연구소(CERN)에 건설된 후 과학자들은 이 입자를 탐색하기 시작했습니다. 2010년 6,000명의 과학자는 두 큰 실험을 시작했고, 2012년 7월 4일 이 입자를 발견했다는 소식이 흘러나오기 시작했습니다. 표준모형은 완전했고 자연은 브라우, 앙겔러와 힉스가 창조한 법칙을 정확히 따른다는 것을 알게 되었습니다. 과학이 환상적인 승리를 거둔 순간이었습니다.

앙글러 교수님은 브라우 교수님, 힉스 교수님과 함께 기본 입자에 질량의 기원을 이해하는 데 핵심적인 역할을 하셨기 때문에 노벨상을 수상하셨습니다. 스웨덴 왕립과학원을 대표하여 당신에게 따뜻한 축하를 드릴 수 있어 영광입니다. 이제 한 걸음 앞으로 나오셔서 노벨상을 받으시기 바랍니다.

힉스 교수님은 엥글러 교수님, 브라우 교수님과 함께 기본 입자에 질량의 기원을 이해하는 데 핵심적인 역할을 하셨기 때문에 노벨상을 수상하셨습니다. 스웨덴 왕립과학원을 대표하여 당신에게 따뜻한 축하를 드릴 수 있어 영광입니다. 이제 한 걸음 앞으로 나오셔서 노벨상을 받으시기 바랍니다.

노벨 물리학상 위원회 의장 라르스 브링크

밝은 백색 광원을 가능하게 한 효율적인 청색 발광 다이오드 발명

2014

이사무 아카사키 | 일본 **히로시 아마노** | 일본 **슈지 나카무라** | 미국

:: 이사무 아카사키Isamu Akasaki (1929~2021)

일본의 전자공학자. 교토 대학교에서 전기공학을 전공하고 고베 코교 사에서 전기공학자로 일했다. 그 후 대학으로 돌아와 나고야 대학교에서 1964년에 박사 학위를 받고 1981년에 전기공학부 교수가 되었다. 반도체 기술의 전문가로 질화 갈륨 청색 LED를 발명하였다.

:: 히로시 아마노Hiroshi Amano (1960~)

일본의 전자공학자. 나고야 대학교에서 전기공학으로 1989년에 박사 학위를 취득하였다. 메이조 대학교를 거쳐 현재 나고야 대학교 공학 대학원 교수다. 이사무 아카사키 연구 그룹에 1982년부터 대학원생으로 참여하여 질화 갈륨 청색 LED 발명에 공헌하였다.

:: 슈지 나카무라Shuji Nakamura (1954~)

일본에서 태어난 미국 국적의 전자공학자. 1977년 도쿠시마 대학교에서 전자공학과를 졸업하고 니치아 화학공업에 입사하였다. 니치아 화학공업에 근무하면서 실용성이 높은 청색 발광 다이오드를 개발하여 나치아 화학공업의 청색 LED 제품화에 기여하였다. 1994년 도

쿠시마 대학에서 박사 학위를 취득하고, 2000년 캘리포니아 대학교 샌타바버라 재료물성 공학과 교수가 되었다.

전하 그리고 신사 숙녀 여러분.

많은 동화 속에서 빛은 악마를 몰아내는 능력으로 표현되곤 합니다. 1954년 톨킨의 소설 《반지의 제왕》에서 요정의 여왕은 반지 시중에게 빛나는 크리스탈 병을 주면서 이렇게 말합니다. "다른 모든 빛이 사라진 어둠 속에서도 너에게 밝은 빛이 될지어다."

30만 년 전 인류의 조상이 불을 사용하기 시작할 때부터 불은 뜨거운 열을 위한 것 뿐 아니라 거친 야생 동물을 몰아내기 위한 빛의 무기로도 사용되었습니다. 불은 모든 다른 빛이 사라진 어둠 속에서도 밝게 빛나는 것이었습니다.

19세기 말 미국의 발명가 토마스 에디슨은 효율적인 백열전구를 발명하여 실용화해 냈습니다. 이 과정에서 그는 2천 번 이상의 실험을 한 것으로 알려져 있습니다. 사람들이 에디슨의 실험이 실패했다고 말할 때마다, 그는 "아니, 난 실패하지 않았어. 나는 전구를 만들 수 없는 2천 가지 경우를 발견한 것뿐이야."라고 말하곤 했습니다. 전력망이 구축되고 전구의 성능이 개선되자, 곧 수백만 수십억의 사람들이 값싸고 오래가는 조명 수단을 쓸 수 있게 되었습니다. 전구는 모든 다른 빛이 사라진 어둠 속에서도 밝게 빛나는 것이었습니다.

2차 세계대전이 끝나고 난 후 반도체 재료를 사용한 소자들이 본격 개발되기 시작했습니다. 과학자들은 그 초기 단계에 이미 반도체 물질의 어떤 조합이 빛을 방출할 수 있다는 것을 발견해 냈습니다. 백열전구에서는 필라멘트가 뜨거워지면서 빛을 내지만, 발광 다이오드Light Emitting Diode는 전류를 직접 빛으로 전환합니다. 당연히 백열전구보다 훨씬 뛰어난 효율을 나타냅니다. 유럽에서는 이것이 결정으로 만들어졌기 때문에 크리스탈 램프라고 불렸으며, 미국에서는 줄여서 LED라고 부릅니다.

최초의 LED는 붉은 빛을 냈습니다. 곧이어 녹색 빛을 내는 LED가 개발되었습니다. 그러나 백색 광원을 만들기 위해서는 청색 LED가 필요했습니다. 1960년대부터 기업과 대학에서는 청색 LED를 만들기 위해 많은 돈과 노력을 쏟아부었습니다. 그러나 필수적인 질화 갈륨 단결정이 쉽게 분말로 부서져 버리곤 했습니다. 많은 연구자가 시도했지만, 실패가 거듭되었고 대부분은 포기하고 말았습니다. 1970년대에는 질화 갈륨 단결정을 성장시키는 새로운 기술이 개발됐습니다. 새로운 노력과 새로운 실험이 진행됐지만 곧 또 다른 새로운 실패를 만들어 냈습니다. 정말 너무나도 어려운 일이었습니다.

그러나 일본 나고야 대학교의 이사무 아카사키 교수와 그의 박사 과정 학생인 히로시 아마노 씨, 그리고 당시 토쿠시마의 작은 회사 연구원이었던 슈지 나카무라 씨는 다른 사람들이 포기하고만 일에서 성공을 거두었습니다. 1980년대 말, 수년간의 집요한 노력과 요령 그리고 약간의 운도 더해진 덕분에 이들은 질화 갈륨의 결정을 만들어 냈고, 효과적인 청색 발광 특성을 가진 LED를 만들 수 있었습니다. 오늘의 수상자들도 물론 2천 번 이상의 실험을 했을 것이며, 청색 LED를 만들지 않는 수많은 방법을 발견했을 것입니다. 그렇지만 마침내 성공을 거두었습니다.

청색 LED 덕분에 우리는 백색 광원을 만들 수 있게 되었습니다. 오늘날의 휴대전화, 자전거, 자동차, 도심이나 집안의 곳곳 어디서나 백색 광원이 사용되고 있습니다. 백열전구 대신 LED 전구를 사용함으로써 우리는 많은 에너지를 절약하고 그만큼 환경을 보호할 수 있게 되었습니다. LED 전구는 믿어지지 않을 만큼 수명이 긴데, 무려 10만 시간, 약 11년 정도의 수명을 갖습니다. 효율 또한 매우 좋아서 배터리 하나로 매우 긴 시간동안 빛을 낼 수 있습니다. 배터리는 태양 빛으로도 충전할 수 있으므로 LED 전등은 전력망이 갖추어져 있지 않은 지구 어디서라도 빛을 밝힐 수 있는 것입니다. 모든 다른 빛이 사라진 어둠 속에서도 밝게 빛나는 것입니다.

한 세기 전에 알프레드 노벨은 인류에게 가장 큰 혜택을 가져온 업적의 사람에게 노벨 물리학상을 수여하라는 유언을 남겼습니다. 올해의 상은 알프레드 노벨의 유언에 특히 잘 부합된다고 할 수 있습니다.

아카사키 교수님, 아마노 교수님, 나카무라 교수님.

여러분은 효율적인 청색 발광 다이오드를 발명한 공로로 2014년 노벨 물리학상을 받으시겠습니다. 이 업적 덕분에 에너지 소모가 적으면서도 밝은 백색 광원이 세상에 출현하였습니다. 스웨덴 왕립과학원을 대표해서 여러분의 뛰어난 연구에 마음속 깊이 축하의 말씀을 올리게 되어 기쁘고 영광스럽습니다. 이제 앞으로 나오셔서 전하로부터 노벨상을 받으시기 바랍니다.

스웨덴 왕립과학원 안 뤼이에

뉴트리노가 질량을 갖는다는 사실을 보여준 뉴트리노 진동의 발견

2015

다카아키 가지타 | 일본

아서 맥도널드 | 캐나다

:: 다카아키 가지타Takaaki Kajita (1959~)

일본의 물리학자. 사이타마 대학교에서 물리학을 공부하고 1986년 도쿄 대학교에서 반뉴트리노와 중간자의 핵자 붕괴에 대한 연구로 박사 학위를 받았다. 1988년부터 도쿄 대학교 우주선 연구소에 참여했으며 2015년에 우주선 연구소 소장이 되었다. 현재 도쿄 대학교 특별 명예 교수로 슈퍼 카미오칸데를 이용해 지구 대기와 우주선의 반응으로 만들어지는 뉴트리노를 검출하고 뉴트리노가 질량이 있다는 것을 밝혔다.

:: 아서 맥도널드Arthur B. McDonald (1943~)

캐나다의 물리학자. 댈하우지 대학교에서 물리학을 공부하고 1969년 캘리포니아 공과대학교에서 물리학 박사 학위를 받았다. 1982년 프린스턴 대학교의 물리학과 교수를 거쳐 현재 킹스턴 퀸스 대학교의 연구 의장 및 페리미터 이론 물리학 연구소 위원이다. 중수를 이용해 태양의 핵반응에서 만들어지는 뉴트리노를 연구하였다.

폐하, 국왕 전하, 존경하는 노벨상 수상자 여러분, 그리고 신사 숙녀 여러분.

올해의 노벨 물리학상은 우주에서 가장 수수께끼 같은 입자인 뉴트리노에 관한 연구에 수여되었습니다. 뉴트리노는 유령 같은 입자로 아주 두꺼운 벽을 통과할 수 있습니다. 실제로 아무 상호작용 없이 직진해 지구를 관통할 수 있습니다. 뉴트리노는 전하가 없으며, 빛의 속도에 근접할 정도로 빨리 움직이고 거의 질량도 없다시피 합니다. 오랫동안 우리는 뉴트리노가 질량이 없다고 생각했습니다! 뉴트리노를 연구하는 것은 정말로 도전적인 연구입니다!

올해의 수상자이신 다카아키 가지타 교수님과 아서 맥도널드 교수님, 두 분이 각각 이끄신 두 연구팀은 이 놀라운 입자가 우리가 상상했던 것 이상으로 종잡을 수 없다는 것을 발견했습니다. 뉴트리노는 카멜레온처럼 행동합니다. 우주 공간을 여행할 때 한 종류의 뉴트리노는 다른 종류로 변화합니다. 뉴트리노는 어디에나 있습니다. 태양의 내부에서 항상 만들어지며 '우주 입자의 비'가 우주에서 쏟아져 대기권의 입자들과 충돌할 때도, 지각에서 원자핵이 붕괴할 때도 만들어집니다. 심지어 우리 근육에서도 만들어집니다.

초당 수 십 억 개의 뉴트리노가 우리 몸을 통과하지만 볼 수도 없고 알아챌 수도 없습니다. 이렇게 눈에 띄지 않는 입자는 다른 물질과 거의 상호작용을 하지 않으며 잡는 것도 거의 불가능합니다. 그러나 뉴트리노의 유령 같은 성질은 매우 유용할 때가 있습니다. 예를 들면 태양 중심에서 만들어진 빛은 지구에 도달할 수 없지만 핵융합 반응에 의해 발생된 뉴트리노는 태양을 곧장 통과해 지구에 도달합니다. 태양에서 생성된 뉴트리노의 수를 통해 태양 중심핵의 온도를 측정할 수 있습니다. 50년 전

태양의 뉴트리노를 기록하는 실험이 최초로 진행되었으며 많은 후속 연구가 진행되었습니다. 얼마 지나지 않아 놀랍게도 뉴트리노의 예상값의 3분의 2가 행방불명이 된다는 것을 알아냈습니다. 태양에서 생성된 뉴트리노는 지구로 오는 도중에 사라져 버리는 것처럼 보였습니다!

이런 놀라운 현상을 설명하기 위한 많은 이론 중 하나는 뉴트리노가 지구로 오는 도중 자신의 동일성을 잃고 다른 종류로 변환되기 때문에 검출기에서 보이지 않는다는 것입니다. 뉴트리노는 모두 세 가지 유형이 있는데, 이중 태양에서 생성되는 뉴트리노는 한 종류 밖에 없고 따라서, 실험은 그 한 종류의 뉴트리노를 검출하기 위해 설계되었기 때문에 다른 종류의 뉴트리노는 검출할 수 없다는 설명입니다.

그런데 정말 어떤 입자가 우주 공간을 가로지르면서 자신의 동일성을 바꿀 수 있는 걸까요? 이 수수께끼는 두 개의 거대한 지하 검출기를 통해 해결되었습니다.

슈퍼 카미오칸데 검출기는 일본의 아연 광산에 위치해 있으며 지구 표면에서 1,000미터 아래에 설치되었습니다. 스톡홀름에 있는 모든 욕조를 채우고도 남을 정도인 5만 톤의 물이 검출기 안을 채우고 있습니다! 이 검출기는 우주선이 지구 대기권과 충돌해 만들어진 뉴트리노를 기록합니다. 놀랍게도 지표면 아래에 있는 검출기에 기록된 뉴트리노의 수보다 지구의 반대쪽, 즉 대기권 위에서 검출되는 뉴트리노의 수가 훨씬 적다는 것을 발견했습니다. 대기권에서 만들어진 특정한 유형의 뉴트리노가 슈퍼 카미오칸데 검출기에 도착하는 도중 사라지는 것처럼 보였습니다!

뉴트리노는 지구를 통과할 때 아무런 방해를 받지 않습니다. 따라서 가지타 교수님과 연구팀은 뉴트리노가 생성되는 지구 반대편과 검출기

사이의 먼 거리가 뉴트리노의 동일성을 바꾸기에 충분한 시간을 줄 수 있다는 것을 깨달았습니다.

거의 동시에 지구 반대편에서는 태양핵에서 만들어지는 뉴트리노를 관찰하기 위한 거대한 검출기가 건설되었습니다. 캐나다의 서드베리 뉴트리노 관측소는 이전의 검출기와는 달리 지하 2킬로미터에 건설되었고 세 종류 뉴트리노를 모두 기록할 수 있도록 설계되었습니다. 맥도널드 교수님과 연구팀은 태양에서 지구로 도달하는 뉴트리노의 총수는 이론의 예상값과 아주 가깝다는 것을 보여주었습니다. 그렇지만 태양핵에서 생성된 특정한 유형의 뉴트리노의 수는 아주 작았습니다. 즉, 태양에서 생성된 뉴트리노는 사라진 것이 아니라 다른 유형의 뉴트리노로 변환된 것으로 뉴트리노의 동일성이 바뀐 것이어야 했습니다.

두 실험의 결과는 하나의 이론으로 설명할 수 있습니다. 양자역학에 따르면 공간을 따라 이동하는 입자는 파동으로 기술할 수 있습니다. 만약 세 종류의 뉴트리노가 가진 질량이 다르다면 파동의 입장에서 이 뉴트리노들은 다른 주파수를 가졌다고 말할 수 있습니다. 공간을 통해 이동하는 뉴트리노 파동들 사이의 상호작용이 뉴트리노의 변환을 초래합니다. 뉴트리노 진동이라 불리는 이 현상은 뉴트리노가 질량이 있는 경우에만 일어날 수 있습니다.

우주에 있는 뉴트리노의 수는 엄청나게 많습니다. 뉴트리노는 우리가 오랫동안 믿어 온 것처럼 질량이 없는 입자가 아니라는 발견은 우주의 구조를 이해하는 데 결정적으로 중요한 역할을 할 것이고 우주론에 광범위한 영향을 줄 것입니다.

맥도널드 교수님, 가지타 교수님.

두 분은 뉴트리노가 질량을 가진다는 뉴트리노 진동을 발견한 공로로 노벨 물리학상을 수상하셨습니다. 저는 스웨덴 왕립과학회를 대신해 따뜻한 축하의 말씀을 드리게 되어 영광이며 큰 기쁨입니다. 이제 한 걸음 앞으로 나오셔서 국왕 폐하로부터 노벨상을 수상하시기를 요청 드립니다.

스웨덴 왕립과학원 올가 보트너

물질의 위상 상태와 위상 상전이의 이론적 발견

2016

데이비드 사울레스 | 영국 　 덩컨 홀데인 | 영국 　 마이클 코스털리츠 | 영국

:: 데이비드 사울레스 David J. Thouless (1934~)

영국의 물리학자. 윈체스터 칼리지에서 물리학을 공부하고 1958년 코넬 대학교에서 박사 학위를 받았다. 버클리에 있는 캘리포니아 대학교에서 박사 후 연구원을 지냈으며, 영국 버밍엄 대학교 수리물리학 교수와 예일 대학교 응용과학 교수를 거쳐 1980년에 워싱턴 대학교 물리학과 교수가 되었다. 왕립학회와 미국 물리학회, 미국 과학아카데미 회원으로 원자와 전자, 핵자의 확장된 체계를 이해하는 데 중요한 이론적 기여를 했다.

:: 덩컨 홀데인 Duncan M. Haldane (1951~)

영국의 물리학자. 런던에 있는 캠브리지 크라이스트 칼리지에서 물리학을 공부하고 필립 앤더슨의 지도로 1978년에 박사 학위를 받았다. 프린스턴 대학교 물리학부 유진 히긴스 물리학 교수이며, 페리미터 이론 물리학 연구소 방문 석좌 연구원이다. 루틴저 액체 이론, 일차원 스핀 사슬 이론 등 응집물질물리학에 대한 다양한 기여로 알려졌다.

:: **마이클 코스털리츠 Michael Kosterlitz (1943~)**

영국의 물리학자. 캠브리지 곤빌 앤드키스 칼리지에서 공부하였으며 1969년 옥스퍼드 브래스노스 칼리지에서 고에너지 물리학에 대한 연구로 박사 학위를 받았다. 1974년 버밍엄 대학교 교수를 거쳐 현재 브라운 대학교 물리학과 교수 및 핀란드 알토 대학교 방문 교수, 한국고등과학원 특훈 교수를 역임하고 있다.

폐하, 존경하는 노벨상 수상자 여러분, 그리고 친애하는 전 세계 과학자들과 신사 숙녀 여러분.

물리학은 인간의 활동이며, 다른 모든 인간 활동과 마찬가지로 역사적, 지리적 및 언어적 환경의 토대 위에서 발전해 왔습니다. 그럼에도 불구하고 물리학이 밝혀낸 자연법칙은 이런 한계들을 초월합니다. 자연법칙들은 처음 밝혀졌을 때나 지금이나 변하지 않으며 앞으로도 그럴 것입니다. 우리가 살고 있는 이 지구상에서나 머나 먼 별 주위를 돌고 있는 어떤 행성에서나 이 법칙들은 변하지 않을 것입니다. 물리법칙은 대단히 보편적이며 수학의 언어를 통해 표현됩니다.

이 특별한 보편성은 공간, 시간 및 물질의 근본적인 특성과 밀접하게 관련되어 있는데, 물리법칙의 대칭성을 늘 반영하고 있습니다. 19세기에 발전된 수학의 한 분야인 그룹 이론group theory은 이러한 대칭성을 설명하기 위해 사용되어 왔는데, 20세기 물리학의 혁명을 가져온 새로운 양자 이론에서도 없어서는 안 될 도구가 되었습니다.

양자 역학에서 그룹 이론의 역할처럼 과학의 획기적인 연구는 종종 새로운 언어를 필요로 합니다. 사실 물리학의 언어가 수학이기 때문에 물리학의 돌파구는 늘 새로운 수학을 필요로 해 왔습니다. 뉴턴은 그의 역학과 동시에 미분과 적분 이론을 발전시켰고, 아인슈타인은 당시 물리학자들에게 낯설었던 휜 공간에 관한 최신 수학을 통해 상대성 이론을 전개했습니다.

수학적 언어는 추상적이지만 두 가지 큰 장점이 있습니다. 수학적으로 공식화된 이론은 정량적이며, 따라서 실험 결과를 매우 자세하고도 정확하게 설명하거나 예측할 수 있습니다. 또한 수학은 연역적이므로 수학적 논증을 통해 미래의 실험 결과를 예측할 수도 있습니다. 힉스 입자의 발견은 바로 그러한 예입니다. 연역 논리는 모든 과학에서 중요한 도구이지만 이론 물리학에서 특히 두드러진 결과를 가져 왔습니다. 많은 철학자, 물리학자 및 수학자가 자연을 표현하는 수학의 놀라운 능력에 경탄했습니다. 유진 위그너는 그의 유명한 에세이 제목에서 이것을 '수학의 비합리적 효과'라고 표현했습니다.

올해의 노벨 물리학상은 '수학의 비합리적 효과'가 이론 물리학에 기여한 공로를 인정한 것입니다. 위상 수학이라는 수학의 한 분야에서 가져 온 새로운 개념을 사용하여 올해의 수상자들은 두 가지 업적을 이루어 냈습니다. 첫째로 그들은 놀라운 실험적 결과를 설명할 수 있었습니다. 두 번째로는 새로운 현상의 이론적 발견, 즉 나중에 실험적으로 확인된 새로운 현상을 미리 예언해 냈습니다. 위상은 개체의 속성을 나타내는 강력한 특성입니다. 계란과 축구공은 같은 위상 특성을 가지며 구멍이 없는 3차원 물체의 범주에 속합니다. 한편 결혼 반지나 도넛은 구멍이 하나 있는 위상을 갖습니다. 항상 정수인 구멍의 수는 위상 불변량의 한 예입니다.

양자 역학은 개별 원자나 분자와 같은 미시 세계의 물리적 이론으로 탄생했습니다. 그러나 곧 가스, 액체 및 고체와 같은 일반적인 물질 상태를 이해하기 위해서도 사용되었습니다. 초유체와 초전도 상태도 양자역학적 현상에 추가로 포함되었습니다. 여기서도 대칭성 개념이 매우 중요하다는 것이 밝혀졌습니다. 대칭성을 연구함으로써 레프 란다우Lev Landau는 물질의 가능한 상태들을 분류할 수 있었고, 이들 사이의 변화인 상전이 메커니즘을 설명 할 수 있었습니다.

올해의 수상자들은 물질의 상태에 대한 란다우의 분류가 불완전하다는 것을 보여 주었습니다. 란다우에 의해 밝혀진 상태들에 더하여 위상 불변량에 대한 특이값을 갖는 추가의 '위상 상태' 가 있다는 것을 보여주었습니다. 위상수학의 도움으로 그들은 이전의 이론에서는 존재할 수 없는 물질 상태들 사이에서 일어나는 변화를 설명할 수 있었습니다.

많은 경우 새로운 개념과 사고방식이 영향력을 갖는 데는 꽤 시간이 필요합니다. 지난 10년 동안 '물질의 위상 상태' 에 대한 연구는 폭발적으로 증가해 왔습니다. 오늘날의 젊은 물리학자들은 이전 세대가 미분과 대칭성 그리고 기하학을 사용하여 연구했던 것처럼 위상수학의 개념을 능숙하게 사용하여 연구를 수행하고 있습니다.

올해의 수상자들은 중요하고도 특별한 발견을 해냈습니다만, 이보다 더 중요한 것은 물질을 기술하는 새로운 방식의 기초를 닦았다는 점입니다. 그들의 성과는 우리에게 심오하고 아름다운 추상적 개념의 수학적 언어를 풍부하게 제공하고 있습니다. 그러나 자연 과학에서는 아름다움만으론 충분치 않습니다. 수학은 이미 아름다운 결과들로 가득합니다. 자연과학은 아름다움에 더하여 진실한가가 매우 중요합니다. 이를 확인하기 위해서는 실험과 측정이 반드시 필요합니다. 위상 상태의 이론은 이러한 실험적 테스트를 거뜬히 통과했습니다. 그것은 진리와 아름다움을 연결한 것이고, 바로 이론 물리학의 극치라고 할 수 있습니다.

사울레스 교수님, 홀데인 교수님 그리고 코스털리츠 교수님.

여러분들은 물질의 위상 상태와 위상 상전이의 이론적 발견에 대한 공로로 2016년도 노벨 물리학상을 수상하시겠습니다. 스웨덴 왕립과학원을 대표하여 축하의 말씀을 드리게 되어 영광되고 기쁩니다. 이제 나오셔서 폐하로부터 노벨상을 수상하시기 바랍니다.

스웨덴 왕립과학원 토르스 한스 한손

LIGO 검출기와 중력파의 관측에 결정적인 공헌

2017

라이너 바이스 | 미국 **배리 배리시** | 미국 **킵 손** | 미국

:: 라이너 바이스 Rainer Weiss (1932~)

미국의 물리학자. 1962년 매사추세츠 공과대학교에서 학사 학위와 박사 학위를 받았다. 매사추세츠 공과대학교의 명예 물리학 교수며, 우주복사선의 상세한 지도를 만든 NASA 우주배경 탐사 위성(COBE)의 공동 설립자이기도 하다. 우주배경복사의 특성 분석과 레이저 간섭계 중력파 관측소(LIGO)의 기본 작동 원리인 레이저 간섭계 기술을 개발했다.

:: 배리 배리시 Barry C. Barish (1936~)

미국의 물리학자. 버클리에 있는 캘리포니아 대학교에서 박사 학위를 받았으며, 현재 캘리포니아 공과대학교의 명예 교수다. 캘리포니아 공과대학교 고에너지 물리학 그룹의 수석 연구원이었으며, 레이저 간섭계 중력파 관측소(LIGO)의 소장, 고에너지 물리학 자문 패널 소위원회의 공동 의장을 역임했으며, 입자 및 분야위원회와 국제 순수 및 응용물리협회(IUPAP)의 미국 의장을 역임했다.

:: 킵 손 Kip S. Thorne (1940~)

미국의 이론물리학자. 캘리포니아 공과대학교에 학사 학위를, 프린스턴 대학교에서 박사학위를 받았다. 1967년에 30세의 나이로 캘리포니아 공과대학교에서 최연소로 교수가 되었다. 그 후 유타 대학교, 코넬 대학교에서 교수를 역임한 뒤 캘리포니아 공과대학교 파인만 이론 물리학 명예 교수를 역임했다. 2014년 우주여행과 블랙홀을 소재로 한 영화《인터스텔라》에 과학 자문으로 참여했다.

폐하, 국왕 전하, 존경하는 노벨상 수상자 여러분, 그리고 신사 숙녀 여러분.

중력은 우리가 아는 한 가장 약한 힘이지만, 우리가 땅 위에 서 있게 해주고, 태양 주위 행성들의 궤도를 결정하고, 멀리 떨어진 우주에 있는 블랙홀의 격렬한 만남을 결정합니다. 2017년 노벨 물리학상은 이런 중력의 약함과 강함의 명백한 불일치를 미묘한 방식으로 반영하는 발견에 주어졌습니다. 멀리 떨어진 은하에서 두 개의 블랙홀이 순간적으로 충돌할 때 만들어지는 중력파에 의해 믿을 수 없을 정도로 약하게 공간이 왜곡되는 현상이 관찰되었습니다.

약 13억 년 전, 지구에서 최초의 다세포 생명이 등장했을 때, 태양 질량의 30배 가까운 두 개의 블랙홀은 죽음의 이인무의 마지막 단계를 시작하고 있었습니다. 결국은 광속의 반에 달하는 속도로 격렬하게 요동치며 충돌하고 합체되었습니다. 이 과정에서 생성된 중력파는 방금 무슨 일이 있었는지에 대한 정보를 지닌 채 시공간으로 퍼져나갔습니다. 그때부터 계속해서 중력파는 우주를 여행했고 마침내 2015년 9월 14일 지구를 쓸고 지나갔습니다. 이 중력파는 아주 작은 진동을 감지할 수 있도록 설계되어 새롭게 가동을 시작한 레이저 간섭 중력파천문대의 검출기 두 대를 통해 확인되었습니다. 이는 지구를 통과하는 중력파를 최초로 발견한 순간이었습니다. 이 놀라운 발견은 새로운 관측 기법을 천문학에 제공했으며 중력이 매우 강한 블랙홀 근처에서 중력을 연구할 수 있는 새로운 시대의 서막을 열었습니다.

중력파는 약 100년 전 아인슈타인의 일반상대성이론이 예측하였으며 시공간의 기하학과 중력을 연결합니다. 중력파는 질량을 가진 물체가 가속할 때면 시공간의 잔물결로 일어나며 파원에서 멀어질수록 파동이 점점 약해집니다. 중력파가 지구에 도달할 때 시공간의 늘어짐과 당겨짐이 매우 작아서 인간의 지각으로는 도저히 검출할 수 없습니다. 그럼에도 불구하고 올해 노벨 수상자들께서 지휘하는 연구팀은 이러한 문제를 극복해 냈고 레이저 간섭계라는 검출기를 만들어 거미줄의 수십억 분의 일에 해당하는 미세한 시공간의 떨림을 측정할 수 있었습니다. 간섭계는 하나의 길이가 4킬로미터인 두 개의 팔을 따라 갈라지는 레이저 빛을 사용했습니다. 각 팔의 끝에 있는 거울은 두 빛을 반사해 빛이 발사된 위치에서 두 개의 레이저 빛이 포개지도록 합니다. 그 결과 얻은 광파는 그림자의 패턴을 기록하는 검출기로 전달됩니다. 검출기를 지나는 중력파가 간섭계의 한 팔을 늘리고 다른 팔은 줄여 그림자 패턴이 약간 이동하게 되는데, 이것을 과학자들이 검출한 것입니다.

트럭이 지나간다던가 작은 지진이 검출기를 진동하게 만드는 국부적인 교란을 배제하기 위해 동일한 검출기를 3000킬로미터 떨어진 미국의 반대편에 설치했습니다. 협정세계시 9월 14일 오전 9시 50분 두 검출기는 7밀리초의 시차를 두고 지구를 지나는 중력파에서 얻은 동일한 신호를 검출하고 기록했습니다. 이를 통해 중력파의 신호를 확인했을 뿐만 아니라 중력파원의 위치를 남쪽 하늘 1아크도의 정확도로 특정할 수 있었습니다.

최초로 중력파를 직접 관찰했다는 것은 단지 지축을 흔들만한 발견을 한 번 했다는 것에 그치지 않고 이후에 따라올 추가적인 관측의 돌파구를 만들었다는 것을 의미합니다. 이 발견의 중요성은 "어떤 엄청난 일이 알려지기를 기다리고 있다"라는 저명한 천문학자 칼 세이건의 말처럼 우주의 보이지 않는 부분을 탐험할 수 있는, 예상치 못한 기회를 열었다는 데 있습니다.

바이스 교수님, 베리시 교수님, 손 교수님. 여러분은 레이저 간섭 중력파 천문대의 검출기의 건설과 중력파의 발견에 결정적으로 기여했습니다. 스웨덴 왕립과학원을 대신하여 따뜻한 축하의 말씀을 드릴 수 있게 되어 영광이며 기쁘게 생각합니다. 이제 한 걸음 앞으로 나가셔서 국왕 폐하께 노벨상을 수상하시기 바랍니다.

스웨덴 왕립과학원 올가 보트너

광학 집게의 발명과 생물학계에의 응용

2018

아서 애슈킨 | 미국 **제라르 무루** | 프랑스 **도나 스트리클런드** | 캐나다

:: 아서 애슈킨 Arthur Ashkin (1922~2020)

미국의 물리학자. 1940년 컬럼비아 대학교에서 물리학을 전공한 후, 1952년 코넬 대학교에서 핵물리학으로 박사 학위를 받았다. 벨 연구소 연구원이었으며, 미국 광학회(OSA), 미국 물리학회(APS), 전기전자공학자협회(IEEE)의 펠로다. 살아 있는 박테리아를 해치지 않고 포획할 수 있는 광학 핀셋을 발명했다.

:: 제라르 무루 Gerard Mourou (1944~)

프랑스 물리학자. 그르노블 대학교에서 물리학을 전공한 후 파리 제6대학교에서 1973년 박사 학위를 취득했다. 로체스터 대학교에서 교수로 재직하고 미시간 대학교와 파리의 에콜 폴리테크닉에서 근무했으며, 미시간 대학교 교수로 부임하여 초고속과학연구소를 설립하고 감독했다.

:: 도나 스트리클런드 Donna Strickland (1959~)

캐나다의 물리학자. 캐나다 워털루 대학교 교수다. 맥매스터 대학교에서 물리공학을 공부한 후 로체스터 대학교에서 철학으로 박사 학위를 받았다. 캐나다 국립연구위원회에서 연구원이었으며, 미국 로런스 리버모어 국립연구소, 프린스턴 대학교의 광자 및 광전자 재료 첨단기술센터의 연구원이었다. 여성 물리학자로서는 역대 세 번째로 노벨 물리학상을 수상했다.

폐하, 국왕 전하, 영예로운 노벨상 수상자 여러분, 그리고 신사 숙녀 여러분.

햇빛은 지구상의 생명체에게 필수적이며 햇빛의 에너지를 활용하는 우리의 능력은 점점 더 발전하고 있습니다. 또한 우리는 다양한 형태의 빛을 사용하는데, 오늘날에는 레이저를 광원으로 사용하는 경우가 많습니다. 일상적으로 사용되는 레이저 두 가지는 바코드 판독기와 레이저 포인터입니다. 올해의 노벨 물리학상은 빛을 사용하는 획기적이고 새로운 방법을 가능케 한 레이저 물리학의 두 가지 발명에 수여됩니다. 덕분에 우리는 의학 및 기타 분야에 응용할 수 있는 새로운 광학적 도구들을 가지게 되었습니다.

아서 애슈킨 교수는 광학 집게의 발명과 이를 생물학 시스템에 적용한 공로로 수상하십니다. 이 발명은 빛이 물질에 복사압력이라는 힘을 가할 수 있다는 사실에 기반하고 있습니다. 빛을 이용하여 물체에 물리적인 힘을 가해 움직일 수 있다는 사실은 스타트렉의 견인 광선 같은 공상과학소설의 이야기처럼 들립니다. 물론 우리는 햇빛이 우리를 따듯하게 해주는 것처럼 에너지를 전달한다는 것을 알고 있습니다. 하지만 우리는 햇빛에서 어떠한 물리적인 힘을 느낄 수는 없습니다. 햇빛의 물리적인 힘이 너무 약하기 때문입니다. 애슈킨의 광학 집게 발명은 강력한 레이저 빔의 복사압력이 실제로 미세한 입자를 움직일 만큼 강하다는 것을 보여주는 실험에서 시작되었습니다. 이 실험을 통해 강한 레이저 광은 미세한 입자를 이동시킬 수 있을 뿐만 아니라 렌즈를 사용하여 빔을 집중시키면 입자를 붙잡을 수도 있다는 것을 보여주었습니다. 이 실험 결과는 곧 넓은 응용 범위를 가지고 있는 광학 집게의 탄생을 가져 왔습니다. 우리는 이 우아한 도구를 이용하여 살아 있는 세포의 구성물들을 물리적 접촉 없이 붙잡고 움직일 수 있게 되었습니다. 애슈킨의 광학 집게는 생물학적 세포의 다양한 구성 요소를 조사하는 데 성공적으로 사용되었으며, 무엇보다도 세포 내에서 중요한 작업을 수행하는 작은 분자 모터의 역학에 대한 연구에 큰 도움을 주었습니다.

제라르 무루와 도나 스트리클런드는 극초단 펄스 증폭Chirped Pulse Amplification, CPA 방법을 발명한 공로로 노벨상을 수상하시겠습니다. 이 방법은 매우 강렬하고 짧은 레이저 광 펄스를 생성하는 기술입니다. 보다 강력한 레이저 펄스를 만들려는 노력은 1960년 최초의 레이저가 발명된 이후 꾸준히 계속되어 왔습니다. 그러나 1980년대 중반에 이르러 레이저의 강도가 증폭 물질 자체를 파괴하는 수준이 되어 그 이상으로 발전하는 데 큰 어려움이 있었습니다. 무르와 스트리클런드는 극초단 펄스 증폭 기술을 이용하여 이러한 한계를 극복할 수 있었습니다. 그들의 전략은 아주 간단하고 우아했습니다. 먼저 레이저 펄스의 주기를 늘려 강도를 줄임으로써 증폭 물질의 손상 없이 레이저의 강도를 증폭할 수 있도록 하였습니다. 마지막으로 증폭된 펄스를 원래 시간 길이로 다시 압축하는데, 이때는 훨씬 강하게 압축했습니다. 이 방법은 고강도 레이저에 관한 연구가 소수의 대규모 실험실에서만 가능했던 것을 전 세계 여러 곳에서 수행할 수 있도록 변화시켰고, 이는 연구 개발의 큰 증가를 가져왔습니다. 더 짧은 펄스를 지속적으로 만듦으로써 이제 연구자들은

100경분의 1초 의미하는 아토초attosecond(1x10^{-18}초) 수준에 이르게 되었습니다. 원자와 분자 내 전자의 움직임을 연구할 수 있는 길을 열어준 것입니다. 또한 CPA 기술을 이용해 레이저 펄스의 많은 응용이 가능해졌는데, 레이저 펄스를 초정밀 수술 도구로 활용하는 근시 교정 안과 수술이 그 대표적인 예입니다.

애슈킨 박사님, 무르 교수님, 그리고 스크리클런드 교수님. 여러분은 레이저 물리학 분야의 획기적인 발명으로 2018년 노벨 물리학상을 수상하시겠습니다. 스웨덴 왕립과학원을 대표하여 여러분에게 따뜻한 축하 인사를 전하게 되어 영광으로 생각하며 큰 기쁨을 느낍니다. 이제 나오셔서 폐하로부터 노벨상을 수상하시기 바랍니다.

스웨덴 왕립과학원 안데르스 이르백

우주의 진화와 우주에서 지구가 차지하는 위치를 이해 | 피블스
태양형 항성을 돌고 있는 외계행성을 발견 | 마요르, 쿠엘로

2019

제임스 피블스 | 미국 **미셸 마요르** | 스위스 **디디에 쿠엘로** | 스위스

:: **제임스 피블스** James Peebles (1935~)

캐나다계 미국인 이론물리학자이자 천문학자. 현재 프린스턴 대학교 명예 교수다. 매니토바 대학교에서 과학사를 공부했고, 1962년 프린스턴 대학교에서 물리학으로 박사 학위를 받았다. 우주 마이크로파 배경복사를 예측했으며, 빅뱅 핵합성, 암흑물질, 암흑에너지에 대한 중요한 사실을 밝혀냈다.

:: **미셸 마요르** Michel Mayor (1942~)

스위스의 천문학자. 제네바 천문대 연구원이자 제네바 대학교 명예 교수다. 로잔 대학교에서 물리학으로 석사를, 제네바 천문대에서 천문학으로 박사를 취득했다. 케임브리지 대학교 천문학연구소의 연구원이었으며, 1971년부터 1984년까지 제네바 천문대 소장을 역임했다.

:: **디디에 쿠엘로** Didier Queloz (1966~)

스위스의 천문학자. 케임브리지 대학교의 자연철학과 교수이며, 제네바 대학교의 교수이다. 케임브리지 트리니티 칼리지의 펠로이기도 하다. 제네바 대학교에서 공부한 후 1992년 천문학 및 천체물리학으로 박사 학위를 받았다. 외계행성과 우주 생명체 탐색 연구에 주력하고 있으며, 장비와 실험 기법을 개발하는 데 기여했다.

폐하, 국왕 전하, 존경하는 노벨상 수상자 여러분, 그리고 신사 숙녀 여러분.

올해의 물리학상 수상자는 우주의 나이가 40만 년도 되지 않은 젊은 우주의 시기부터 지금까지 계속되어 온 긴 여행으로 우리를 인도하였습니다.

물리학 법칙으로 젊은 우주를 완전하게 설명할 수 있습니다. 최초 원자가 형성된 시기는 오늘날 우리가 알고 있는 우주의 첫 단계였습니다. 당시 우주의 온도는 약 섭씨 3000도였고 양성자와 전자의 융합으로 원자가 형성됨에 따라 그때까지 전자와 양성자의 원시 수프에 갇혀 있던 복사선이 자유롭게 방출되기 시작했습니다. 1960년대 중반에 최초로 발견된 우주복사는 초기 우주에 대한 가장 오래되고 순수한 정보를 우리에게 제공했습니다. 그 당시 제임스 피블스 교수님은 별과 은하가 형성되는 데 우주배경복사의 분포가 결정적인 역할을 한다는 것을 깨달았습니다. 이어 우주론에 대한 피블스 교수님의 이론적인 발견은 더욱더 정교한 기술을 사용해 위성에서 측정한 배경복사의 결과를 해석할 수 있는 기반을 마련했습니다. 빛이 투과할 수 없는 원시 우주 수프와 수소와 헬륨으로 이루어진 투명한 초기 우주 사이의 전환 과정에서 얼어붙은 배경복사를 이론적으로 해석하고 그 의미를 이해할 수 있게 된 것은 피블스 교수님의 이론적 연구 덕분입니다. 또한 차가운 암흑물질을 도입하고 암흑에너지로 알려진 알베르트 아인슈타인의 우주상수를 재도입한 것은 우주 표준 모델을 완성하는 마지막 퍼즐 조각이었습니다. 이제 우리는 우주가 암흑물질과 암흑에너지에 완전히 지배되고 있다는 것을 알고 있지만 물리적 기원은 여전히 수수께끼입니다.

태양계에 있는 태양과 달, 밝게 빛나는 행성들과 육안으로 볼 수 있는 항성들은 선사시대부터 인류에게 알려져 왔습니다. 그러나 우리 태양과 비슷한 항성의 궤도를 도는 다른 행성들이 있을까요? 우리 태양계가 유일할까요? 아니면 다른 행성계가 있을까요? 역사상 비교적 최근까지 이 질문에 답할 수 없었습니다. 이유는 단순합니다. 다른 항성을 도는 행성은 직접 관측할 수 없기 때문입니다. 왜냐하면 행성에서 방출되는 빛은 너무 희미하기 때문입니다. 그 대신 예를 들어 목성만 한 크기의 행성이 항성 주위를 회전할 때 항성이 약간 흔들리는 움직임을 찾아야 합니다. 미셸 마요르 교수님과 디디에 쿠엘로 교수님은 도플러 효과를 사용해 항성의 흔들림을 측정할 수 있는 분광사진기를 개발하였습니다. 많은 사람이 도플러 효과가 음파에 어떤 영향을 주는지 잘 알고 있습니다. 우리는 응급차가 다가올 때 사이렌의 높은 음은 들을 수 있지만 멀어질수록 낮은 음의 소리를 들을 수 있는데, 이것이 도플러 효과입니다.

1995년 10월 마요르 교수님과 쿠엘로 교수님은 지구에서 약 50광년 거리에 있는 페가수스자리의 별 페가수스 51 주위를 회전하는 목성형 행성을 발견했다고 발표했습니다. 이 행성은 매우 빠른 속도로 항성을 돌고 있었습니다. 페가수스 51을 공전하는 행성의 1년을 단 4일로 1년의 지구, 12년의 목성에 비해 매우 짧습니다. 다른 천문학자들도 즉시 이 발견을 확인했고 이후 '외계행성'이라는 새로운 연구 분야가 폭발적으로 성장했습니다. 오늘까지 지구에서 수천 광년 거리 안에 4000개 이상의 외계행성이 발견되었으며, 이를 통해 우리 은하에만 적어도 1000억 개 이상의 행성계가 있을 것이라는 결론에 도달했습니다. 관측 기술의 발전도 매우 급속도로 이루어지고 있어 태양계 외의 다른 행성계에도 생명체가 있을 것인가라는 질문에 새로운 세대의 천문학자들이 답을 할 것이라고 생각합니다.

피블스 교수님, 마요르 교수님, 그리고 쿠엘로 교수님. 당신들은 유년기 우주로부터 오늘까지의 우주를 이해하고 우주에서 지구가 차지하는 위상을 이해하는 데 큰 공헌을 하신 업적으로 2019년 노벨 물리학상을 수상하시게 되었습니다. 스웨덴 왕립과학원을 대표하여 가장 따뜻한 축하 말씀을 드리게 되어 영광이며 최고로 기쁘게 생각합니다. 이제 나오셔서 국왕 폐하로부터 노벨상을 수상하시기 바랍니다.

스웨덴 왕립과학원 마츠 라르손

일반상대성이론이 예측한 블랙홀의 존재를 증명 | 펜로즈
우리 은하에서 거대질량의 충돌을 발견 | 겐첼, 게즈

2020

로저 펜로즈 | 영국

라인하르트 겐첼 | 독일

앤드리아 게즈 | 미국

:: 로저 펜로즈 Roger Penrose (1931~)

영국의 수학자, 이론물리학자. 옥스퍼드 대학교 명예 교수다. 런던 대학교에서 공부한 후 케임브리지 대학교에서 박사 학위를 취득했다, 이론물리학자 스티븐 호킹과 함께 일반상대성이론을 토대로 '특이점'이 만들어진다는 사실을 수학적으로 증명해 1992년 울프 물리학상을 받았다. 현실에서 불가능한 도형인 '펜로즈 삼각형'과 끝나지 않고 무한대로 반복되는 '펜로즈 계단'을 고안했다.

:: 라인하르트 겐첼 Reinhard Genzel (1952~)

독일의 천체물리학자. 막스 플랑크 외계물리학연구소 공동 소장이며, 버클리에 있는 캘리포니아 대학교 명예 교수다. 본 대학교에서 물리학을 전공하고 막스 플랑크 전파천문학연구소에서 전파천문학 박사 학위를 취득했다. 1981년부터는 버클리 캘리포니아 대학교 물리학과에서 부교수를 거쳐 정교수로 재직했다. 망원경을 활용하여 은하 중심부의 성간가스와 먼지를 관측할 수 있는 기술을 개발했으며, 이를 통해 궁수자리 A*을 정밀하게 추적하는 데 성공했다.

:: **앤드리아 게즈 Andrea Ghez (1965~)**

미국의 천문학자. 로스앤젤레스에 있는 캘리포니아 대학교 교수다. 매사추세츠 공과대학교에서 물리학으로 학사 학위를 받았으며, 1992년 캘리포니아 공과대학교에서 박사 학위를 받았다. 우리 은하 중심에 있는 별들을 10여 년 이상 관측하며 블랙홀이 우리 은하의 중심에 있는 별들의 궤도를 지배한다는 사실을 발견했다.

폐하, 국왕 전하, 존경하는 노벨상 수상자 여러분, 그리고 신사 숙녀 여러분.

올해의 물리학상 수상자들은 물리학에서 가장 신비롭고 경이로운 블랙홀에 관한 획기적인 발견을 하신 분들입니다.

블랙홀은 중력이 너무 강해서 빛조차 빠져나올 수 없는 물체입니다. 블랙홀을 만들려면 지구를 완두콩 크기로 압축해야 하고 태양을 스톡홀름 도심 크기의 구형으로 압축해야 합니다. 이런 물체가 우리 우주에 존재할 수 있다는 최초의 예측은 18세기 말로 거슬러 올라갑니다만, 1915년 아인슈타인이 일반상대성이론을 발표한 후에야 이를 뒷받침할 강력한 이론이 구축될 수 있었습니다.

아인슈타인의 중력 이론에 따르면 시간과 중력은 밀접하게 연결되어 있습니다. 저의 머리와 비교해 발에서의 시간은 한 시간에 1조분의 1초씩 더 느리게 흐릅니다. 매우 작은 차이이긴 하지만 이런 차이는 우리가 중력이라고 부르는 것 때문에 발생합니다. 손으로 물컵을 들어 올리는데 힘이 든다는 것과 높이에 따라 시간의 흐름에 차이가 난다는 것이 서로 관련되어 있다니 참 경이롭습니다.

생각을 좀 더 진행해 볼까요? 블랙홀의 지평선까지 가면 중력이 너무 강해서 시간이 멈춘 것처럼 보일 것입니다. 그리고 지평선 안에서 시간은 블랙홀의 중심을 향해 안쪽으로 거꾸로 흘러 들어갑니다. 따라서 블랙홀에서 빠져나오려면 시간을 거슬러 여행해야 하므로 빠져나오는 것 자체가 불가능합니다. 더구나 그 불행한 여행자의 가까운 미래, 즉 블랙홀의 한가운데에는 알려진 자연법칙이 더 이상 적용되지 않는 특이점이 숨어 있습니다. 블랙홀은 정말 물리학에서 가장 극단적인 물체입니다.

그러나 일반상대성이론의 수학적 표현은 난해하였고, 그래서인지 오랫동안 블랙홀은 단지 추측으로만 남아 있었습니다. 많은 물리학자가 여러 이유를 들어 그 존재를 의심했습니다. 아인슈타인조차도 블랙홀이 실제로 존재한다고 생각지는 않았습니다. 아인슈타인이 그 이론을 발표하고 반세기가 지난 1965년이 되어서야 로저 펜로즈는 수학적으로 완벽하게 블랙홀이 일반상대성이론의 불가피한 결과임을 보여줄 수 있었습니다. 물질이 충분히 조밀하게 축적되면 블랙홀로의 붕괴를 막을 수 있는 것은 아무것도 없다는 것입니다.

블랙홀이 실제로 있다면 도대체 어디에 있을까요? 우리는 오랫동안 블랙홀이 많은 은하의 중심에 숨어 있고, 블랙홀들이 극단적인 에너지의 분출을 설명할 수 있을 것이라고 추측하고 있었습니다. 그렇다면 우리 은하계의 중심인 은하수에도 블랙홀이 있을 수 있을까요?

라인하르트 겐첼과 앤드리아 게즈는 강력한 망원경을 사용하여 은하수의 신비로운 내부를 연구했습니다. 우리 은하의 심장은 먼지 구름 속에 숨겨져 있으며 적외선을 통해서만 무슨 일이 일어나고 있는지 분별할 수 있습니다. 그들은 은하 중심에서 별들의 움직임을 각기 추적할 수 있는 도구를 개발하여 이 별들이 보이지 않는 무언가의 주위를 회전한다는 사실을 알 수 있었습니다. 계산에 의하면 그 보이지 않는 물체의 질량이 태양 질량의 무려 400만 배에 달했습니다. 현재 이론의 틀 내에서는 이 물체가 블랙홀이라는 것 외에 달리 설명할 방법이 없습니다. 이로써 200년이 넘은 블랙홀에 대한 수수께끼가 풀렸습니다. 그러나 블랙홀의 존재는 물리적 세계에 대한 우리 지식의 한계를 확인시켜 주기도 했습니다. 블랙홀의 어두운 심연을 들여다보면 새로운 비밀이 드러날 수도 있을 것입니다.

펜로즈, 겐첼, 그리고 게즈 교수는 블랙홀에 대한 우리의 이해를 획기적으로 증진한 공로로 2020년 노벨 물리학상을 수상하시게 되었습니다. 스웨덴 왕립과학원을 대표하여 따뜻한 축하의 말씀을 전하게 되어 매우 영광스럽게 생각합니다. 이제 나오셔서 국왕 폐하로부터 노벨상을 수상하시기 바랍니다.

스웨덴 왕립과학원 울프 다니엘손

복잡한 물리계에 대한 이해를 획기적으로 개선 | 마나베
지구기후의 물리적 모델링 및 변동성 정량화와 온난화 예측 | 하셀만
물리계의 불규칙성과 요동의 상호작용을 발견 | 파리시

2021

마나베 슈쿠로 | 미국

클라우스 하셀만 | 독일

조르조 파리시 | 이탈리아

:: 마나베 슈쿠로 Manabe Syukuro (1931~)

일본 태생 미국의 기상학자. 도쿄 대학교에서 물리학을 전공하고 동 대학교에서 박사 학위를 받았다. 졸업 후 1958년 미국해양대기청에서 기후 변화를 연구했다. 1968년부터 프린스턴 대학교에서 객원교수를 겸임했고, 2021년부터 프린스턴 대학교 소속 수석 기상학자다. 온실가스 증가에 따른 대기 변화를 예측하는 3차원 기후 모델을 최초로 만들었다.

:: 클라우스 하셀만 Klaus Hasselmann (1931~)

독일의 해양학자이자 기상학자. 1950년 함부르크 대학교에 입학하여 물리학 및 수학을 전공했다. 괴팅겐 대학교와 막스 플랑크 유체역학연구소에서 물리학으로 박사 학위를 받았다. 해양의 기후 시스템을 물리적으로 분석하는 모델을 개발했으며 인간에 의한 이산화탄소 배출이 대기의 온도 상승에 영향을 미친다는 사실을 증명했다.

:: **조르조 파리시** Giorgio Parisi **(1948~)**

이탈리아의 물리학자. 사피엔차 대학교의 양자이론 교수이며 세계 과학 아카데미의 회원이다. 1970년 로마의 사피엔차 대학교에서 박사 학위를 받았다. 1971~1981년에는 프라스카티 국립연구소의 연구원이었으며, 1981년부터 1992년까지 로마의 토르 베르가타 대학교에서 교수를 지냈다.

폐하, 국왕 전하, 존경하는 노벨상 수상자 여러분, 전 세계 연구자 여러분, 신사 숙녀 여러분.

찰스 프랭크 경은 "물리학은 사물의 본성에 대한 연구뿐만 아니라 사물의 모든 본성의 상호연결성을 다루는 연구"라고 하셨는데, 이는 올해 노벨상 수상자의 업적의 본질을 잘 요약해 주는 말씀입니다.

원자의 요동부터 대기의 난류까지 많은 창발적인 현상은 그것을 구성하고 있는 모든 구성요소 각각의 궤적을 알 수 없다는 사실에서 이론적 예측을 시작할 수 있습니다. 집단을 이해하려면 그것을 이루고 있는 필수적인 과정을 설명하는 색색의 직물이 어떻게 짜여 있는지를 체계적으로 연구할 필요가 있습니다. 이런 직물을 짜기 위해서는 물리학에 대한 깊은 통찰력, 계산 및 수학적 기술 그리고 무엇보다도 인내심이 있어야 합니다.

1824년 푸리에는 지구가 내뿜는 보이지 않는 '어두운 열'을 도입해 기후에 대한 이론을 연구하기 시작했습니다. 이 어두운 열이 오늘날 우리는 적외선복사라는 걸 알고 있습니다. 현대적인 의미의 기후물리학은 분광학에서 열역학까지, 복사열 전달에서 난류까지 기본 물리학의 기둥들을 결합하면서 정립되었습니다. 1896년 아레니우스에 의해 최초의 예측 가능한 이론이 제시되었지만 현대의 기후 모델은 두 번의 세계 대전과 컴퓨터 혁명이 일어난 1970년 후에야 슈쿠로 마나베 박사님에 의해 직조되고 완성되었습니다.

에드워드 로렌즈는 수일 내의 날씨는 예측할 수 있지만 수개월, 수년간의 기후를 예측할 수 없다고 가르쳐 주었습니다. 아인슈타인은 물에 떠 있는 꽃가루가 천천히 움직이는 현상이 물 분자와의 빠른 충돌의 결과라는 것을 증명했습니다. 클라우스 하셀만 박사님은 두 이론에 대해 도전했습니다. 즉 기후의 카오스적 현상은 물 분자와 비슷하고 기후는 꽃가루 알갱이와 같다고 주장했습니다. 그리고 변동성과 가변성을 기후 물리학에 도입했습니다. 이러한 유사성에서 한걸음 더 나아가 자연에서 얻어지는 기후 소음에서 기후의 신호를 정량화할 수 있는 이론적인 틀을 구축하였습니다.

마나베 박사님과 하셀만 교수님은 지구 기후를 물리적으로 모델링하는 데 기초를 제공했으며 가변성을 정량화해 지구온난화를 신뢰성 있게 예측했습니다.

침대에 누워 있는 사람은 에너지가 가장 낮은 상태입니다. 침대를 치우면 가장 낮은 에너지 상태는 바닥이 됩니다. 바닥을 제거하면 그 상태가 바닥이 되고 모든 과정이 끝나게 됩니다. 그러나 어떤 물리적 시스템은 절대 멈추지 않습니다. 마치 어떤 사람이 가장 낮은 에너지 상태에 있는 침대에 눕고 싶은데 그런 에너지 상태에 있는 침대가 무한히 많아 당황스럽고 만족할 수 없는 상황과 비슷합니다.

유리를 만들려면 모래를 녹이고 빨리 식히면 됩니다. 유리는 평형 상태로 돌아가 다시 불투명해야져야 하지만 비평형 상태를 계속 유지하고 있습니다. 이는 수많은 유사한 준안정 상태가 오래 지속되는 것과 같습니다. 하나의 안정한 상태가 되어 더 이상 움직임이 없어야 하는데 그렇지 않아 '불만스러운 상태'가 지속됩니다. 조르조 파리시 교수님은 이런 유리 같은 시스템의 불규칙성을 받아들여 마치 가계도에서 가족을 구분하는 것처럼 에너지의 많은 복제품을 사용해 유리계를 설명하는 이론을 구축했습니다.

이러한 '불만스러운' 시스템의 에너지 풍경은 보통의 유리와 스핀 유리라 부르는 과립상 물질 자성체에서 레이저 빛의 형태로 발견되며 이외에는 그 자체로 '불만스러운' 다른 시스템에서 발견됩니다. 조르조 파리시 교수님의 예측을 통해 복잡한 불규칙계의 광활한 풍경의 거동을 포착할 수 있었습니다.

마나베 박사님, 하셀만 교수님 그리고 파리시 교수님. 여러분은 복잡한 물리계를 이해하는 데 획기적인 기여를 한 공로로 2021년 노벨상을 수상하셨습니다. 스웨덴 왕립과학원을 대신하여 여러분에게 가장 따뜻한 축하의 말씀을 드리게 된 것은 영광이며 큰 특권이라고 생각합니다.

이제 나오셔서 국왕 폐하로부터 노벨상을 수상하시기 바랍니다.

스웨덴 왕립과학원 토르스 한스 한손

양자 얽힘 실험, 벨 부등식의 위배 증명 실험, 그리고 양자 정보학 개척의 공로

2022

알랭 아스페 | 프랑스

존 클라우저 | 미국

안톤 차일링거 | 오스트리아

:: 알랭 아스페 Alain Aspect (1947~)

프랑스의 물리학자. 에콜 폴리테크니크 교수이며 프랑스 과학 아카데미와 프랑스 기술 아카데미 회원이다. 1971년 오르세 대학교에서 박사 학위를 받았으며 2008년에는 헤리엇와트 대학교에서 명예 박사 학위를 받았다. 1981년부터 양자 얽힘에 대한 연구를 수행하여 현재 양자를 활용한 기술의 토대를 마련하는 데 기여했다.

:: 존 클라우저 John F. Clauser (1942~)

미국의 물리학자. 1964년에 캘리포니아 공과대학교에서 물리학 학사 학위를 받았고, 1969년 컬럼비아 대학교에서 박사 학위를 받았다. 버클리에 있는 캘리포니아 대학교와 로렌스 버클리 국립연구소에서 박사 후 연구원으로 근무했다. 1976년에는 세계 두 번째로 CHSH-벨의 정리 예측에 대한 연구로 2010년에 울프 물리학상을 수상했다.

:: 안톤 차일링거 Anton Zeilinger (1945~)

오스트리아의 물리학자. 빈 대학교의 명예 교수이자 오스트리아 과학 아카데미의 양자광학 및 양자정보연구소의 선임 과학자다. 1971년에 빈 대학교에서 물리학을 전공하고 박사 학위를 받았다. 오스트리아 과학 아카데미 회장을 역임했다.

폐하, 국왕 전하, 존경하는 노벨상 수상자 여러분, 그리고 신사 숙녀 여러분.

올해 노벨 물리학상은 양자역학과 관련한 분야에 수여됩니다. 1935년 알베르트 아인슈타인과 닐스 보어, 그리고 에르빈 슈뢰딩거는 모두 양자역학에 대해 나름의 확고한 생각을 가지고 있었습니다. 아인슈타인은 양자역학에 반대하며 그것이 옳기는 하지만 완전한 이론은 아니라고 주장했습니다. 그는 아직 밝혀지지 않은 더 근본적인 이론이 있을 거라고 생각했습니다. 반면에 보어는 이 이론을 옹호하고 그것이 완전하다고 주장했습니다. 슈뢰딩거는 공통의 과거를 지닌 두 입자 사이의 얽힘이 양자역학의 특징이라고 결론 내렸습니다.

대부분의 물리학자는 보어의 편에 섰고 슈뢰딩거의 얽힘 특성에도 주목했지만, 이 논쟁 자체에는 큰 관심이 없었습니다. 그들은 양자역학의 고유 특성들을 탐구하여 현실 세계의 문제에 양자역학을 적용하기에 바빴습니다. 양자역학의 연구자들 중 많은 분들이 노벨 물리학상을 받았습니다. 스트리밍 TV, 고속 인터넷, 휴대전화, 그리고 수많은 의료 진단 도구 등 오늘날 우리가 당연하게 여기는 기술들이 모두 양자역학에 기반을 두고 있습니다. 2020년과 2021년 수상자인 로저 펜로즈, 라인하르트 겐첼, 앤드리아 게즈, 마나베 슈쿠로, 클라우스 하셀만, 조르조 파리시도 예외가 아닙니다.

이런 세상의 흐름 속에서도 몇몇 물리학자들은 양자역학의 근본 문제에 대해 계속 연구해 왔습니다. 1964년 존 스튜어트 벨은 아인슈타인과 보어 사이의 갈등을 실험적으로 해결하는 방법을 제시하는 벨 부등식이라는 수학 공식을 고안했습니다. 그러나 대부분의 물리학자들은 여기에 관심을 기울이지 않았습니다. 양자역학의 근본적인 문제를 고민하는 게 무슨 쓸모가 있겠습니까? 그들의 관점에서 양자역학은 잘 맞는 이론일 뿐입니다. 이미 교과서에 잘 확립되어 있으며, 수십 년 동안 대학에서 가르쳐온 이론입니다. 양자 얽힘은 양자역학의 이상하고 이해하기 어려운 특성으로 인식될 뿐 유용하게 쓰일 수 있다고 인식하는 사람은 거의 없었습니다.

그러나 존 클라우저는 좀 다른 생각을 가지고 있었습니다. 벨 부등식을 보고 그는 이것을 어떻게 실험적으로 확인할 수 있을지 궁리했습니다. 그는 기존의 연구 방향을 틀어 스튜어트 프리드먼이라는 젊은 동료와 함께 벨 부등식에 대한 최초의 실험적 테스트를 시도했습니다. 50년 전 적은 예산으로 수행된 그들의 노력은 양자역학이 벨 부등식에 위반되며, 실험 결과를 정확하게 예측한다는 것을 보여주었습니다. 안타깝게도 벨과 프리드먼 두 분은 이미 우리 곁을 떠나고 없습니다.

존 클라우저의 실험 결과는 신뢰할 만한 것이었고, 보어가 아인슈타인보다 옳았다는 점을 보여주었습니다. 그러나 벨은 클라우저의 실험에서 거의 해결이 불가능한 몇 가지 단점이 있음을 발견했습니다. 여기서 알랭 아스페가 무대에 등장합니다. 그는 프랑스의 동료들과 함께 이러한 단점을 극복할 수 있는 일련의 유명한 실험들을 수행했습니다. 이 실험들은 스웨덴 신문에서도 크게 대서특필된 바 있는데, 어떤 경우엔 실제보다 과장되게 다루어지기도 했습니다.

벨 부등식에 대한 확인 실험 연구는 안톤 차일링거와 동료 연구자들 덕분에 이제 새로운 시대로 접어듭니다. 차일링거 등은 클라우저와 아스페 실험에 남아 있는 일부 허점들을 계속 보완해 나갔습니다. 그러나 이 연구의 더욱 중요한 점은 양자 얽힘이라는 이해하기 어려운 개념이 어떻게 유용하게 쓰일 수 있는지를 보여주었다는 데 있습니다. 이것은 차일링거의 오스트리아 전임자인 슈뢰딩거와 비교해 본다면 도약적인 발전이라고 할 수 있습니다. 이처럼 양자 얽힘 연구가 오스트리아에서 시작되어 오스트리아에서 열매를 맺다니, 참 경이로운 일입니다. 이로써 우리는 두 번째 양자 혁명에 돌입하게 됐습니다!

아스페 교수님, 클라우저 박사님 그리고 차일링거 교수님.

여러분은 '양자 얽힘을 이용한 실험, 벨 부등식의 위반 입증, 양자 정보 과학의 선구자'로서 2022년 노벨 물리학상을 수상하시겠습니다. 스웨덴 왕립과학원을 대표하여 따뜻한 축하의 말씀을 전하게 되어 큰 영광으로 생각합니다. 이제 나오셔서 국왕 폐하로부터 노벨상을 수상하시기 바랍니다.

스웨덴 왕립과학원 마츠 라르손

빛의 아토초 펄스를 실험적으로 생성할 수 있는 방법 개발

2023

피에르 아고스티니 | 미국

페렌츠 크라우스 | 미국

안 륄리에 | 미국

:: 피에르 아고스티니 Pierre Agostini (1941~)

튀니지 태생 프랑스의 실험물리학자. 오하이오주립대학교 명예 교수다. 1961년 엑스 마르세유 대학교에서 물리학을 전공한 후 1968년에는 박사 학위를 취득했다. 미국 서던 캘리포니아 대학교, 프랑스 원자력 및 대체에너지위원회(CEA)에서 근무했으며, 암스테르담 재료기초연구원(FOM)에서 연구원으로도 활동했다.

:: 페렌츠 크라우스 Ferenc Krausz (1961~)

헝가리와 오스트리아의 물리학자. 독일 뮌헨 대학교의 실험 물리학 교수다. 헝가리 외트뵈시 로란드 대학교에서 이론물리학을 공부한 뒤 1991년에 오스트리아 빈 공과대학교에서 박사 학위를 취득했다. 빈 공과대학교 교수를 재직했으며, 현재 막스 플랑크 양자광학연구소의 소장을 역임하고 있다.

:: 안 륄리에 Anne LHuillier (1958~)

프랑스와 스웨덴의 양자물리학자. 스웨덴 룬드 대학교의 교수다. 이론물리학 및 수학으로 이중 석사 학위를 취득한 후 프랑스 피에르 마리 퀴리 대학교(현 소르본 대학교)에서 물리학으로 박사 학위를 취득했다. 스웨덴 찰머스 공과대학교와 미국 서던 캘리포니아 대학교에서 박사 후 과정을 이수했다. 프랑스 광학연구소의 운영 이사로 활동하고 있으며, 스웨덴 왕립과학원 회원이다.

폐하, 국왕 전하, 존경하는 노벨상 수상자 여러분, 신사 숙녀 여러분.

"세상은 아주 크고, 너무 커서 당신이 상상하는 것보다 훨씬 크다"

핀란드 작가인 자카리아스 토펠리우스의 이 말은 우리가 아주 큰 시스템의 일부라는 사실을 알려줍니다. 우리가 탐험하는 이 시스템 말입니다. 그러나 이 거대한 세상은 시각, 후각, 촉각, 미각, 청각과 같은 우리의 전통적인 오감을 뛰어넘는 아주 작은 세세한 것들에 의해 제어되고 있습니다. 이러한 작은 세세한 것들은 우리 삶에 큰 영향을 주며 흥미로운 지식을 넓힐 수 있는 가능성을 제시해 줍니다. 이들 세세한 것들을 통제함으로써 새로운 소재를 설계하고 탐구하는 방법을 만들며, 미래의 지속가능성과 건강을 증진할 수 있는 힘을 갖게 됩니다. 세세한 것에는 길이와 시간도 포함됩니다. 올해 노벨 물리학상은 작은 스케일의 시간, 더 상세하게는 아토초 연구에 수여되었습니다.

심장이 한 번 뛰는 데 천의 천의 천의 천의 천의 천 아토초가 걸립니다. 이 숫자의 크기는 우주가 탄생한 이후 시간을 초로 계산한 값과 거의 비슷합니다. 아토초는 전자 세계의 시간 스케일입니다. 1925년 베르너 하이젠베르크는 전자 세계에서 정확한 관측은 불가능하다고 주장했습니다. 그러나 아토초 펄스 덕분에 이 생각은 바뀌고 있습니다. 문제는 극단적으로 짧은 시간 스케일이었는데, 이 장벽을 극복하는 데 수십 년이 걸렸습니다. 아토초 과학은 1921년 알베르트 아인슈타인이 노벨상을 수상한 업적인 광전효과가 얼마의 시간 안에 일어나는지와 같은 근본적인 질문에 대답할 수 있게 해줍니다.

아토초 펄스를 통해 분자와 물질 내에서 전자의 분포가 어떻게 진동하는지 연구할 수 있습니다. 전하 변동에 대한 정보에는 전자가 어떻게 이동하는지를 이해하고 제어할 수 있는 방법의 해답이 들어 있습니다. 아토초 화학을 통해 특정한 화학 결합을 선택적으로 끊거나 만들 수 있어서 새로운 화합물을 만들 때도 사용할 수 있습니다. 아토초 물리학을 사용하면 물질의 전하 이동 과정을 연구할 수 있습니다. 전하 이동 과정의 이해는 태양전지, 배터리, 촉매, 전자소자 등에서 기능을 개선하고 최적화하기 위해 반드시 필요한 핵심 요소입니다.

올해의 노벨상이 수여된 연구는 매우 강한 레이저빔에 조사된 원자가 어떻게 거동하는지를 연구하던 1970년대 말에서 1980년대 초로 거슬러 올라갈 수 있습니다. 노벨상 수상자들께서는 레이저와 원자의 상호작용을 통제함으로써 아토초 펄스를 생성할 수 있음을 발견했습니다. 이후 이 빛 펄스의 지속시간을 측정할 수 있는 방법을 개발했으며, 펄스의 열을 생성하거나 개별 펄스를 분리할 수 있는 방법을 개발하였습니다.

아고스티니 교수님, 크러우스 교수님, 륄리에 교수님.여러분은 물질 내 전자의 동역학을 연구하기 위해 빛의 아토초 펄스를 생성할 수 있는 방법을 개발한 공로로 2023년 노벨 물리학상을 수상하시겠습니다. 스웨덴 왕립과학원을 대신하여 축하의 말씀을 전하게 되어 영광입니다. 이제 앞으로 나오셔서 국왕 폐하로부터 노벨상을 받으시기 바랍니다.

스웨덴 왕립과학원 에바 올손

- 알프레드 노벨의 생애와 사상
- 노벨상의 역사
- 노벨상 수상자 선정 과정

알프레드 노벨의 생애와 사상

알프레드 노벨은 1833년 10월 21일 스톡홀름에서 태어났다. 그는 어려서부터 아버지 이마누엘 노벨로부터 공학을 배웠으며, 아버지를 닮아 손재주가 뛰어난 편이었다. 1842년 러시아의 상트페테르부르크에서 지뢰 공장을 차려 성공한 아버지를 따라 스톡홀름을 떠난 뒤 그는 주로 가정교사에게 교육을 받았는데, 이미 열여섯 살 때부터 화학에 뛰어난 소질을 보였고, 모국어인 스웨덴어를 비롯해 영어, 프랑스어, 독일어, 러시아어 등을 능숙하게 구사했다.

열일곱 살이 된 1850년에는 파리에서 1년 동안 화학을 공부했고, 그 뒤 미국으로 건너가 스웨덴 출신의 발명가이자 조선기사인 존 에릭슨 아래서 4년 동안 일하며 기계공학을 배웠다. 그러나 폭약 등 군수물자를 생산하며 번창하던 아버지의 사업이 크림전쟁이 끝나면서 몰락하기 시작하자 미국에서 돌아와 아버지의 사업을 도왔으나 결국 1859년에 파산하고 말았다.

이후 스웨덴으로 돌아온 알프레드 노벨은 1860년경에 큰 위험을 무릅쓰고 실험을 반복한 끝에 니트로글리세린을 만드는 데 성공했다. 그런 다음 니트로글리세린을 흑색화약과 섞은 혼합물로 1863년 10월에 정식으로 특허를 받았다. 이후 지속적으로 발명과 생산활동을 계속하다가 이듬해에는 니트로글리세린의 제조법으로 특허를 받았고, 움푹한 나무 마개에 흑색화약을 채운 뇌관에 관한 특허도 얻었다. 이러한 성공은 그를 확고한 결단력과 자신감으로 가득 찬 사업가로 변모시켰다.

1864년 9월 스톡홀름에 있는 공장에서 폭발 사고가 일어나 동생을 비롯하여 다섯 명이 사망했음에도 노벨은 한 달 후 단호하게 첫 합자회사를 차리는 추진력을 발휘했다. 하지만 사람들에에 "미치광이 과학자"로 낙인찍힌 데다가 스웨덴 정부도 위험을 이유로 공장의 재건을 허락하지 않자, 노벨은 배 위에서 니트로글리세린 취급에 따른 위험을 극소화시킬 수 있는 방법을 찾는 실험을 시작했다. 그는 니트로글리세린을 규산질 충전물질인 규조토 스며들게 한 뒤 건조시켜 안전한 고형 폭약 다이너마이트를 만들었다. 이후 1867년과 1868년에 각각 영국과 미국에서 다이너마이트 관련 특허를 따낸 그는 더 강력한 폭약을 만드는 실험을 거듭한 끝에 폭발성 젤라틴을 개발하여 1876년에 또 특허를 취득하였다.

약 10년 뒤 알프레도 노벨은 최초의 니트로글리세린 무연화약이자 코르다이트 폭약의 전신인 발리스타이트를 만들었는데, 특허권과 관련하여 1894년에는 영국 정부와 소송을 벌이기도 했다. 그는 화약제조뿐 아니라 발사만으로는 폭발하지 않는 화약에 쓸 뇌관을 만들고 이를 완벽한 수준까지 끌어올렸다.

노벨의 공장은 스웨덴, 독일, 영국 등에서 연이어 건설되어, 1886년에 세계 최초의 국제적인 회사 '노벨다이너마이트트러스트사'를 세우기도 하였고, 그동안 그의 형인 로베르트와 루트비히는 카스피해 서안에 있는 바쿠 유전지대의 개발에 성공하여 대규모의 정유소를 건설하고 세계 최초의 유조선 조로아스타호를 사용하여 세계 최초의 파이프라인(1876)을 채용함으로써 노벨 가문은 유럽 최대의 부호가 되었다.

이렇게 전 세계를 돌아다니며 바쁘게 평생을 살아왔지만, 노벨은 은퇴 후에는 가급적 조용히 지내려 애썼으며, 결혼도 하지 않았다. 동시대인들 사이에서는 자유주의자, 심지어는 사회주의자로 알려져 있었으나, 사실 그는 민주주의를 불신했을 뿐만 아니라 여성의 참정권을 반대했으며 부하 직원들에게도 너그럽긴 했지만 가부장적 태도를 견지했다. 또한 남의 말을 들어주는 능력이 뛰어났을 뿐만 아니라 기지가 번득이는 사람이기도 했다.

자신의 발명품과는 달리 타고난 평화주의자였던 그는 자신이 발명한 무기로 세상이 평화로워지길 기대했으나 허사에 그치고 말았다. 또한 문학에도 관심이 많아 젊은 시절에는 스웨덴어가 아니라 영어로 시를 쓰기도 했으며, 유품으로 남은 그의 서류뭉치에서는 그가 쓴 소설의 초고들이 발견되기도 했다.

알프레드 노벨은 1895년까지 협심증으로 고생하다 이듬해인 1896년 12월 10일 이탈리아 산레모에 있는 별장에서 뇌출혈로 사망했다. 사망 당시, 그의 사업체는 폭탄 제조공장과 탄약 제조공장을 합해 전 세계에 걸쳐 90여 곳이 넘게 있었다. 그가 1895년 11월 27일 파리에서 작성해 스톡홀름의 한 은행에 보관해 두었던 유언장이 공개되자, 가족과 친지는 물론 일반인들까지 깜짝 놀랐다. 노벨은 인도주의와 과학의 정신을 표방하는 자선사업에 늘 아낌없이 지원했으며, 재산의 대부분을 기금으로 남겨 세계적으로 가장 권위있는 상으로 인정받고 있는 노벨상을 제정했다.

노벨상의 역사

노벨상은 알프레드 노벨의 유언에 따라 설립한 기금으로 물리학, 화학, 생리의학, 문학, 평화, 경제학 여섯 분야에서 "인류에 가장 큰 공헌을 한 사람들"에게 수여하는 상이다. 노벨이 이 상을 제정한 이유는 확실히 밝혀지지 않았는데, 가장 그럴듯한 설명은 1888년에 노벨의 형이 사망했을 때 프랑스의 신문들이 그를 형과 혼동하면서 내보낸 "죽음의 상인, 사망하다"라는 제목의 기사를 본 뒤 충격을 받아 죽은 뒤의 오명을 피하기 위해 제정했다는 것이다. 어쨌든 분명한 사실은 노벨이 설립한 상이 물리학, 화학, 생리의학, 문학 분야에 대한 평생에 걸친 그의 관심을 반영하고 있다는 점이다. 평화상의 설립과 관련해서는 오스트리아 출신의 평화주의자 베르타 폰 주트너와의 교분이 강력한 동기로 작용했다는 설이 우세하다.

노벨의 사망 5주기인 1901년 12월 10일부터 상을 주기 시작했으며, 경제학상은 1968년 스웨덴 은행에 의해 추가 제정된 것으로 1969년부터 수여되었다. 알프레드 노벨은 유언장에서 스톡홀름에 있는 스웨덴 왕립과학원(물리학과 화학), 왕립 카롤린스카 연구소(생리의학), 스웨덴 아카데미(문학), 그리고 노르웨이 국회가 선임하는 오슬로의 노르웨이 노벨위원회(평화)를 노벨상 수여 기관으로 지목했다. 노벨 평화상만 노르웨이에서 수여하는 이유는 노벨이 사망할 당시는 아직 노르웨이와 스웨덴이 분리되지 않았었기 때문이다.

노벨 경제학상은 1968년에 스웨덴 중앙은행이 설립 300주년을 맞아 노벨 재단에 거액의 기부금을 내면서 재정되어 1969년부터 시상해 왔다. 스웨덴 중앙은행은 경제학상 수상자 선정에 전혀 관여하지 않으며 수상자 선정과 수상은 다른 상들과 마찬가지로 스웨덴 왕립과학원이 주관하고 있다. 그 직후 노벨 재단은 더 이상 새로운 상을 만들지 않기로 결정했다.

노벨의 유언에 따라 설립된 노벨 재단은 기금의 법적 소유자이자 실무담당 기관으로 상을 주는 기구들의 공동 집행기관이다. 그러나 재단은 후보 심사나 수상자 결정에는 전혀 관여하지 않으며, 그 업무는 4개 기구가 전담한다. 각 수상자는 금메달과 상장, 상금을 받게 되는데, 상금은 재단의 수입에 따라 액수가 달라진다.

노벨상은 마땅한 후보자가 없거나 세계대전 같은 비상사태로 인해 정상적인 수상 결정을 내릴 수 없을 때는 보류되기도 했다. 국적, 인종, 종교, 이념에 관계없이 누구나 받을 수 있으며, 공동 수상뿐 아니라 한 사람이 여러 차례 수상하는 중복 수상도 가능하다. 두 차례 이상 노벨상을 받은 사람은 마리 퀴리(1903년 물리학상, 1911년 화학상)를 비롯하여 존 바딘(1956년과 1972년 물리학상), 프레더릭 생어(1958년과 1980년 화학상), 그리고 라이너스 폴링(1954년 화학상, 1962년 평화상)이 있으며, 단체로는 국제연합 난민고등판무관이 1954년과 1981년 두 차례 노벨 평화상을 받았고, 국제 적십자위원회는 1917년과 1943년, 1966년 세 차례 노벨상을 수상했다.

노벨상을 거부한 경우도 있는데, 그 이유는 개인의 자발적인 경우와 정부의 압력으로 크게 나눌 수 있다. 1937년 아돌프 히틀러는 1935년 당시 독일의 정치범이었던 반나치 저술가 카를 폰 오시에츠키에게 평화상을 수여한 데 격분해 향후 독일인들의 노벨상 수상을 금지하는 포고령을 내린 바 있다. 이에 따라 리하르트 쿤(1938년 화학상)과 아돌프 부테난트(1939년 화학상), 게르하르트 도마크(1939년 생리의학상)는 강제로 수상을 거부하였다. 그 외에도 『닥터 지바고』로 1958년 노벨 문학상을 수상한 보리스 파스테르나크는 그 소설에 대한 당시 구소련 대중의 부정적인 정서를 이유로 수상을 거부했으며, 1964년 문학상 수상자 장폴 사르트르와 1973년 평화상 수상자인 북베트남의 르둑토는 개인의 신념 및 정치적 상황을 이유로 스스로 노벨상을 거부했다. 노벨상은 지금까지 6개 분야에서 113년 동안 561회 수여되었으며 개인은 847명, 단체는 22곳에 수여되었다. 하지만 여성 개인 수상자는 847명 중에서 단 45명뿐이다.

노벨상 수상자 선정 과정

노벨상의 권위는 엄격한 심사를 통한 수상자 선정 과정에 기인한다. 노벨상 수상자는 매년 10월 첫째 주와 둘째 주에 발표되는데, 수상자 선정 작업은 그 전해 초가을에 시작된다. 이 시기에 노벨상 수여 기관들은 한 부문당 약 1,000명씩 총 6,000여 명에게 후보자 추천을 요청하는 안내장을 보낸다. 안내장을 받은 사람은 전해의 노벨상 수상자들과 상 수여 기관을 비롯해 물리학, 화학, 생리·의학 분야에서 활동 중인 학자들과 대학교 및 학술단체 직원들이다. 이들은 해당 후보를 추천하는 이유를 서면으로 제출해야 하며 자기 자신을 추천하는 사람은 자동적으로 자격을 상실하게 된다.

후보자 명단은 이듬해 1월 31일까지 노벨위원회에 도착해야 한다. 후보자는 부문별로 보통 100명에서 250명가량 되는데, 노벨 위원회는 2월 1일부터 접수된 후보자들을 대상으로 선정 작업에 들어간다. 이 기간 동안 각 위원회는 수천 명의 인원을 동원해 후보자들의 연구 성과를 검토하며, 필요한 경우에는 외부 인사에게 검토 작업을 요청하기도 한다.

이후 각 위원회는 9월에서 10월초 사이에 스웨덴 왕립과학원과 기타 기관에 추천장을 제출하게 된다. 대개는 위원회의 추천대로 수상자가 결정되지만, 수여 기관들이 반드시 여기에 따르는 것은 아니다. 수여 기관에서 행해지는 심사 및 표결 과정은 철저히 비밀에 부쳐지며 토의 내용은 절대로 문서로 남기지 않는다. 상은 단체에도 수여할 수 있는 평화상을 제외하고는 개인에게만 주도록 되어 있다. 죽은 사람은 수상 후보자로 지명하지 않는 게 원칙이지만, 다그 함마르시욀드(1961년 평화상 수상자)와 에리크 A. 카를펠트(1931년 문학상 수상자)처럼 생전에 수상자로 지명된 경우에는 사후에도 상을 받을 수 있다. 일단 수상자가 결정되고 나면 번복할 수 없다.

노벨 물리학상 수상 후보자를 추천할 수 있는 사람은 수상 기관에 따라 다르며 세부 사항은 다음과 같다.

1. 스웨덴 왕립과학원 회원(외국인 포함)
2. 물리학과 화학 분야 노벨 위원회 위원
3. 노벨 물리학상 또는 화학상 수상자
4. 스웨덴, 덴마크, 핀란드, 아이슬란드, 노르웨이의 대학교와 연구소, 그리고 카롤린스카 연구소의 물리학 또는 화학 정교수와 부교수
5. 여러 나라를 적절히 대표하도록 스웨덴 왕립과학원이 선정한 최소한 여섯 군데의 대학에서 이에 상응하는 지위를 가진 사람
6. 스웨덴 왕립과학원이 판단하여 추천할 만한 자격이 있다고 생각되는 그 밖의 과학자들

인명 찾아보기

ㄹ

ㅁ

ㅂ

ㅎ

옮긴이 소개

이광렬 | 한국과학기술연구원(KIST) 책임연구원. 서울대학교 금속공학과를 졸업하고 1988년에 한국과학기술원(KAIST)에서 박사 학위를 받았다. 1989년부터 1991년까지 하버드 대학교에서 박사 후 과정을 거쳤으며, 1992년부터 지금까지 KIST에 근무하면서 탄소계 나노구조 박막, 플라스마 공정, 재료전산모사에 의한 소재설계를 연구하고 있다. 빈 공과대학교, 도호쿠 대학교 그리고 웁살라 대학교에서 방문교수를 지냈으며, KIST 계산과학센터장, 다원물질융합연구소장, 기술정책연구소장, 미래융합전략센터 소장을 역임하였다. 옮긴 책으로는 《지식의 원전》(공역)이 있다.

이승철 | 한국과학기술연구원(KIST) 책임연구원. 서울대학교 금속공학과를 졸업하고 1999년 서울대학교에서 공학으로 박사 학위를 받았다. 2002년부터 KIST에 재직하고 있으며 2003년부터 2004년까지 영국 데어스베리 연구소 방문연구원, 2008년 독일 아헨 공과대학교 방문연구원을 지냈다. 2017년부터 KIST 인도 현지법인인 한인도협력센터의 센터장을 맡아 한국-인도 간 계산과학 및 인공지능 관련 협력 연구를 총괄하고 있다. 컴퓨터를 이용한 신소재 설계 연구를 수행하고 있으며, 이를 위해 기계학습기법, 소재이론 개발 및 관련 소스코드 개발을 수행하고 있다.

당신에게 노벨상을 수여합니다 노벨 물리학상

초판 1쇄 발행 2007년 10월 15일
2024 신판 발행 2024년 1월 10일

지은이 | 노벨 재단
옮긴이 | 이광렬·이승철
책임편집 | 정일웅·나현영·김정하
펴낸곳 | (주)바다출판사
주소 | 서울시 마포구 성지1길 30 3층
전화 | 322-3885(편집), 322-3575(마케팅)
팩스 | 322-3858
홈페이지 | www.badabooks.co.kr
E-mail | badabooks@daum.net

ISBN 979-11-6689-210-3 04400
979-11-6689-209-7 (전 3권)